기계설계

김광래, 박용석, 은인웅 공저

Mechanical Engineering Design

대영사

머리말

자동차, 항공기, 우주선, 조선, 메카트로닉스 시스템, MEMS 등 현대 산업사회의 각 기계기술 분야에서 고부가 제품과 기술을 개발하고 선점하려는 노력은 끊임없이 이루어지고 있다. 모든 첨단의 기계기술은 각종 기계와 시스템을 구성하는 기계요소의 이해와 활용을 바탕으로 하고 있다. 이러한 이유에서 기계설계는 기계요소설계를 의미한다. 따라서 기계요소설계를 위해서는 기계요소의 기구학적 운동을 잘 이해하여 기계요소들간에 어떠한 상호제한적인 운동이 발생하는지 파악해야 하고, 기계요소의 운동 전달방법에도 관심을 기울어야 한다. 기계설계는 강도와 강성, 진동 및 부식 등을 고려한 적합한 재료를 택하여 그 형상과 크기를 결정할 수 있는 능력을 배양해야 설계를 할 수가 있다. 더 나아가 현대 산업사회에서 기계설계는 도면화하는 도구로 필수적으로 사용되는 2D-, 3D-CAD(Computer Aided Design)에 대한 활용능력을 병행되어야 한다.

이 책은 대학에서 기계 공학을 전공하는 4년제 대학 신입생의 입문서로, 2~3년제 전문대학 학생들의 강의교재로 집필하였으며, 산업 현장에서 실무기술자들의 참고 도서로 활용할 수 있도록 구성하였다. 1장에서는 기계와 기구의 정의를 포함하는 기계설계의 기초에 대하여 기술하였으며, 2장에서 4장까지는 결합을 목적으로 하는 나사, 키, 리벳 및 용접 등의 체결요소에 대한 설계를 다루었고, 5장에서 13장에서는 동력전달요소에 대한 설계를 학습하도록 구성하였다. 동력전달요소는 축용(축, 축이음, 베어링), 전동용(링크장치, 캠, 마찰차, 기어, 벨트, 로프, 체인) 그리고 운동조정용(브레이크, 스프링)으로 구분하여 학습하도록 기술하였다. 보일러, 가스탱크와 같은 높은 압력의 유체를 담는 압력용기와 물, 가스, 기름 등의 유체를 수송, 전달, 열교환을 위한 파이프와 관, 밸브에 대한 설계는 14장에서 소개하고 있다.

기계설계를 처음 접하는 학생들은 대부분 기계요소별로 도출된 다양한 설계식이 많은 것에 대해 매우 큰 부담을 느끼고 있는 실정이다. 이 책은 이러한 설계식들을 비교적 쉽게 이해 학습할 수 있도록 다음 사항들을 고려하여 집필하였다.

(가) 설계내용은 이해하기 쉽도록 간결하게 기술하며, 사용된 변수들에 대한 정의와 기호의 일관성을 유지하려고 노력하였다.

(나) 각 장마다 따라하기 식의 예제를 통하여 설계 개념을 이해하도록 하였으며, 역학의 기본 개념을 바탕으로 설계식을 단순 암기식이 아닌 이해할 수 있는 개념으로 접근하도록 노력하였다.

(다) 대부분의 기계요소에 대한 규격은 국제표준규격(ISO)에 준하는 한국산업규격(KS)에 규격화되어 있으며, 이에 대한 이해와 활용을 할 수 있도록 하였다.

이 책을 편집하는데 국내외의 많은 서적을 참고로 인용하였으므로 인용된 저자에게 심심한 감사를 드리며, 독자 여러분의 끊임없는 관심과 격려에 힘입어 미진한 부분을 지속적으로 수정, 보완해 가고자 한다. 끝으로 반복된 교정에도 성심껏 도움을 주신 대영사의 여러분께 깊은 감사를 드린다.

2017년 2월

저자 씀

차례

PART 1 기계설계의 개요

PART 2 체결요소설계

Chapter 13 스프링과 완충 장치 / 409

PART 4 압력용기와 관로설계

Chapter 14 압력 용기와 관로 / 435

1
PART
기계설계의 개요

Chapter 1

기계설계의 기초

1.1 기계와 기계설계

1.1.1 기계와 기구

1. 기계

우리는 생활 주변에서 각종 기계를 볼 수 있을 뿐만 아니라, 자전거, 자동차, 기차, 비행기 등을 자주 이용하고 있다. 기계가 어떻게 되어 있는가를 그림 1.1에 나타낸 자전거로 살펴보기로 한다.

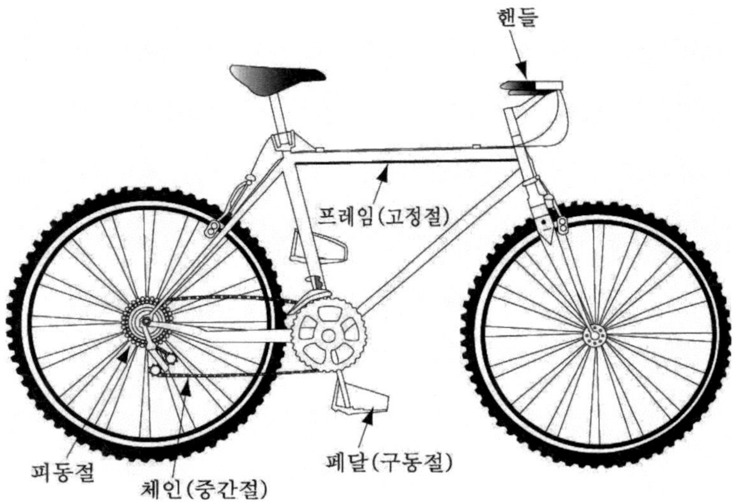

그림 1.1 자전거

자전거는 뒤바퀴를 회전시켜 사람이나 물건을 옮기는 일을 한다. 뒤바퀴를 회전시키기 위한 동력원으로 페달을 밟거나 모터로 페달축을 회전시킨다. 이와 같이 기계를 움직이도록 하기 위해서는 에너지를 받아들이는 부분(구동절, driver)이 필요하다.

다음에 뒤바퀴로 동력을 전하기 위해서는 페달축과 뒤바퀴축 사이에 체인을 걸어 뒤바퀴축을 회전시킨다. 이와 같이 기계가 일을 하기 위해서는 받아들인 에너지를 전하는 부분(중간절, medium)이 있다.

또, 자전거는 뒤바퀴축에 붙어 있는 바퀴가 회전하여 움직이게 된다. 즉, 기계는 목적하는 일을 하는 부분(피동절, follower)이 있어야 한다. 자전거에 프레임이 있어 바퀴, 페달,

핸들 등이 여기에 붙어 있다. 이와 같이 각 부분들이 적절한 위치에 고정되어 있는 부분(고정절, frame)이 있다.

기계의 구성을 보면 그림 1.2와 같이 4가지 부분으로 되어 있다는 것을 알 수가 있다.

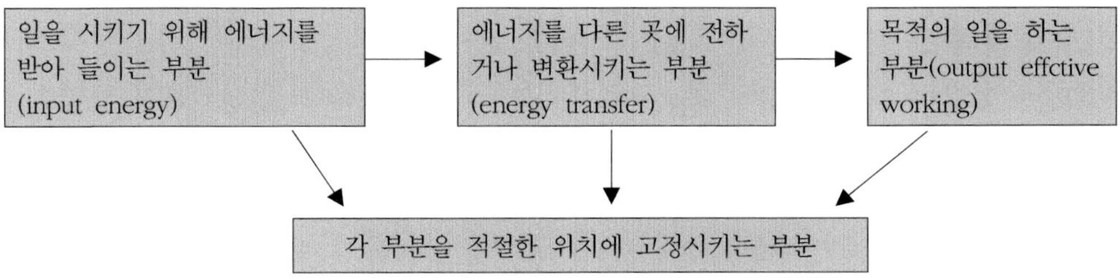

그림 1.2 기계의 구성

기계는 옛날부터 인간을 대신하여 일을 하는 것으로서 각각의 목적에 적합하게 많은 종류의 것이 고안, 제작되었다. 일반적으로 **기계**(machine)는 다음과 같은 조건을 구비해야 한다.

㉮ 저항력이 있는 물체를 조합한 것이어야 한다.

㉯ 상대 운동을 하는 구성 부분이 있고, 그 운동은 한정되어 있어야 한다.

㉰ 에너지의 공급을 받아 외부에 유효한 일을 하여야 한다.

기계의 구비 조건을 살펴보면 첫째로, 기계 부품의 대부분은 저항력이 있는 금속으로 되어 있다. 그러나 벨트나 고무와 같이 유연한 것도 있고 또, 기름이나 공기 같은 유체도 그 압력을 이용할 때는 기계의 구성 물체가 될 수 있다.

둘째로, 각 부분이 저항력을 가진 물체로 구성되어 있어도 상대 운동을 하지 않으면 기계라 할 수 없다. 예를 들면 해머, 드라이버 등은 두 가지 이상의 재료가 조합되어 있지만, 상대 운동이 없으므로 기계라 하지 않고 **공구**(tool)라 한다. 또 건물의 골조나 교량, 철탑 등도 상대 운동을 하는 부분이 없으므로 이와 같은 것을 **구조물**(structure)이라 한다. 셋째로, 각 부분이 저항력이 있는 물체로 구성되고, 각 부분 사이에 상대 운동을 하는 부분이 있어도 에너지의 공급을 받아 이것에 의해 외부에 대하여 유효한 일을 하지 않으면 기계라 할 수 없다. 예를 들면 측정에 사용되는 시계, 저울, 마이크로미터(micrometer), 버니어 캘리퍼스(vernier calipers) 등은 인간의 지각을 보조하는 것이며, 외부에 대하여 유효한 일을 하지 않으므로 기계라 하지 않고, **기구**(instrument) 또는 **측정기**(measurement)라고 한다. 그러나 자동차나 로봇은 이상의 구비 조건을 갖추었으므로 기계이다.

기계는 에너지를 받아들여 에너지의 일부를 일로 변환시키고, 일부는 기계 내부에서 마찰에 의한 열이나 진동 등에 의하여 외부로 방산된다. 따라서 최종적으로 유효한 일이 되는 에너지의 양은 처음 받아들인 에너지의 양보다도 작게 된다. 이 때 유효한 일과 최초 받아들인 에너지와의 비를 그 기계의 **기계효율**(mechanical efficiency)이라 한다.

2. 기계의 종류

기계에는 여러 종류가 있으며, 요구되는 성능도 매우 다양하다. 일반적으로 기계는 크게 **원동기**(prime mover)와 **작업기**(working machine)로 나눈다. 원동기는 자연계에 존재하는 에너지를 이용하여 동력을 발생시키는 기계이고, 작업기는 원동기로부터 동력을 공급받아 여러 가지 작업을 하는 기계이다.

원동기는 열에너지나 전기적 에너지 등을 기계적 에너지 즉, 동력을 변환하는 기계이며, 바람을 이용하는 풍차(windmill), 수력을 이용하는 수차(water wheel), 증기를 이용하는 증기 기관, 열에너지를 이용하는 내연기관(internal combustion engine), 전기 에너지를 이용하는 모터(motor) 등이 이에 속한다.

작업기를 작업 목적에 따라 분류하면 공작기계(machine tool), 하역기계, 교통기계, 산업기계 등으로 나눌 수 있다.

공작기계는 기계 부품을 가공하기 위한 기계로 선반(lathe) 드릴링 머신(drilling machine), 세이퍼(shaper), 밀링 머신(milling machine), 연삭기(grinder), 전조기(rolling) 등이 이에 속한다. 하역기계(material handing machine)에는 물건을 들어 이동하는데 쓰이는 호이스트(hoist)와 크레인(crane)이 있고, 물건을 연속적으로 운반하기 위한 콘베어(conveyor)가 있다. 교통기계에는 자동차, 기차, 항공기, 선박 등이 있고 섬유, 화학, 토목, 광산, 농업, 수산 등의 산업에 쓰이는 독특한 산업기계(industry machine)가 있다.

3. 기구

기계는 많은 부품이 조합되어 있다. 이러한 부품들에는 서로 접촉하면서 상대 운동을 하는 것이 있는데 이런 부품의 조합을 **짝**(pair)이라 한다. 쌍에는 그림 1.3과 같은 종류가 있다. 그림 (a)의 **미끄럼짝**(sliding pair)은 직선 운동을, 그림 (b)의 **회전짝**(turning pair)은 회전 운동을 하며, 그림 (c)의 **나사짝**(screw pair)은 암나사는 고정되어 있고, 수나사가 회전 운동을 하면서 동시에 직선 운동도 이루어진다.

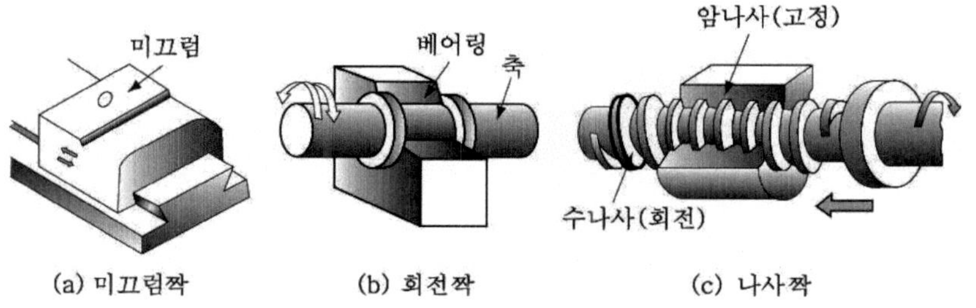

그림 1.3 한정된 짝의 예

기계는 짝으로 조합되어 있어 차례로 운동을 전달하고 있다. 어떤 경우에는 직선 운동을 회전 운동으로, 또는 반대로 회전 운동을 직선 운동으로 바꾸고, 또는 운동의 속도를 바꾸기도 한다. 이와 같이 운동의 전달이나 변환을 목적으로 하고 있는 쌍을 조합시켜, 한정된 운동을 하는 것을 **기구**(mechanism)라 한다. 그림 1.4는 여러 가지 기구의 예이다.

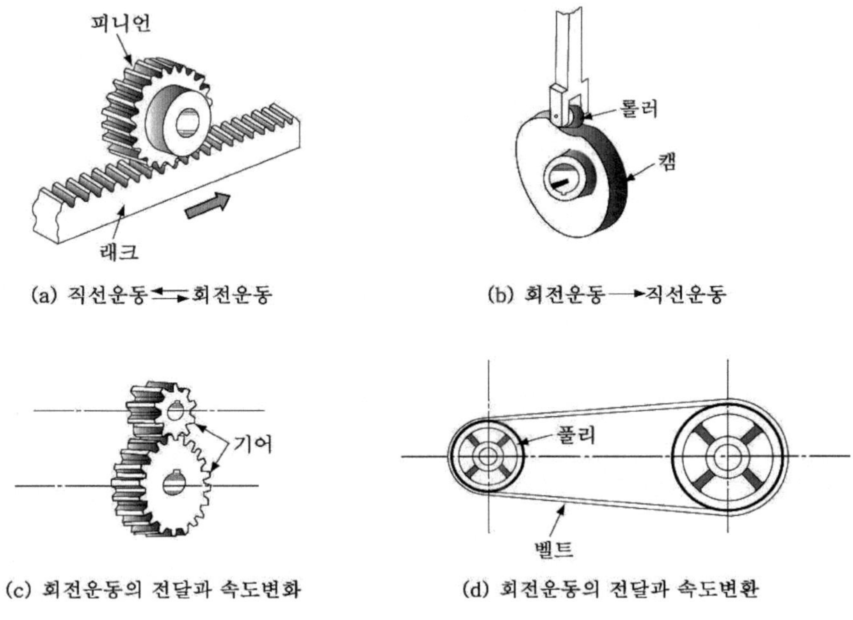

그림 1.4 기구의 여러 가지

또, 운동의 전달과 변환의 방법을 점이나 선으로 간단히 나타낼 수 있다. 그림 1.5의 (b)는 그림 (a)의 가솔린 엔진의 주된 기구를 간략화하여 나타낸 예이다.

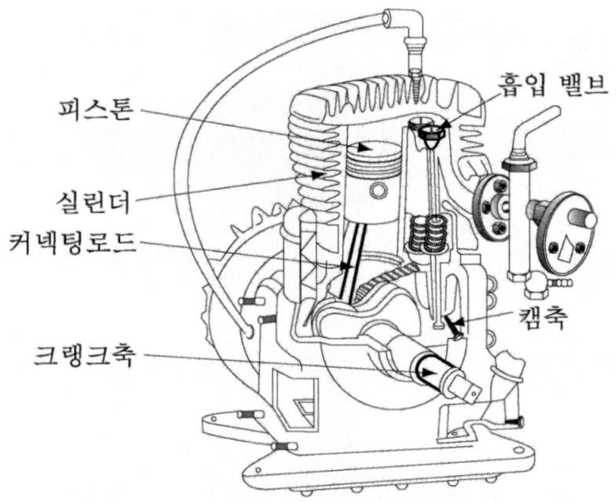

(a) 가솔린 엔진

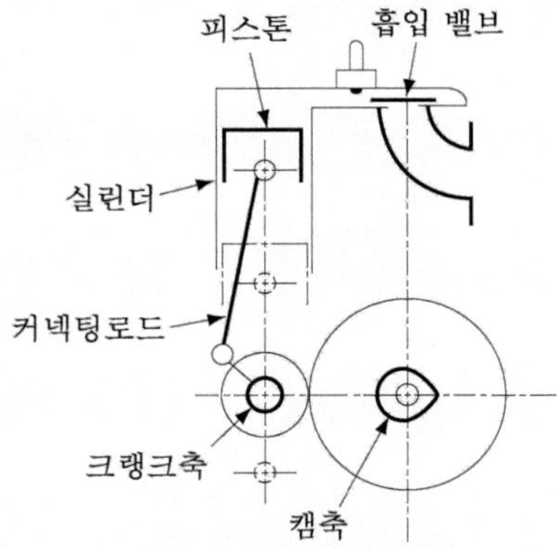

(b) 가솔린 엔진의 개략도

그림 1.5 기구의 간략화

1.1.2 기계요소와 기계설계

1. 기계요소

기계를 분해하면 많은 부품으로 이루어져 있는 것을 알 수 있으며, 이 부품들 중에는 같은 계통이 많이 있고, 또 다른 기계에서도 볼 수 있는 볼트, 너트, 축, 베어링, 기어 등이 많이 있다. 이와 같이, 기계에 사용되는 여러 가지 부품과 비교적 간단한 기계 구성 부품 하나하나를 기계요소(machine element)라 하며, 사용 목적에 따라 그림 1.6과 같이 분류한다.

(1) 체결용 기계요소

2개 이상의 기계 부품을 결합하는 것으로 다음과 같은 것이 있다.

① 볼트·너트 : 기계 부품을 일시적으로 결합하거나 또는 운동을 전달할 때 쓰인다.

② 키·핀·코터 : 벨트 풀리, 기어 등의 회전체를 축에 붙이거나, 2개의 축을 연결할 때 쓰인다.

③ 리벳 : 분해를 하지 않는 판을 조립할 때 쓰인다.

④ 용접이음 : 금속재료의 접합부를 국부적으로 가열하여 두 재료를 결합할 때 쓰인다.

(2) 축용 기계요소

축은 재료의 길이, 가공, 기구 등 여러 가지 조건에 따라 축을 이어서 사용할 때가 많다. 축용 기계요소에는 다음과 같은 것이 있다.

① 축 : 회전하는 동력을 전달하는데 쓰이며, 2개 이상의 베어링으로 지지되어 있다.

② 베어링 : 회전축을 받쳐주는 부품을 베어링이라 하고, 베어링으로 감싸여 있는 축 부분을 저널(journal)이라 한다.

③ 클러치 : 운전 중에 축의 단속을 자유롭게 할 수 있는 축이음이다.

④ 커플링 : 운전 중에 축의 연결을 끊을 수 없는 축이음이다.

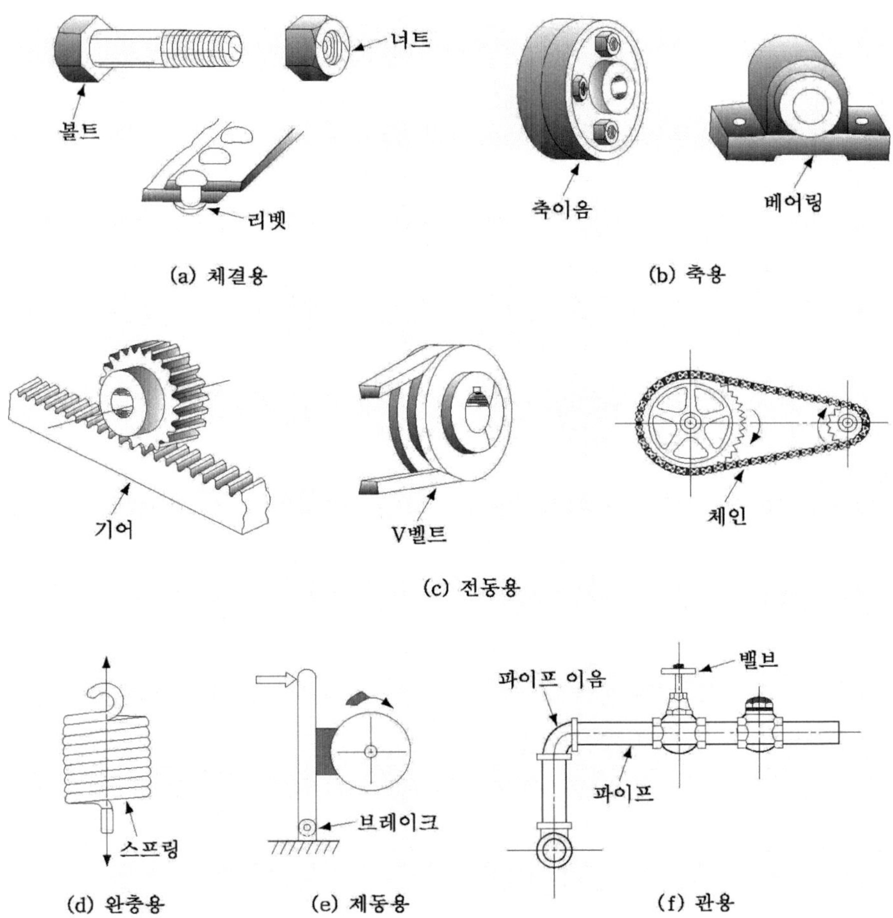

그림 1.6 기계요소의 분류

(3) 전동용 기계요소

전동 장치에 필요한 기계요소로 다음과 같은 것이 있다.

① 마찰차 : 구름 접촉에 의하여 동력을 전달하는 장치로 미끄럼이 많다.
② 기어 : 동력을 전달하는 장치 중에서 가장 널리 사용되는 것으로 미끄럼 접촉에 의해 동력을 전달한다.
③ 벨트, 체인 : 풀리나 스프로킷에 감아서 동력을 전달하는 장치이다.

(4) 완충 및 제동용 기계요소

완충용 기계요소에는 스프링을 사용하고, 제동용 기계요소에는 브레이크를 사용한다.
① 스프링 : 스프링은 물체의 탄성을 이용한 기계요소이며, 기계적 에너지를 흡수하여 축적하거나 변형 에너지를 기계적 에너지로 이용하여 완충 역할을 한다.
② 브레이크 : 기계의 운동 부분에서 일어나는 속도를 제어, 감소 또는 정지시키는 장치이다.

(5) 관용 기계요소

파이프(pipe)에 관계되는 요소로 다음과 같은 것이 있다.
① 파이프 : 유체를 수송하거나 물체의 보호 등에 사용하고 있다.
② 파이프 이음 : 파이프를 연결하는 것으로 용접하는 영구 이음과 플랜지 이음, 소켓 이음, 나사식 이음 등과 같은 임시 이음이 있다.

이상과 같은 기계요소를 그 목적에 따라 조합한 것이 기계이므로, 기계 설계자는 각 요소에 대하여 어떤 종류와 형식이 있으며, 어떤 기능을 가지고 있고, 또 그 모양, 크기, 재료 등의 선정을 어떻게 하여야 할 것인가를 잘 알고 있어야 한다.

2. 기계설계

기계를 제작하기 전에 먼저 그 기계의 동작, 성능 등에 대한 요구를 만족시킬 수 있도록 기계의 구조를 계획하고, 사용 재료, 모양, 치수 등을 선정하여 완전한 구조를 결정하는 것을 기계설계(machine design)라 한다.

기계를 설계하는 과정을 살펴보면 그림 1.7과 같이 먼저 어떤 일을 할 수 있는 기계가 필요하다는 인식이 생기면 설계자는 구상을 통해 대체적인 기계의 형태와 운동 전달 방법을 생각한다. 기계는 모든 부분이 각각 필요한 운동을 함으로 그 성능을 발휘할 수 있기 때문에 구상한 것을 운동을 할 수 있는가의 여부를 알아보려고 기구를 만들어 시험을 하고 평가를 한다.

따라서, 구상한 것이 목적에 적합하면 구조, 모양, 크기, 강도 등을 합리적으로 설계하여 최적화(optimization)가 되도록 결정하고, 또 재료와 가공법 등을 알맞게 선택하여 기계설계를 완성한다.

기계설계에서 기구·구조 등의 기능을 주된 목표로 하는 설계를 기능 설계라 하고, 기능이 손상되지 않도록 가공·조립이 용이하고 경제적인 것을 주된 목표로 하는 설계를 생산 설계라 한다. 또, 외관의 조화나 색채 등을 주된 목표로 하는 설계를 **공업 디자인**(industrial design)이라 한다.

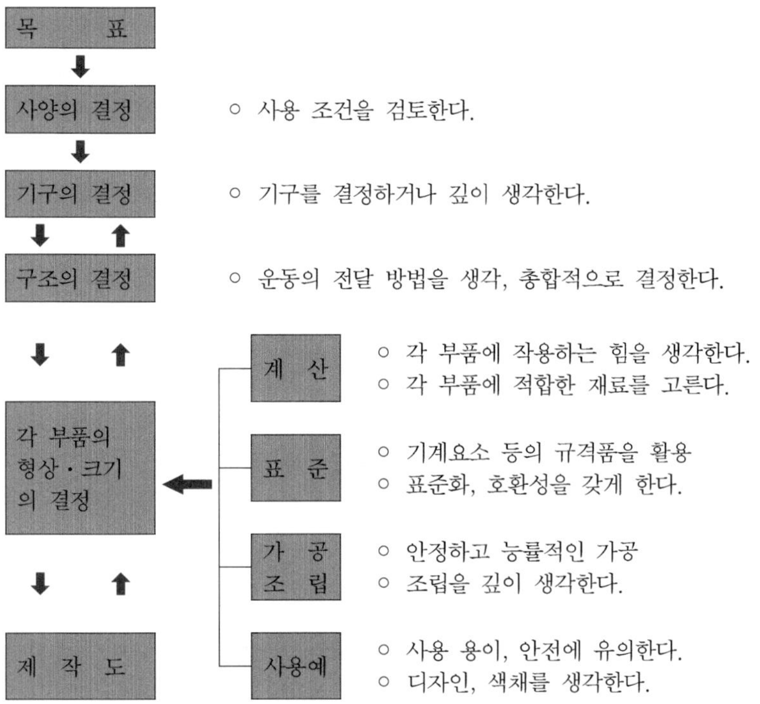

그림 1.7 기계 설계의 단계

이 과정이 완성되면 설계자는 자기의 의사를 제작자에게 도면으로 전달한다. 이 때, 새로운 설계 자료를 될 수 있는 대로 많이 수집, 정리하고 이와 같은 자료들을 참고로 항상 연구를 계속하여 보다 우수한 설계를 할 수 있도록 노력해야 한다.

3. 컴퓨터를 이용한 기계 설계

오늘날 눈부시게 발전하고 있는 컴퓨터를 설비나 제품의 설계 작업에 도입하여, 설계 초기 단계인 기본 구상 작업에 컴퓨터를 이용하거나, 엔지니어링의 기본 설계 단계에서부터 최종의 상세 설계 제도에 이르기까지의 전 설계 및 제도 과정에 컴퓨터를 이용한다. 이 설계 방식을 CAD(computer aided design)라 한다. 또한, CAD에 의해서 제품도, 부품도 및 조립도 등의 설계안이 수립된 후, 이들 설계 정보로부터 공정 설계, 생산 관리, 작업 기술, 가공, 검사 및 조립 등의 제품 생산 단계에 컴퓨터를 이용하는 것을 CAM(computer aided manufacturing)이라 한다.

그리고 CAD를 이용한 설계 정보로부터 여러 가지 기술적 해석을 하는 것을 CAE(computer aided engineering)라 하고, 컴퓨터를 이용해 시험하는 것을 CAT(computer aided testing)라 한다.

이러한 CAD/CAM/CAE/CAT 기술을 이용하여 제품의 초기 설계 단계에서부터 최종 생산에 이르는 전 과정의 흐름을 통합된 컴퓨터 시스템에 의하여 관리하고 제어하는 것을 전산 통합 생산(computer integrated manufacturing, CIM)이라 한다.

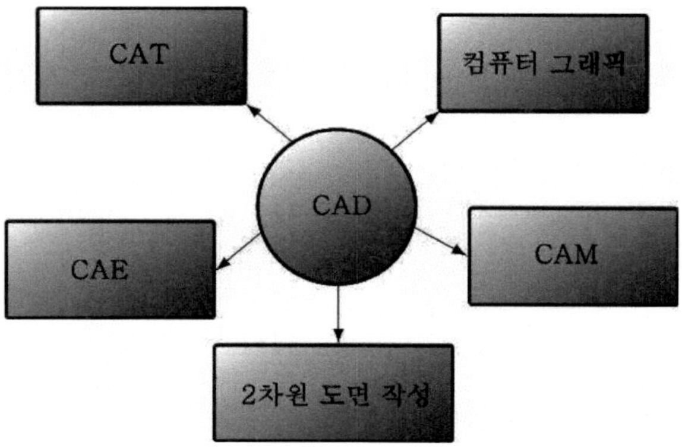

그림 1.8 3차원 CAD 시스템을 이용한 시스템 구축 예

생산 방식에서 종래에는 소품종 대량 생산이 일반적인 유형이었다. 그러나 오늘날의 생산 방식은 소비자의 다양한 기호와 제품의 주기(life cycle) 단축에 따라 다품종 소량 생산으로 전환되어 가고 있으므로, 설계 기간의 단축은 매우 중요한 의미를 가진다.

이와 같이, 설계 기간을 단축하기 위해 설계에 컴퓨터를 이용하기 시작하였으며, 또 다른 효과로는 설계 작업의 원가 절감, 품질 향상 등을 들 수 있다.

1.1.3 기계 부품의 표준화와 단위

1. 표준화의 목적

기계요소들은 그 모양, 품질, 치수 등을 되도록 규격으로 통일시키고, 표준화를 하면 설계자의 수고를 줄일 뿐만 아니라, 공업 기술의 향상, 생산의 합리화 및 작업의 단순 공정화 등에 아주 유익하다. 이와 같이 하면, 전용 공작 기계를 사용하는 것이 가능하게 되고, 우수한 제품을 제작할 수 있어 원가를 절감할 수 있으며, 대량 생산을 할 수 있게 된다. 또, 사용자는 고장 시에 부품을 교환할 때 호환성이 있어서 아주 편리하다. 이 때문에 우리나라에서는 **한국 산업 규격**(KS, Korean Industrial Standard)을 제정하여 시행하고 있다.

그러므로, 기계 설계자는 표준 규격품을 채택하여 각 부품의 치수에 공통성을 가지게 하고, 부품의 종류를 되도록 적게 하여야 하며, 또 호환성을 주어 원가를 절감할 수 있다.

아직 규격이 제정되어 있지 않은 것에 대해서는 외국의 규격 또는 ISO 규격, 그 밖에 합리적인 기준에 따라 재료, 모양, 치수, 정밀도 등을 결정하여야 한다.

또, 국제적으로도 표준화 사업이 진행되고 있으며, 이를 수행하고 있는 국제적 단체를 **국제 표준화 기구**(ISO, International Organization for Standardization)라 한다.

기계 설계에서는 표 1.1에서 설명한 규격을 충분히 고려하지 않으면 아주 불리하게 되고, 때로는 제작이 불가능하게 되는 수도 있다.

표 1.1 KS의 산업 부문별 기호

분류 번호	부문 명칭	분류 번호	부문 명칭
KS A	기본	KS H	식료품
KS B	기계	KS K	섬유
KS C	전기	KS L	요업
KS D	금속	KS M	화학
KS E	광산	KS P	의료
KS F	토목	KS V	조선
KS G	일용품	KS W	항공

2. 단위계

어느 양을 수치로서 표시할 때 비교의 기준으로 사용하는 같은 종류의 양을 **단위**(unit)라 한다. 물리량의 종류는 아주 많고, 다른 물리량과 관계없이 독립해서 단위가 주어지는 것과 같은 물리량을 **기본량**이라 하며, 기본량의 단위를 **기본 단위**라 한다. 또, 기본량을 조합해서

정의 된 양을 **조립량**(또는 유도량)이라 하고, 조립량의 단위를 **조립 단위**(또는 유도 단위)라 한다.

기본량에 길이, 질량, 시간이 있고, 이들의 단위를 기본으로 하여 다른 질량의 단위를 유도한 것을 **절대 단위계**라 한다. 지금까지 기계 공학 및 기계 공업에서는 질량 대신에 힘을 기본량으로 잡고, 일정 질량에 작용하는 중력을 기본 단위의 하나로 하는 단위계가 사용되어 왔다. 이것을 **중력 단위계** 또는 **공업 단위계**라 한다.

현재 각국에서 사용되고 있는 단위계에는 국제단위계(SI), MKS 단위계, CGS 단위계, 중력 단위계, 기타 미터법 단위계, 피트·파운드 절대 단위계, 피트 파운드의 중력 단위계 등이 있으며, 1973년 2월에 국제 표준화 기구가 설립된 후 SI 단위를 국제적으로 널리 사용되게 되었다. 우리나라에서도 KS 규격에 SI 단위가 도입되어 있다. 따라서 우리나라도 선진국과 같이 하루 빨리 SI 단위에 대하여 알아야 한다.

표 1.2 역학에 관한 각 단위계의 비교

<table>
<tr><th colspan="3">단위 비교</th><th>길이(L)</th><th>질량(M)</th><th>시간(T)</th><th>힘(F)</th></tr>
<tr><td rowspan="4">미터법</td><td rowspan="3">절대단위</td><td>SI</td><td>m</td><td>kg</td><td>s</td><td>N</td></tr>
<tr><td>MKS</td><td>m</td><td>kg</td><td>s</td><td>N, $kg \cdot m/s^2$</td></tr>
<tr><td>CGS</td><td>cm</td><td>g</td><td>s</td><td>dyn, $g \cdot cm/s^2$</td></tr>
<tr><td colspan="2">중력 단위</td><td>m</td><td>$kg_f \cdot s^2/m$</td><td>s</td><td>kg_f</td></tr>
</table>

3. SI 단위

국제 도량형 총회는 SI 단위(International System of Units)를 채택한 다음부터 국제 표준화 기구가 그 사용을 결정하고, 세계 여러 나라들이 이 단위를 채택하고 있다. SI 단위는 기본 단위(7개)와 보조 단위(2개) 및 이들 단위로 만든 조립 단위로 되어 있다. SI 단위의 10의 멱수배를 나타내는 접두어가 만들어져 있다.

표 1.3 SI 기본 단위

양	측정 단위	단위기호	양	측정 단위	단위기호
길이	미터	m	열역학온도	켈빈	K
질량	킬로그램	kg	물질량	몰	mol
시간	초	s	광도	칸데라	cd
전류	암페어	A			

표 1.4 SI 보조 단위

양	측정 단위	단위 기호
평면각	라디안(radian)	rad
입체각	스테라디안(steradian)	sr

(1) 힘의 단위

기계 설계에서는 종래 단위 질량의 물체에 작용하는 중력을 힘의 단위로 하는 중력 단위계를 사용하였으며, kg을 써 왔으나 질량을 나타내는 SI 기본단위 kg과 중력단위계에서 사용하는 힘의 단위 kg_f(kilogram-force, 킬로그램힘, 킬로그램중)는 반드시 구분해서 사용해야 한다.

최근 국내에서도 SI 단위계를 사용하는 경향이 증가되면서 종래와 같이 중력 단위계를 사용할 때는 SI 단위로 환산해 보아야 한다. 그래야 SI단위에 대하여 익숙해지게 된다. SI 단위로 환산하는 요점은 다음과 같다.

SI 단위의 kg은 질량 단위이고, 힘의 단위는 뉴턴 N으로 나타낸다.

힘은 뉴턴의 제2법칙으로부터

$$\text{힘 [N]} = \text{질량 [kg]} \times \text{가속도 [m/s}^2\text{]}$$

$$1\ \text{[N](뉴턴)} = 1\ \text{[kg]} \times 1\ \text{[m/s}^2\text{]} = 1\ \text{[kg} \cdot \text{m/s}^2\text{]} \tag{1.1}$$

따라서, 중력 단위와의 관계에서는 표준의 중력 가속도 g = 9.80665 [m/s^2]이므로

$$1\ [\text{kg}_f]\text{(킬로그램포스)} = 9.81\ [\text{kg} \cdot \text{m/s}^2] = 9.80665\ [\text{N}] ≒ 9.81\ [\text{N}]$$

또,

$$1\ \text{[kN](킬로뉴턴)} = 10^3\ \text{[N]} = 101.9716\ [\text{kg}_f] ≒ 102\ [\text{kg}_f]$$

$$1\ \text{[MN](메가뉴턴)} = 10^6\ \text{[N]} ≒ 102 \times 10^3\ [\text{kg}_f]$$

(2) 압력과 응력의 단위

압력과 응력은 단위 면적당의 힘이므로 SI 단위에서는 N/m^{2}로 표시되며, 이것을 Pa(파스칼)이라 부르며, 이 밖에 N/cm^2, N/mm^2 등을 사용한다.

지금까지 유체의 압력으로 kg_f/cm^2가 널리 사용되었고, 이를 SI 단위로 환산하면 다음과 같다.

$$1\ [\mathrm{kg_f/cm^2}] = 9.81\ [\mathrm{N/cm^2}] = 0.0981\ [\mathrm{N/mm^2}] = 98100\ [\mathrm{Pa}]\ (\text{파스칼})$$

$$1\ [\mathrm{kN/cm^2}] = 102\ [\mathrm{kg_f/cm^2}] = 1.02\ [\mathrm{kg_f/mm^2}]$$

$$1\ [\mathrm{MN/m^2}] = 1\ [\mathrm{MPa}] = 1\times 10^6\,\frac{\mathrm{N}}{\mathrm{m^2}}\times\frac{(1\mathrm{m})^2}{(10^3\mathrm{mm})^2} = 1\ [\mathrm{N/mm^2}] \quad (1.2)$$

(3) 모멘트, 일의 단위

모멘트의 단위는 중력 단위계에서는 $[\mathrm{kg_f \cdot m}]$를 사용하였으나 SI 단위에서는 뉴턴미터 $[\mathrm{N \cdot m}]$를 사용한다.

$$1\ [\mathrm{kg_f \cdot m}] = 9.81\ [\mathrm{N \cdot m}] = 9.81\ [\mathrm{J}] \quad (1.3)$$

또, 일은 단위의 힘이 물체에 작용하여 그 방향으로 단위 거리만큼 움직인 것이므로 단위는 $[\mathrm{N \cdot m}]$이다. SI 단위에서는 1 [N]의 힘으로 1 [m] 움직일 때의 일량이 단위이고, 이것을 1 [J]이라고 한다.

$$1\ [\mathrm{N \cdot m}] = 1\,[\mathrm{J}] = 1\,[\mathrm{kg \cdot m^2/s^2}] \quad (1.4)$$

(4) 원주속도의 단위

지름이 D [mm]인 회전체가 N [rpm]으로 회전할 때 원주속도는 회전각속도 $\omega = \frac{2\pi N}{60}$ [rad/s]이므로 다음과 같이 나타낸다.

$$v = r\omega = \left(\frac{\mathrm{D}}{2}\right)\left(\frac{2\pi\mathrm{N}}{60}\right)\ [\mathrm{mm/s}] = \left(\frac{\mathrm{D}}{2\times 1000}\right)\left(\frac{2\pi\mathrm{N}}{60}\right)\ [\mathrm{m/s}] \quad (1.5)$$

(5) 동력의 단위

단위 시간 사이에 하는 일의 크기를 일률(공률), 동력(power)이라 한다. 동력의 SI 단위는 [J/s]이고, 이것을 W(와트)라 한다.

$$1\,[\mathrm{J/s}] = 1\ [\mathrm{W}] = 1\ [\mathrm{N \cdot m/s}] = 1\ [\mathrm{kg \cdot m^2/s^3}] \quad (1.6)$$

중력 단위계에서는 마력이라는 동력의 단위가 사용되고 있고, 이것에는 프랑스 마력 PS와 영국 마력 HP가 쓰이고 있다.

$$1\,[\mathrm{PS}] = 75\ [\mathrm{kg_f \cdot m/s}] = 735.5\ [\mathrm{W}] = 0.7355\ [\mathrm{kW}] = 3/4\,[\mathrm{kW}] \quad (1.7)$$

$$1\ [\mathrm{kg_f \cdot m/s}] = 9.81\ [\mathrm{W}]$$

$$1\,[\mathrm{kW}] = 102\,[\mathrm{kg_f} \cdot \mathrm{m/s}]$$
$$1\,[\mathrm{kW}] = 1000\,[\mathrm{N} \cdot \mathrm{m/s}]$$
$$1\,[\mathrm{HP}] = 1.013\,[\mathrm{PS}]$$

① 동력을 힘(F)×속도(v)로 표현할 때는 다음과 같다.
힘의 단위가 뉴턴 [N] 일 때, 동력을 와트로 나타낼 경우

$$\mathrm{H}\,[\mathrm{kW}] = \frac{\mathrm{F}\,[\mathrm{N}] \cdot v\,[\mathrm{m/s}]}{1000} \tag{1.8}$$

힘의 단위가 킬로그램포스 [$\mathrm{kg_f}$] 일 때, 동력을 와트로 나타낼 경우

$$\mathrm{H}\,[\mathrm{kW}] = \frac{\mathrm{F}\,[\mathrm{kg_f}] \cdot v\,[\mathrm{m/s}]}{102} \tag{1.9}$$

힘의 단위가 킬로그램포스 [$\mathrm{kg_f}$] 일 때, 동력을 마력의 단위로 표현하면 아래와 같다.

$$\mathrm{H}\,[\mathrm{PS}] = \frac{\mathrm{F}\,[\mathrm{kg_f}] \cdot v\,[\mathrm{m/s}]}{75} \tag{1.10}$$

② 동력을 토크 (T) × 각속도(w)로 표현
토크의 단위가 뉴턴미터 [N · m]이고 회전속도가 N [rpm] 일 때, 동력은 다음과 같이 표현된다.

$$\mathrm{H}\,[\mathrm{kW}] = \frac{\mathrm{T}\,[\mathrm{N} \cdot \mathrm{m}] \times \omega\,[\mathrm{rad/s}]}{1000} = \frac{\mathrm{T}\,[\mathrm{N} \cdot \mathrm{m}] \times \dfrac{2\pi \mathrm{N}}{60}\,[\mathrm{rad/s}]}{1000}$$

$$\mathrm{H}\,[\mathrm{kW}] = \frac{\mathrm{T}\,[\mathrm{N} \cdot \mathrm{m}] \times \mathrm{N}\,[\mathrm{rpm}]}{1000 \times \dfrac{60}{2\pi}} = \frac{\mathrm{T}\,[\mathrm{N} \cdot \mathrm{m}] \times \mathrm{N}\,[\mathrm{rpm}]}{9549}$$

혹은

$$\mathrm{T}\,[\mathrm{N} \cdot \mathrm{m}] = 9549\,\frac{\mathrm{H}\,[\mathrm{kW}]}{\mathrm{N}\,[\mathrm{rpm}]} \tag{1.11}$$

한편, 토크의 단위가 킬로그램포스 미터 [$\mathrm{kg_f}$ · m]이고 회전속도가 N [rpm] 일 때, 동력은 다음과 같이 표현된다.

$$H\,[\mathrm{PS}] = \frac{T\,[\mathrm{kg_f \cdot mm}] \times \omega\,[\mathrm{rad/s}]}{1000 \times 75} = \frac{T\,[\mathrm{kg_f \cdot mm}] \times \dfrac{2\pi N}{60}\,[\mathrm{rad/s}]}{1000 \times 75}$$

$$H\,[\mathrm{PS}] = \frac{T\,[\mathrm{kg_f \cdot mm}] \cdot N\,[\mathrm{rpm}]}{1000 \times 75 \times \dfrac{60}{2\pi}} = \frac{T\,[\mathrm{kg_f \cdot mm}] \cdot N\,[\mathrm{rpm}]}{716200}$$

혹은

$$T\,[\mathrm{kg_f \cdot mm}] = 716200\,\frac{H\,[\mathrm{PS}]}{N\,[\mathrm{rpm}]} \tag{1.12}$$

1.2 재료의 강도

1.2.1 응력과 변형률

1. 하중 – 변형량 선도

기계나 구조물을 구성하고 있는 각 부재에는 반드시 외력이 작용하고 있으며, 이 외력을 하중(load)이라 한다. 물체에 하중이 작용하면 물체는 변형하며, 계속 하중을 증가시키면 변형도 증가된다.

물체에 작용하는 하중에는 인장 하중(tension load), 압축 하중(compression load), 굽힘 하중(bending load), 비틀림 하중(torsion load) 등이 있고, 이들이 복합된 것도 있다. 또, 하중이 작용하는 방법에 따라 정하중(statical load)과 동하중(dynamical load) 으로 나눈다.

지금, 그림 1.9와 같이 단면적이 균일한 원기둥의 양 끝에 인장 하중이 작용하는 경우를 생각해 보자. 물체 내부에는 이것에 저항하는 힘이 생기고, 이 힘과 하중은 평형을 이룬다. 따라서 내부에 생기는 저항력과 하중의 관계는 서로 크기는 같고 방향은 반대이다.

물체에 작용하는 하중이 일정하면 물체에 생기는 저항력은 단면적의 크기에 따라 변하므로 단위 면적

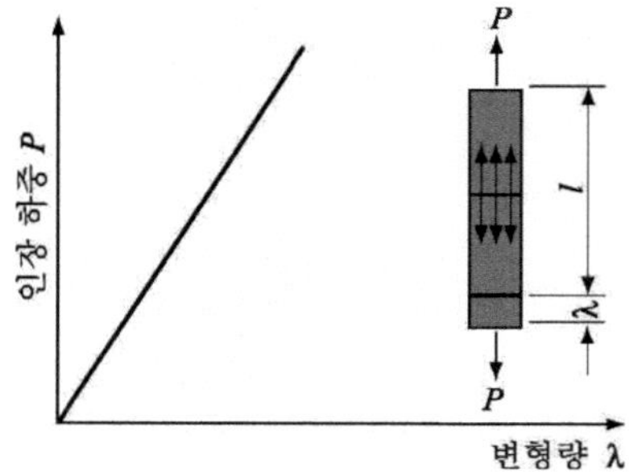

그림 1.9 하중과 변형량

당 작용하중의 값을 응력(stress)이라 한다.

환봉에 인장 하중을 가하면 환봉은 늘어난다. 하중과 변형량과의 관계를 선도로 나타낸 것을 **하중-변형량 선도**(load-deformation diagram)라 한다. 이 때 단위 길이당의 변형량을 **변형률**(strain)이라 한다.

2. 응력 – 변형률 선도

그림 1.10과 같이 세로축을 인장 응력, 가로축을 변형률로 하고 인장 응력과 변형률과의 관계를 선도로 나타낸 것을 **응력-변형률 선도**(stress-strain diagram)라 한다.

응력이 작은 부분에서는 응력과 변형률은 일직선으로 표시되어 있다. 이와 같이 응력과 변형률이 비례하는 것을 로버트 훅이 알아내어 이를 **훅의 법칙**(Hooke's law)이라 한다. 훅의 법칙이 성립되는 범위에서는 응력과 변형률이 비례하므로, 이 비례 상수를 **탄성 계수**(modulus of elasticity)라 하며, 인장 응력의 경우는 **세로 탄성 계수** 또는 **영률**(Young's modulus)이라 한다.

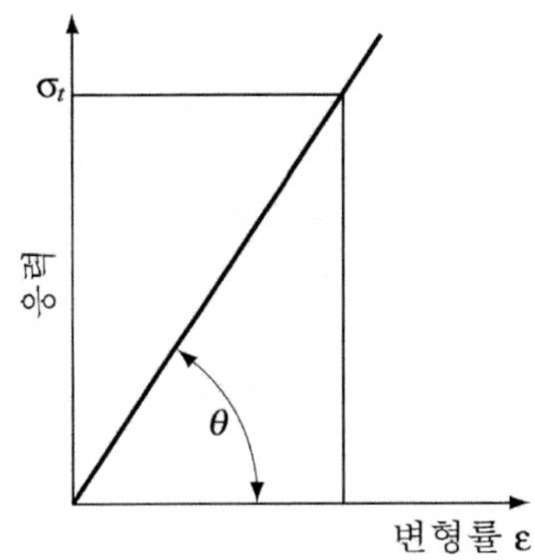

그림 1.10 응력-변형률 선도

비틀림을 받는 경우도 마찬가지로 비틀림 응력과 비틀림 변형률도 비례하므로 이 비를 **가로 탄성 계수**(modulus of rigidity) 또는 **강성률**이라 한다. 비틀림 응력이 낮은 구간은 비틀림 응력과 변형률과는 비례하여 직선적 관계가 있다.

3. 비례 한도와 탄성 한도

훅의 법칙이 성립하는 범위 내에서는 응력이 커지면 변형률도 비례하여 증가하지만 응력이 어느 한계를 넘으면 비례 관계는 성립되지 않아 변형률이 비례 직선에서 떨어진다. 이 떨어지기 시작하는 응력을 **비례 한도**(proportional limit)라 부른다(그림 1.11).

비례 한도 이하의 응력 범위에서는 힘을 제거하면 재료는 처음 길이로 돌아간다. 그러나 다시 비례 한도보다 큰 응력을 가하면 재료에는 **소성 변형**(plastic deformation)이 생겨 응력을 제거하여도 재료는 처음 길이로 돌아가지 않고 변형이 그대로 남는다. 이 남아 있는 변형을 **영구 변형**(permanent deformation) 또는 **잔류 변형**(residual deformation)이라 하며, 탄성 변형량과 영구 변형량의 합을 **전 변형량**(total deformation)이라 한다. 또, 영구 변형이 생기기 시작한 응력을 **탄성 한도**(elastic limit)라 하며, 비례 한도와 탄성 한도는 가까운 값이므로 구별하기 어렵다(그림 1.12).

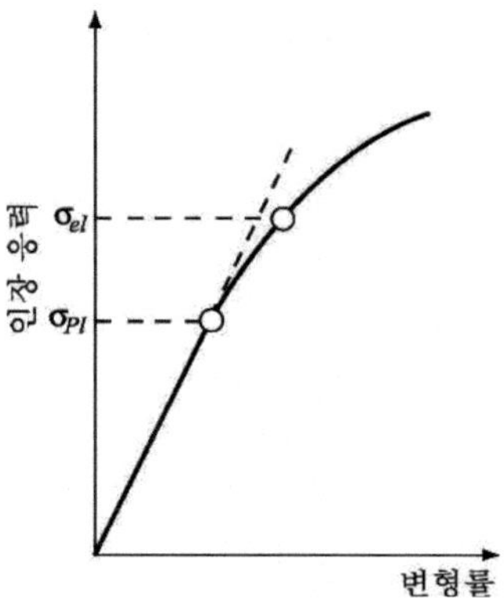

그림 1.11 비례 한도

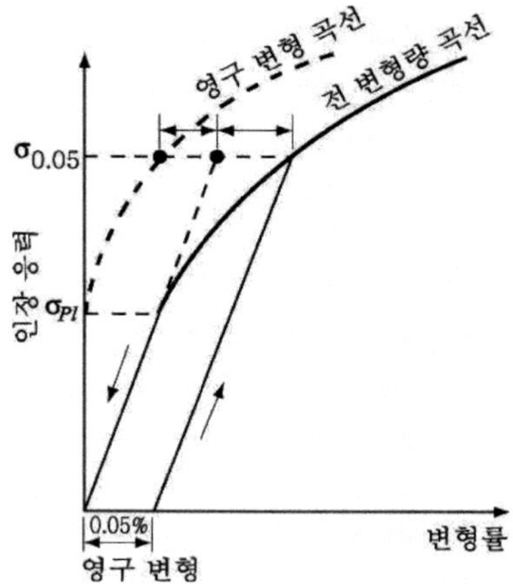

그림 1.12 비례한도와 탄성 한도

4. 항복점

연강에 인장 하중을 가하면 그림 1.13과 같이 하중이 어느 값에 도달했을 때 그 이상 하중을 가하지 않아도 변형량이 급격히 증가하는 점이 생긴다. 이 점을 **항복점**(yield point)이라 하고, 이 점의 응력을 **항복 강도**(yield strength)라 한다.

항복 현상은 연강 특유의 것으로 뚜렷하게 나타나지만, 열처리를 한 강이나 알루미늄 합금, 기타 금속에서는 항복이 생기지 않고, 연강에서도 항복점 이상으로 응력을 가한 재료에서는 항복 현상이 생기지 않는다. 즉, 그림에서 항복 현상을 넘은 점 A에 도달한 재료를 일단 하중을 제거하여 점 B에 도달된 후, 다시 하중을 가하여도 항복 현상은 일어나지 않고 BA와 같이 변화한다.

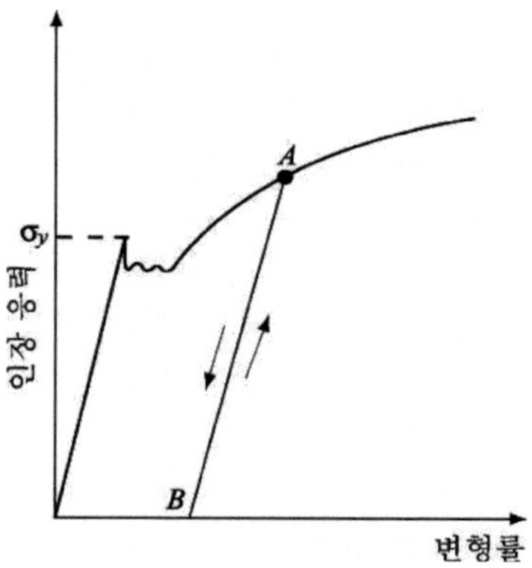

그림 1.13 항복 현상

5. 인장 강도

연강의 인장 시험에서 항복점을 넘어 계속 하중을 증가시키면 그림 1.14와 같이 점 E에서 응력은 최고가 되며, 이 점을 지나면 응력은 감소되지만 변형은 증대되어 점 F에서 파단이 생긴다. 최대 하중을 시험편의 시험 전 단면적으로 나눈 값을 **인장 강도**(tensile strength)라 한다. 인장 강도는 측정이 용이하므로 재료 강도의 지표로서 널리 쓰이고 있다.

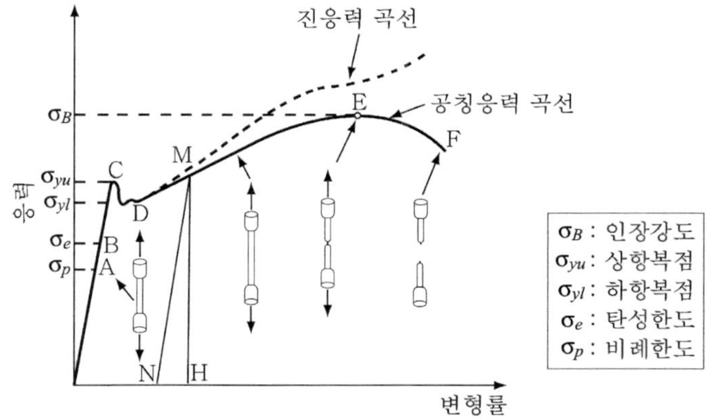

그림 1.14 연강의 응력-변형률 선도

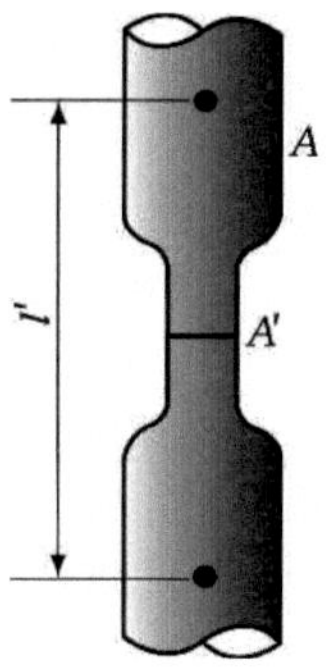

그림 1.15 국부 수축

압축과 전단에 대한 최대 응력을 각각 **압축 강도**(compressive strength), **전단 강도**(shearing strength)라 하고, 이 최대 응력들을 통틀어 **극한 강도**(ultimate strength)라 한다.

또, 최대 하중을 넘으면 시험편은 그림 1.15와 같이 국부적으로 급격히 가늘어지는데 이 급격히 가늘어진 것을 **국부 수축**(local contraction)이라 한다. 최고 하중 이후 응력은 EF와 같이 감소하는 것을 볼 수 있지만 시험편에 가한 하중을 실제 가늘어진 단면적으로 나누어 응력을 계산하여 그래프를 그리면 가늘어진 부분의 실제 응력은 도리어 점선과 같이 증대되어 파단이 일어난다. 파단시의 하중을 파단 후의 가늘어진 부분의 단면적으로 나눈 값을 **파단 응력**(breaking stress)이라 한다.

변형률과 단면 수축률은 재료가 파단 할 때까지의 영구 변형량이므로 재료의 **강성**(stiffness)의 지표로서 중요한 값이 된다. 단면 수축률과 변형률이 큰 재료를 **연성 재료**(ductile material)라 하고, 작은 재료를 **취성 재료**(brittle material)이라 한다.

6. 허용 응력과 안전율

기계나 구조물에 하중을 작용시키면 각 부분에는 응력이 생기며, 이 응력이 재료의 탄성 한도를 넘으면 영구 변형을 일으키고, 계속 하중을 증가시키면 마침내는 재료가 파괴된다.

따라서, 재료를 기계나 구조물의 부품으로 사용할 때는 안전한 상태를 유지하며, 그 기능을 충분히 발휘하기 위해서는 각 부분에 생기는 응력이 그 재료의 탄성 한도를 넘지 않도록 해야 한다. 그러나 재료에 생기는 응력이 탄성 한도 이내에 있다고 하더라도 사용하는 곳에 따라 마멸되거나 부식이 생기면, 하중이 같아도 재료 자체가 약해지므로 응력이 증가하는 결과와 같게 되어 파괴에 대한 저항력이 저하되어 결국은 위험하게 된다.

또, 예측할 수 없는 큰 하중을 받거나 온도의 영향을 받는 곳에 사용되는 재료는 이에 따라 응력이 증가하므로 사용 중에 탄성 한도를 넘을 우려가 있다. 또, 충격 하중을 받는 재료는 정하중을 받을 때보다 큰 응력이 생기며, 교번 하중을 받는 재료도 정하중을 받을 때보다 훨씬 작은 응력에서도 파괴되므로, 재료의 치수를 좀 더 크게 해서 사용하는 것이 안전하다. 설계에서는 실제의 사용 상태를 면밀히 조사하여, 각 부분에 생기는 응력이 탄성 한도 이내의 안전한 응력이 되도록 사용 재료와 그 모양 및 치수를 결정하여야 한다.

기계나 구조물을 사용할 때 각 부분에 생기는 응력을 **사용 응력**(working stress)이라 하며, 이에 대하여 재료의 안전성을 생각하여 재료에 허용되는 최대의 응력을 **허용 응력**(allowable stress)이라 한다. 허용 응력은 사용 재료와 그 치수 결정에 기초가 된다.

설계 시 허용 응력은 하중의 종류 및 발생하는 응력에 따라 구분되어 있지만, 그때그때의 여러 가지 상황을 고려하여 적당한 값을 선정해야 한다.

기계나 구조물의 설계에서 사용 재료의 허용 응력을 어느 정도로 하는가가 중요하다. 재료의 허용 응력은 재료의 품질, 하중의 종류, 부품의 모양, 사용 장소 등에 따라 다르므로 정확하게 응력을 계산하기는 어려운 일이다. 그러므로 재료의 기준 강도와 허용 응력의 비로 나타내는 안전율을 알맞게 선정해서 결정한다.

$$\text{안전율} = \frac{\text{기준 강도}}{\text{허용 응력}} \tag{1.13}$$

여기서, 기준 강도는 가해지는 하중의 종류, 재질, 형상 등 실제의 사용 상태에 있는 종류의 응력에 따라 다음과 같이 정하는 것이 바람직하다.

㉮ 인장 강도를 선정하는 경우 : 인장 강도는 대부분의 재료에 대하여 실험값이 구해져 있으므로 기준 강도로 정하기가 쉽다. 예를 들면 주철과 같은 취성 재료에 정하중이 가해지는 경우는 인장 강도를 기준 강도로 한다.

㉯ 항복점·내력을 선정하는 경우 : 항복점이나 내력을 초과하면 급격히 변형이 증가하는 연강이나 알루미늄 합금과 같은 연성 재료에 정하중이 가해지는 경우, 연강은 항복점을, 알루미늄 합금은 내력을 기준 강도로 한다.

㉰ 피로 강도를 선정하는 경우 : 기계나 구조물의 각 부분은 실제 사용할 때 정하중만을 받는 경우는 극히 드물고, 대부분 각종 하중을 반복하여 받는 경우가 많다. 반복 하중을 받는 경우에는 피로 한도를 기준 강도로 한다.

㉱ 크리프 강도를 선정하는 경우 : 고온에서 정하중이 작용하는 경우는 크리프 강도를 기준 강도로 한다.

7. 응력 집중

단면이 균일한 재료에 인장 하중을 작용시키면, 그림 1.16의 (a)와 같이 인장 응력은 X-X' 단면에 균일하게 분포된다. 그러므로 이 응력을 단면에 생기는 **평균** 응력이라 한다. 그러나 노치(notch)홈, 구멍, 단이 있는 경우에는 그림 (b), (c), (d)와 같이 노치의 밑바닥과 구멍의 양끝, 그리고 단의 모서리 등에 매우 큰 응력이 생긴다.

그림 (b)와 같이 노치홈이 있으면 노치의 밑바닥을 지나는 X-X 단면에는 평균 응력이 고루 분포하지 않고, 홈 부분에서는 최대 응력이 생기며, 중심부에서는 평균 응력보다 작은 응력이 생긴다. 이와 같이 구멍, 노치, 단 때문에 국부적으로 큰 응력이 생기는 현상을 **응력 집중**(stress concentration)이라 한다.

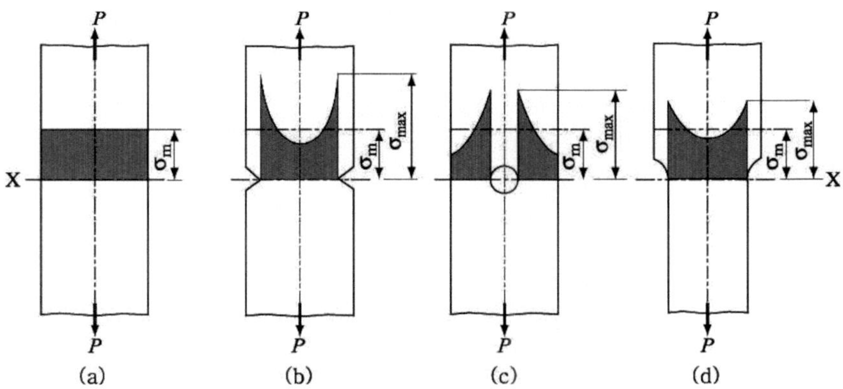

그림 1.16 응력 집중

8. 열응력

모든 물체는 온도가 올라가면 팽창하고, 온도가 내려가면 수축한다. 이와 같이 온도 변화에 따라 물체가 자유롭게 팽창하거나 수축하면 물체 내부에 아무런 응력도 생기지 않는다. 그러나 팽창이나 수축이 자유롭게 일어나지 못하도록 구속한다면, 구속된 변화량에 해당하는 변형률이 생긴다. 따라서 물체 내부에는 이 변형률에 대응하는 인장 응력 또는 압축 응력이 생기며, 온도 변화에 의하여 생기는 응력을 **열응력**(thermal stress)이라 한다.

1.2.2 크리프, 피로, 파손

1. 크리프

재료에 인장 하중을 가하면 변형이 생기며, 항복점과 같은 특수한 경우를 제외하고는 변형은 하중을 증가시키지 않는 한 증가하지 않는다. 즉, 하중을 일정하게 유지하면 변형도 일정한 상태를 유지할 것이다. 그러나 재료를 고온으로 유지하고 이에 일정한 인장 하중을 장시간 작용시키면, 그림 1.17과 같이 시간이 경과함에 따라 변형이 조금씩 증가한다. 이와 같이 일정한 하중을 받고 있을 때 그 변형이 시간이 증가함에 따라 증가하는 현상을 **크리프**(creep)라 하며, 이에 대한 변형률을 **크리프 변형률**(creep strain)이라 한다.

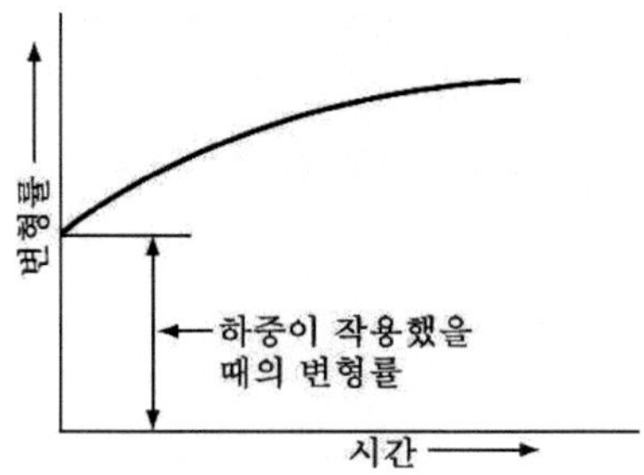

그림 1.17 크리프

이 크리프는 하중의 크기, 온도 등에 따라 다르게 일어나며, 특히 온도의 영향이 크다. 즉, 이 현상은 온도가 재료의 용융점에 가까울수록 뚜렷하게 나타나며, 납과 같이 낮은 용융점의 금속에서는 상온에서도 상당히 크게 나타나지만, 용융점이 높은 연강에서는 상온에서 거의 크리프 현상을 볼 수 없고, 350℃ 이상이 되면 뚜렷하게 나타난다.

2. 피로

어느 재료가 정하중을 받을 때, 그 재료에 생기는 응력이 극한 강도를 넘지 않으면 재료의 파괴는 대체로 일어나지 않는다. 그러나 반복 하중 또는 교번 하중이 작용하는 경우에는 응력의 변동 범위가 그다지 크지 않고, 또 이 때 생기는 최대 응력이 극한 강도보다 훨씬 작더라도 이 반복 작용을 장시간 거듭하면 재료가 파괴되는 경우가 있다. 예를 들면 우리가 철사를 끊고자 할 때 절단 공구를 사용하지 않고 두 손으로 철사를 잡고 앞뒤로 굽히는 일을 반복하면 어느 반복 회수에 도달하면 철사가 끊어지게 된다. 이와 같은 파괴를 **피로 파괴**(fatigue fracture)라 하고, 피로 파괴를 일으키는 현상을 재료의 **피로**(fatigue)라 한다.

변동하는 하중에 대한 재료의 강도는 일정 치수의 시험편에 실제로 변동 응력을 작용시켜 그 재료가 파괴될 때까지의 반복 회수를 측정하여 판단한다. 이 시험을 **피로 시험**(fatigue test)이라 한다.

그림 1.18은 피로 시험의 결과를 나타낸 것이다. 세로축에 반복 굽힘 응력을, 가로축에 반복

회수를 잡고, 여러 응력의 값에 따라 피로 파괴를 일으키는 반복 회수를 측정하여 그림으로 나타냈다. 이 그림을 S-N 곡선이라 하며, 경사 부분과 수평 부분으로 되어 있다. 이 경사 부분에서는 반복 회수가 커지면 피로 파괴를 일으키는 응력은 작아진다. 다시 말하면, 반복 응력의 값이 작을수록 피로 파괴될 때까지의 반복 회수는 많아지는 것이다.

또, 반복 응력의 값을 점차로 어느 응력까지 작게 하면 S-N 곡선은 수평으로 되는데, 이것은 이 응력 이하에서는 반복 회수를 아무리 증가시켜도 피로 파괴는 일어나지 않음을 나타내는 것이다.

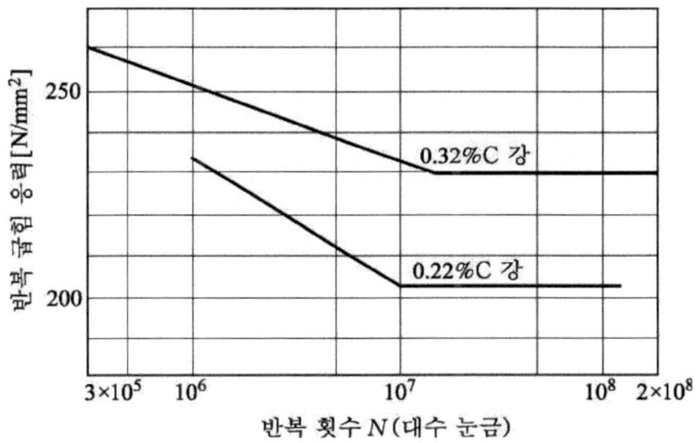

그림 1.18 S-N 곡선

이와 같이 피로 파괴를 일으키지 않는 최대한도의 응력, 즉 S-N 곡선의 수평부가 시작되는 점의 응력을 **피로 한도**(fatigue limit)라 한다. 따라서 반복 하중이나 교번 하중을 받는 재료에서 피로 파괴를 일으키지 않으려면 이 피로 한도 이하의 응력을 허용 응력으로 잡아야 한다.

3. 파손

재료가 하중을 받아 항복을 일으키거나 또는 파괴되는 경우를 총합하여 재료가 **파손**(failure)되었다고 한다. 연성 재료는 변형률이 갑자기 증가하여 항복한 상태가 되면 파손되었다고 말하며, 취성 재료에서는 **파괴**(breaking)되었을 때를 파손되었다고 한다. 그러나 사용 목적에 따라서는 항복점을 초과한 응력에서도 사용하는 경우가 있으므로 재료가 항복하여 파손 상태에 있다고 해서 사용할 수 없다고 단정할 수는 없다. 그러므로 파손이라고 하면 항복과 파괴의 두 가지 현상을 포함하고 있다.

파손이 일어나지 않도록 부품을 설계하려면 내부 응력이 재료의 강도를 넘지 않도록 유의해야 한다. 사용되는 재료가 연성 재료인 경우는 영구 변형이 파손을 일으키므로 항복점을 적용하고, 취성 재료는 파손의 기준으로 극한 강도를 적용한다. 취성 재료의 부품을 설계할 때 압축 강도는 인장 강도보다 훨씬 크다. 그러나 연성 재료에서는 인장 강도와 압축 강도는 거의 같다.

파괴에는 그 파단면의 모양과 파괴 기구 사이에 밀접한 관계가 있다. 같은 하중이 작용하여도 재료의 성질에 따라 파괴의 형식이 다르다. 즉, 둥근 봉에 인장 하중을 작용시키면 분리 파괴와 미끄럼 파괴가 생긴다.

분리 파괴는 취성 재료에, 미끄럼 파괴는 연성 재료에서 생긴다. 또, 연강을 인장 시험으로 파단 시켰을 때의 파단면은 그림 1.19와 같이 분리 파괴와 미끄럼 파괴가 혼합되어 있는 것을 알 수 있다. 분리 파괴는 최대 주응력 영향을 받고, 미끄럼 파괴는 최대 전단 응력에 영향을 받는다.

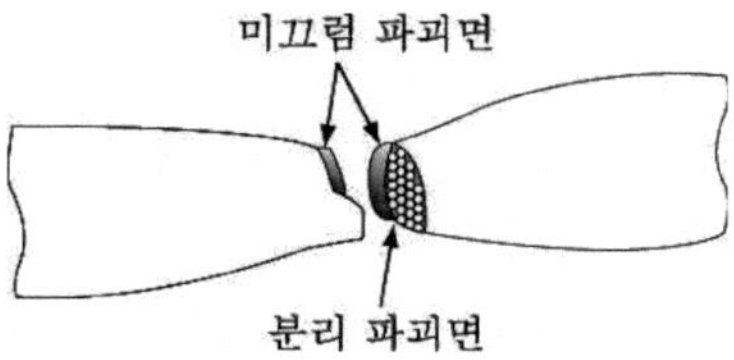

그림 1.19 파면의 모양

연습문제

1. 자전거, 다리, 카메라, 디지털 시계 중에서 기계인 것은 어느 것이며, 각각 기계의 구비 조건을 비교하여 보자.

2. 선진국에서 SI단위를 사용하는 이유를 알아보자.

3. 기계와 기구는 어떻게 다른지 알아보자.

4. 자전거에 사용되는 기계요소를 조사하고 사용 목적에 따라 분류해 보자.

5. 기계를 설계하는 자는 기계 제작에 대한 어떤 지식이 있어야 하는지 알아보자.

6. CAD/CAM의 뜻을 설명해 보자.

7. 기계 부품을 표준화하여야 하는 이유가 무엇인지 알아보자.

8. 연성 재료와 취성 재료는 어떻게 다르며, 어떤 재료들이 있는지 알아보자.

9. 안전율과 기준 강도와의 관계에서 기준 강도는 어떻게 정하는지 알아보자.

10. 다음에 대하여 설명해 보자.
    ① 응력 집중 ② 크리프 한도 ③ 피로 한도

11. 재료의 파손에 대한 학설에는 어떤 것이 있으며, 서로 비교해 보자.

2
PART
체결요소설계

2

Chapter

나사

2.1 나사의 개요

기계는 여러 개의 부품으로 구성되어 있으며, 이 부품들이 서로 결합되어 운동을 하고 있다. 이 부품 하나하나를 기계요소라 하며, 각 부품들을 결합하는 요소를 체결용 기계요소라 하고, 나사, 키, 핀, 코터, 리벳 등이 이에 속한다. 이 중에서도 나사는 기계 부품을 죄거나 위치 조정 또는 힘의 전달 등에 널리 쓰이므로 표준 규격품으로 규정되어 있다.

2.1.1 나사의 원리

1. 나사와 나사 곡선

나사(screw)는 그림 2.1과 같이 볼트·너트로 부품을 결합할 때, 마이크로미터와 같이 미소 움직임을 확대하여 치수를 측정하거나 밸브를 개폐하는 데에 쓰인다. 또한, 이송 나사나 운동용 나사는 공작기계의 테이블 이동에 쓰인다.

이와 같은 나사는 그림 2.2와 같이 원기둥에 직각삼각형을 원통의 축선에 직각이 되게 A를 기점으로 하여 감아올리면, 그 빗변 AC는 원통 위에 하나의 곡선을 만든다. 이 곡선을 나사 곡선(helix)이라 한다.

이 나사 곡선 위에 단면형의 띠를 감으면, 감은 띠의 봉우리 부분과 그 띠 사이에는 골 부분이 생긴다. 이 봉우리 부분을 **나사산**(screw thread), 띠 사이의 낮은 홈 부분을 **골**(root)이라 한다.

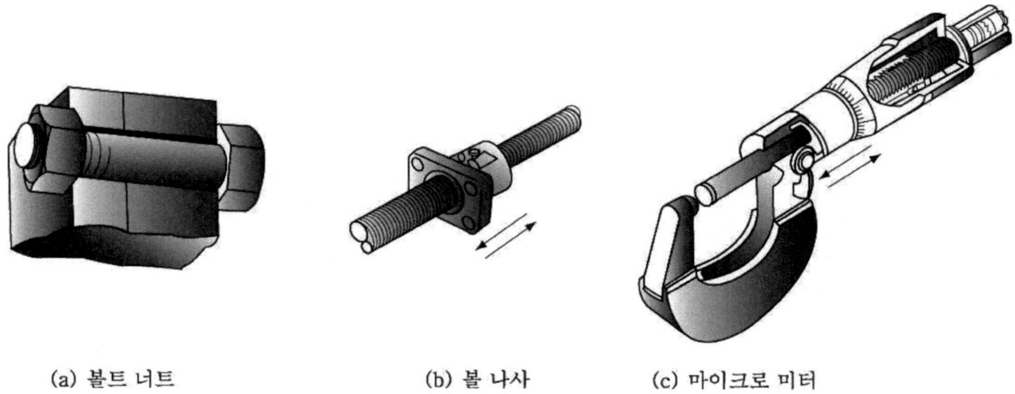

(a) 볼트 너트 (b) 볼 나사 (c) 마이크로 미터

그림 2.1 나사의 용도

나사에는 원통의 바깥 표면에 나사산이 있는 것을 수나사(external thread)라 하고, 속이 빈 원통의 안쪽에 나사산이 있는 것을 암나사(internal thread)라 한다. 또, 수나사가 만들어진 것을 볼트(bolt), 암나사가 만들어진 것을 너트(nut)라 한다.

나사는 축 방향에서 볼 때, 시계 방향으로 돌려서 앞으로 나가는 나사를 오른나사(righthand thread)라 하고, 반시계 방향으로 돌려서 앞으로 나가는 나사를 왼나사(lefthand thread)라 한다. 특별한 용도를 제외하고는 일반적으로 오른나사가 쓰인다.

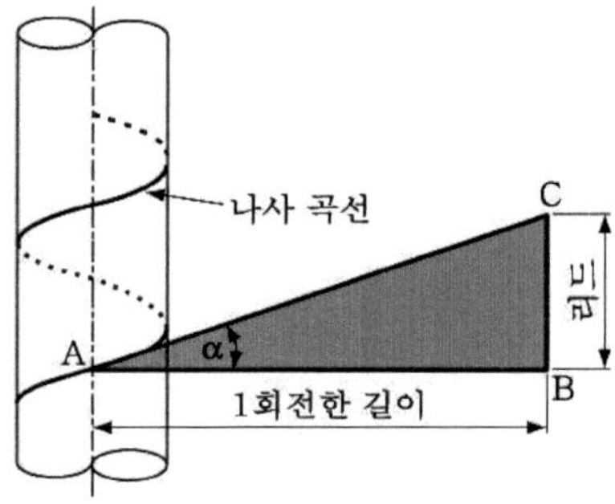

그림 2.2 나사 곡선

2. 나사의 명칭

(1) 피치와 리드

서로 가까이 있는 나사산과 나사산 사이를 축 방향에서 잰 거리를 피치(pitch)라 하고, 나사축을 중심으로 하여 1바퀴 회전시킬 때 축 방향으로 이동한 거리를 리드(lead)라 한다.

그림 2.3과 같이 1개의 나사산을 감은 나사를 한줄 나사(single screw thread), 2개 이상의 나사산을 감은 나사를 여러 줄 나사(multiple screw thread)라 하며, 두줄 나사(double screw thread), 세줄 나사(triple screw thread) 등이 있다.

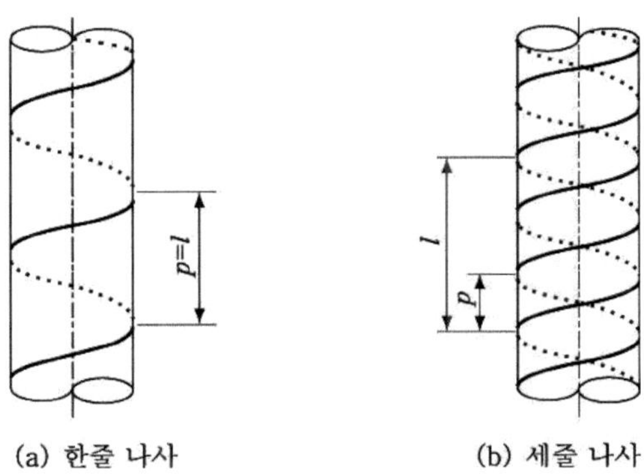

그림 2.3 나사의 줄수

나사가 1회전 할 때 나사가 이동한 거리는 한줄 나사에서는 1피치, 두줄 나사에서는 2피치가 된다. 즉, n줄 나사에서는 n피치가 1리드가 되므로 피치(p)와 리드(l) 사이에는 다음과 같은 관계가 성립된다.

$$l = np \tag{2.1}$$

(2) 리드각

그림 2.4와 같이 직각삼각형의 종이를 원통에 감을 때 경사각을 **리드각**(lead angle)이라 한다. 같은 지름의 나사에서 골지름(d_1), 유효 지름(d_2), 바깥지름(d)에 따라 리드각이 각각 다르며, 골지름의 경우가 리드각이 가장 크다. 나사의 역학적인 여러 가지 계산에서는 유효 지름의 리드각 α 를 사용하며, 다음과 같다.

$$\tan\alpha = \frac{l}{\pi d_2} \tag{2.2}$$

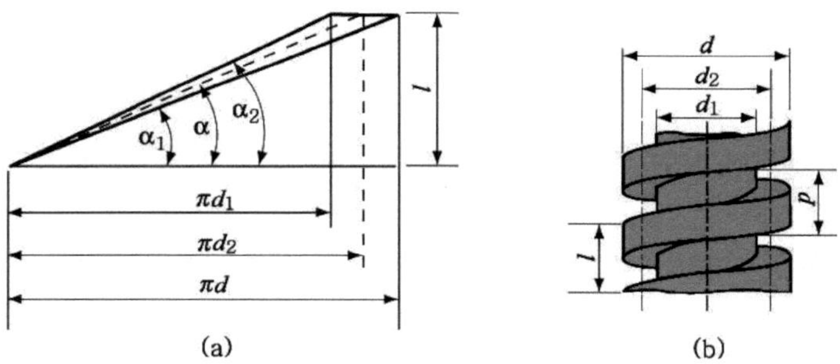

그림 2.4 여러 가지의 리드각

(3) 호칭 지름과 유효 지름

그림 2.5와 같이 수나사의 축에 직각으로 측정한 최대 지름을 **바깥지름**(external diameter), 최소 지름을 **골지름**(root diameter)이라 한다. 나사의 크기는 바깥지름으로 나타내며, 이 지름을 **호칭 지름**(nominal diameter)이라고도 한다.

또, 암나사에서는 최대 지름을 골지름, 최소 지름을 안지름이라 한다. 한편, 바깥지름과 골지름의 평균 지름을 **유효 지름**(effective diameter)이라 하고, 바깥지름과 골지름의 차이의 1/2이 나사산의 높이가 된다.

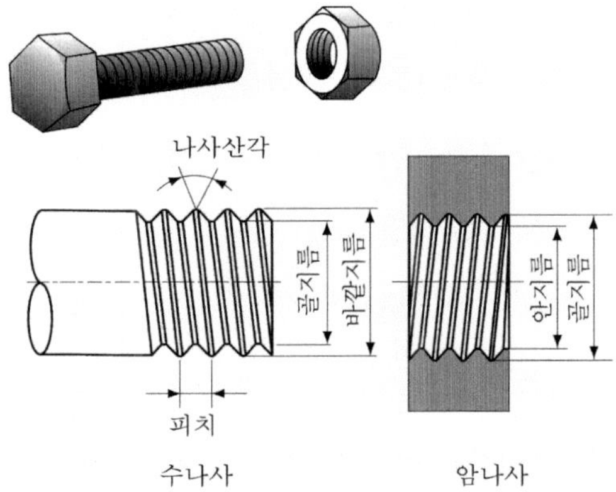

그림 2.5 나사의 명칭

2.1.2 나사의 종류

나사의 종류는 그림 2.6과 같이 나사산의 모양에 따라 삼각나사, 사각나사, 사다리꼴 나사, 톱니나사, 둥근나사 및 볼나사 등으로 나누며, 피치와 나사 지름의 비율에 따라 보통 나사(coarse thread), 가는 나사(fine thread) 등으로 나눈다. 또한, 사용하는 단위에 따라 미터계 나사, 인치계 나사로, 접촉 상태에 따라 미끄럼나사, 구름나사로, 사용 목적에 따라 결합용 나사, 운동용 나사, 계측용 나사 등으로 나눈다.

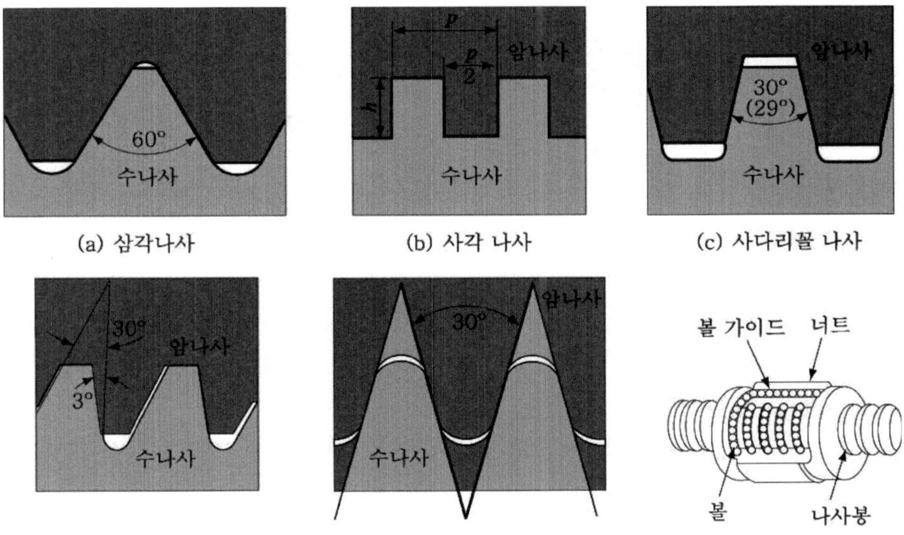

(a) 삼각나사 (b) 사각 나사 (c) 사다리꼴 나사
(d) 톱니 나사 (e) 둥근 나사 (f) 볼 나사

그림 2.6 나사산의 모양에 따른 나사의 종류

1. 결합용 나사

기계의 부품을 결합시킬 때 주로 삼각나사(triangular screw thread)가 사용되며, 미터나사, 유니파이 나사, 관용나사가 있다.

(1) 미터나사

미터나사(metric screw thread)는 나사의 지름과 피치를 [mm]로 표시하는 나사이고, 나사산각은 60°이다. 이 나사의 기호는 M으로 나타내며, 그림 2.7과 같이 보통 나사와 가는 나사로 나눈다. 보통 나사는 바깥지름에 대하여 피치가 한가지이고(예, M24), 가는 나사는 보통 나사에 비하여 같은 지름에 대하여 유효지름이 크고, 피치가 작으며 몇 가지가 있다(예: M20×2, M20×1.5). 가는 나사는 큰 강도를 요하는 곳, 기밀을 요하는 곳, 두께가 얇은 원통부에 사용된다. 즉 항공기, 자동차, 정밀 기계, 공작기계 등의 나사 풀림 방지용(anti-locking)으로 널리 사용되고 있다.

표 2.1과 표 2.2는 미터 나사의 규격을 나타낸 것이다.

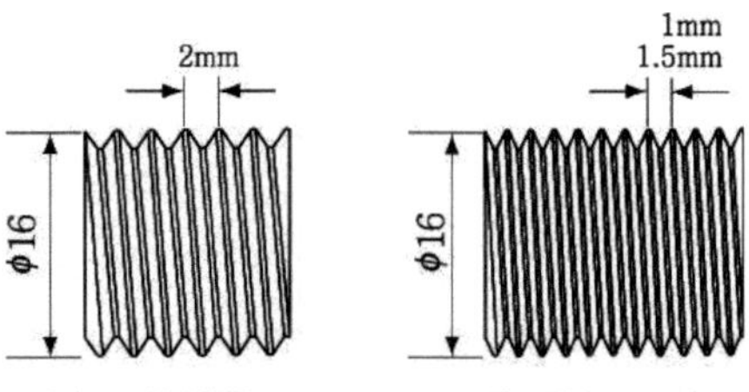

(a) 보통 나사 (b) 가는 나사

그림 2.7 미터 보통 나사와 미터 가는 나사

(2) 유니파이 나사

유니파이 나사(Unified screw thread)는 영국, 미국, 캐나다의 3개국 협정에 의하여 만들어져 ABC 나사라고도 한다. 나사산각이 60°인 인치계 나사이며, 유니파이 보통 나사, 유니파이 가는 나사로 나눈다. 나사의 표시법은 나사의 호칭지름을 나타내는 숫자 또는 번호, 1 inch 당의 나사산수, 나사의 종류를 표시하는 기호로 나타낸다. 예를 들면 3/8-16 UNC, No. 8-36 UNF와 같다.

표 2.1 미터 보통 나사(KS B 0201)

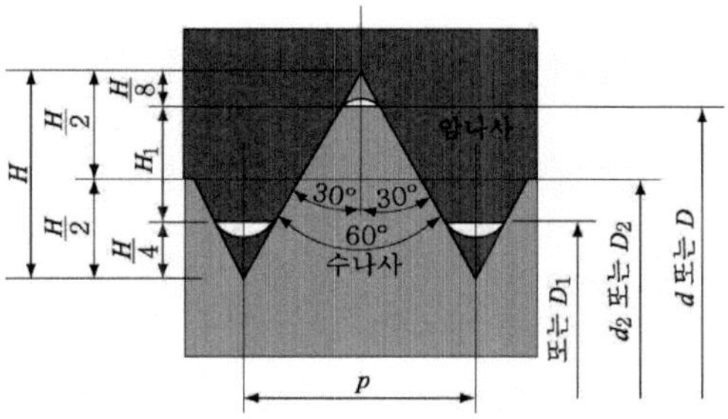

*나사의 호칭			피치 p	암나사		
				골지름 D	유효 지름 D_2	안지름 D_1
				수나사		
1	2	3		바깥지름 d	유효 지름 d_2	골지름 d_1
M 1			0.25	1.000	0.838	0.729
	M 1.1		0.25	1.100	0.938	0.829
M 1.2			0.25	1.200	1.038	0.929
	M 1.4		0.3	1.400	1.205	1.075
M 1.6			0.35	1.600	1.373	1.221
	M 1.8		0.35	1.700	1.473	1.321
			0.35	1.800	1.573	1.421
M 2			0.4	2.000	1.740	1.567
	M 2.2		0.45	2.200	1.908	1.613
			0.4	2.300	2.040	1.867
M 2.5			0.45	2.500	2.208	2.023
			0.45	2.600	2.308	2.113
M 3			0.5	3.000	2.675	2.459
	M 3.5		0.6	3.500	3.110	2.850
M 4			0.7	4.000	3.545	3.242
	M 4.5		0.75	4.500	4.013	3.688
M 5			0.8	5.000	4.480	4.134
M 6			1	6.000	5.350	4.917
		M 7	1	7.000	6.350	5.917
M 8			1.25	8.000	7.188	6.647
		M 9	1.25	9.000	8.188	7.647
M 10			1.5	10.000	9.026	8.376
		M 11	1.5	11.000	10.026	9.376
M 12			1.75	12.000	10.863	10.106
	M 14		2	14.000	12.701	11.835
M 16			2	16.000	14.701	13.835
	M 18		2.5	18.000	16.376	15.294
M 20			2.5	20.000	18.370	17.294
	M 22		2.5	22.000	20.376	19.294
M 24			3	24.000	22.051	20.752
	M 27		3	27.000	25.051	23.752
M 30			3.5	30.000	27.727	26.211
	M 33		3.5	33.000	30.727	39.211

* 1란은 우선적으로 필요에 따라 2란, 3란의 순서로 선택한다.

표 2.2 유니파이 나사(KS B 0203)

나사의 호칭		나사산수 (25.4 [mm]에 대한) n	피치 p (참고)	암나사 골지름 D / 수나사 바깥지름 d	암나사 유효 지름 D_2 / 수나사 유효 지름 d_2	암나사 안지름 D_1 / 수나사 골지름 d_1
1	2					
No.2-56UNC	No. 1-64UNC	64	0.3969	1.854	1.598	1.425
		56	0.4536	2.184	1.890	1.694
	No. 3-48UNC	48	0.5292	2.515	2.172	1.941
No.4-40UNC		40	0.6350	2.845	2.433	2.156
No.5-40UNC		40	0.6350	3.175	2.764	2.487
No.6-32UNC		32	0.7938	3.505	2.990	2.647
No.8-32UNC		32	0.7938	4.166	2.433	3.307
No.10-24UNC		24	1.0583	4.826	2.764	3.680
	No. 12-24UNC	24	1.0583	5.486	2.990	4.341
1/4-20UNC		20	1.2700	6.350	3.650	4.976
5/16-13UNC		18	1.4111	7.938	4.138	6.411
3/6-16UNC		16	1.5875	9.525	4.798	7.805
7/16-14UNC		14	1.8143	11.112	5.524	9.149
1/2-13UNC		13	1.9538	12.700	7.021	10.584
9/16-12UNC		12	2.1167	14.288	8.494	11.996

(3) 관용 나사

관용 나사는 파이프를 연결할 때, 또는 기계 부품과 파이프를 연결할 때 파이프의 양끝에 나사를 깎고, 공통된 이음쇠로 연결할 때 사용한다.

이 관용 나사에는 그림 2.8과 같이 관용 평행 나사(pipe straight thread)와 관용 테이퍼 나사(pipe taper thread)가 있다. 테이퍼 나사는 유체의 누설을 방지할 때 사용하고, 수나사에 실드용 테이프를 감거나 실드제를 발라 체결한다.

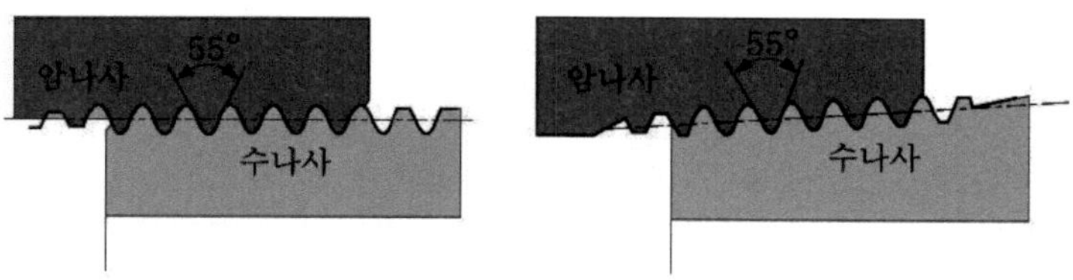

(a) 평행 나사 (b) 테이퍼 나사

그림 2.8 관용 나사

표 2.3 각종 나사 규격

<table>
<tr><th colspan="2">구분</th><th colspan="2">나사의 종류</th><th>나사의 종류를 표시하는 기호</th><th>나사호칭의 예</th><th>관련규격</th><th>비고</th></tr>
<tr><td rowspan="13">일반용</td><td>ISO 68
ISO 261
ISO 724</td><td colspan="2">미터 보통 나사</td><td>M</td><td>M 8</td><td>KS B 0201</td><td>가장 많이 사용</td></tr>
<tr><td>ISO 68-1
ISO 261
ISO 724</td><td colspan="2">미터 가는 나사</td><td>M</td><td>M 8×1</td><td>KS B 0204</td><td>볼트 풀림방지에 유리. 보통 나사보다 피치가 작음</td></tr>
<tr><td>ISO 263</td><td colspan="2">유니파이 보통 나사</td><td>UNC</td><td>3/8-16UNC</td><td>KS B 0203</td><td>인치계열의 삼각나사이다.</td></tr>
<tr><td>ISO 263</td><td colspan="2">유니파이 가는 나사</td><td>UNF</td><td>No.8-36UNF</td><td>KS B 0206</td><td>운동용 나사</td></tr>
<tr><td>ISO 2901
ISO 2902
ISO 22904</td><td colspan="2">미터 사다리꼴 나사</td><td>Tr</td><td>Tr 10×2</td><td>KS B 0229</td><td rowspan="4">관, 관용부품, 유체기계 등의 접속에 있어 나사부의 내밀성을 주목적으로 한 나사</td></tr>
<tr><td rowspan="3">ISO 7-1</td><td rowspan="3">관용테이퍼나사</td><td>테이퍼 수나사</td><td>R</td><td>R 3/4</td><td>KS B 0222</td></tr>
<tr><td>테이퍼 암나사</td><td>Rc</td><td>Rc 3/4</td><td>KS B 0222</td></tr>
<tr><td>평행 암나사(1)</td><td>Rp</td><td>Rp 3/4</td><td>KS B 0222</td></tr>
<tr><td>ISO 228-1</td><td colspan="2">관용 평행 나사</td><td>G</td><td>G 1/2</td><td>KS B 0221</td><td>기계적 결합에 이용됨.</td></tr>
<tr><td rowspan="4">ISO 규격에 없는 것</td><td colspan="2">29도 사다리꼴 나사</td><td>TW</td><td>TW 20</td><td>KS B 0226</td><td>차후 KS B 0229로 절환한다.</td></tr>
<tr><td rowspan="2">관용테이퍼나사</td><td>테이퍼 나사</td><td>PT</td><td>PT 8</td><td>KS B 0222 부속서</td><td rowspan="2">KS B ISO 7-1에 규정되어 있지 않은 것</td></tr>
<tr><td>평행 암나사(2)</td><td>PS</td><td>PS 7</td><td>KS B 0222 부속서</td></tr>
<tr><td colspan="2">관용 평행 나사</td><td>PF</td><td>PF 7</td><td>KS B 0221 부속서</td><td>ISO 228-1에 규정되어 있지 않은 것.
관, 관용부품, 유체기계 등의 접속에 있어 기계적 결합을 주목적으로 한 나사</td></tr>
</table>

2. 기타 나사

힘을 전달하거나 물체를 움직이게 할 목적으로 사용되는 나사에는 그림 2.6과 같이 사각나사, 사다리꼴나사, 톱니 나사, 둥근 나사, 볼나사 등이 있다.

(1) 사각나사

사각나사(square thread)는 나사산이 사각이므로, 삼각나사에 비하여 마찰 저항이 작아 나사 프레스와 같이 큰 힘을 받는 운동 부분에 사용한다. 하중의 방향이 일정하지 않은 교번 하중을 받을 때에도 효과적으로 이용할 수 있으나, 가공이 어려워서 높은 정밀도를 요하는 부품에는 사용하지 않는다.

(2) 사다리꼴나사

사다리꼴나사(trapezoidal thread)는 나사산이 사다리꼴로, 사각나사에 비하여 제작이 쉽고 강도가 크기 때문에 공작 기계의 이송 나사(feed screw)나 밸브 개폐용 나사 등에 널리 사용되고 있다.

(3) 톱니나사

톱니나사(buttress thread)는 나사산이 톱니 모양이므로 힘을 한 방향으로만 받는 부품에 이용되는 나사로 바이스, 착암기(machine drill) 등의 이송 나사에 사용되고 있다.

(4) 둥근나사

둥근나사(round thread)는 너클나사(knuckle thread)라고도 하는데, 그림 2.6(e)와 같이 나사산의 봉우리와 골 모양이 둥글게 되어 있고, 전구나 쇠붙이, 먼지, 모래 등이 들어가기 쉬운 곳에 사용되고 있다.

(5) 볼나사

볼나사(ball thread)는 그림 2.6(f)와 같이 수나사·암나사에 해당하는 2가지의 홈을 맞대어 구름 홈을 만들어 홈 사이에 볼을 넣고, 암나사측에 설치된 통로(ball guide)을 통해 볼이 순환하게 되어 있다. 미끄럼 접촉을 하는 나사에 비해 마찰이 매우 작다. 따라서 자동차(조향 장치에 사용), 항공기, 일반 산업 기계 등에 널리 사용되고 있다. 특히, 위치 결정 정도가 높으므로 NC공작 기계의 이동 장치에 널리 사용되고 있다. 또 이 나사는 효율이 높고, 마멸이 적어 장시간 사용할 수 있는 등 우수한 특성이 있으나 가격이 비싸다.

2.1.3 나사의 역학

1. 나사의 자립 조건

(1) 사각나사

그림 2.9는 나사의 유효 지름을 지름으로 하는 가상 원기둥을 평면상에 전개하여 나타낸 것이다. 그림 (a)는 나사면이 힘을 받고 있는 상태이고, 그림 (b)는 나사의 리드각과 같은 경사각을 가진 경사면에 하중이 작용하는 경우를 나타내고 있다.

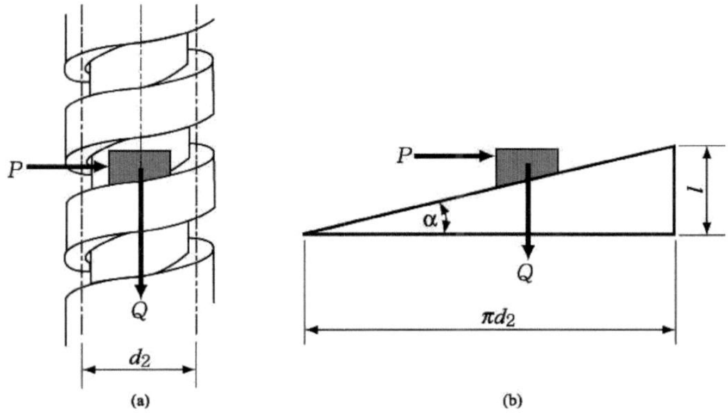

그림 2.9 사각 나사와 경사면

먼저, 나사를 죄는 경우는 그림 2.10과 같이 경사면에 물체를 밀어 올리는 것과 같은 경우로 생각할 수 있다. 그림에서 나사를 죄는 힘을 P, 축 방향에 가해진 힘을 Q, 경사각을 α 라 하면 각 힘들을 경사면에 수직한 분력과 평행한 분력으로 나누어 생각한다.

경사면에 수직한 분력은 각각 $Q\cos\alpha$, $P\sin\alpha$ 이고, 경사면에 평행한 분력은 각각 $P\cos\alpha$, $Q\sin\alpha$ 이다. 이 때 수직 분력과 평행 분력 사이에는 다음과 같은 식이 성립된다.

$$P\cos\alpha - Q\sin\alpha = \mu(P\sin\alpha + Q\cos\alpha)$$

이 식을 정리하면

$$P = Q\,\frac{\mu\cos\alpha + \sin\alpha}{\cos\alpha - \mu\sin\alpha} = Q\,\frac{\mu + \tan\alpha}{1 - \mu\tan\alpha}$$

또 마찰계수 μ와 마찰각 ρ의 관계는 $\mu = \tan\rho$이므로 위 식에 대입하면 다음과 같다.

$$P = Q\,\frac{\tan\rho + \tan\alpha}{1 - \tan\rho\tan\alpha} = Q\tan(\rho + \alpha) \tag{2.3}$$

반면에, 나사를 푸는 경우는 그림 2.11과 같이 경사면에서 물체를 밀어 내리는 것으로 생각할 수 있다. 이 때 밀어 내리는 방향과 밀어 올리는 방향은 반대가 되므로, 경사면에 수직한 분력은 각각 $P'\sin\alpha$, $Q\cos\alpha$이고, 경사면에 평행한 분력은 $P'\cos\alpha$, $Q\sin\alpha$이므로 나사를 푸는 힘 P'은 다음과 같다.

$$-P'\cos\alpha + Q\sin\alpha = \mu(-P'\sin\alpha - Q\cos\alpha)$$

$$P' = Q\frac{\tan\rho - \tan\alpha}{1+\tan\rho\tan\alpha} = Q\tan(\rho-\alpha) \tag{2.4}$$

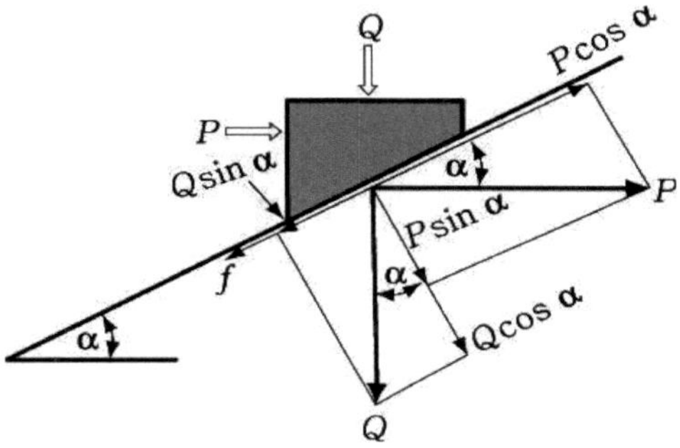

그림 2.10 나사를 죌 때의 분력 분포

식 (2.4)에서 다음과 같은 결과를 알 수 있다.

㉮ $\alpha = \rho$인 경우는 $P'=0$이 되므로 나사는 힘이 가해진 위치에 정지한다.

㉯ $\alpha > \rho$인 경우는 $P' < 0$이므로 힘을 가하지 않아도 자연히 나사가 풀리게 된다.

㉰ $\alpha < C\rho$ 인 경우는 $P' > 0$이므로 나사를 풀기 위해서는 밀어 내려는 힘이 필요하다. 즉, 나사에 힘을 가하지 않으면 나사는 풀리지 않고 정지하고 있는 것을 나타낸다.

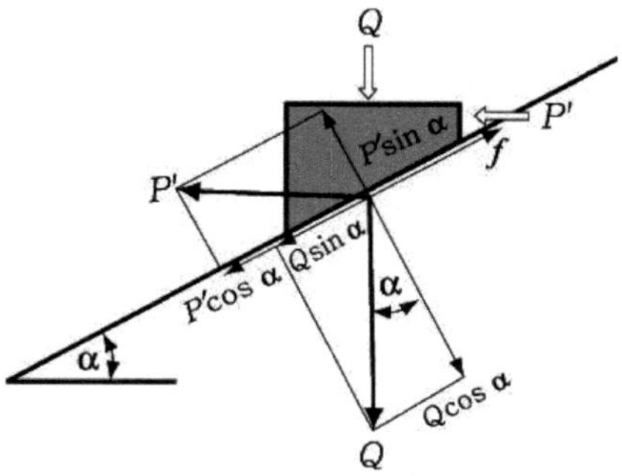

그림 2.11 나사를 풀 때의 분력 분포

그러므로, 나사를 풀려고 하면 힘이 가해져야 한다. 이 조건이 $P' \geq 0$이며, 각으로 표시하면 $\alpha \leq \rho$ 이어야 한다. 즉, 마찰각이 리드각보다 커야 하며, 이것을 나사의 **자립 조건**(self locking)이라 한다.

(2) 삼각나사

그림 2.12는 삼각나사와 사각나사를 비교하여 나타내고 있다. 이 그림에서 삼각나사의 나사산의 각도를 2β 라 하고, 축방향의 힘을 Q, 나사면에 수직한 힘을 R 이라 하면 다음과 같다.

$$R = \frac{Q}{\cos\beta}$$

나사면을 수직으로 누르는 힘에 의한 마찰 저항

$$f = \mu R = \frac{\mu Q}{\cos\beta} = \mu' Q \tag{2.5}$$

여기서, μ'을 상당 마찰 계수

즉, 삼각나사의 마찰 저항은 사각나사에 비하여 $1/\cos\beta$ 배만큼 크다는 것을 알 수 있다. 마찰 계수가 같은 나사면에서 삼각나사의 경우가 사각나사보다 마찰계수가 크므로 삼각나사가 사각나사보다 죄이거나 풀기가 어렵다. 그러므로 삼각나사는 주로 결합용 나사에, 사각나사는 운동용 나사에 쓰인다.

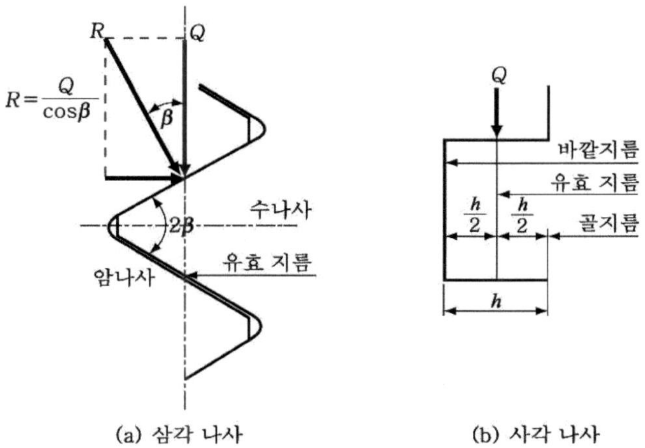

그림 2.12 삼각나사와 사각나사의 수직력

또, μ 대신에 μ'를, ρ 대신에 ρ'를 사용하면 삼각나사에서 나사를 죄는 힘 P 와 나사를 푸는 힘 P'는 다음과 같은 식이 된다.

$$\left.\begin{aligned} P &= Q\tan(\rho'+\alpha) \\ P' &= Q\tan(\rho'-\alpha) \end{aligned}\right\} \qquad (2.6)$$

2. 나사의 토크

(1) 사각 나사의 토크

나사를 죄어서 풀리지 않게 하기 위해서는 적당한 힘으로 죄어야 한다. 그림 2.13과 같이 나사를 죌 때 나사의 유효 지름에 작용하는 힘을 P라 하면 토크(비틀림 모멘트) T는 다음과 같다.

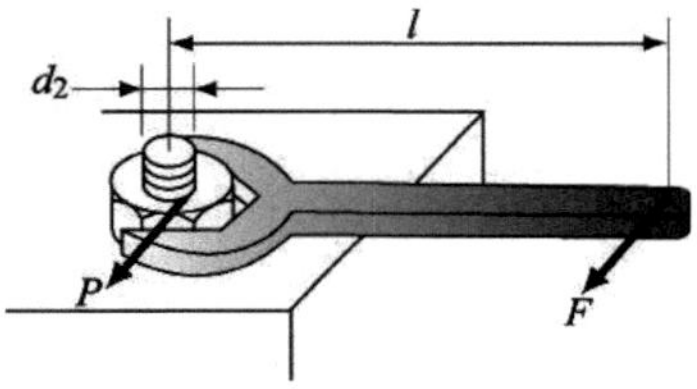

그림 2.13 스패너에 의한 체결

$$T = P\frac{d_2}{2} = Q\frac{d_2}{2}\tan(\rho+\alpha) \qquad (2.7)$$

같은 방법으로 나사를 풀 때의 토크 T'는 다음과 같다.

$$T' = P'\frac{d_2}{2} = Q\frac{d_2}{2}\tan(\rho-\alpha) \qquad (2.8)$$

(2) 삼각나사의 토크

삼각나사에서도 나사를 죄는데 필요한 토크 T는 다음과 같다.

$$T = P\frac{d_2}{2} = Q\frac{d_2}{2}\tan(\rho'+\alpha) \qquad (2.9)$$

실제로 삼각나사의 죌 때는 나사면의 마찰뿐만 아니라 너트나 와셔가 자리면과 마찰을 하게 되므로 이들의 마찰을 고려하면 다음과 같다.

$$T = Q\left\{\frac{d_2}{2}\tan(\rho'+\alpha) + \mu_n r_n\right\} \qquad (2.10)$$

여기서, r_n : 너트나 와셔의 자리면 평균 반지름

μ_n : 너트나 와셔의 자리면 마찰 계수

이 때, 너트와 와셔의 자리면 반지름은 다음 식과 같이 구한다(그림 2.14).

$$\left.\begin{array}{l}\text{너트의 경우 } r_n = 0.74\,d \\ \text{와트의 경우 } r_n = 0.35\sqrt{D^2 + d^2}\end{array}\right\} \quad (2.11)$$

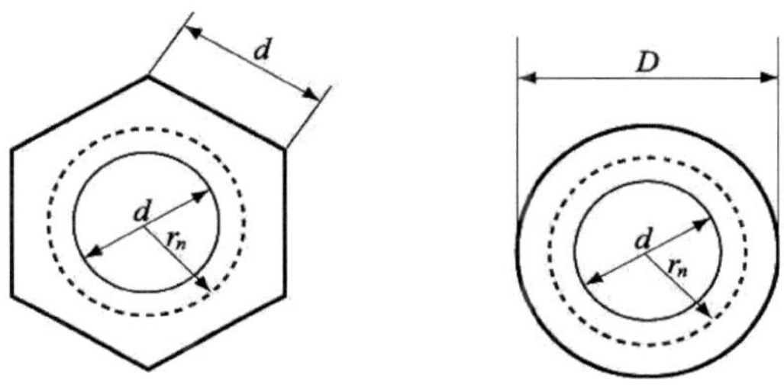

그림 2.14 너트와 와셔의 자리면

예제 2.1 M10인 나사에서 리드각을 계산하라. 다만, $d_2 = 9.026$ [mm], $p = 1.5$ [mm]이다.

[풀이] 리드각은 피치와 유효 지름으로 식 (2.2)에 의해 구한다.

$$\alpha = \tan^{-1}\frac{p}{\pi d_2} = \tan^{-1}\frac{1.5}{\pi \times 9.026} = \tan^{-1} 0.0529 = 3.03°$$

예제 2.2 나사면의 마찰 계수를 0.15라 하면 미터나사와 30° 사다리꼴나사의 상당 마찰 계수와 마찰각을 구하여라.

[풀이] 미터나사의 경우

$$\mu' = \frac{\mu}{\cos}\beta = \frac{0.15}{\cos 30°} = 0.173$$

$$\rho' = \tan^{-1}\ \mu = \tan^{-1} 0.173 = 9.81°$$

30° 사다리꼴 나사의 경우

$$\mu' = \frac{\mu}{\cos}\beta = \frac{0.15}{\cos 15°} = 0.155$$

$$\rho' = \tan^{-1} = \tan^{-1}\ 0.155 = 8.81°$$

예제 2.3 M24인 볼트에 20 [kN]의 축하중이 작용할 때 너트를 얼마만큼의 토크로 죄면 좋을까? 다만, $\mu = 0.15$, $d_2 = 22$ [mm], $p = 3$ [mm]이다.

[풀이] 나사의 리드각의 상당 마찰 계수를 구한다.

$$\alpha = \tan^{-1}\frac{p}{\pi d_2} = \tan^{-1}\frac{3}{\pi \times 22} = 2.48°$$

$$\mu' = \frac{\mu}{\cos\beta} = \frac{0.15}{0.866} = 0.173$$

$$\rho' = \tan^{-1}\mu' = \tan^{-1}0.173 = 9.8°$$

나사의 토크 T는 식 (2.9)에 의해 구한다.

$$T = Q\frac{d_2}{2}\tan(\rho' + \alpha) = 20000 \times \frac{22}{2} \times \tan(9.8° + 2.48°)$$

$$= 47900\,[\mathrm{N \cdot mm}] = 47.9\,[\mathrm{N \cdot m}]$$

예제 2.4 유효지름이 32 [mm], 피치가 5 [mm]인 잭으로 30 [kN]의 물체를 올리려고 한다. 레버의 유효 길이를 250 [mm], 나사의 마찰 계수를 0.1이라고 하면 레버에 가해야 할 힘을 구하여라.

[풀이] 잭은 사각나사이므로 마찰각과 리드각을 구하고, 나사를 체결하려는 토크를 구한다.

$$\rho = \tan^{-1}\mu = \tan^{-1}0.1 = 5.71°$$

$$\alpha = \tan^{-1}\frac{p}{\pi d_2} = \tan^{-1}\frac{5}{\pi \times 32} = \tan^{-1}0.0497 = 2.84°$$

$$T = Q\frac{d_2}{2}\tan(\rho + \alpha)$$

$$= 30000 \times \frac{32}{2} \times \tan(5.71° + 2.84°) = 72165\,[\mathrm{N \cdot mm}]$$

다음 레버에 가하는 힘 F는

$$F = \frac{T}{l} = \frac{72165}{250} = 289\,[\mathrm{N}]$$

예제 2.5 M10인 나사에서 1 [kN]의 축하중을 밀어 올리기 위해 너트를 얼마의 토크로 돌리면 되겠는가? 또, 길이 200 [mm]의 스패너로 너트를 돌리는데 필요한 힘을 구하여라. 다만, 나사의 피치는 1.5 [mm], 유효 지름은 9 [mm], 마찰 계수는 모두 0.15이고 너트의 자리면을 고려한다.

[풀이] 삼각 나사이므로 상당 마찰 계수, 마찰각 및 리드각을 구한다.

$$\mu' = \frac{\mu}{\cos\beta} = \frac{\mu}{\cos 30°} = 1.15\mu = 1.15 \times 0.15 = 0.173$$

$$\rho' = \tan^{-1}\mu' = \tan^{-1}0.173 = 9.81°$$

$$\alpha = \tan^{-1}\frac{p}{\pi d_2} = \tan^{-1}\frac{1.5}{\pi\times 9} = 3°$$

나사를 돌리는데 필요한 토크 T_1은 식 (2.9)에 의해 구한다.

$$T_1 = Q\frac{d_2}{2}\tan(\rho' + \alpha)$$
$$= 1000\times\frac{9}{2}\times\tan(9.81° + 3°) = 1023\ [\mathrm{N \cdot mm}]$$

너트 자리면을 돌리는데 필요한 토크 T_2는

$$T_2 = Q\,\mu_n\, r_n = Q\,\mu_n\times 0.74\,d$$
$$= 1000\times 0.15\times 0.74\times 10 = 1110\ [\mathrm{N \cdot mm}]$$

나사를 돌리는데 필요한 전체 토크 T는

$$T = T_1 + T_2 = 1023 + 1110 = 2133\ [\mathrm{N \cdot mm}]$$

스패너에 가하는 힘 F는

$$F = \frac{T}{l} = \frac{2133}{200} = 10.7\ [\mathrm{N}]$$

3. 나사의 효율

나사의 효율(efficiency of thread)은 나사를 회전시키는데 소요된 일과 나사를 축 방향으로 이동시키는데 필요한 일의 비이다. 나사를 회전시키는데 소요된 일은 나사를 회전시키는 힘과 이동한 거리의 곱으로 계산한다. 또, 나사를 축 방향으로 이동시키는데 필요한 일은 축방향의 힘과 축 방향으로 이동한 거리의 곱이다. 즉

$$\text{나사의 효율} = \frac{\text{나사를 축방향으로 이동시키는데 필요한 일}}{\text{나사를 회전시키는데 소요된 일}}$$

사각나사의 경우 나사의 효율 η는 다음과 같다.

$$\eta = \frac{Qp}{\pi d_2 P} = \frac{Q\pi d_2\tan\alpha}{Q\pi d_2\tan(\rho + \alpha)} = \frac{\tan\alpha}{\tan(\rho+\alpha)} \tag{2.12}$$

한편, 삼각나사의 경우 나사의 효율 η'은 다음과 같다.

$$\eta' = \frac{\tan\alpha}{\tan(\rho' + \alpha)} \tag{2.13}$$

위 두 식의 결과로 삼각나사가 사각나사보다 마찰각이 크기 때문에 사각나사의 효율이 삼각나사의 효율보다 크다. 그러므로 사각나사와 사다리꼴나사를 운동용 나사로 사용한다.

나사의 자립 조건을 만족시키는 한계는 $\alpha = \rho$이므로 이 값을 식 (2.12)에 대입하면

$$\eta = \frac{\tan\rho}{\tan 2\rho} = \frac{\tan\rho(1 - \tan^2\rho)}{2\tan\rho} = \frac{1}{2} - \frac{1}{2}\tan^2\rho < 0.5$$

가 된다. 그러므로 사각 나사의 자립 상태를 유지하는 나사의 효율은 반드시 50% 보다 작아야 한다.

예제 2.6 바깥지름 36 [mm], 피치 8 [mm], 나사산 높이가 피치의 1/2인 사각 나사의 효율을 구하라. 다만, 마찰 계수는 0.12이다.

[풀이] 사각나사에서 골지름과 유효지름은 다음과 같이 구한다.

$$d_1 = d - 2h = 36 - 8 = 28$$

$$d_2 = \frac{d + d_1}{2} = \frac{36 + 28}{2} = 32 \text{ [mm]}$$

다음에 리드각과 마찰각을 구하면

$$\alpha = \tan^{-1}\frac{p}{\pi d_2} = \tan^{-1}\frac{8}{\pi \times 32} = \tan^{-1}0.0795 = 4.55°$$

$$\rho = \tan^{-1}\mu = \tan^{-1} 0.12 = 6.84°$$

식 (2.12)에 의해 사각나사의 효율을 구한다.

$$\eta = \frac{\tan\alpha}{\tan(\rho + \alpha)} = \frac{\tan 4.55°}{\tan(6.84° + 4.55°)} = 0.39$$

그러므로 사각 나사의 효율은 39%이다.

예제 2.7 M24인 나사에서 마찰 계수가 0.1, 피치가 3 [mm], 유효 지름이 22 [mm], 골지름이 20 [mm]이다. 이 나사의 효율은 얼마인가?

[풀이] 삼각나사에서 나사산의 각도는 60°이므로 마찰계수와 마찰각을 구하면

$$\mu' = \frac{\mu}{\cos\beta} = \frac{0.1}{\cos 30°} = 0.1155$$

$$\rho' = \tan^{-1}\mu' = \tan^{-1}0.1155 = 6.59°$$

다음, 나사의 리드각을 구한다.

$$\alpha = \tan^{-1}\frac{p}{\pi d_2} = \tan^{-1}\frac{3}{\pi \times 22} = \tan^{-1} 0.0434 = 2.49°$$

그러므로 나사의 효율은 식 (2.13)에서

$$\eta' = \frac{\tan\alpha}{\tan(\rho' + \alpha)} = \frac{\tan 2.49°}{\tan(6.59° + 2.49°)} = 0.272$$

사의 효율은 27.2% 이다.

예제 2.8 30° 사다리꼴나사에서 한줄 나사를 두줄 나사로 바꾸면 효율은 어떻게 변하는가? 다만, $d_2 = 46$ [mm], $p = 8$ [mm], $\mu = 0.15$이다.

[풀이] 한줄 나사의 경우 리드각과 마찰각을 구해 식 (2.13)에 의해 효율을 구한다.

$$\alpha = \tan^{-1}\frac{p}{\pi d_2} = \tan^{-1}\frac{8}{\pi \times 46} = \tan^{-1}0.055 = 3.15°$$

$$\rho' = \tan^{-1}\mu' = \tan^{-1}\frac{0.15}{\cos 15°} = \tan^{-1}0.155 = 8.81°$$

$$\eta' = \frac{\tan\alpha}{\tan(\rho' + \alpha)} = \frac{\tan 3.150°}{\tan(8.81° + 3.15°)} = 0.262$$

한줄 나사에서는 피치가 8 [mm]이지만 두줄 나사에서는 리드가 16 [mm]이다. 이 때의 효율은 다음과 같다,

$$\alpha = \tan^{-1}\frac{l}{\pi d_2} = \tan^{-1}\frac{16}{\pi \times 46} = \tan^{-1}0.11 = 6.28°$$

$$\eta' = \frac{\tan 6.28°}{\tan(8.81° + 6.28°)} = 0.415$$

즉, 26.2% 에서 41.5% 로 변한다.

2.2 나사의 부품

2.2.1 볼트 및 너트

1. 볼트의 종류

(1) 일반용 볼트

① 관통 볼트(through bolt) : 결합하려고 하는 부분에 볼트 지름보다 약간 큰 구멍을 뚫고 여기에 머리붙이 볼트를 삽입한 후 너트로 죈 것이다.

② 탭 볼트(tap bolt) : 관통 볼트와 모양이 비슷하며, 결합하려는 상대쪽에 암나사를 내고, 머리붙이 볼트를 나사박음해서 부품을 결합하는 볼트이다.

③ 스터드 볼트(stud bolt) : 관통 구멍을 뚫을 수 없을 때 둥근봉의 양끝 부분에 나사를 낸 머리없는 볼트의 한 끝을 상대쪽의 암나사 부분에 미리 반영구적으로 나사 박음하고, 다른 끝에 너트를 끼워 죄도록 하는 볼트이다.

④ 리머 볼트(reamer bolt) : 보통 볼트 구멍은 볼트 지름보다 커서 체결하려고 하는 판이 미끄러지면 볼트가 전단력을 받아 파손되기 쉽다. 이 때문에, 볼트가 큰 전단력을 받게 되는 경우 볼트의 끼워 맞춤이 중간 또는 억지 끼워 맞춤이 되게 볼트 구멍을 리

머로 다듬질한 다음 다듬질된 볼트를 꼭 끼운다. 이와 같은 볼트를 리머 볼트라 한다.

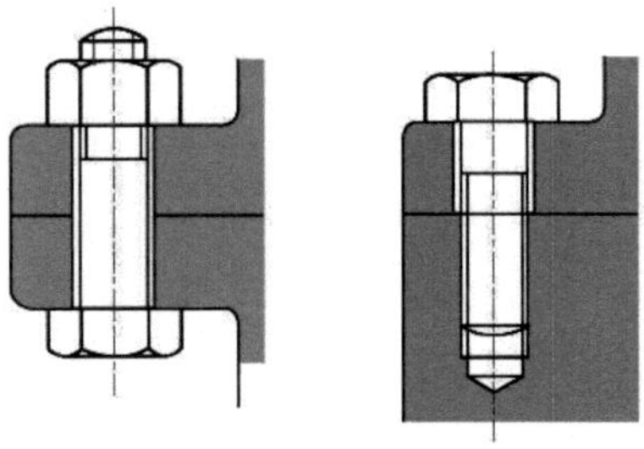

(a) 관통 볼트 (b) 탭 볼트 (c) 스터드 볼트

그림 2.15 일반용 볼트의 종류

(2) 특수용 볼트

① 아이 볼트(eye bolt) : 볼트 머리부에 핀을 끼울 구멍이 있어 자주 착탈하는 뚜껑의 체결용으로 사용한다. 또, 무거운 물체를 달아 올리기 위해서는 훅(hook)을 걸 수 있게 고리가 있는 볼트를 사용한다.

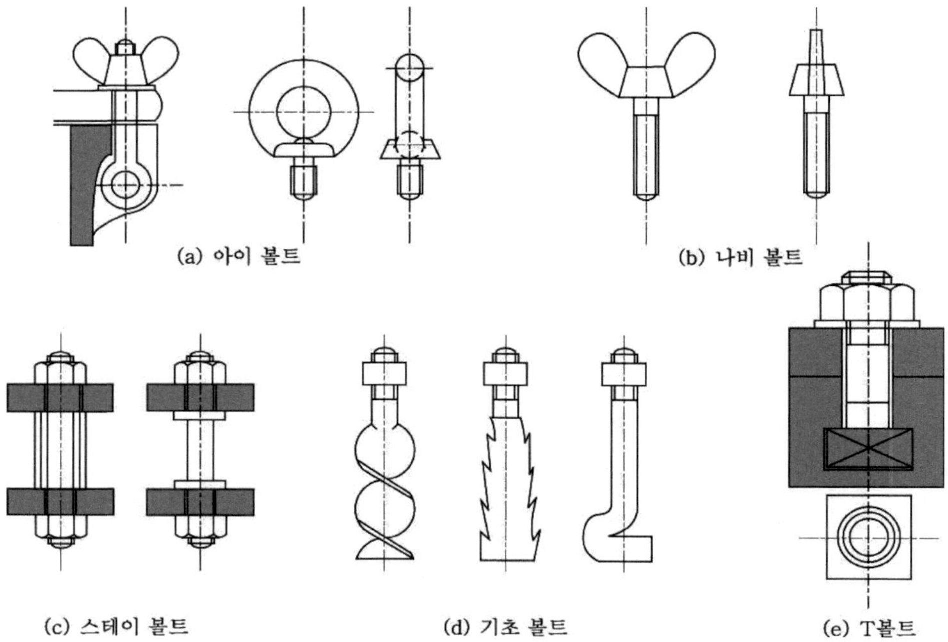

(a) 아이 볼트 (b) 나비 볼트 (c) 스테이 볼트 (d) 기초 볼트 (e) T볼트

그림 2.16 특수 볼트

② 나비 볼트(wing bolt) : 볼트의 머리부가 나비 모양으로 되어 있어 스패너 없이 손으로 죌 수가 있다.

③ 스테이 볼트(stay bolt) : 결합하려는 2개의 물체 사이의 거리를 일정하게 유지시키면서 체결하는데 사용한다.

④ 기초 볼트(foundation bolt) : 기계류를 콘크리트 기초에 고정시키기 위하여 사용하는 볼트이다. 볼트의 한 쪽은 콘크리트 기초에 묻혔을 때 빠지지 않도록 하기 위하여 여러 가지 모양으로 되어 있다.

⑤ T볼트(T-bolt) : 공작 기계의 테이블에 공작물을 고정하여 가공할 때 사용하는 것으로, 죌 때 볼트가 너트와 같이 회전하지 않도록 머리부를 4각형 T홈에 끼우도록 되어 있다.

2. 너트의 종류

① 육각 너트(hexagon nut) : 육각 모양으로 되어 있으며, 너트 중에서 가장 널리 사용된다.

② 사각 너트(square nut) : 사각 모양으로 된 너트로 주로 목재를 결합할 때 사용하며, 기계에도 가끔 쓰인다.

③ 와셔붙이 너트(washer faced nut) : 너트의 밑면에 넓은 원형의 플랜지(flange)가 있는 너트로써 볼트 구멍이 큰 경우나 접촉 압력을 작게 하려고 할 때 사용한다.

④ 캡 너트(cap nut) : 나사면에서 증기나 기름이 새는 것을 막거나, 또는 외부에서 먼지 등이 들어가는 것을 방지할 때 사용하는 너트이다.

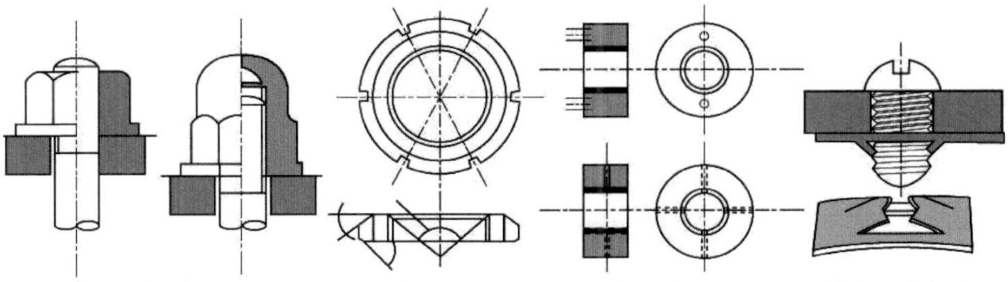

(a) 와셔붙이 너트 (b) 캡 너트 (c) 둥근 너트 (d) 스프링판 너트

그림 2.17 특수 너트

⑤ 둥근 너트(circular nut, ring nut) : 회전체의 균형을 좋게 하거나 너트를 외부에 돌출시키지 않으려고 할 때 사용한다. 또, 너트를 죄는 데는 특수한 스패너가 필요하다.

⑥ 스프링판 너트(spring plate nut) : 스프링판을 굽혀서 만들며, 나사박음을 않고 간단하게 끼울 수 있기 때문에 스피드 너트(speed nut)라고도 한다.

3. 여러 가지 나사

① 멈춤 나사(set screw) : 그림 2.18과 같이 밀어 박아서 생기는 마찰 저항으로 두 물체 사이의 회전이나 미끄럼이 생기지 않도록 하는 나사로 키(key)의 대용 역할을 한다, 회전체의 보스 부분을 축에 고정하는 데 많이 사용한다.

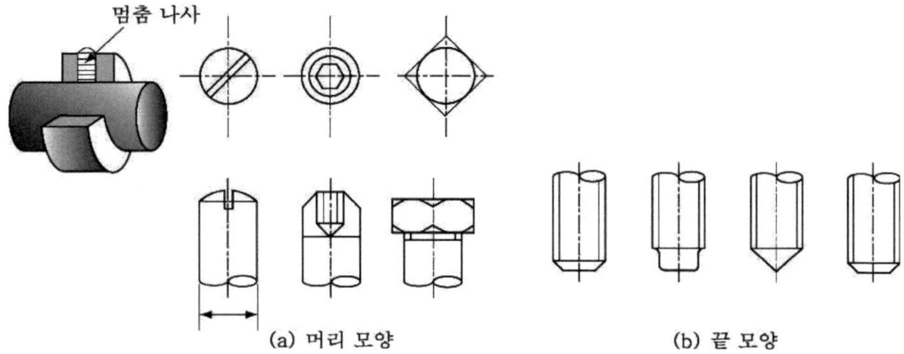

그림 2-18 멈춤 나사의 형상

② 태핑 나사(tapping screw) : 그림 2.19와 같이 나사의 끝부분에 테이퍼를 준다. 대개는 얇은판을 고정하는데 사용하거나 전기 기구에서 많이 사용한다.

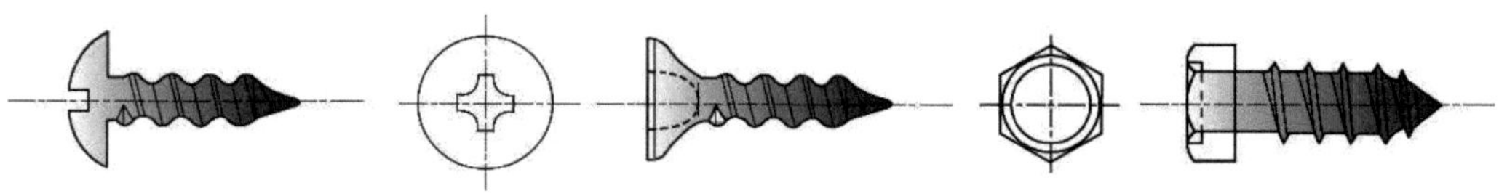

그림 2.19 태핑 나사

③ 작은 나사(cap screw or machine screw) : 그림 2.20과 같이 볼트의 축지름이 1~9[mm]인 나사로써 보통 머리부에는 드라이버로 돌릴 수 있도록 홈이 파져 있다. 홈의 모양은 －자홈과 ＋자홈으로 되어 있다.

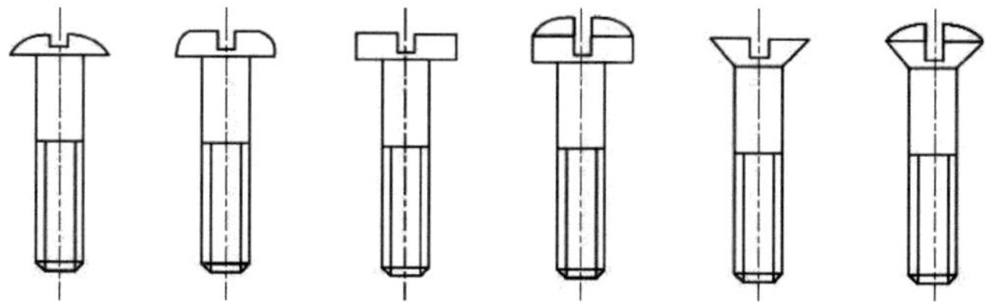

그림 2.20 작은 나사

④ 나사못(wood screw) : 그림 2.21과 같이 나사부가 원추부로 끝이 가늘게 되고, 피치가 큰 삼각 나사를 절삭한 것으로, 목재와 같은 연한 재료에 나사 박음할 때 사용한다.

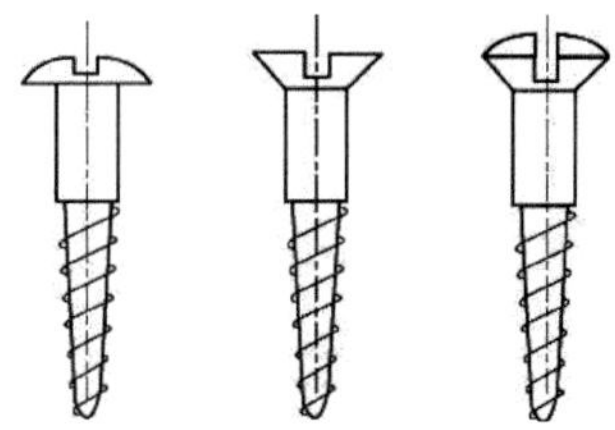

그림 2.21 나사못

4. 와셔

그림 2.22와 같은 와셔(washer)는 볼트의 구멍이 크거나, 너트의 자리면이 고르지 못할 때, 자리면의 재료가 너무 연하여 볼트의 체결 압력에 견딜 수 없을 때, 너트의 풀림을 방지할 때 사용한다.

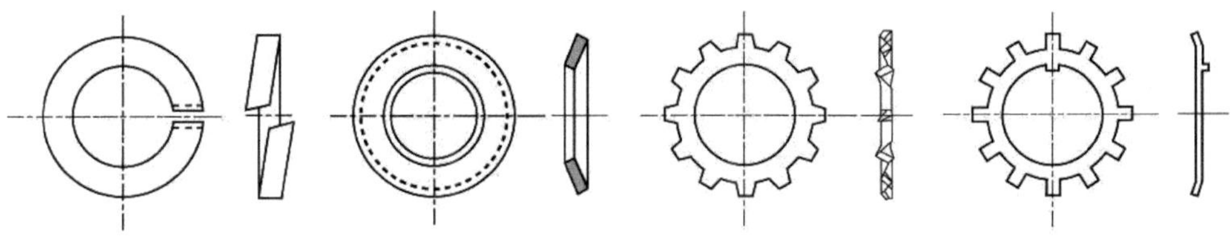

(a) 스프링 와셔 (b) 접시 와셔 (c) 이붙이 와셔 (d) 혀붙이 와셔

그림 2.22 와셔의 종류

5. 나사의 풀림 방지법

체결용 나사는 접촉면의 마찰력으로 스스로 풀리지 않도록 설계되어 있다. 그러나 진동과 충격을 받으면 순간적으로 접촉력이 감소되어 마찰력이 거의 없어지는 경우가 생기며, 이와 같은 일이 반복되면 너트는 풀리게 된다.

너트가 풀리는 것을 방지하고자 할 때는 다음과 같은 방법을 사용한다.

(1) 로크 너트에 의한 방법

그림 2.23에서 2개의 너트를 충분히 죈 다음, 아래 너트를 약간 풀면 두 너트가 볼트와 접촉하는 면이 다르게 되어 진동이나 충격을 받아도 너트와 볼트는 항상 접촉하고 있으므로

너트가 풀리지 않는다. 이 때, 아래쪽의 너트를 로크 너트(lock nut)라 한다.

(2) 와셔에 의한 방법

그림 2.22와 같이 스프링 와셔나 이붙이 와셔 등의 특수 와셔를 사용하여 너트가 풀리지 않도록 한다.

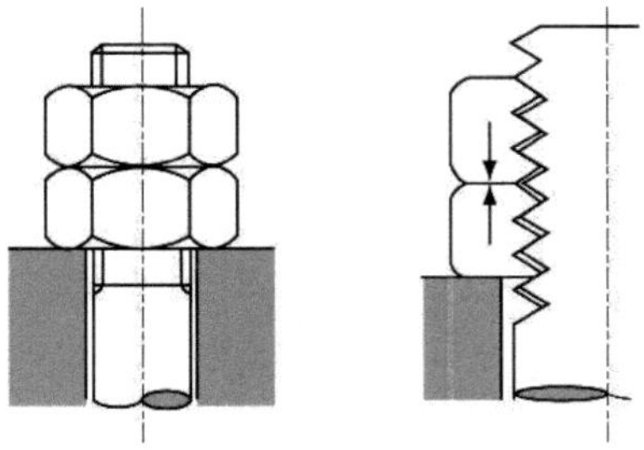

그림 2.23 로크 너트

(3) 핀, 작은 나사, 멈춤 나사 등에 의한 방법

그림 2.24와 같이 볼트에 구멍을 뚫거나 볼트와 너트에 같은 구멍을 뚫어 핀을 꽂음으로써 너트가 풀리지 못하게 하는 것이다. 그러나 핀을 사용하는 방법에는 너트가 죄여져 끝나는 위치의 제한을 받고 볼트가 약해지는 결점이 있다.

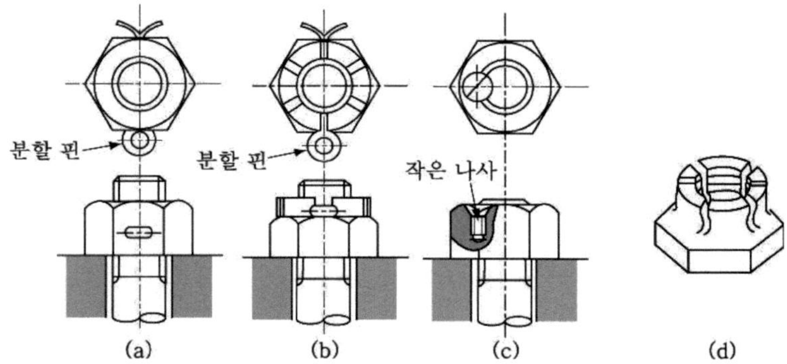

그림 2.24 핀, 작은 나사를 사용한 풀림 방지

(4) 홈붙이 너트에 의한 방법

그림 2.24(d)와 같이 너트의 위쪽에 갈라진 부분을 안쪽으로 휘어지게 하여 볼트에 결합하게 되면 너트가 볼트를 누르게 되어 볼트가 돌아가는 것을 방지한다. 이 너트를 풀림 멈춤 너트(self locking nut)라고도 한다.

2.2.2 나사의 강도 설계

1. 볼트의 지름

(1) 축 방향으로 인장 하중을 받는 경우

그림 2.25와 같이 나사부에 축하중 Q가 작용하면 인장 응력이 가장 큰 부분은 나사의 골

(최소 단면적)이 된다. 이 때, 나사의 골지름을 d_1, 볼트 재료의 허용 인장 응력을 σ_a라 하면

$$Q = \frac{\pi}{4} {d_1}^2 \sigma_a \tag{2.14}$$

이다. 그러므로 나사의 골지름은 다음과 같다.

$$d_1 = \sqrt{\frac{4Q}{\pi \sigma_a}} \tag{2.15}$$

그러나, 나사의 호칭지름은 바깥지름으로 나타내므로 위 식의 골지름을 바깥지름으로 바꾸어야 한다. 그러므로 식 (2.14)를 다음과 같이 나타낼 수 있다.

$$Q = \frac{\pi}{4} \left(\frac{d_1}{d} \right)^2 d^2 \sigma_a \tag{2.16}$$

KS 규격에서 골지름과 바깥지름과의 관계는 대체로 $d_1 = 0.8d$ 로 가상하여 계산하므로 식 (2.16)에 대입하여 나사의 바깥지름을 구하면 다음과 같다.

$$Q = \frac{\pi}{4}(0.8)^2 d^2 \sigma_a = \frac{1}{2} d^2 \sigma_a$$

$$d = \sqrt{\frac{2Q}{\sigma_a}} \tag{2.17}$$

이 식으로 구한 값은 KS 규격에 없는 경우가 많으므로 안전을 고려하여 항상 KS 규격값 중에서 이보다 큰 값을 선택해야 한다.

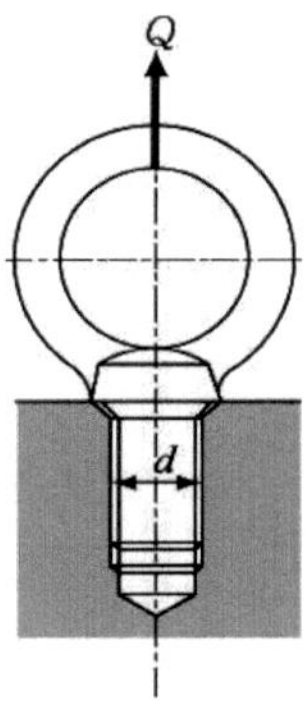

그림 2.25 인장 하중을 받는 볼트

(2) 축방향의 하중과 동시에 비틀림 하중을 받는 경우

보통 체결용 볼트나 나사 잭(screw jack)의 나사 부분은 축 방향의 하중과 비틀림 모멘트를 동시에 받는다. 두 가지가 동시에 작용하는 경우는 축 방향의 인장 하중만을 받는 경우에 비해 4/3배의 축방향의 하중이 작용하는 것으로 생각한다. 즉 식 (2.17)의 Q4/3 Q를 대입하면 볼트의 바깥지름(호칭 지름)을 구할 수 있다.

$$d = \sqrt{\frac{8Q}{3\sigma_a}} \tag{2.18}$$

(3) 전단 하중을 받는 경우

볼트는 주로 인장 하중이 작용하는 곳에 사용되지만, 때로는 전단 하중이 작용하는 곳에도 사용된다. 이 때, 볼트 재료의 허용 전단 응력을 τ_a라 하고 볼트의 바깥지름을 구하면,

$$\tau_a = \frac{Q}{\frac{\pi d^2}{4}},\ d = \sqrt{\frac{4Q}{\pi \tau_a}} \tag{2.19}$$

볼트와 볼트 구멍 사이에 틈새가 있으면 전단 응력과 굽힘 응력이 동시에 발생된다. 따라서, 이러한 현상을 방지하기 위해서는 리머 볼트나 테이퍼 볼트를 사용하여 서로 밀착시켜 틈새를 없게 하거나 그림 2.26과 같이 링이나 봉을 끼워 사용한다.

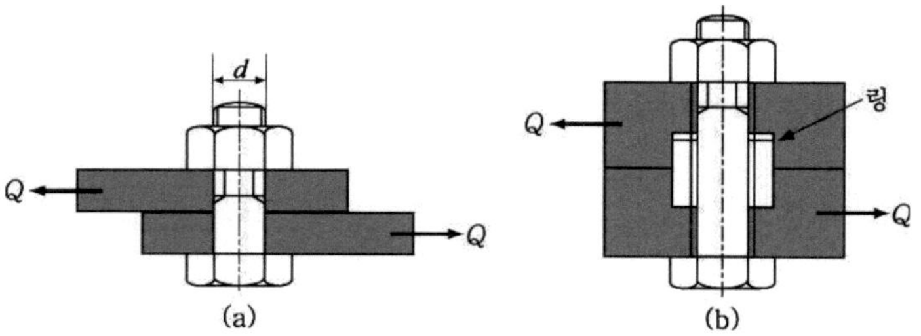

그림 2.26 전단 하중을 받는 볼트

(4) 충격 하중을 받는 경우

내연 기관과 같이 충격 하중을 받는 곳에 사용되는 볼트는 반복 하중을 받아 피로 파괴가 생긴다. 그림 2.27과 같이 충격 하중 F를 받을 때 볼트에 충격 에너지 U는 다음 식과 같다.

$$U = \frac{1}{2} F \delta \tag{2.20}$$

여기서 δ : 충격에 의하여 생기는 변형량

식 (2.20)에 $\delta = F/k$를 대입하면 $F = \sqrt{2kU}$가 된다. 또한, 스프링 상수 $k = AE/l$이므로

$$F = \sqrt{\frac{2AEU}{l}} \tag{2.21}$$

가 된다.

이 식에서 충격에 의하여 생기는 힘은 길이가 길수록, 단면적이 작을수록 작게 되는 것을 알 수 있다. 그러므로 충격 반복 하중을 받는 볼트는 충격에 대한 내구 한도를 높이기 위해서 지름을 가늘게 한다.

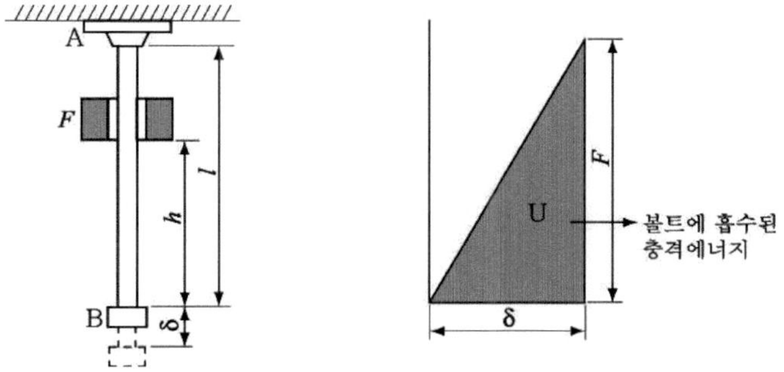

그림 2.27 충격 하중이 작용하는 경우

예제 2.9 그림 2.28과 같은 훅(hook)이 10 [kN]의 하중에 견디려면 나사의 지름을 얼마로 하면 되겠는가? 다만, 볼트 재료의 허용 인장 응력은 60 [N/mm^2]로 한다.

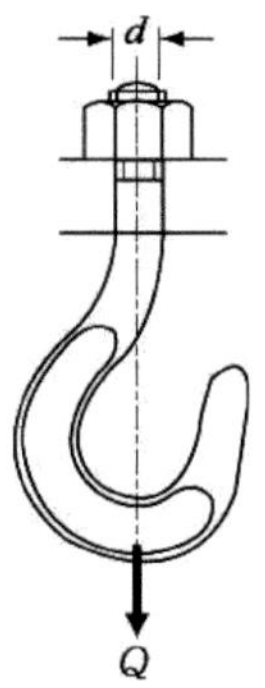

그림 2.28

[풀이] 훅에는 축 방향으로만 인장력이 작용하므로 식 (2.14)에 의하여 골지름을 구한다.

$$d_1 = \sqrt{\frac{4Q}{\pi\sigma_a}} = \sqrt{\frac{4\times10000}{\pi\times60}} = 14.567$$

표 2.1에서 골지름이 14.567 [mm] 보다 크며, 1란에 해당하는 M 20으로 한다.

식 (2.17)에 의하여 지름을 구해보면

$$d = \sqrt{\frac{2Q}{\sigma_a}} = \sqrt{\frac{2\times10000}{60}} = 18.257\,[\mathrm{mm}]$$

KS 규격에서는 바깥지름이 18.257 보다 크면서 가까운 값을 택하면 M 20이다.

예제 2.10 10 [kN]의 인장 하중과 동시에 비틀림 하중을 받는 볼트를 설계하여라. 다만, 볼트의 허용 응력은 40 [N/mm^2]이다.

[풀이] 식 (2.18)로 볼트의 지름을 계산한다.

$$d = \sqrt{\frac{8Q}{3\sigma_a}} = \sqrt{\frac{8\times10000}{3\times48}} = 23.6\ [\mathrm{mm}]$$

따라서, M24를 택한다.

예제 2.11 7 [kN]의 전단력을 받는 볼트를 설계하여라. 다만, 볼트의 허용 전단 응력은 60 [N/mm²]이다.

[풀이] 식 (2.19)에서

$$d=\sqrt{\frac{4Q}{\pi\tau_a}}=\sqrt{\frac{4\times7000}{\pi\times60}}=12.2\ [\mathrm{mm}]$$

표 2.1에서 1란에 해당하는 M16를 택한다.

예제 2.12 길이가 300 [mm]이고, M20인 볼트에 충격 하중을 작용시켜 800 [N·mm]의 충격 에너지가 흡수된 경우 나사부에 생기는 응력을 구하여라. 다만, 골지름은 17.3 [mm], 볼트 재료는 2.1×10^5 [N/mm²] 이다.

[풀이] 충격으로 인한 볼트의 스프링 상수와 충격 하중을 먼저 구해야 한다.

볼트의 스프링 상수 k는

$$k=\frac{AE}{l}=\frac{\pi d^2E}{4l}=\frac{\pi\times20^2\times2.1\times10^5}{4\times300}=2.2\times10^5\ [\mathrm{N/mm}]$$

이 경우 충격 하중 F는

$$F=\sqrt{2kU}=\sqrt{2\times2.2\times10^5\times800}=18762\ [\mathrm{N}]$$

M20인 나사 골지름의 단면적 A는

$$A=\frac{\pi}{4}{d_1}^2=\frac{\pi}{4}\times17.3^2=235\ [\mathrm{mm^2}]$$

그러므로 골지름 부분의 응력 σ_t 는 다음과 같다.

$$\sigma_t=\frac{F}{A}=\frac{18762}{235}=80\ [\mathrm{N/mm^2}]$$

예제 2.13 그림 2.29와 같은 브래킷(bracket)을 M20인 볼트 3개로 벽에 부착한 경우, 볼트의 골지름은 17.3 [mm], 피치는 2.5 [mm], 허용 인장 응력은 60 [N/mm²] 이다. 또, 각 볼트에 인장 응력 이외에 전단 응력이 작용한다면 30 kN의 하중이 가해지는 경우 각 볼트에 생기는 응력을 구하여라.

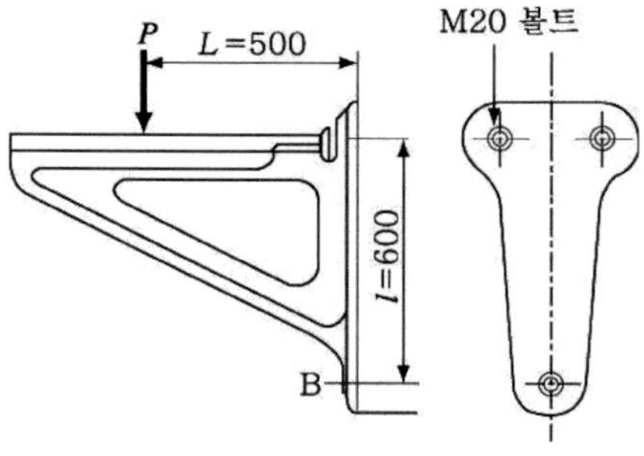

그림 2.29

[풀이] 브래킷에 볼트가 상하로 체결되어 있어 힘에서 위쪽 볼트까지의 거리를 L, 작용 모멘트를 M_1이라 하면

$$M_1 = P\,L \qquad \text{(a)}$$

이 경우 아래 볼트는 고정하는데 필요하고, 주로 위쪽 볼트 2개가 모멘트로 인해 인장 하중을 받는다는 것으로 알 수 있다. 따라서 1개의 볼트가 받고 있는 인장 하중 Q는

$$Q = A\,\sigma_a \qquad \text{(a)}$$

또, 상하 볼트 사이의 거리를 l이라 하면 최대 저항 모멘트 M_2는

$$M_2 = 2\,Q\,l \qquad \text{(b)}$$

여기서 $M_1 = M_2$의 관계가 성립되어야 하므로 두 식에서 다음 식을 유도할 수 있다.

$$P = \frac{2\,Q\,l}{L} = \frac{2\,A\,\sigma_a\,l}{L} \qquad \text{(c)}$$

먼저 볼트의 최소 단면적을 구한다.

$$A = \frac{\pi {d_1}^2}{4} = \frac{\pi \times 17.3^2}{4} = 235\ [\mathrm{mm}^2]$$

이 값을 식 (c)에 대입하여 계산하면

$$P = \frac{2\,A\,\sigma_a\,l}{L} = \frac{2 \times 235 \times 60 \times 600}{500} = 33840\ [\mathrm{N}]$$

따라서, 안전 하중은 이보다 작아야 하므로 약 30 [kN]이다.
한편, 실제로는 상하 3개의 볼트에는 전단력이, 위쪽 2개의 볼트에는 인장력이 작용하므로 그림에서 B점을 원점으로 하는 모멘트는

$$P\,L = 2\,Q\,l$$

따라서, 1개의 볼트에 작용하는 인장력 Q는 위 식으로 구한다.

$$Q = \frac{P\,L}{2\,l} = \frac{30000 \times 500}{2 \times 600} = 12500\ [\mathrm{N}]$$

그러므로 볼트에 생기는 인장 응력은 식 (2.14)에 의해 구한다.

$$\sigma_t = \frac{4\,Q}{\pi\,{d_1}^2} = \frac{12500 \times 4}{\pi \times 17.3^2} = 53.2\ [\mathrm{N/mm}^2]$$

다음에, 3개의 볼트가 전단력을 받으므로 볼트에 생기는 전단 응력은

$$\tau = 4 \times \frac{P}{3\,\pi\,{d_1}^2} = \frac{4 \times 30000}{3 \times \pi \times 17.3^2} = 42.6\ [\mathrm{N/mm}^2]$$

2. 너트의 높이

볼트와 너트가 결합되어 있을 때 나사산의 수가 적으면, 그림 2.30과 같이 물려 있는 나사산이 탄성 변형을 일으켜 전단 파괴가 일어나게 된다.

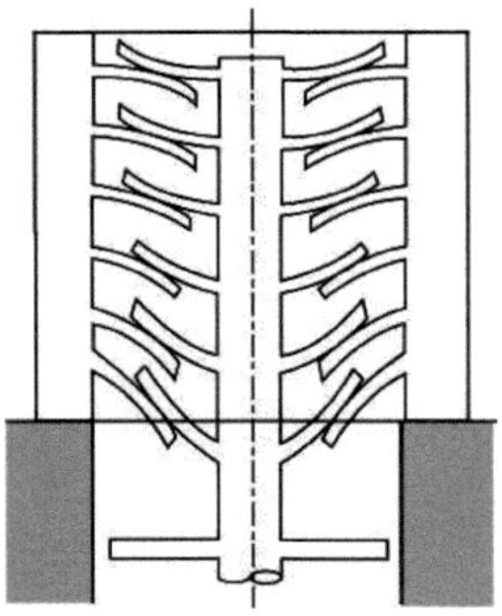

그림 2.30 나사산의 변형

그림 2.31과 같이 나사산이 균일하게 접촉하고 있다면 서로 접촉하고 있는 나사산의 접촉면적은

$$A \fallingdotseq \frac{\pi}{4}(d^2 - {d_1}^2)n$$

여기서, d : 수나사의 바깥지름,

d_1 : 수나사의 골지름,

n : 서로 접촉하고 있는 나사산의 수

이 된다. 나사의 허용 접촉 압력을 q 라 하면 하중 Q 는

$$Q = qA = \frac{\pi}{4}q(d^2 - {d_1}^2)n$$

로 되며, 서로 접촉하고 있는 나사부의 길이 $H = np$ 이므로 다음과 같이 구할 수 있다.

$$H = \frac{4Qp}{\pi q(d^2 - {d_1}^2)} = \frac{Qp}{\pi d_2 h q} \tag{2.22}$$

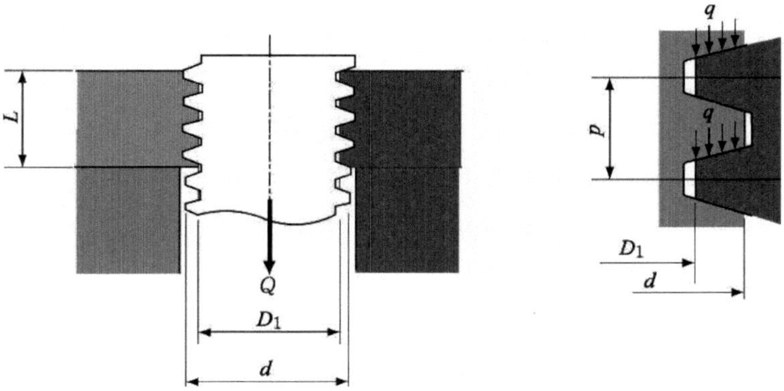

그림 2.31 나사가 물려있는 부분의 길이

예제 2.14 300 [kN]의 나사 프레스에서 사각 나사의 바깥지름이 100 [mm], 골지름이 80 [mm], 피치가 16 [mm]이라면 이에 끼울 청동제 너트의 높이를 결정하여라. 다만, $q=9.8$ [MPa] 이다.

[풀이] 너트의 높이는 식 (2.22)에 의해 계산한다.

$$H = \frac{4Qp}{\pi(d^2 - {d_1}^2)q} = \frac{4 \times 300000 \times 16}{\pi(100^2 - 80^2) \times 9.8} = 173 \text{ [mm]}$$

연습문제

1. 암나사와 수나사의 지름을 서로 비교하여 설명해보자.
2. 나사에서 리드(l)와 피치(p)는 어떤 관계가 있는지 알아보자.
3. 나사의 리드각(α)에 대하여 설명해보자.
4. 삼각나사의 표시법은 어떤 순서로 되어 있는지 알아보자.
5. 볼트의 종류와 그 특징을 설명해보자.
6. 너트의 종류와 그 특징을 설명해보자.
7. 나사의 풀림 방지법을 설명해보자.
8. 나사의 자립 조건을 설명하고, 나사의 효율과의 관계를 수식으로 나타내어 보자.
9. 체결용에 삼각나사를, 운동용에 사각 나사를 사용하는 이유를 설명해 보자.
10. 나사의 효율을 나타내는 식을 유도하고, 그 의미를 설명해보자.
11. 바깥지름이 50 [mm], 피치가 10 [mm]인 사각 나사로 된 잭으로 80 [kN]의 하중을 들어올리려고 할 때 이 나사를 돌리는데 필요한 토크는 얼마인가? 다만, 나사면의 마찰 계수는 0.15 이다. 답 (401 [kN · mm])
12. 나사잭의 사각 나사봉의 바깥지름이 60 [mm], 유효 지름이 50 [mm], 나사부의 마찰 계수가 0.15, 칼라의 평균 반지름이 25 [mm]이고, 칼라와 그 접촉부와의 마찰 계수는 0.1이다. 이 잭으로 20 [kN]을 들어올릴 때 레버를 돌리는 힘을 300 [N]이라 하면 필요한 레버의 길이는 얼마이면 되겠는가? 답 (527 [mm])
13. M52인 나사의 효율을 계산하여라. 다만, 피치는 5 [mm], 유효 지름은 48.752 [mm], 마찰 계수는 0.1이다. 답 (22%)
14. 20 [kN]의 하중을 들어올리는 잭을 만들려고 할 때, 나사의 지름을 구하여라. 다만, 허용인장응력은 60[N/mm^2]이다. 답 (M30)
15. 아이 볼트로 50 [kN]의 물체를 들어올리려고 한다. 이 볼트의 크기를 얼마로 하면 되겠는가? 다만, 허용 인장 응력은 60 [N/mm^2], 골지름과 바깥지름과의 비는 0.7 이다. 답 (M48)

16. 호칭 지름이 16 [mm]인 미터 나사를 유효 길이 200 [mm]인 스패너에 150 N의 힘을 가해 돌릴 때 체결력은 얼마인가? 답 (9.38 [kN])

17. 7000 [N]의 전단력이 작용하는 볼트를 설계하여라. 다만, 볼트의 허용 전단 응력은 60 [N/mm^2]이다. 답 (M14)

18. 500 [kN]의 축하중을 받는 사각 나사봉의 바깥지름은 120 [mm], 골지름은 100 [mm]인 나사이다. 이에 끼울 너트의 높이를 결정하여라. 다만, 너트의 허용 접촉 압력은 10 [MPa]이고, 피치는 12.7 [mm]이다. 답 (H= 190.5 [mm])

3

Chapter

키, 핀, 코터

키나 핀은 기어나 벨트 풀리 등을 축에 설치할 때나 축이음을 할 때 사용하며, 키는 축 방향으로, 핀은 축의 직각 방향으로 끼워진다. 코터는 축 방향에 인장력이나 압축력이 작용하는 경우 두 축을 연결하는 데 사용하는 기계요소이다.

이 단원에서는 키의 종류와 강도, 핀의 종류와 핀 이음, 코터의 강도 설계에 대하여 알아보려고 한다.

3.1 키

3.1.1 키의 종류

키는 축에 회전체를 고정시켜서 회전 운동을 전달하기 때문에 주로 전단력을 받으므로 키는 축 재료보다 약간 강한 재료를 사용해야 파손을 방지할 수 있다.

키에는 축 방향으로 보스를 이동할 수 없는 키와 미끄럼 키나 스플라인과 같이 이동할 수 있는 키가 있다. 대체로 이동할 수 없는 것은 키에 1/100 정도의 기울기가 있으나 이동할 수 있는 것은 기울기가 없다. 그림 3.1은 축과 보스를 키로 결합하는 보기이다.

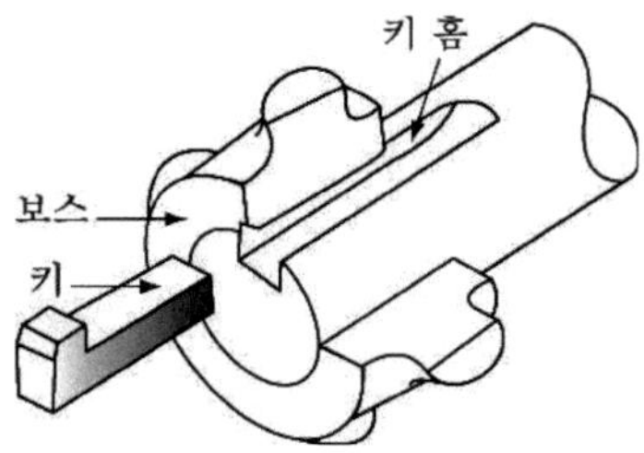

그림 3.1 키의 사용

1. 일반용 키

① 새들 키(saddle key) : 안장 키라고도 하며, 그림 3.2의 (a)와 같이 축은 그대로 두고 회전체의 보스(boss) 안에 키 모양과 같은 홈을 파서 끼운다. 그러므로 축의 강도는 감소되지 않고, 축과 키 사이의 마찰력만으로 회전력을 전달하기 때문에 전달 토크가 작다.

② 플랫 키(flat key) : 평 키라고도 하며, 그림 3.2의 (b)와 같이 키의 나비만큼 축을 평평하게 깎은 것으로 새들 키보다는 약간 큰 토크를 전달시킬 수 있다.

③ 묻힘 키(sunk key) : 성크 키라고도 하며, 가장 널리 사용하는 키이다. 그림 3.2의 (c)와 같이 축과 보스의 양쪽에 모두 키 홈을 파고, 여기에 키를 끼워 토크를 전달한다. 이 키는 윗면에 1/100 정도의 기울기를 가진 경사 키와 위 아래면이 모두 평행인 평행 키가 있다. 기울기가 있는 키에는 머리 달린 경사 키(gib headed slope key)와 머리가 달리지 않은 것이 있다. 성크 키는 조립 방법에 따라 축과 보스를 맞추고 키를 때려박는 드라이빙 키(driving key)와 축에 키를 끼운 다음 보스를 때려 박는 세트 키(set key)가 있다.

④ 접선 키(tangential key) : 그림 3.2의 (d)와 같이 축의 접선 방향으로 끼우는 키로서, 기울기를 가진 2개의 키를 한 쌍으로 하여 사용한다. 회전 방향이 한 방향일 때에는 한쌍으로도 충분하지만, 양쪽 방향일 때에는 중심각이 120°로 되는 위치에 두 쌍을 설치한다. 접선 키는 아주 큰 토크를 전달하는데 적합하다.

2. 특수 키

① 반달 키(woodruff key) : 그림 3.2의 (e)와 같이 반달 모양의 키로서, 축에 키 홈을 깊게 파기 때문에 축의 강도가 약하게 되는 결점이 있으나, 키와 키 홈은 가공하기가 쉽다. 키와 보스를 결합할 때 자동적으로 키가 자리를 잡을 수 있는 장점이 있으므로 자동차, 공작기계 등에 널리 사용된다.

② 미끄럼 키(sliding key) : 페더 키(feather key)라고도 하며, 축 방향으로 보스를 미끄럼 운동시킬 필요가 있을 때에 사용한다. 그림 3.2의 (f)와 같이 보스에 키를 고정하는 경우와 축에 키를 고정하는 경우가 있다.

③ 원추 키(cone key) : 그림 3.2의 (g)와 같이 축과 보스의 양쪽에 모두 키 홈을 파지 않고 보스의 구멍을 테이퍼 구멍으로 하여, 속이 빈 원추 키를 박아서 마찰력만으로 밀착시키는 키이다. 보스가 편심되지 않고 축의 어느 위치에나 설치할 수 있는 장점이 있다.

④ 스플라인(spline) : 그림 3.3과 같이 보스와 축의 둘레에 여러 개의 키를 깎아 붙인 것과 같은 모양이며, 일반적인 키보다 훨씬 큰 토크를 전달시킬 수 있다. 또, 축과 보스의 중심을 정확히 맞출 수 있는 특징이 있다. 따라서 자동차, 공작기계, 항공기, 발전용 증기 터빈 등에 널리 쓰이며, 축 쪽을 스플라인축, 보스 쪽을 스플라인이라 하며, 이의 수는 4~20개로 원주를 등분하여 만든다.

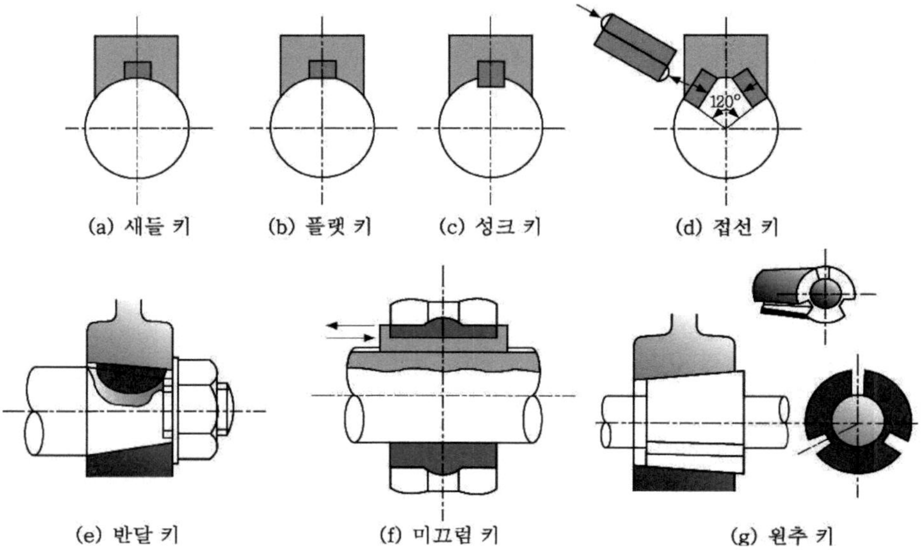

그림 3.2 키의 종류

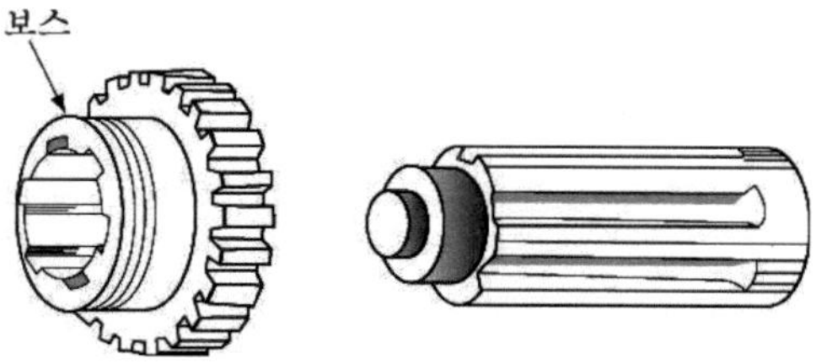

그림 3.3 스플라인과 스플라인축

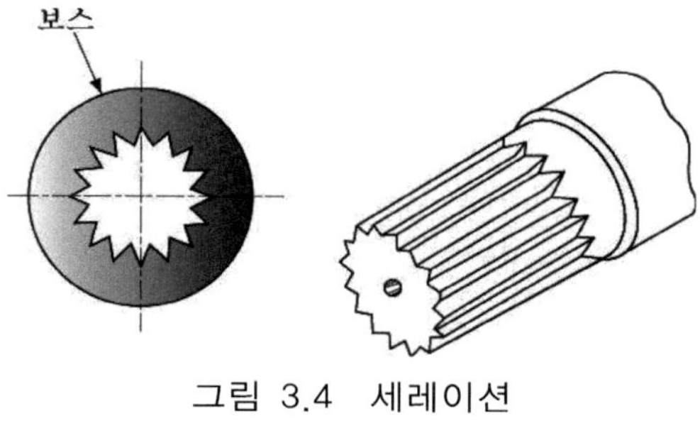

그림 3.4 세레이션

⑤ 세레이션(serration) : 그림 3.4와 같이 둥근 축 또는 원추 축과 보스의 둘레에 같은 간격으로 나사산 모양의 작은 이를 깎아 만든 것이며, 축과 보스의 상대각 위치를 되도록 작게 조절해서 고정하려고 할 때 사용한다.
높이가 낮고 잇수가 많으므로 축압 강도가 아주 크고, 같은 지름의 스플라인축보다 큰 회전력을 전달시킬 수 있다.

3.1.2 키의 강도

1. 묻힘 키의 치수

묻힘 키와 키 홈의 치수는 표 3.1과 같으며, 축 지름에 따라 결정된다. 그림 3.5에 나타낸 것과 같이 축과 보스에 키를 끼워 놓고 회전을 시키면 키는 전단력을, 키 홈의 측면은 압축력을 받는다.

축지름 d, 키의 나비 b, 길이 l 인 성크 키가 전단력을 받을 때 전단 응력을 τ_s 라 하면(그림 a)

$$\tau_s = \frac{P}{bl} = \frac{2T}{dbl} \tag{3.1}$$

또, 키 홈의 측면에는 압축 하중이 작용하므로 압축 응력을 σ_c 라 하면 다음 식이 된다.

$$\sigma_c = \frac{2P}{hl} = \frac{4T}{dhl} \tag{3.2}$$

여기서 h : 키의 높이

또, 식 (3.1)과 식 (3.2)로부터 다음의 관계식을 얻을 수 있다.

$$b\,l\,\tau_s = \frac{h\,l\,\sigma_c}{2}$$

$$h = \frac{2\,b\,\tau_s}{\sigma_c} \tag{3.3}$$

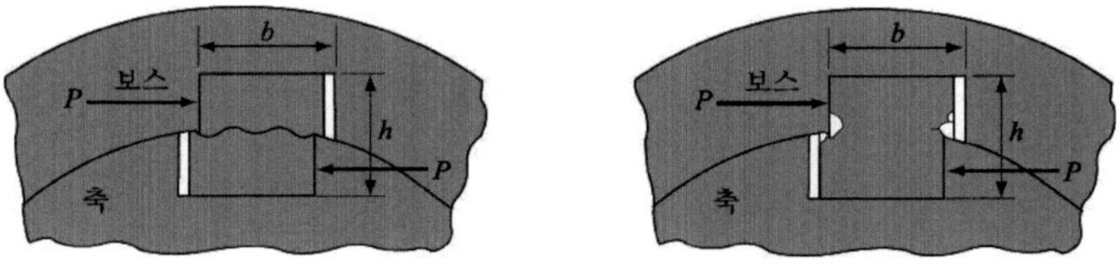

(a) 키의 전단 파괴 (b) 키의 압축 파괴

그림 3.5 키의 파괴 형태

위 식에서 $\sigma_c = 2\tau_s$ 이면 $b = h$ 가 되어 키의 단면 형상은 정사각형이 된다. 그러나 키에서는 전단력이 문제가 되므로 전단력에 견디기 위해서는 단면 형상을 정사각형으로 하는 것보다는 직사각형($b > h$)으로 하는 것이 바람직하다. 만일 $b < h$로 하면 키 홈이 깊어져 축이 약해진다.

축 재료의 허용 비틀림 응력을 τ_d 라 하면 축의 비틀림 모멘트 T_d 는 다음과 같다.

$$T_d = \frac{\pi d^3}{16}\tau_d \tag{3.4}$$

축과 키의 전달 토크가 같다고 하면 식 (3.1)과 식 (3.4)에서

$$\frac{b}{d} = \frac{\pi d \tau_d}{8 l \tau_s} \tag{3.5}$$

이다. 위 식에서 키의 길이 l 은 설계에서는 $1.5d$ 로 한다. 보통 키의 재료는 축보다 단단한 재료를 사용하지만 축과 키 재료가 같다고 하면 $\tau_s = \tau_d$ 가 되므로

$$b = \frac{\pi d}{12} \fallingdotseq \frac{d}{4}$$

이다. 키의 나비와 높이는 축지름 범위에 따라 표 3.1에 규정되어 있다.

표 3.1 묻힘키의 호칭 치수(KS B 1311)

(단위 : [mm])

호칭 치수 $b \times h$	축 지름 d		길이 l	호칭치수 $b \times h$	축지름 d		길이 l
2×2	6초과	8이하	6 ~ 20	25×14	85초과	95이하	70 ~ 280
3×3	8초과	10이하	6 ~ 36	28×16	95초과	110이하	80 ~ 320
4×4	10초과	12이하	8 ~ 45	32×18	110초과	130이하	90 ~ 360
5×5	12초과	17이하	10 ~ 56	(35×22)	125초과	140이하	100 ~ 400
6×6	17초과	22이하	14 ~ 70	36×20	130초과	150이하	-
(7×7)	20초과	25이하	16 ~ 80	(38×24)	140초과	160이하	-
8×7	22초과	30이하	18 ~ 90	40×22	150초과	170이하	-
10×8	30초과	38이하	22 ~ 110	(42×26)	160초과	180이하	-
12×8	38초과	44이하	28 ~ 140	45×25	170초과	200이하	-
14×9	44초과	50이하	36 ~ 160	50×28	200초과	230이하	-
(15×10)	50초과	55이하	40 ~ 180	56×32	230초과	260이하	-
16×10	55초과	58이하	45 ~ 180	63×32	260초과	290이하	-
18×11	58초과	65이하	50 ~ 200	70×36	290초과	330이하	-
20×12	65초과	75이하	56 ~ 220	80×40	330초과	380이하	-
22×14	75초과	85이하	63 ~ 250	90×45	380초과	440이하	-
(24×16)	80초과	90이하	70 ~ 280	100×50	440초과	500이하	-

( )가 있는 호칭치수는 가급적 사용하지 않는다.

예제 3.1 풀리의 지름이 500 [mm], 축지름이 50 [mm], 보스의 길이가 80 [mm]인 벨트 풀리를 $b \times h = 12 \times 8$인 성크 키로 축에 고정하였다. 풀리의 바깥쪽에 1500 [N]의 접선력이 작용할 때, 성크 키의 강도를 확인하여라. 다만, 키 재료의 허용 전단 응력 34 [N/mm²], 허용 압축 응력은 98 [N/mm²]로 한다.

[풀이] 축에 작용하는 토크로 인하여 키에 생기는 전단 응력과 압축 응력은 다음과 같이 계산한다. 풀리의 바깥쪽에 접선력이 작용하므로 축에 작용하는 접선력은 지름에 반비례한다.

$$P = 1500 \times \frac{500}{50} = 15000 \text{ [N]}$$

전단 응력을 구하면

$$\tau = \frac{P}{b\,l} = \frac{15000}{12 \times 80} = 15.6 \text{ [N/mm}^2]$$

압축 응력을 구하면

$$\sigma_c = \frac{2P}{h\,l} = \frac{30000}{8 \times 80} = 46.9 \text{ [N/mm}^2]$$

이상의 결과에서 전단 응력과 압축 응력은 어느 쪽도 허용 응력 이하이므로 안전하다는 것을 알 수 있다.

예제 3.2 지름이 70 [mm]인 축에 벨트 풀리를 성크 키로 고정하려고 한다. 축이 250 [rpm]으로 50 [kW]의 동력을 전달하는데 적합한 성크 키를 설계하여라. 다만, 축 재료의 허용 전단 응력은 29.4 [N/mm²]이다.

[풀이] 표 3.1에서 축지름이 70 [mm]일 때 적합한 키는 $b \times h = 20 \times 12$ [mm]가 된다. 또, 키의 길이는 다음과 같다.

$$l = 1.5\,d = 1.5 \times 70 = 105 \text{ [mm]}$$

$b \times h \times l = 20 \times 12 \times 105$인 키가 전달 토크에 견딜 수 있는가의 여부를 조사해 본다. 식 (1.11)에서

$$T = 9549\,\frac{H}{N} = 9549 \times \frac{50}{250} = 1910 \text{ [N} \cdot \text{m]}$$

이 때 전단 응력은

$$\tau = \frac{2\,T}{b\,d\,l} = \frac{2 \times 1910 \times 10^3}{20 \times 70 \times 105} = 23.7 \text{ [N/mm}^2]$$

따라서, 강의 허용 전단 응력이 29.4 [N/mm²]이므로 키에 작용하는 전단 응력이 허용 응력보다 작으므로 안전하다. 그러므로 키의 크기는 $b \times h \times l = 20 \times 12 \times 105$ [mm]로 한다.

예제 3.3 지름이 50 [mm]인 축에 풀리를 설치할 때 끼울 성크 키를 설계하여라. 다만, 축의 허용 비틀림 응력은 30 [N/mm^2], 키의 허용 압축 응력은 90 [N/mm^2]로 한다.

[풀이] 축이 전달할 수 있는 토크 T는

$$T = \frac{\pi d^3}{16}\tau$$

이 토크로 인하여 키가 받는 토크 T는 식 (3.2)에서

$$T = \frac{d\,h\,l\,\sigma_c}{4}$$

또, $l = 1.5\,d$이므로 위 두 식에서

$$\frac{\pi d^3 \tau}{16} = \frac{1.5\,d^2\,h\,\sigma_c}{4}$$

$$\therefore\ h = \frac{\pi\,d\,\tau}{6\,\sigma_c} = \frac{\pi \times 50 \times 30}{6 \times 90} = 8.7\ [\text{mm}]$$

또, 키의 나비와 길이는

$$b = \frac{d}{4} = \frac{50}{4} = 12.5\ [\text{mm}]$$

$$l = 1.5\,d = 1.5 \times 50 = 75\ [\text{mm}]$$

이상에 해당하는 키의 크기를 표 3.1에서 구하면

$$b \times h \times l = 14 \times 9 \times 75\ [\text{mm}]$$

이다.

2. 스플라인의 전달 토크

보통 키에서는 키와 키 홈의 치수를 정밀하게 가공하여 키를 끼우면 키와 키 홈 사이에 틈새가 없어 축과 보스가 일체가 되어 회전한다. 그러나 전달 토크에 큰 변동이 생기면 축의 비틀림 변동으로 틈새가 생겨 키가 빠질 수 있다. 또, 미끄럼 키와 같이 키와 키 홈에 틈새가 있는 것에서는 토크의 변동으로 키가 빠질 수도 있어 강력한 토크를 전달하기 어렵다. 스플라인은 이와 같은 단점을 보완한 것으로 속도를 변환하는 축에 널리 사용되고 있다.

그림 3.3과 같이 키가 여러 개 있는 것과 같은 스플라인(spline)은 전단 강도에 충분히 견디며, 전달할 수 있는 토크는 이 측면의 면압 강도로 계산한다. 그림 3.6과 같은 스플라인이 전달할 수 있는 토크를T라 하고, 이 측면의 면압력이 이높이의 중앙에 집중 하중으로 작용한다고 생각하면

$$T = \eta\,z\,h\,l\,p_a \frac{1}{4}(d_2 + d_1) \tag{3.6}$$

여기서, z : 잇수, h : 이의 높이, l : 보스의 길이,

p_a : 이의 측면 허용 면압력, d_2 : 스플라인의 바깥지름(큰지름),

d_1 : 스플라인의 안지름(작은 지름), η : 이의 측면의 접촉 효율

접촉 효율은 이론상으로는 100%이나, 실제로는 이의 절삭 가공 정밀도를 고려하여 절삭된 잇수의 3/4이 토크를 전달하는데 유효하다고 생각한다. 즉 $\eta = 0.75$ 로 한다.

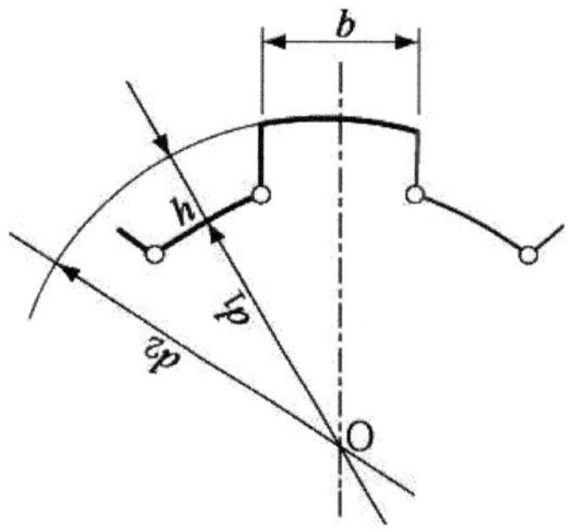

그림 3.6 스플라인

예제 3.4 잇수가 6이고, 호칭지름이 82 [mm]인 스플라인축이 200 [rpm]로 회전하고 있다. 이 측면의 허용 면압력을 29 [N/mm^2]로 하고, 보스의 길이가 150 [mm]일 때 전달할 수 있는 동력을 구하여라. 다만, 스플라인의 큰 지름은 88 [mm]이다.

[풀이] 이의 높이 h는 큰 지름에서 작은 지름을 뺀 것을 2로 나눈 값이므로

$$h = \frac{d_2 - d_1}{2} = \frac{88 - 82}{2} = 3\ [\mathrm{mm}]$$

전달할 수 있는 토크 T는 식 (3.6)에 의하여 구한다.

$$T = \eta z h l p_a \frac{1}{4}(d_2 + d_1) = 0.75 \times 6 \times 3 \times 150 \times 29 \times \frac{1}{4}(88 + 82)$$
$$= 25 \times 10^5\ [\mathrm{N \cdot mm}] = 2500\ [\mathrm{N \cdot m}]$$

그러므로 전달 동력은 식 (1.11)로 부터 다음과 같다.

$$H = \frac{TN}{9549} = \frac{2500 \times 200}{9549} = 52.4\ [\mathrm{kW}]$$

3.2 핀

3.2.1 핀의 종류

핀(pin)은 2개 이상의 기계 부품을 결합시키는데 사용하며, 또 핸들을 축에 고정하거나 힘이 작게 걸리는 부품을 설치할 때, 분해 조립할 부품의 위치를 결정하는데 널리 사용된다.

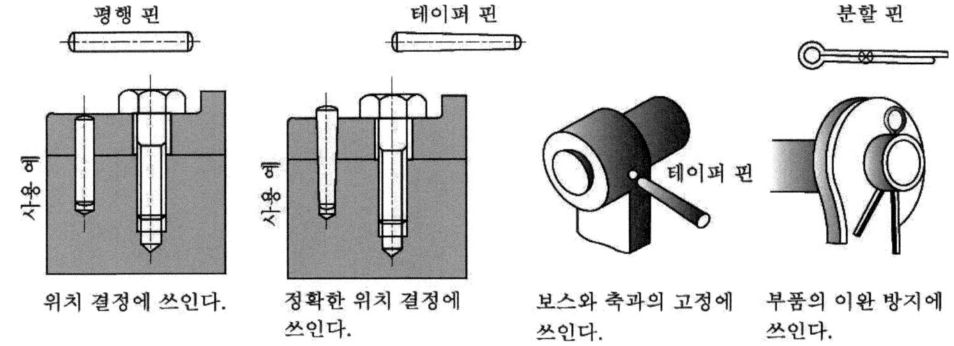

그림 3.7 핀의 종류와 용도

핀에는 그림 3.7과 같이 평행 핀(parallel pin), 테이퍼 핀(taper pin), 분할 핀(split pin) 등이 있다. 평행 핀은 작은 둥근봉으로 지름 d와 길이 l로 크기를 나타낸다. 테이퍼 핀은 1/50의 테이퍼를 갖는 것으로 크기는 작은 지름으로 나타내며, 주로 보스를 축에 고정할 때 쓰인다. 분할 핀은 전체가 두 갈래로 되어 있어, 너트의 풀림 방지나 핀이 빠져 나오지 않게 하는데 사용된다.

3.2.2 핀 이음의 강도

핀 이음은 그림 3.8과 같이 한쪽 포크(fork)에 아이(eye) 부분을 끼운 다음 1개의 평행 핀을 집어 넣고, 두 부분이 상대적으로 각운동을 할 수 있도록 연결한 것으로, 구조물의 인장봉 및 자동차의 동력 전달 기구에 널리 쓰인다.

1. 핀의 접촉 면압

그림과 같은 핀 이음에서 핀의 지름을 d_1, 핀과 구멍 부분의 접촉 길이가 a이고, 축하중

Q가 작용할 때 구멍 부분과 접촉하고 있는 핀의 면압 p는

$$p = \frac{Q}{d_1 a}$$

이 식으로 핀의 지름을 구한다.

$$Q = p d_1 a = m d_1{}^2 p \quad (a = m \cdot d_1)$$

$$d_1 = \sqrt{\frac{Q}{mp}} \tag{3.7}$$

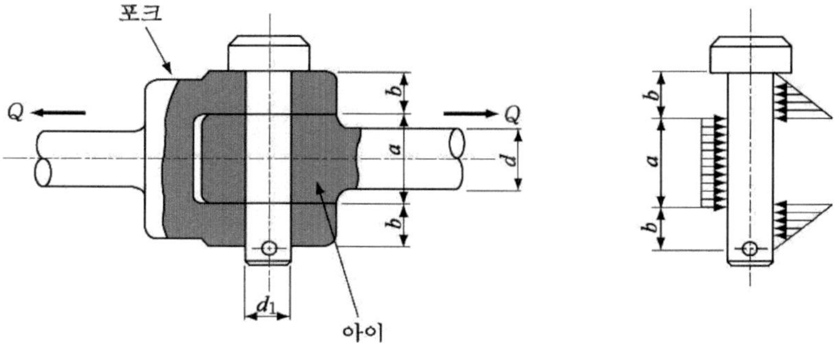

그림 3.8 너클핀의 이음

2. 핀의 전단 응력

핀은 그림과 같이 두 면이 전단력을 받으므로 전단 응력 τ는

$$Q = 2 \cdot \frac{\pi}{4} d_1{}^2 \tau$$

$$\tau = \frac{2Q}{\pi d_1{}^2} \tag{3.8}$$

3. 핀의 굽힘 응력

그림과 같이 핀은 전단력으로 인해 굽힘을 받으므로 이 때의 굽힘 응력σ_b는

$$M = \frac{Ql}{8} = \frac{\pi}{32} d_1{}^3 \sigma_b \quad (l = 1.5 m d_1)$$

$$\sigma_b = \frac{4Ql}{\pi d_1{}^3} \tag{3.9}$$

예제 3.5 12 [kN]의 하중을 받는 핀의 강도를 검토하고, 핀 재료의 인장 강도가 490 [N/mm^2]이라면 안전율은 얼마인가? 다만, $m = 1.3$, $p = 15$ [N/mm^2], $l = 65$ [mm]이다.

[풀이] 핀의 지름은 식 (3.7)로 구한다.

$$d_1 = \sqrt{\frac{Q}{mp}} = \sqrt{\frac{12000}{1.3 \times 15}} = 24.8 = 25 \text{ [mm]}$$

따라서, $a = m d_1 = 1.3\, d_1 = 1.3 \times 25 = 32.5$ [mm]

핀의 강도를 검토하면

핀의 전단 응력 $\tau = \dfrac{2Q}{\pi {d_1}^2} = \dfrac{2 \times 12000}{\pi \times 25^2} = 12.2$ [N/mm^2]

핀의 굽힘 응력 $\sigma_b = \dfrac{4Ql}{\pi {d_1}^3} = \dfrac{4 \times 12000 \times 65}{\pi \times 25^3} = 63.6$ [N/mm^2]

식 (1.13)에서

안전율 $S = \dfrac{\sigma_t}{\sigma_b} = \dfrac{490}{63.6} = 7.7$

이므로 하중이 충격적인 반복 하중이 아니면 안전하다고 할 수 있다.

3.3 코터

3.3.1 코터 이음

코터는 축 방향에 인장 또는 압축이 작용하는 두 축을 연결하는데 사용한다. 그림 3.9와 같이 코터 이음은 로드(rod), 소켓(socket), 코터(cotter)로 구성되어 있고, 조립과 분해는 코터를 박거나 빼냄으로써 쉽게 할 수 있다.

코터 이음은 압축 하중이 작용하는 축을 연결할 때에는 로드에 칼라(collar)를 붙이는 것이 좋고, 소켓이 쪼개질 염려가 있을 때에는 지브(jib)를 사용한다.

코터는 편평한 키의 일종이고, 그림 3.10과 같이 한쪽 기울기와 양쪽 기울기의 것이 있으며, 한쪽 기울기가 많이 사용된다.

코터의 기울기는 반영구적으로 부착시킬 때는 $\tan\alpha = 1/20 \sim 1/40$, 자주 탈착할 때는 $\tan\alpha = 1/5 \sim 1/10$, 보통은 $\tan\alpha = 1/20$로 한다.

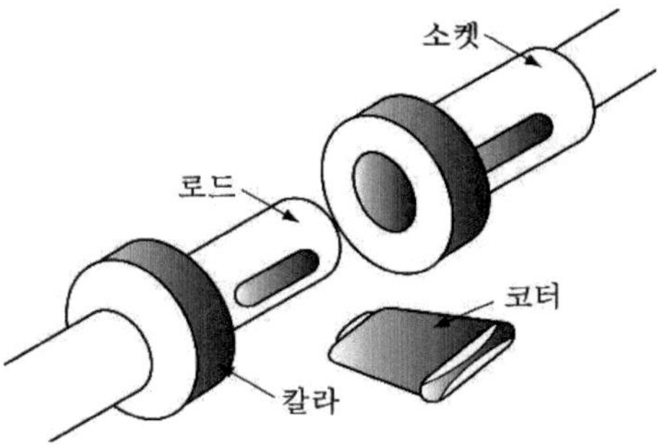

그림 3.9 코터 이음

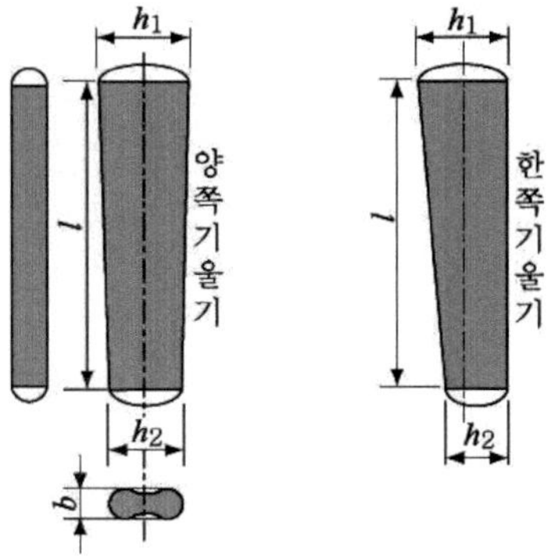

그림 3.10 코터의 기울기

3.3.2 코터 이음의 강도 설계

그림 3.11과 같은 코터 이음에 축 방향으로 힘이 작용할 때 코터의 접촉 압력, 인장 강도, 굽힘 강도, 전단 강도를 검토하고, 또 압축력이 작용할 때 칼라의 압축 강도를 검토하여 보기로 한다. 축지름을 d_o , 로드의 지름을 d , 소켓의 바깥지름을 D 로 한다.

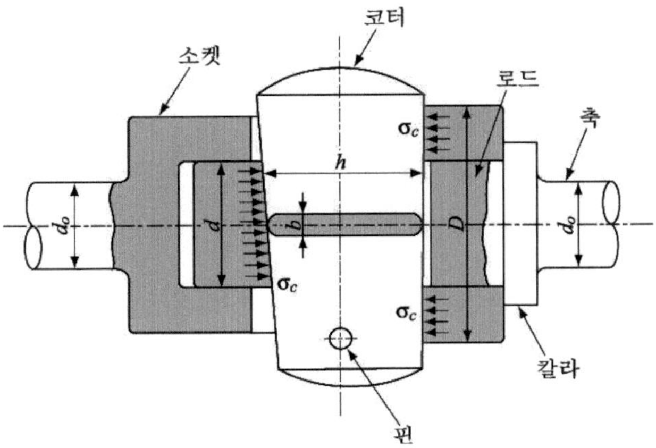

그림 3.11 코터 이음의 강도 설계

1. 코터에 의한 압축

① 로드와 코터가 접하는 부분에 가해지는 압축력은

$$Q = b d \sigma_c \tag{3.10}$$

② 소켓과 코터가 접하는 부분의 압축력은

$$Q = b(D-d)\sigma_c' \tag{3.11}$$

위 두 식에서 $\sigma_c = \sigma_c'$로 계산하면 다음과 같다.

$$\frac{Q}{bd} = \frac{Q}{b(D-d)}$$

$$d = \frac{D}{2}$$

즉, 로드의 지름은 소켓 지름의 1/2로 한다.

2. 축의 인장

축에 인장력 Q가 작용하면 그림 3.12와 같이 축과 로드에 인장력이 작용한다.

① 축의 인장력은

$$Q = \frac{\pi}{4} d_o^{\,2} \sigma_t \tag{3.12}$$

② 코터 구멍이 있는 로드 부분의 인장력은

$$Q = \left(\frac{\pi}{4} d^2 - bd\right)\sigma_t' \tag{3.13}$$

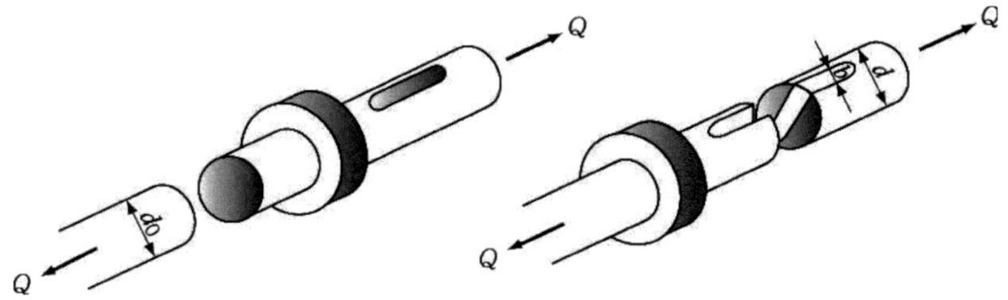

그림 3.12 축과 로드의 인장력

위 두 식에서 $\sigma_t = \sigma_t'$로 계산하면

$$\frac{\pi}{4} d_o^{\,2} = \frac{\pi}{4} d^2 - bd$$

$$b = \frac{\pi}{4}\left(\frac{d^2 - d_o^{\,2}}{d}\right) = \frac{\pi}{4} d \left(1 - \frac{d_o^{\,2}}{d^2}\right)$$

실제로 코터 구멍 내부에는 큰 응력 집중이 생기므로 로드 지름 $d = \frac{4}{3} d_o$로 하면 코터의

두께는 다음과 같다.

$$b = \left(\frac{1}{3} \sim \frac{1}{4}\right)d$$

3. 코터의 굽힘과 전단

그림 3.13에서 코터를 직사각형 단면의 보로 생각하고, 코터에 발생하는 최대 굽힘 모멘트 $M_{\max}$을 구하면

$$M_{\max} = \frac{Q}{2}\left(\frac{3}{8}D - \frac{1}{8}D\right) = \frac{QD}{8}$$

이다. 코터의 굽힘 응력 σ_b는 다음과 같다.

$$\sigma_b = \frac{M_{\max}}{Z} = \frac{6DQ}{8bh^2}$$

$$h = \sqrt{\frac{3QD}{4b\sigma_b}} \tag{3.14}$$

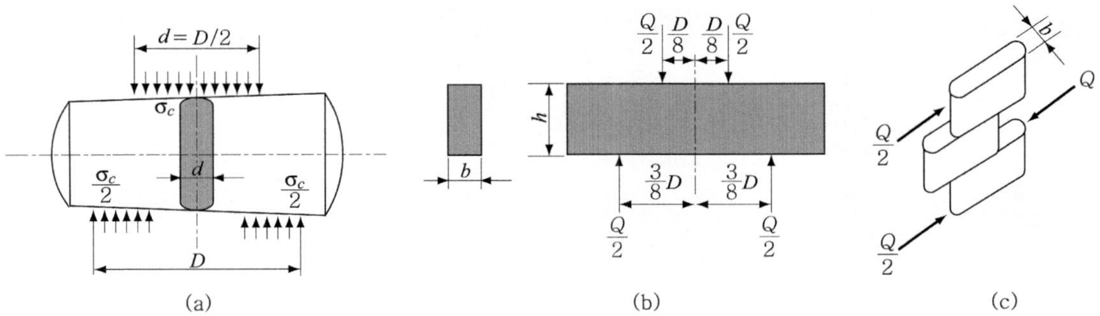

(a) (b) (c)

그림 3.13 코터의 굽힘 모멘트

여기서, $b = \frac{1}{4}d, D = 2d,\ Q = \frac{\pi {d_o}^2 \sigma_t}{4}, d_o = \frac{3}{4}d$, 또 코터의 재질이 로드나 소켓보다 단단하므로 $\sigma_t = \frac{2}{3}\sigma_b$ 라고 하면 코터의 나비 h 는 다음과 같다.

$$h = \left(\frac{2}{3} \sim \frac{3}{2}\right)d \tag{3.15}$$

코터에 생기는 전단은 2면 전단이므로 전단력은 다음과 같다.

$$Q = 2bh\tau_c \tag{3.16}$$

4. 로드 끝과 소켓 끝의 전단

그림 3.14의 (a)에서 로드 끝부분의 길이를 h_1이라 하면, 로드에 생기는 전단력은

$$Q = 2h_1 d\tau_r \tag{3.17}$$

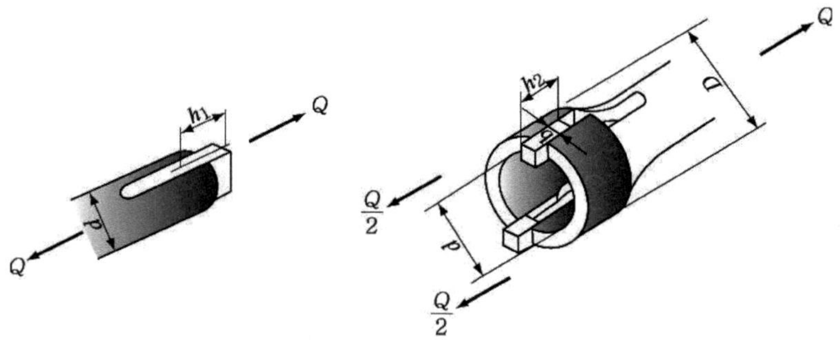

(a) 로드 (b) 소켓

그림 3.14 로드와 소켓의 전단 응력

그림 (b)와 같이 소켓 끝의 길이를 h_2라 하면 로드 끝부분과 마찬가지로 소켓에 생기는 전단력은

$$Q = 2h_2(D-d)\tau_s \tag{3.18}$$

식 (3.12)를 식 (3.17)에 대입하면

$$h_1 = \frac{\pi d_o^{\,2}\sigma_t}{8d\tau_r} \tag{3.19}$$

가 된다. 이 식에 $d_o = \frac{3}{4}d,\ h = \frac{2}{3}d,\ \sigma_t = 2\tau_r$을 대입하면 일반적으로 h_1은 다음과 같다.

$$h_1 = h_2 = \left(\frac{1}{2} \sim \frac{2}{3}\right)h$$

이상의 응력 계산에서 외력 Q는 코터를 박을 때 이미 축방향의 힘이 걸리고 있으므로 이것을 고려하여 안전상 1.25 Q로 하여 계산하는 것이 보통이다.

예제 3.6 그림 3.11과 같은 코터 이음에서 $d_o = 60$ [mm], $d = 80$ [mm], $b = 20$ [mm], $h = 105$ [mm]일 때 이 이음에서 가장 약한 부분은 어느 곳일까? 다만, $\sigma_t = 49$ [N/mm^2], $\sigma_c = 98$ [N/mm^2], $\tau = 39$ [N/mm^2]로 한다.

[풀이] 인장력으로 축 부분이 받는 힘 Q는

$$Q = \frac{\pi}{4}{d_o}^2\sigma_t = \frac{\pi}{4}\times 60^2 \times 49 = 138.5\ [\mathrm{kN}]$$

인장력으로 코터 구멍이 있는 로드 부분이 받는 힘 Q는

$$Q = \left(\frac{\pi d^2}{4} - b\,d\right)\sigma_t = \left(\frac{\pi \times 80^2}{4} - 80\times 20\right)\times 49 = 167.9\ [\mathrm{kN}]$$

코터가 인장력을 받아 2면 전단이 되므로 이 때의 힘 Q는

$$Q = 2\,h\,b\,\tau = 2\times 105\times 20\times 39 = 163.8\ [\mathrm{kN}]$$

인장력으로 로드의 코터 구멍 측면이 압축될 때의 힘 Q는

$$Q = b\,d\,\sigma_c = 20\times 80\times 98 = 156.8\ [\mathrm{kN}]$$

이상의 결과로 축 부분이 견딜 수 있는 하중이 가장 작으므로 가장 약한 부분임을 알 수 있다.

연습문제

1. 키의 종류를 들고, 사용처를 알아보자.
2. 성크 키에서 키의 나비 b와 두께 h와의 관계를 식으로 유도해 보자.
3. 스플라인 축은 어떤 경우에 사용되는지 알아보자.
4. 세레이션은 어떤 곳에 사용되는지 알아보자.
5. 핀 이음에서 핀의 지름을 계산하는 식을 유도해 보자.
6. 코터 이음에서 로드 부분의 길이 h_1과 코터의 나비 h와의 관계를 구하여라. 다만, $d_o = 3/4\,d,\ h = 2/3\,d,\ \sigma_t = 2\,\tau$로 한다. 답 $(h_1 = \frac{2}{3}h)$
7. 축지름이 60 [mm]인 전동축에 풀리를 끼워 250 [rpm]으로 30 [kW]의 동력을 전하려면 여기에 쓰일 성크 키를 설계하여라. 다만, 키 재료의 허용 전단 응력 29 [N/mm^2], 허용 압축 응력 88 [N/mm^2]이다.
   답 (τ= 23.6 N/mm^2, p= 77.2N/mm^2, $b \times h \times l = 18 \times 11 \times 90$)
8. 벨트 풀리의 지름이 300 [mm], 축지름이 35 [mm], 보스의 길이가 55 [mm]이고, 풀리를 $b \times h = 10 \times 8$ 인 성크 키로 축에 고정한다. 풀리의 바깥 둘레에 P = 2 [kN]인 접선력이 작용할 때, 키의 강도를 검토하여라. 다만, 키 재료의 허용 전단 응력 34 [N/mm^2], 허용 면압력이 78 [N/mm^2]로 한다.
   답 (τ= 31.2 [N/mm^2], σ_c= 77.9 [N/mm^2])
9. 지름이 36 [mm]인 전동축에 회전수 250 [rpm]으로 3.7 [kW]를 전달할 때 이에 끼울 성크 키의 치수를 결정하여라. 다만, 키 재료의 허용 전단 응력은 τ= 34 [N/mm^2]이다.
   답 (5×5×54)
10. 다음과 같은 스플라인축의 전달 동력을 구하여라. 다만, 스플라인축의 회전수는 160 [rpm], 허용 면압력 23 [N/mm^2], 보스의 길이 80 [mm], 잇수 8, 모떼기 치수 0.4 [mm], 접촉 효율 0.8로 한다. 또 큰 지름 48 [mm], 작은 지름 42 [mm]이다.
    답 (H= 13.3 [kW])

11. 핀 이음이 20 kN의 하중을 받을 때 핀의 지름을 결정하고, 그 강도를 검토하여라. 다만, $b/d=m=1.3$, $p=15$ [N/mm^2], $\tau=29$ [N/mm^2], $\sigma_b=118$ [N/mm^2]로 한다.

답 ($d_1=32$ [mm] $\tau=12.4$ [N/mm^2], $\sigma_b=48.5$ [N/mm^2])

12. 그림 3.11과 같은 코터 이음에서 축에 작용하는 인장 하중을 45 kN이라 할 때 코터에 발생하는 전단 응력과 굽힘 응력을 구하여라. 다만, 이음 각부의 치수는 다음과 같다. $d=70$ [mm], $b=20$ [mm], $h=70$ [mm], $D=140$ [mm]

답 ($\tau=16$ [N/mm^2], $\sigma_b=48.2$ [N/mm^2])

4
Chapter

리벳 이음과 용접 이음

2개 이상의 판이나 형강(shape steel)을 리벳으로 영구 결합하는 이음을 리벳 이음(riveted joint)이라 한다. 이 이음은 구조가 간단하고, 각 부재 사이에 작용하는 힘에 견딜 수 있는 능력도 크기 때문에 교량, 철골 구조물, 선박 등의 제작에 널리 사용된다. 또 체결력이 크므로 기밀을 요하는 압력 용기, 보일러 등의 제작에도 사용된다.

최근에는 용접 기술의 발달로 현재 보일러, 용기, 구조물, 기계 부품 등의 이음에 용접이 널리 사용되고 있다. 용접 이음은 리벳 이음이나 주조보다 여러 가지의 장점이 있는 반면에 해결되지 않은 문제점도 많으므로 용접 설계 시에는 용접에 관한 지식을 충분히 가지고 이 결점을 보완하는데 노력해야 한다.

이 단원에서는 리벳 이음과 용접 이음에 대하여 알아보기로 한다.

4.1 리벳 이음

4.1.1 리벳 작업

그림 4.1과 같이 제2의 머리를 성형하여 판재를 결합하는 작업을 **리벳 작업**(riveting)이라 한다. 리벳 작업 과정을 살펴보면 펀치(punch)나 드릴(drill)로 판재에 구멍을 뚫는 후 구멍에 리벳을 끼워 스냅(snap)을 대고 타격을 가해 제2의 리벳 머리를 만든다.

리벳 작업시 구멍의 크기는 리벳 지름보다 약간 크게 한다. 리벳이 들어갈 구멍을 뚫을 때는 판 두께가 20 [mm]까지는 프레스로, 그 이상의 판에서는 겹친 채로 드릴링한다. 특히 기밀을 요할 때는 뚫린 구멍을 리머(reamer)로 다듬질한다.

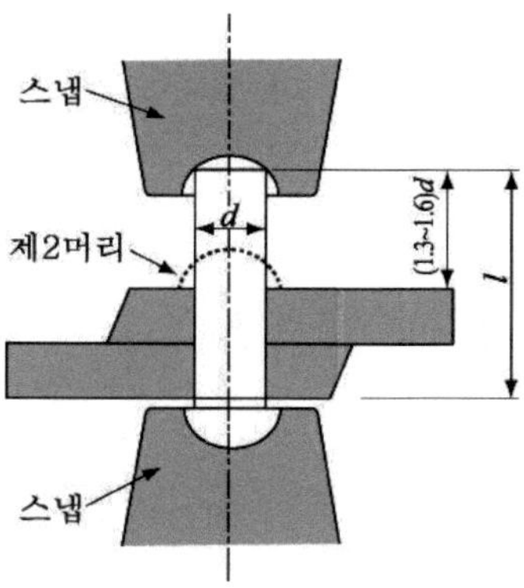

그림 4.1 리벳 작업

특히, 기밀을 필요로 할 때에는 그림 4.2와 같이 리벳팅을 한 다음에 **코킹 작업**(caulking)과 **풀러링 작업**(fullering)을 한다. 리벳 구멍에서 판의 가장자리까지의 거리가 너무 크거나 판 두께가 얇으면 코킹에 의하여 판이 도리어 튀어 오르게 되어 기밀의 효과가 감소된다. 따라서, 판 두께가 5 [mm]이하일 때는 코킹 작업을 하지 않고, 판 사이에 패킹(packing)을 넣어서 기밀을 유지시킨다.

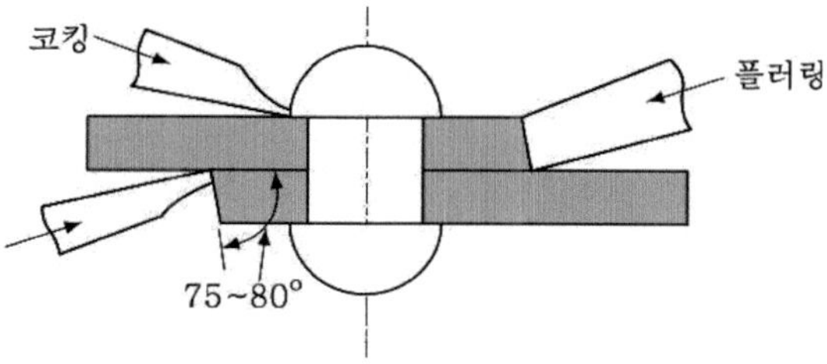

그림 4.2 코킹과 플러링

4.1.2 리벳 이음의 분류

1. 리벳의 종류

리벳에는 제작시 냉간에서 머리 부분을 성형하는 **냉간 성형 리벳**(cold headed rivet)과 열간에서 성형하는 **열간 성형 리벳**(hot headed rivet)이 있다.

리벳은 리벳 머리(rivet head)와 리벳 자루(rivet shank)로 되어 있으며, 크기는 자루의 지름으로 표시하고, 종류는 그림 4.3과 같이 머리 부분의 모양으로 나눈다.

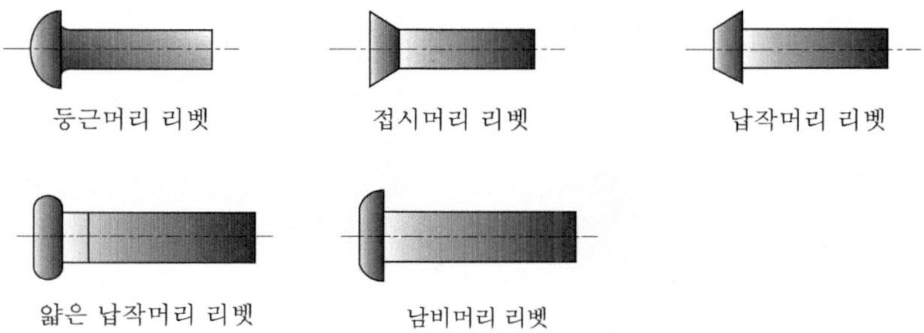

그림 4.3 리벳 머리 모양에 의한 종류

2. 리벳 이음의 분류

(1) 사용 목적에 의한 분류

㉮ 주로 기밀을 필요로 하는 것(물탱크, 굴뚝)

㉯ 주로 강도를 필요로 하는 것(교량, 기중기, 일반 구조물)

㉰ 강도와 기밀을 동시에 필요로 하는 것(보일러, 압력 용기)

(2) 판을 겹치는 방법에 의한 분류

㉮ 겹치기 이음(lap joint)

㉯ 맞대기 이음
- 한쪽 덮개판 맞대기 이음(butt joint with single cover strap)
- 양쪽 덮개판 맞대기 이음(butt joint with double cover strap)

(3) 전단면수에 의한 분류

㉮ 단일 전단면 이음(single shear riveted joint)

㉯ 복 전단면 이음(double shear riveted joint)

(4) 리벳의 줄수에 의한 분류

㉮ 1줄 리벳 이음(single riveted joint)

㉯ 2줄 리벳 이음(double riveted joint)

㉰ 여러줄 리벳 이음(multiple riveted joint)

(5) 리벳의 배열에 의한 분류

㉮ 평행형 리벳 이음(chain riveted joint)

㉯ 지그재그형 리벳 이음(zigzag riveted joint)

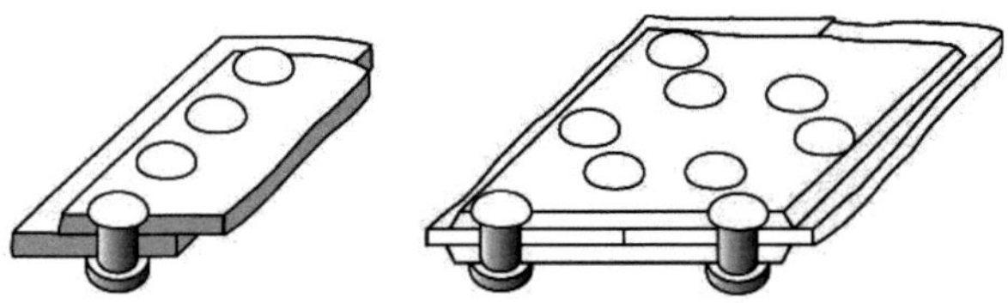

(a) 겹치기 이음 (b) 맞대기 이음

그림 4.4 겹치기 이음과 맞대기 이음

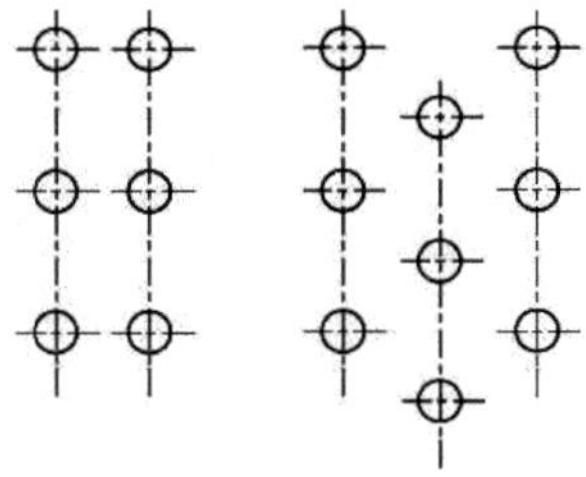

(a) 평행형 (b) 지그재그형

그림 4.5 리벳의 배열

4.1.3 리벳 이음의 강도

리벳 이음에 가해진 하중을 증가시키면 그림 4.6과 같이 다섯 가지의 파괴가 일어나며, 이 중에서 가장 약한 부분이 먼저 파괴된다.

파괴 상태를 해석하기 위해서 하중은 리벳 자루(rivet shank)에 직각 방향으로 작용하는 것으로 하고, 강도는 1줄 겹치기 이음에서 1 피치의 나비로 생각한다.

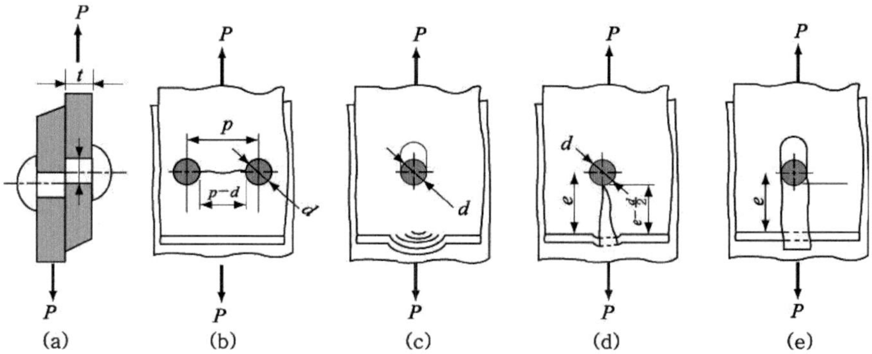

그림 4.6 리벳 이음의 파괴

1. 리벳의 전단

그림 4.6(a)에서 리벳 지름이 d, 전단 응력이 τ_r 인 리벳이 전단에 대한 저항력 P 는 다음 식과 같다.

$$P = \frac{\pi}{4} d^2 \tau_r \tag{4.1}$$

만일 양쪽 덮개판 맞대기 이음에서 리벳에 전단면이 2개인 경우는 단면적은 안전을 고려하여 1.8배로 한다.

$$P = \frac{1.8\,\pi}{4} d^2\,\tau_r \tag{4.2}$$

또 그림 4.7과 같이 리벳이 여러 줄로 이음을 하면 바깥쪽 리벳과 안쪽 리벳에 작용하는 힘이 서로 다르기 때문에 균일하게 취급할 수 없다. 그러므로 하중이 균일하게 작용하는 것으로 생각하고 부하평균화계수를 사용하여 다음 식으로 하중을 계산한다(표 4.1).

$$P = \alpha\, z \frac{\pi\, d^2\, \tau_r}{4} \tag{4.3}$$

여기서 α : 부하평균화계수, z : 줄 수

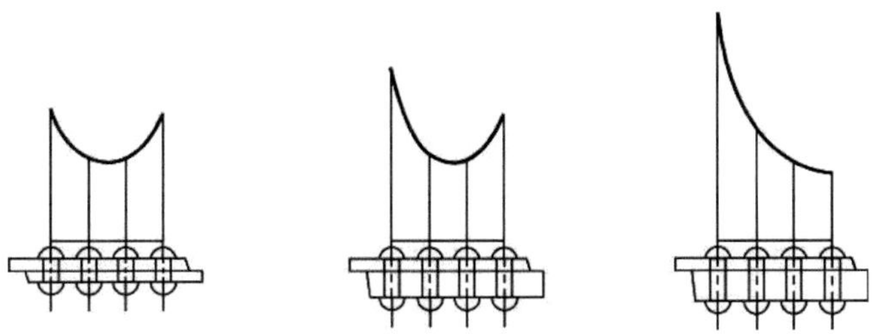

그림 4.7 줄 수와 판두께에 따른 하중 분포

표 4.1 여러 줄 리벳의 하중 분포 상태

순서 / 리벳의 줄수	리벳 하중의 분포 비율						제일 바깥쪽 리벳 하중의 평균값으로 부터 초과되는 양 [%]	부하 평균화 계수 α
	1	2	3	4	5	6		
2	0.5	0.5	-	-	-	-	0	1.0
3	0.368	0.264	0.368	-	-	-	11	0.9
4	0.307	0.193	0.193	0.307	-	-	23	0.8
5	0.272	0.163	0.130	0.163	0.272	-	36	0.75
6	0.247	0.147	0.106	0.106	0.147	0.247	48	0.7

2. 판의 절단

그림 4.6(b)에서 판 두께 t, 리벳의 피치 p, 판의 인장 응력이 σ_t 일 때 리벳의 피치에 대한 허용 인장력 P는 다음 식과 같다.

$$P = (p - d)\, t\, \sigma_t \tag{4.4}$$

3. 리벳 또는 리벳 구멍의 압축

그림 4.6(c)에서 리벳 또는 리벳 구멍이 압축될 때 압축 응력이 σ_c이면 압축에 대한 저항력 P는 다음 식과 같다.

$$P = d\, t\, \sigma_c \tag{4.5}$$

4. 판 끝의 갈라짐

그림 4.6(d)에서 리벳의 지름과 같은 길이의 판 중앙이 집중 하중을 받아서 판이 구부러진다고 생각할 수 있다. 이때 굽힘 모멘트는 $M = \dfrac{Pd}{8}$이고, 단면 계수는 $Z = \dfrac{1}{6}\left(e - \dfrac{d}{2}\right)^2 t$ 이므로 $M = \sigma_b Z$의 관계식으로부터 P를 구한다.

$$P = \frac{1}{3d}(2e - d)^2 t\, \sigma_b \tag{4.6}$$

여기서 e : 리벳 중심에서 판 끝까지의 거리, σ_b : 판의 굽힘 응력

5. 판 끝의 전단

그림 4.6(e)에서 판끝이 전단 파괴되는 경우 판의 저항력 P는 다음 식과 같다.

$$P = 2\, e\, t\, \tau_p \quad \text{또는} \quad P = 2\left(e - \frac{d}{2}\right) t\, \tau_p \tag{4.7}$$

여기서 τ_p : 판의 전단 응력

이상의 각 저항력이 모두 같은 값이 되도록 각부의 치수를 결정하는 것이 가장 좋으나 모든 조건을 만족시킬 수 없으므로 실제적인 경험 값을 기초로 하여 결정하고, 결정된 값은 위 식에 의해 그 한계 이내에 있도록 설계하면 된다.

먼저, 식 (4.1)과 식 (4.5)에서 저항력이 같으므로

$$\frac{\pi}{4}d^2\tau_r = d\,t\,\sigma_c$$

$$d = \frac{4\,\sigma_c\,t}{\pi\,\tau_r} \tag{4.8}$$

위 식에서 $\sigma_c = 2\,\tau_r$ 이므로 $d = 2.55\,t$ 가 된다. 즉, 리벳의 지름과 판 두께와의 관계를 알 수 있다. 그러므로 $d < 2.55\,t$ 이면 리벳이 파괴될 우려가 있으므로 이음의 치수는 전단에 의해 정하고, $d > 2.55\,t$ 이면 판이 압축될 우려가 있으므로 이음의 치수를 압축에 의해 결정한다.

또, 식 (4.1)과 식 (4.4)에서 저항력이 같으므로

$$\frac{\pi}{4}d^2\tau_r = (p-d)\,t\,\sigma_t$$

$$p = \frac{\pi\,d^2\,\tau_r}{4\,t\,\sigma_t} + d \tag{4.9}$$

이 된다. 위 식에서 d 와 t 의 값으로 p 를 계산할 수 있다.

1 피치 사이에 있는 전단면의 수를 n 라 하면 다음과 같이 된다

$$p = \frac{\pi\,d^2\,\tau_r\,n}{4\,t\,\sigma_t} + d \tag{4.10}$$

만일 피치가 어느 정도 이상이 되면 리벳과 리벳 사이의 압착이 불량하여 누설이 생길 우려가 있으므로 최대 피치 p 는 다음과 같이 한다.

$$p_{\max} = 2.5\,d$$

식 (4.1)과 식 (4.6)에서 저항력이 같으므로

$$e = \frac{1}{2}\left(1 + \sqrt{\frac{3\,\pi\,d\,\tau_r}{4\,t\,\sigma_b}}\right)d \tag{4.11}$$

이 얻어지고, $\sigma_b = \sigma_t$, $\tau_r = 0.85\,\sigma_t$, $t = 1/2\,d$ 를 대입하면 $e = 1.5\,d$ 가 된다.

또, 식 (4.1)과 식 (4.7)에 대해서도 같은 조건을 대입하면 $e = 0.785\,d$가 된다. 따라서, $e = 1.5\,d$로 하면 판끝의 전단이나 판 끝의 갈라짐의 강도를 모두 만족시킨다.

예제 4.1 두께 10 [mm]인 강판을 지름이 19 [mm]인 리벳을 사용하여 1줄 겹치기 이음으로 결합하려고 하면, 피치를 얼마로 하는 것이 좋을까? 다만, 강판의 허용 인장 응력은 50 [N/mm^2], 리벳의 허용 전단 응력은 40 [N/mm^2]이다.

[풀이] 식 (4.9)에 의해 피치를 구한다.

$$p = \frac{\pi d^2 \tau_r}{4 t \sigma_t} + d = \frac{\pi \times 19^2 \times 40}{4 \times 10 \times 50} + 19 = 41.7 \text{ [mm]}$$

그러므로 피치는 42 [mm]로 한다.

예제 4.2 그림 4.8과 같이 피치 54 [mm], 강판의 두께 14 [mm], 리벳의 지름 22 [mm], 리벳 중심에서 강판 가장자리까지의 길이 35 [mm]인 1줄 겹치기 리벳 이음에서 1 피치마다의 하중을 13 [kN]이라 할 때, 리벳의 전단 응력, 강판의 인장 응력, 강판의 전단 응력을 구하여라.

[풀이] ① 리벳에 생기는 전단 응력은 식 (4.1)에 의해

$$\tau_r = \frac{4P}{\pi d^2} = \frac{4 \times 13000}{\pi \times 22^2} = 34.2 \text{ [N/mm}^2\text{]}$$

② 강판에 생기는 인장 응력은 식 (4.4)에 의해

$$\sigma_t = \frac{P}{(p-d)t} = \frac{13000}{(54-22) \times 14} = 29 \text{ [N/mm}^2\text{]}$$

③ 강판에 생기는 전단 응력은 식 (4.7)에 의해

$$\tau_p = \frac{P}{2et} = \frac{13000}{2 \times 35 \times 14} = 13.3 \text{ [N/mm}^2\text{]}$$

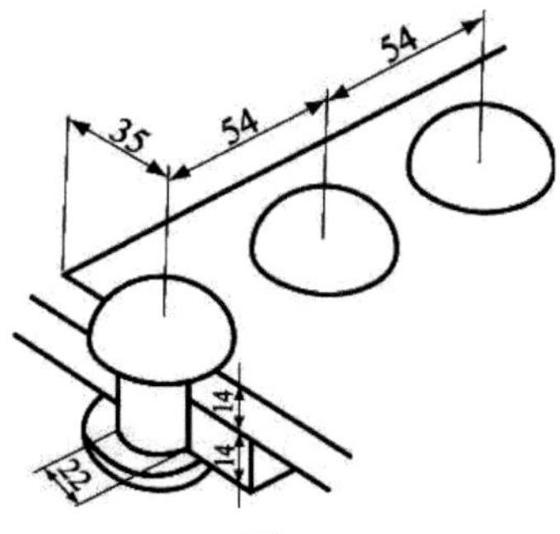

그림 4.8

예제 4.3 그림 4.9와 같이 양쪽 덮개판 1줄 맞대기 리벳 이음이 있다. 리벳의 지름이 12 [mm] 이고, 리벳의 허용 전단 응력이 34 [N/mm^2]일 때 25 [kN]의 하중에 견디려면 몇 개의 리벳이 있어야 하는가?

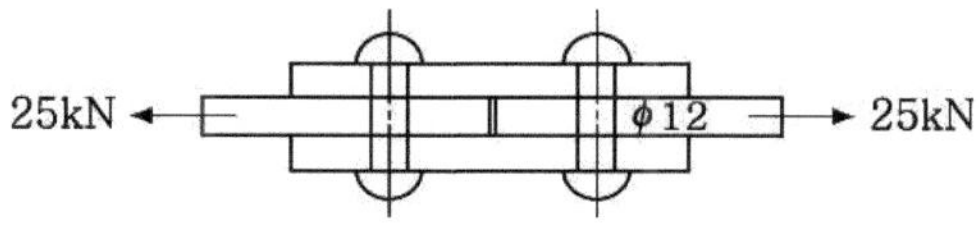

그림 4.9

[풀이] 양쪽 덮개판 맞대기 이음이므로 식 (4.2)로부터 리벳의 수는 다음과 같다.

$$z = \frac{4P}{1.8\pi d^2 \tau_a} = \frac{4 \times 25000}{1.8 \times \pi \times 12^2 \times 34} = 3.62 = 4$$

4.1.4 리벳 이음의 효율

판을 리벳 이음을 하게 되면 리벳 구멍이 생기므로, 이음 구멍이 없는 판보다 강도가 약하게 된다. 따라서 리벳 구멍이 뚫린 판의 강도와 리벳 구멍이 없는 판의 강도비는 항상 1보다 작으며, 다음과 같은 효율이 있다.

1. 판의 효율

1 피치 사이에 리벳 구멍이 있는 판의 인장 강도와 구멍이 없는 판의 인장 강도와의 비를 판 효율이라 한다. 즉, 판의 효율을 η_1이라 하면 다음과 같다.

$$\text{판의 효율} = \frac{\text{1피치 사이의 구멍이 있는 판의 인장 파괴 하중}}{\text{1피치 사이의 구멍이 없는 판의 인장 파괴 하중}}$$

$$\eta_1 = \frac{(p-d)t\sigma_t}{pt\sigma_t} = \frac{p-d}{p} \tag{4.12}$$

2. 리벳의 효율

1 피치 사이에 리벳의 전단 강도와 리벳 구멍이 없는 판의 인장 강도와의 비를 리벳 효율이라 한다. 즉 리벳 효율 η_2는 다음과 같다.

$$\eta_2 = \frac{\frac{1}{4}\pi d^2 \tau_r}{pt\sigma_t}\text{(단일전단면)} \quad (4.13\ a)$$

$$\eta_2 = \frac{1.8 \times \frac{1}{4}\pi d^2 \tau_r}{pt\sigma_t}\text{(복전단면)} \quad (4.13\ b)$$

판 효율과 리벳 효율 중에서 가장 작은 값을 리벳 이음의 효율(efficiency of rivet joint)로 하며, 이 값으로 리벳 이음의 강도를 결정한다. 여러 줄 리벳의 경우에는 식 (4.12)에 1피치 사이에 있는 리벳의 수를 곱해서 계산한다.

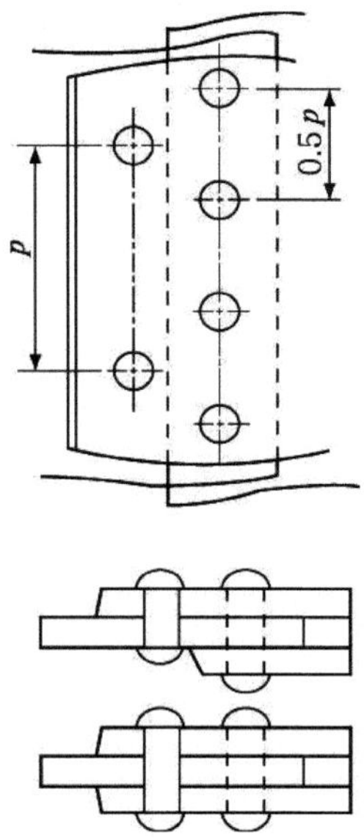

그림 4.10 피치가 다른 양쪽 덮개판 맞대기 이음

3. 조합 효율(리벳의 파괴와 판의 파괴가 관련있는 경우의 효율)

그림 4.10과 같은 리벳 이음에서 우측 리벳의 피치가 좌측 리벳 피치의 1/2인 경우는 좌측은 리벳이 전단으로, 우측은 리벳 구멍이 있는 곳에서 판이 절단으로 파괴되게 된다. 따라서 좌측은 리벳 효율로, 우측은 판 효율로 나타낼 수 있으며, 이 두 가지를 합한 효율을 조합 효율이라 하고, 다음 식으로 나타낸다.

한쪽 덮개판이 좌측 리벳에 결합되는 경우(전단면 1개)

$$\eta_3 = \frac{p-2d}{p} + \frac{\frac{1}{4}\pi d^2 \tau_r}{pt\sigma_t} \quad (4.14\ a)$$

양쪽 덮개판이 좌측 리벳에 결합되는 경우(전단면 2개)

$$\eta_3 = \frac{p-2d}{p} + \frac{1.8 \times \frac{1}{4}\pi d^2 \tau_r}{pt\sigma_t} \quad (4.14\ b)$$

예제 4.4 두께 6 [mm]인 강판을 1줄 겹치기 리벳 이음을 하였을 때 리벳의 피치와 효율을 구하여라. 다만, 리벳의 지름은 12 [mm], 강판의 허용 인장 응력은 80 [N/mm^2],

리벳의 허용 전단 응력은 50 [N/mm^2]로 한다.

[풀이] 피치는 식 (4.9)에 의해 구한다.

$$p = \frac{\pi d^2 \tau_r}{4 t \sigma_t} + d = \frac{\pi \times 12^2 \times 50}{4 \times 6 \times 80} + 12 = 23.8 = 24 \text{ [mm]}$$

판의 효율 η_1은 식 (4.12)에 의해 구한다.

$$\eta_1 = \frac{p-d}{p} = \frac{24-12}{24} = 0.5 = 50 \ \%$$

리벳의 효율 η_2은 식 (4.13)에 의해 구한다.

$$\eta_2 = \frac{\frac{\pi}{4} d^2 \tau_r}{p t \sigma_t} = \frac{\frac{\pi}{4} \times 12^2 \times 5}{24 \times 6 \times 8} = 0.491 = 49.1 \ \%$$

두 효율 중에서 작은 값은 49.1%이므로 리벳 이음의 효율은 49.1%로 한다.

예제 4.5 양쪽 덮개판 1줄 맞대기 리벳 이음에서 피치가 60 [mm], 리벳의 지름이 18 [mm], 강판의 두께가 10 [mm], 리벳의 허용 전단 응력은 허용 인장 응력의 80 %일 때 리벳 이음의 효율은 얼마인가?

[풀이] 식 (4.12)에 의해 판 효율 η_1은

$$\eta_1 = \frac{p-d}{p} = \frac{60-18}{60} = 0.7 = 70 \ \%$$

식 (4.13)에 의해 리벳의 효율 η_2는

$$\eta_2 = \frac{1.8 \cdot \frac{\pi}{4} d^2 \tau_r}{p t \sigma_t} = \frac{1.8 \times \frac{\pi}{4} \times 18^2 \times 0.8}{60 \times 10 \times 1} = 0.61 = 61 \ \%$$

작은 쪽의 효율이 리벳 이음의 효율이므로 그 값은 61%이다.

4.1.5 구조용 리벳 이음

구조용 리벳 이음은 힘에 대한 강도가 주목적이고, 기밀은 생각할 필요가 없으므로 피치를 자유로 선택하여 힘에 견딜 수 있는 만큼의 리벳을 사용하면 된다.

구조물은 교량, 건축물, 크레인과 같이 대형이기 때문에 부분 조립은 공장에서, 전체 조립은 현장에서 이루어진다.

구조용 리벳에 작용하는 힘의 방향은 보일러에 비하여 복잡하므로 자중, 작용 하중, 풍압, 관성력 및 작용력 등의 합력을 그때그때 계산하여 리벳 1개마다에 걸리는 힘을 계산해야 한다. 또, 리벳에는 전단력만이 작용하고, 굽힘이나 인장력은 작용하지 않도록 해야 한다.

1. 리벳 이음의 치수 비례

구조용 리벳은 강도만을 생각하므로 보통 16~25 [mm]의 것이 많다. 구조용 리벳의 지름과 피치는 경험식에 의하여 계산한다.

$$d = \sqrt{50t} - 2\ [\mathrm{mm}] \tag{4.15}$$

또, 피치는 힘의 작용선 방향과 작용선 방향이 아닌 것으로 나누어 생각한다. 그림 4.11에서

$$\left.\begin{array}{ll} \text{1줄 리벳의 경우(a)} : & p = \dfrac{\pi d^2}{4t} + d \geq 2.5d \\ & p = (3\sim3.5)d \quad e \geq (2\sim2.5)d \\ \text{2줄 리벳의 경우(b)} : & p = \dfrac{2.5\pi d^2}{4t} + d \\ & p \geq (3\sim4.5)d \quad e \geq (2.5\sim4.5)d \\ \text{2줄 리벳의 경우(c)} : & p_1 \geq 2.5d \\ & p \geq (2.5\sim3.5)d \quad e \geq (1.5\sim2)d \end{array}\right\} \tag{4.16}$$

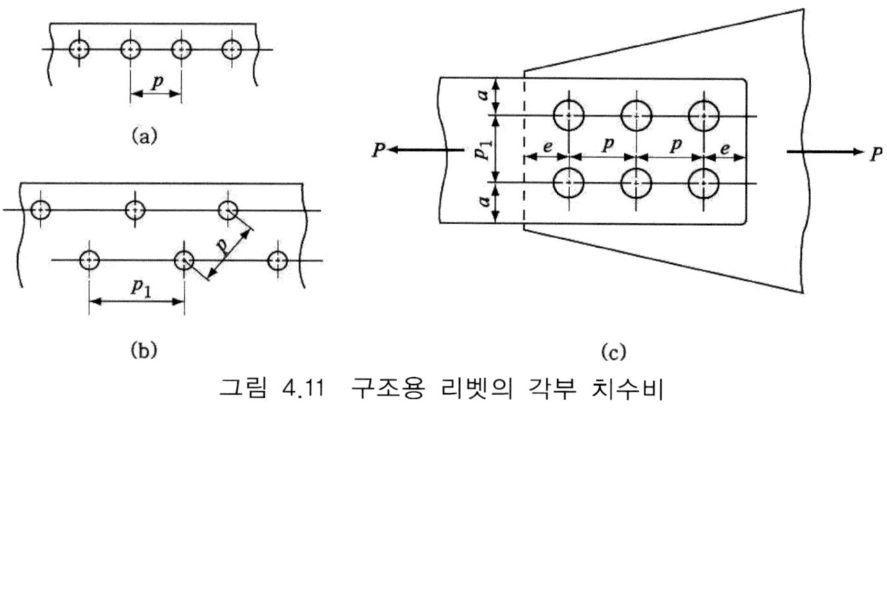

그림 4.11 구조용 리벳의 각부 치수비

한편, 형강(앵글)의 경우는 플랜지의 길이 $b > 3d$로 하고, $b > 100$ mm에서는 2줄 리벳 이음으로 한다. 형강은 그림 4.12와 같이 g를 기준으로 조립하므로 이것을 **리벳 게이지**(rivet gauge)라 하며, 형강의 크기에 따라 일정한 값을 가진다.

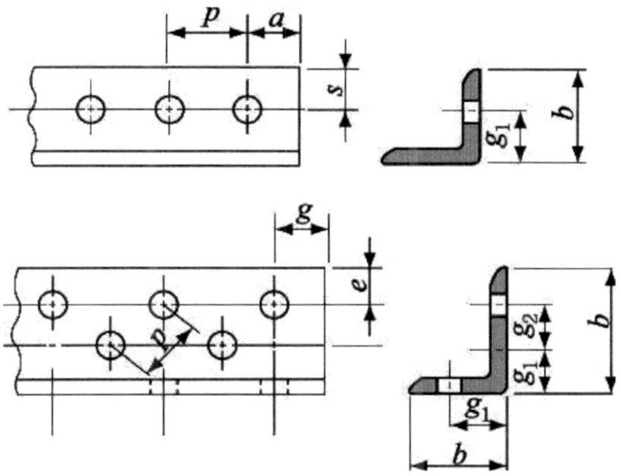

그림 4.12 형강의 각부 치수

2. 편심 하중을 받는 리벳 이음

여러 개의 리벳으로 결합된 리벳 이음에서 리벳 구멍의 무게 중심점에서 떨어진 곳에 하중이 가해질 때, 리벳에는 직접 작용하는 하중에 의한 전단력과 하중이 리벳 중심(centroid)에서 떨어져 있기 때문에 편심에 의한 모멘트를 함께 받게 된다. 따라서 리벳에 작용하는 하중은 두가지를 함께 계산해야 한다. 이 때 편심으로 인한 모멘트는 무게 중심점에서 리벳 구멍까지의 거리에 비례하고, 모멘트에 의한 힘은 중심점에서 각 리벳 중심을 잇는 직선에 직각으로 작용한다.

그림 4.13과 같은 리벳 이음에서 n개의 리벳이 있을 때 리벳 구멍들의 중심점 O에서 e가 되는 곳에 하중 P가 작용하면 리벳 이음은 Pe의 모멘트를 받으므로, 각 리벳 A, B …의 부하 하중은 다음과 같이 계산한다.

㉮ n개의 리벳이 힘을 받고 있으므로, 리벳은 같은 크기의 직접 하중을 같은 방향으로 받는다. 이 때 각 리벳에 가해지는 힘(직접 하중)을 F_D라 하면 다음과 같다.

$$F_D = \frac{P}{n} \tag{4.17}$$

㉯ 편심에 의한 모멘트로 각 리벳 A, B …에 가해지는 하중(모멘트에 의한 하중)을 F_{ma},

F_{mb} …라 하고, 이 힘들은 무게 중심점 O 에서 각 리벳까지의 거리 r_a, r_b …에 비례한다. 이 때, 비례 상수를 k 라 하면 다음과 같다.

$$\left.\begin{aligned} F_{ma} &= k\, r_a \\ F_{mb} &= k\, r_b \\ &\vdots \end{aligned}\right\} \tag{4.18}$$

㉰ 각 리벳에 작용하는 모멘트는 가해진 모멘트 Pe 와 평형을 이루고, r_a, r_b …의 거리에 있는 리벳의 수를 n_a, n_b …라 하면 다음과 같다.

$$\begin{aligned} Pe &= n_a\, F_{ma}\, r_a + n_b\, F_{mb}\, r_b + \ldots = n_a\, k\, r_a\, r_a + n_b\, k\, r_b\, r_b + \ldots \\ &= k\,(n_a\, r_a^{\,2} + n_b\, r_b^{\,2} + \ldots) \end{aligned}$$

따라서, 비례 상수 k 는 다음과 같이 된다.

$$k = \frac{P\ e}{n_a\, r_a^{\,2} + n_b\, r_b^{\,2} + \ldots} \tag{4.19}$$

㉱ ㉰에서 구한 비례 상수를 식 (4.18)에 대입하여 각 리벳에 가한 모멘트에 의한 하중 F_{ma}, F_{mb} …을 계산할 수 있다.

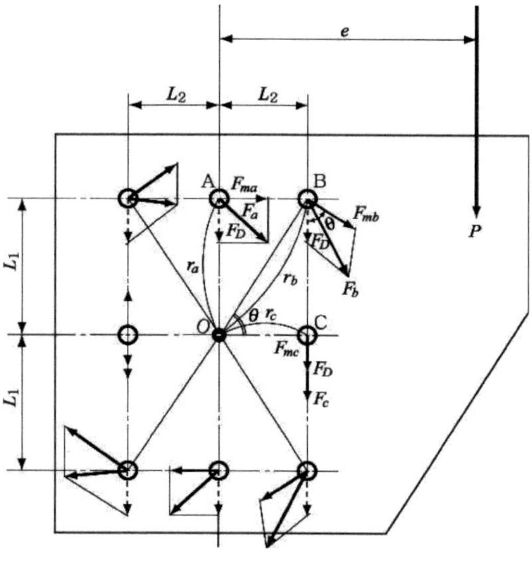

그림 4.13 편심 하중을 받는 리벳 이음

㉮ 각 리벳에 가한 하중 F_a, F_b ...는 직접 하중 F_D와 모멘트에 의한 하중 F_{ma}, F_{mb} ...의 합력이다. 그림 4.13에서 힘의 방향을 생각하면 다음 식과 같이 된다.

$$\left.\begin{array}{ll} \text{리벳 A} & F_a = \sqrt{{F_D}^2 + {F_{ma}}^2} \\ \text{리벳 B} & F_b = \sqrt{{F_D}^2 + {F_{mb}}^2 + 2F_D F_{mb}\cos\theta} \\ \text{리벳 C} & F_c = F_D + F_{mc} \end{array}\right\} \tag{4.20}$$

예제 4.6 그림 4.14와 같은 겹치기 리벳 이음에서 편심 하중 20 [kN]이 가해질 때 리벳에 생기는 최대 전단 응력은 얼마일까? 다만, 리벳의 지름은 22 [mm]이다.

[풀이] 각 리벳이 받는 직접 하중 F_D는

$$F_D = \frac{P}{n} = \frac{20000}{4} = 5000\ [\text{N}]$$

각 리벳은 중심점에서 같은 거리에 있으므로 모멘트에 의한 전단력은

$$F_m = \frac{P\ e}{4r} = \frac{20000 \times 250}{4 \times 70} = 17857\ [\text{N}]$$

4개의 리벳 중에서 최대의 합력이 작용하는 리벳은 d 이므로

$$F_d = F_D + F_m = 5000 + 17857 = 22857\ [\text{N}]$$

리벳에 생기는 최대 전단 응력

$$\tau_{\max} = \frac{4\ F_d}{\pi\ d^2} = \frac{4 \times 22857}{\pi \times 22^2} = 60.1\ [\text{N/mm}^2]$$

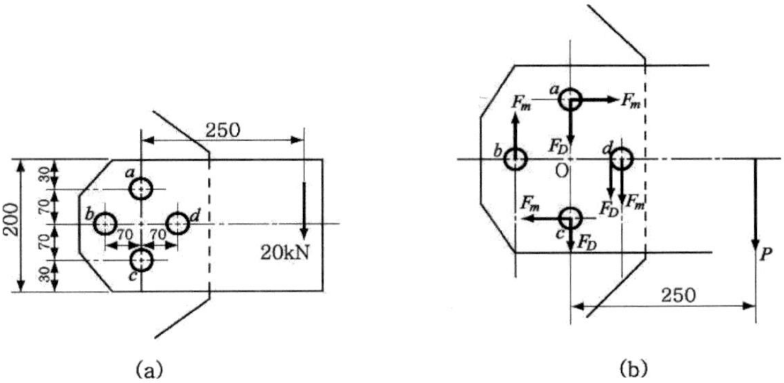

그림 4.14

예제 4.7 그림 4.15에서 $l_1 = 120$ [mm], $l_2 = 90$ [mm], $e = 100$ [mm], $P = 20$ [kN]로 리벳 A, B, C가 받는 하중을 구하여라. 또, 리벳의 허용 전단 응력이 40 [N/mm^2]일 때 리벳의 지름은 얼마로 하면 좋겠는가?

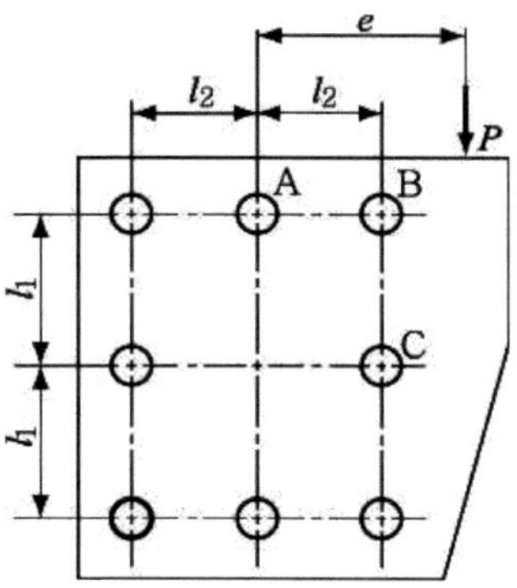

그림 4.15

[풀이] (a) 각 리벳이 받는 직접 하중을 구하면

$$F_D = \frac{P}{n} = \frac{20000}{8} = 2500 \text{ [N]}$$

(b) 중심점에서 각 리벳까지의 거리와 같은 거리에 있는 리벳의 수는

리벳 A $\quad r_a = l_1 = 120$ [mm] $\quad n_a = 2$

리벳 B $\quad r_b = \sqrt{{l_1}^2 + {l_2}^2} = \sqrt{120^2 + 90^2} = 150$ [mm] $\quad n_b = 4$

리벳 C $\quad r_c = l_2 = 90$ [mm] $\quad n_c = 2$

(c) 비례 상수 k를 식 (4.19)에 의해 구한다.

$$k = \frac{Pe}{n_a {r_a}^2 + n_b {r_b}^2 + n_c {r_c}^2} = \frac{20000 \times 100}{2 \times 120^2 + 4 \times 150^2 + 2 \times 90^2} = 14.8$$

(d) 각 리벳에 가해진 모멘트의 하중을 식 (4.18)에 의해 구한다.

$$F_{ma} = k\, r_a = 14.8 \times 120 = 1776 \text{ [N]}$$

$$F_{mb} = k\, r_b = 14.8 \times 150 = 2220 \text{ [N]}$$

$$F_{mc} = k\, r_c = 14.8 \times 90 = 1332 \text{ [N]}$$

(e) 각 리벳에 가해진 하중을 식 (4.20)에 의해 구하면

$$\theta = \cos^{-1}\frac{90}{150} = 53.1°$$

$$F_a = \sqrt{{F_D}^2 + {F_{ma}}^2} = \sqrt{2500^2 + 1776^2} = 3067\ [\mathrm{N}]$$

$$F_b = \sqrt{{F_D}^2 + {F_{mb}}^2 + 2F_D F_{mb} \cos\theta}$$

$$= \sqrt{2500^2 + 2220^2 + 2 \times 2500 \times 2220 \times \cos 53.1^\circ} = 4224\ [\mathrm{N}]$$

$$F_c = F_D + F_{mc} = 2500 + 1332 = 3832\ [\mathrm{N}]$$

다음에 가장 큰 하중을 받는 경우를 택하여 리벳의 지름을 구한다. 가장 큰 하중을 받는 리벳은 B이므로 다음 식을 이용하여 구한다.

$$P_{\max} = \frac{\pi d^2}{4} \tau_a$$

$$d = \sqrt{\frac{4}{\pi} \cdot \frac{P_{\max}}{\tau_a}} = \sqrt{\frac{4F_b}{\pi \tau_a}} = \sqrt{\frac{4 \times 4224}{\pi \times 40}} = 11.6\ [\mathrm{mm}]$$

이상의 결과에서 리벳의 지름은 12 [mm]을 택하면 된다.

4.2 용접 이음

4.2.1 용접법의 분류와 특징

1. 용접법의 분류

금속 재료를 접합할 때 접합부를 국부적으로 가열하여 용융 또는 반용융이 되도록 하여 접합하는 방법을 **용접**(welding)이라 한다.

용접은 접합시키는 방법에 의하여 융접, 압접, 납땜 등 세 가지로 크게 나눌 수 있다. **융접**(fusion welding)은 접합하려는 두 금속 부재, 즉 **모재**(base metal)의 접합부를 가열하여 모재와 용가재를 융합하여 금속을 접합시키는 방법이며, **압접**(pressure welding)은 이음부를 가열하여 큰 소성 변형을 주어 접합시키는 방법이다. **납땜**(soldering)은 모재를 용융시키지 않고, 융점이 낮은 금속 첨가재를 용융시켜 모재를 접합하는 방법이다.

2. 용접의 특징

용접은 리벳 이음나 주조 및 단조 등에 비하여 많은 장단점이 있으므로 올바른 용접 지식을 가지고 그 적용을 바르게 해야 한다.

용접을 리벳 이음과 비교하면 다음과 같은 장점이 있다.

㉮ 이음 형상을 자유롭게 선택할 수 있으며, 구조가 간단하고 작업할 때 소음이 적다.
㉯ 절삭하는 부분이 적기 때문에 재료가 절감되고, 작업 공정 단축이 가능하여 경제적이다.
㉰ 이음 효율이 높고, 완전한 기밀성을 얻을 수 있다.
㉱ 두께에 관계없이 거의 무제한으로 접합할 수 있다.
㉲ 작업이 비교적 간단하여 작업의 자동화가 용이하다.

한편, 용접은 단시간에 고열을 수반하기 때문에 다음과 같은 단점이 있다.

㉮ 국부적으로 가열, 급랭이 되기 때문에 수축, 변형 및 잔류 응력이 생기기 쉽다.
㉯ 내부 결함이 생기기 쉽고, 정확한 검사가 어렵다.
㉰ 용접공의 기능에 따라 용접부의 강도가 좌우된다.
㉱ 고열이 발생하기 때문에 특별한 보호 장구 착용과 안전 대책이 필요하다.

또, 용접을 주조품과 비교해 보면 목형, 주형이 불필요하므로, 바로 제품의 사용 목적에 적합한 재료를 자유로이 선택하여 저렴한 가격으로 제작할 수 있다.

4.2.2 용접 이음

1. 용접부

용접에서는 그림 4.16과 같이 용가재인 용접봉과 모재의 일부가 용융하여 응고된 부분을 **용착부**(weld metal zone)라 하고, 그 부분의 금속을 **용접 금속**(weld metal)이라 한다. 용접 금속 중 용접봉이 녹아서 된 것을 **용착 금속**(deposit metal)이라 한다. 또, 용융되지 않고 열에 의하여 조직, 특성이 변화한 모재의 부분을 **열영향부**(heat affected zone)라 하며, 용착부와 합쳐서 **용접부**(weld zone)라 한다. 또, 용접부에서 치수 이상으로 표면으로부터 올라온 용착 금속을 **덧살**(reinforcement)이라 한다.

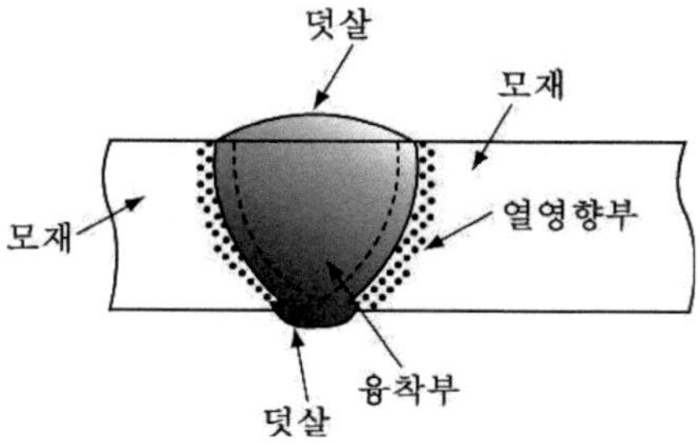

그림 4.16 용접부

2. 용접부의 분류

(1) 홈 용접

그림 4.17과 같이 접합할 모재를 맞대어 놓고, 그 사이에 홈(groove)을 만들며, 이 부분에 용가재를 녹여 붙이는 용접을 **홈 용접**(groove welding)이라 한다.

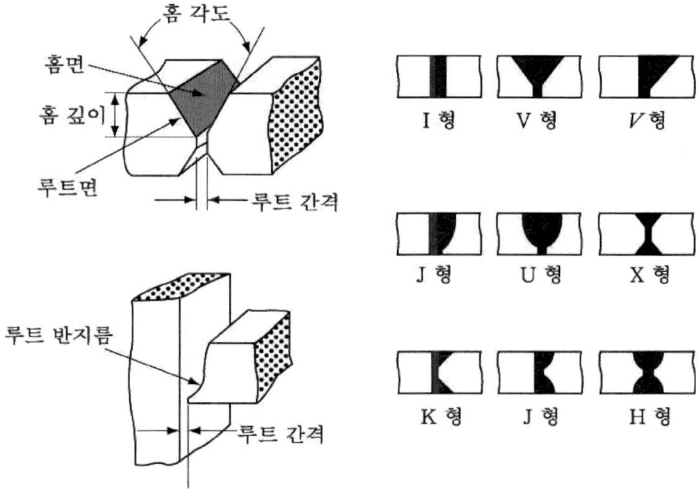

(a) 홈 각부 명칭　　(b) 홈의 종류

그림 4.17 홈의 각부 명칭과 홈의 형상

홈의 표준형은 한면 홈과 양면 홈이 있으며, 이들의 구분은 홈의 모양에 따라 I형, V형, X형, *V*형, U형, H형, K형, J형홈 용접, 양면 J형 홈 용접 등과 같이 나눈다. 홈의 모양과 치수는 모재의 재질, 두께, 용접 조건에 적합한 것을 택한다.

(2) 필릿 용접

거의 직교하는 두 면을 결합하는 용접을 **필릿 용접**(fillet weld)이라 하며, 용접부는 삼각형 모양의 단면을 갖는다. 설계상 필릿 용접의 크기는 그림 4.18과 같이 **사이즈**(size)로 표시한다. 이 사이즈로 정해지는 삼각형은 필릿 용접부의 가로 단면 안에 포함되어야 한다.

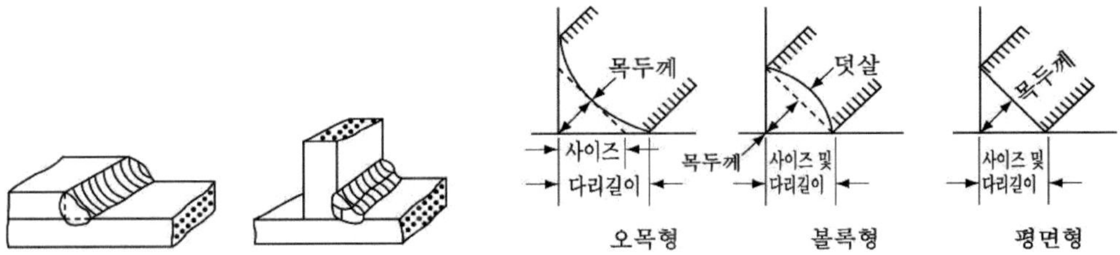

(a) 필릿 용접의 예　　(b) 목두께의 형상

그림 4.18 필릿 용접의 각부 명칭

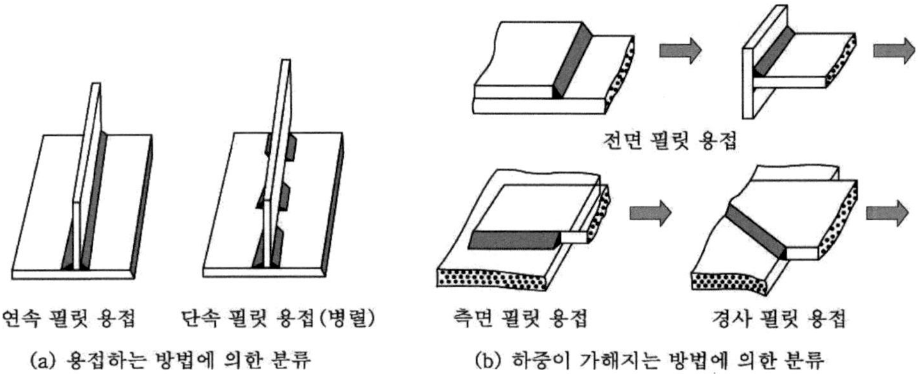

그림 4.19 필릿 용접의 종류

이음의 루트(root)로부터 삼각형의 빗변에 이르는 거리를 **이론 목두께**(theoretical throat)라 하며, 용접부 강도 계산에 사용된다.

필릿 용접은 그림 4.19와 같이 용접선을 연속으로 용접하면 **연속 필릿 용접**(continuous fillet weld), 용접선 중앙을 끊어서 용접하면 **단속 필릿 용접**(intermittent fillet weld)이라 하며, 용접선의 양쪽을 엇갈리게 용접하는 것을 **엇갈린 단속 필릿 용접**(staggered intermittent fillet weld)이라 한다.

한편, 용접선의 방향이 힘의 작용 방향과 거의 직각인 필릿 용접을 **전면 필릿 용접**(front fillet weld), 평행인 필릿 용접을 **측면 필릿 용접**(side fillet weld), 경사진 필릿 용접을 **경사 필릿 용접**이라 한다.

(3) 플러그 용접과 슬롯 용접

그림 4.20 (a), (b)와 같이 접합할 모재의 한쪽에 원형 또는 홈형의 구멍을 뚫고, 그 부분을 용접하는 이음이 있는데 전자를 **플러그 용접**(plug weld)이라 하고, 후자를 **슬롯 용접**(slot weld)이라 한다.

(4) 비드 용접과 덧붙이 용접

그림 4.20 (c)와 같이 부재의 표면에 비드를 용착시키는 **비드 용접**(bead welding)과 마멸된 부분이나 치수가 부족한 표면에 비드를 쌓아올린 용접을 **덧붙이 용접**(built-up weld)이라 한다.

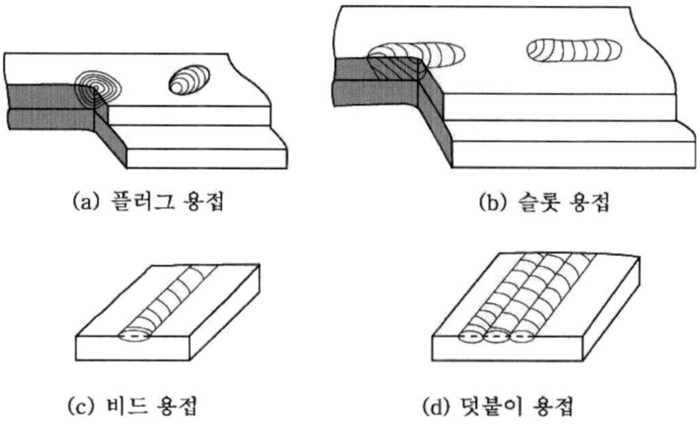

그림 4.20 용접부의 종류

3. 용접 이음의 종류

용접 이음은 그림 4.21과 같이 용접부의 모양에 따라 맞대기 이음(butt joint), 모서리 이음(corner joint), 가장자리 이음(edge joint), 겹치기 이음(lap joint), 덮개판 이음(strap joint), T 이음(T joint) 등이 있다.

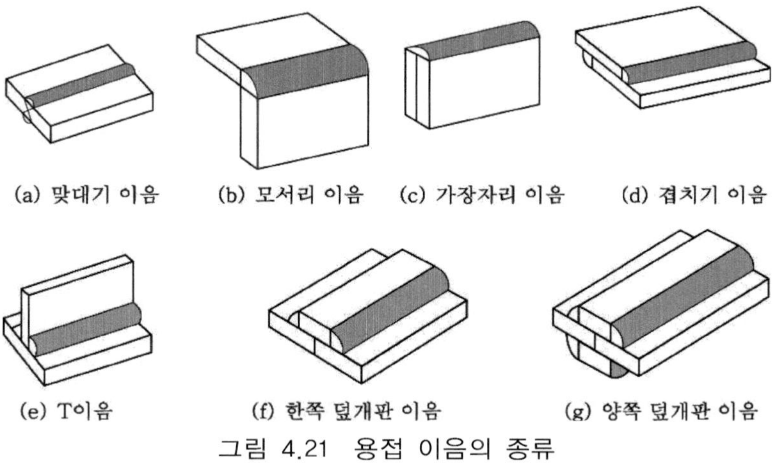

그림 4.21 용접 이음의 종류

4.2.3 용접 이음의 강도

용접 이음의 형상은 여러 가지이고, 작용하는 하중도 인장, 압축, 굽힘 및 비틀림 등 가지

각색이므로 응력도 복잡하다.

용접부의 응력 분포나 그 파괴 강도에 관해서 아직 불분명한 점이 많고, 이들의 응력 산출에 관한 학설도 여러 가지이며, 또, 가정도 다양하게 설정하므로 결과도 가지각색으로 나타난다. 이 때문에 실용상 간단한 응력 산정법을 지정하여 구한 응력으로 용접부의 강약을 논하는 방법이 있다. 응력 산정은 기초가 되는 면 또는 그 면적을 용접부의 목두께와 이음 길이(유효 길이)에 따라 정한다.

1. 맞대기 용접 이음

그림 4.22와 같이 맞대기 용접 이음에서 판 두께가 t, 용접 길이가 l 일 때 용접부에 작용하는 인장 하중 P 는 다음과 같다.

$$P = \sigma_t\, t\, l = \sigma_t\, a\, l \tag{4.21}$$

한편, 그림 (b)와 같이 판 두께가 다른 경우는 두께가 얇은 쪽을 택한다.

$$P = \sigma_t\, t_1\, l = \sigma_t\, a\, l \tag{4.22}$$

그림 (c)와 같이 굽힘을 받는 경우 굽힘 모멘트는 다음과 같다.

$$M = \sigma_b\, Z = \frac{\sigma_b\, t^2 l}{6} = \frac{\sigma_b\, a^2 l}{6} \tag{4.23}$$

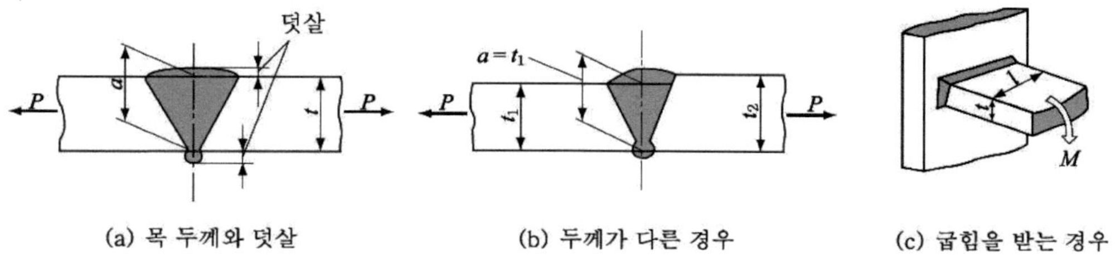

그림 4.22 맞대기 용접 이음

또, 그림 4.23 (a)와 같은 T형 이음의 경우도 인장 하중은 다음과 같다.

$$P = \sigma_t\, t\, l = \sigma_t\, a\, l \tag{4.24}$$

그림 (b)와 같이 온둘레를 용접하는 경우 인장 하중은 다음과 같다.

$$A = t_1 t_2 - (t_1 - 2a)(t_2 - 2a) = 2a(t_1 + t_2 - 2a)$$

$$P = 2a(t_1 + t_2 - 2a)\sigma_t \tag{4.25}$$

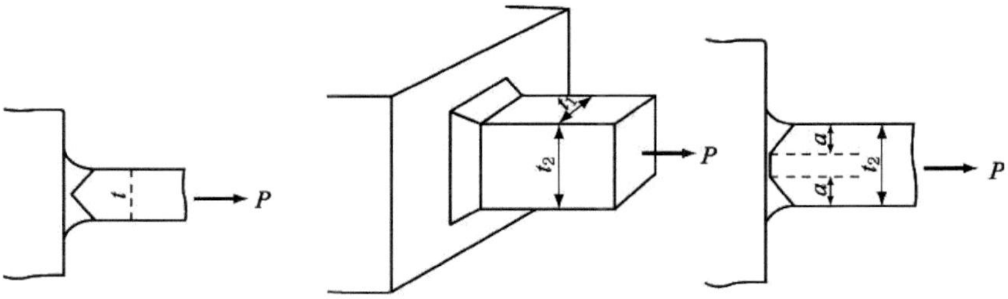

(a) T이음 (b) 4면 용접 이음

그림 4.23 맞대기 용접 이음

예제 4.8 허용 인장 응력이 80 [N/mm^2], 두께 10 [mm]인 강판을 용접 길이 150 [mm], 용접 효율 80 %로 맞대기 이음을 하였다. 목 두께를 얼마로 하면 되겠는가? 다만, 용접부의 허용 응력은 70 [N/mm^2]이다.

[풀이] 식 (4.21)에 의해 인장 하중을 구한다.

$$P = \sigma_t\, t\, l = 80 \times 10 \times 150 = 120000\ [\mathrm{N}]$$

또, 용접부의 허용 하중은 인장 하중의 80%이므로

허용 하중 $= 120000 \times 0.8 = 96000\ [\mathrm{N}]$

식 (4.21)에 의해 목 두께를 계산한다.

$$a = \frac{P}{\sigma_t\, l} = \frac{96000}{70 \times 150} = 9.15\ [\mathrm{mm}]$$

2. 필릿 용접 이음

필릿 용접은 거의 직교하는 두 면을 결합하는 용접이므로 필릿 용접의 목두께의 길이는 직각 이등변 삼각형에서 꼭지점으로부터 대변에 내린 수선의 길이이다.

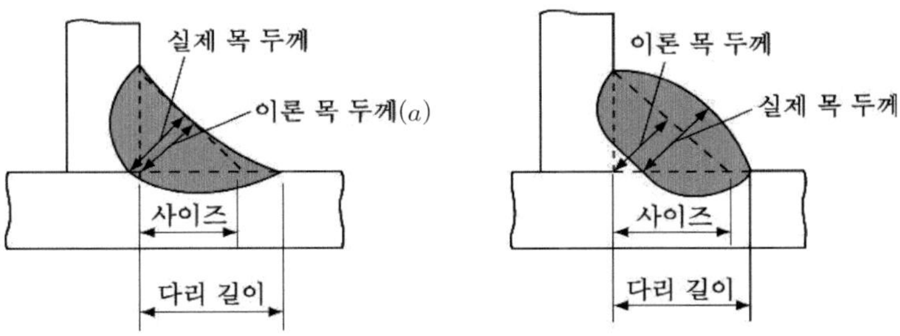

(a) (b)

그림 4.24 필릿 용접의 단면

즉 목두께 a는 다음과 같다.

$$a = \cos 45° h = 0.707\, h \tag{4.26}$$

(1) 측면 필릿 용접 이음

그림 4.25와 같이 용접선에 대하여 하중이 평행하게 작용하므로 용접부는 전단 하중을 받는다.

$$P = A\tau = 2al\tau = 1.414 hl\tau \tag{4.27}$$

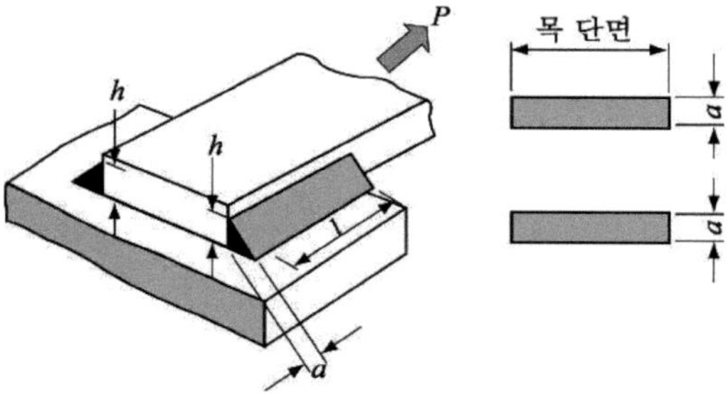

그림 4.25 측면 필릿 용접 이음

(2) 전면 필릿 용접 이음

필릿 용접 이음에서 그림 4.26과 같이 판면과 45° 를 이루는 목단면에서의 응력을 생각한다. 그림과 같이 하중을 목단면에 수직한 방향과 평행한 방향으로 분해하면

$$P_n = P\sin 45° = 0.707\, P \text{ (인장력)}$$

$$P_s = P\cos 45° = 0.707\, P \text{ (전단력)}$$

이 되므로 수직응력 σ_n과 전단응력 τ는 각각 다음과 같다.

$$\sigma_n = \frac{P_n}{0.707 lh} = \frac{P}{lh}$$

$$\tau = \frac{P_s}{0.707 lh} = \frac{P}{lh}$$

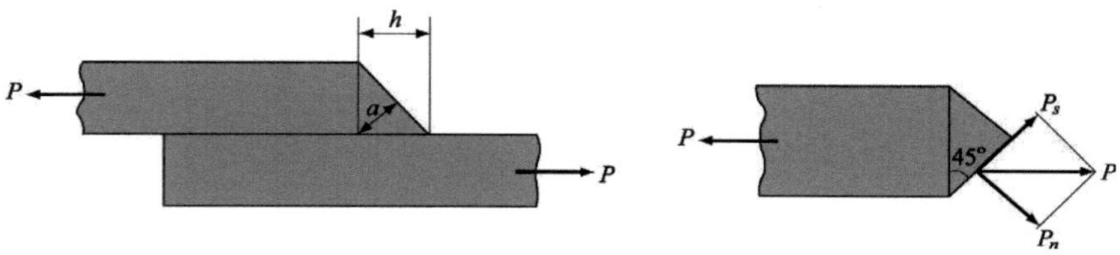

그림 4.26 전면 필릿 이음(한면 이음)

그러므로 두 응력이 동시에 작용하므로 최대 주응력 $\sigma_{\max}$는

$$\sigma_{\max} = \frac{\sigma_n}{2} + \frac{1}{2}\sqrt{{\sigma_n}^2 + 4\tau^2}$$

$$= \frac{1}{2} \times \frac{P}{lh} + \frac{1}{2}\sqrt{\left(\frac{P}{lh}\right)^2 + 4\left(\frac{P}{lh}\right)^2} = \frac{1.618\,P}{lh}$$

가 되며, 이음의 파단 하중은 위 식에서 $\sigma_{\max} = \sigma_t$로 하여 구한다.

$$P = \frac{\sigma_t\, l\, h}{1.618} \tag{4.28}$$

그러나, 보통 식 (4.28) 대신에 간단히 P를 목 단면으로 나눈 값을 강도로 한다.

$$P = \frac{\sigma_t\, l\, h}{1.414} \tag{4.29}$$

예제 4.9 그림 4.26과 같이 다리 길이가 14 [mm]인 전면 필릿 용접에서 용접선에 직각 방향으로 60 [kN]의 힘으로 인장할 때 용접부에 생기는 응력을 구하여라. 다만, 용접 길이는 100 [mm]이다.

[풀이] 용접부에 생기는 응력 σ_t는 식 (4.29)에 의하여 구한다.

$$\sigma_t = \frac{1.414P}{hl} = \frac{1.414 \times 60000}{14 \times 100} = 60.6\ [\mathrm{N/mm^2}]$$

(3) 편심 하중을 받는 필릿 용접 이음

그림 4.27과 같이 상하 두 곳에 필릿 용접을 하고, 이 용접부의 무게 중심점 G에서 e되는 곳에 편심 하중 P가 작용한다. 이 경우 용접부에는 직접 하중으로 인한 1차 전단 응력과 비틀림 모멘트로 인해 2차 전단 응력이 발생한다. 따라서 용접부에는 직접 전단력에 의한 전단 응력과 비틀림 모멘트에 의해 생기는 전단 응력을 계산한 다음 두 응력의 합성 응력을 구한다.

㉮ 직접 전단력 P에 의하여 용접부에 생기는 전단 응력을 τ_d라 하면

$$\tau_d = \frac{P}{2A} = \frac{P}{2al} = \frac{P}{1.414hl} \tag{4.30}$$

㉯ 비틀림 모멘트에 의해 생기는 용접부의 전단 응력은 용접부의 무게 중심점 G에서의 거리에 비례하므로 다음과 같다.

$$\frac{\tau}{r} = \frac{\tau_m}{r_m}$$

여기서 τ : 임의의 점에 생기는 응력,

τ_m : 무게 중심점 G에서 가장 먼 거리 r_m 에 생기는 응력

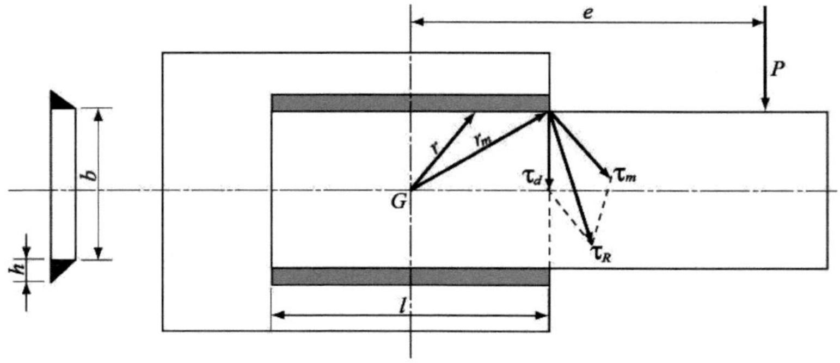

그림 4.27 편심 하중을 받는 용접 이음

㈐ 무게 중심점 G에서 임의의 거리r 인 곳의 미소 면적dA 에 생기는 미소 저항력은$\tau\, dA$ 이므로 미소 저항 모멘트$dT = \tau\, dA\, r$ 이다. 이때 모멘트 T는

$$T = \int \tau\, dA\, r = \frac{\tau_m}{r_m} \int r^2 dA \tag{4.31}$$

가 되며, 위 식에서$\int r^2\, dA$는 용접부의 극관성 모멘트(극단면 2차 모멘트)I_p 이므로 다음과 같다.

$$T = \frac{\tau_m}{r_m} I_p \tag{4.32}$$

또 $T = P\, e$ 이므로 이 때의 비틀림 모멘트에 의한 전단 응력은 다음과 같다.

$$\tau_m = \frac{P\ e\ r_m}{I_p} \tag{4.33}$$

㈑ 용접부의 극단면 2차 모멘트는 표 4.2와 같이 구한다.

⑤ 직접 전단력에 의한 응력과 모멘트에 의한 응력의 합성 응력 τ_R은 다음과 같이 구한다.

$$\tau_R = \sqrt{{\tau_d}^2 + {\tau_m}^2 + 2\,\tau_d\,\tau_m \cos\theta} \tag{4.34}$$

표 4.2 용접부의 면적과 극관성 모멘트의 값

	A	I_p
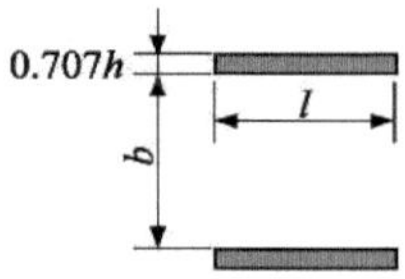	$2 \times 0.707\,h\,l$	$\frac{l(3b^2+l^2)}{6} \times 0.707\,h$
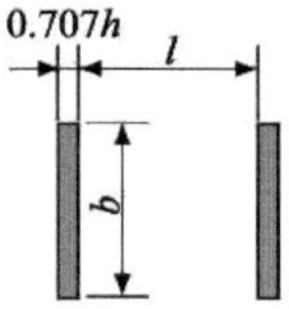	$2 \times 0.707\,h\,b$	$\frac{b(3l^2+b^2)}{6} \times 0.707\,h$
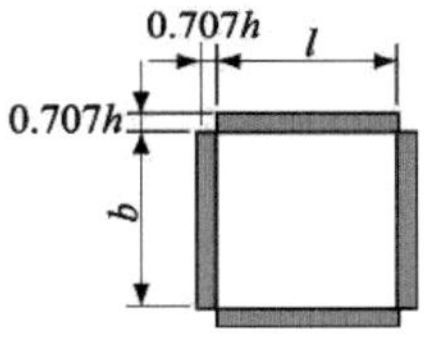	$2 \times 0.707\,h\,(l+b)$	$\frac{(l+b)}{6} \times 0.707\,h$

예제 4.10 그림 4.28과 같은 용접 이음에 생기는 응력을 계산하여라.

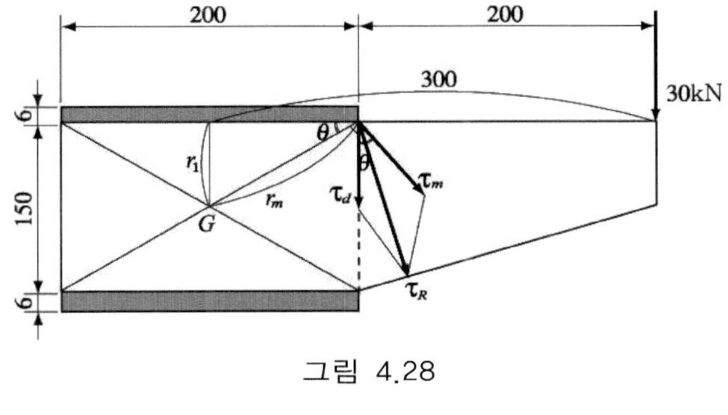

그림 4.28

[풀이] 직접 전단력으로 인해 용접부에 생기는 전단 응력은 식 (4.30)에 의해 구한다.

$$\tau_d = \frac{P}{1.414\,h\,l} = \frac{30000}{1.414 \times 6 \times 200} = 17.7\ [\mathrm{N/mm^2}]$$

무게 중심점 G에서 가장 먼 거리 r_m을 구한다.

$$r_m = \sqrt{75^2 + 100^2} = 125\ [\text{mm}]$$

G 에서 가장 먼 용접부에 편심 하중에 의한 모멘트로 용접부에 생기는 전단 응력 τ_m 을 식 (4.33)에 의해 구한다. 먼저 극단면 2차 모멘트를 표 4.2에 의해 구한다.

$$I_p = \frac{l(3b^2 + l^2)}{6} \times 0.707h$$

$$= \frac{200 \times (3 \times 150^2 + 200^2)}{6} \times 0.707 \times 6 = 1.52 \times 10^7\ [\text{mm}^4]$$

$$\tau_m = \frac{P\ e\ r_m}{I_p} = \frac{30000 \times 300 \times 125}{1.52 \times 10^7} = 74\ [\text{N/mm}^2]$$

두 응력의 합성 응력을 식 (4.34)에 의해 구하면 용접부에 생기는 응력이 된다.

$$\theta = \tan^{-1}\frac{75}{100} = 36.9°$$

$$\tau_R = \sqrt{\tau_d^{\ 2} + \tau_m^{\ 2} + 2\,\tau_d\,\tau_m\cos\theta}$$

$$= \sqrt{17.7^2 + 74^2 + 2 \times 17.7 \times 74\cos 36.9°} = 88.8\ [\text{N/mm}^2]$$

예제 4.11 그림 4.29와 같이 형강의 4곳이 측면 필릿 용접이 되어 있다. 이 형강에 60 [kN]의 하중이 작용할 때 용접부에 생기는 최대 응력을 구하여라.

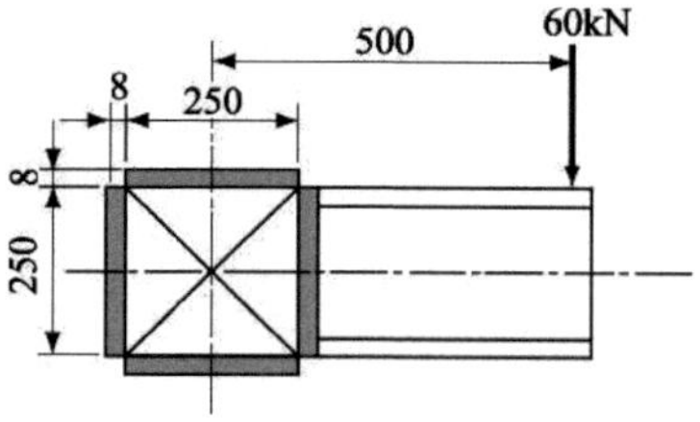

그림 4.29

[풀이] ① 하중에 의한 전단 응력을 구한다.

$$\tau_d = \frac{P}{A} = \frac{P}{2 \times 0.707h(l+b)} = \frac{60000}{2 \times 0.707 \times 8 \times (250+250)}$$

$$= 10.6\ [\text{N/mm}^2]$$

② 굽힘 모멘트에 의한 최대 전단 응력 τ_m을 구한다.

$$r_{\max} = \sqrt{125^2 + 125^2} = 177\ [\mathrm{mm}]$$

$$I_p = \frac{(l+b)^3}{6} \times 0.707h = \frac{(250+250)^3}{6} \times 0.707 \times 8 = 1.18 \times 10^8\ [\mathrm{mm}^4]$$

$$\tau_m = \frac{P\, e\, r_{\max}}{I_p} = \frac{60000 \times 500 \times 177}{1.18 \times 10^8} = 45\ [\mathrm{N/mm^2}]$$

합성 응력 τ_R는 식 (4.34)에 의해 구한다.

$$\theta = \tan^{-1}\frac{b}{l} = \frac{250}{250} = 1 = 45°$$

$$\tau_R = \sqrt{{\tau_d}^2 + {\tau_m}^2 + 2\,\tau_d\,\tau_m \cos\theta}$$

$$= \sqrt{10.6^2 + 45^2 + 2 \times 10.6 \times 45 \times \cos 45°} = 53\ [\mathrm{N/mm^2}]$$

표 4.3은 C.H., Jennings에 의한 용접 이음의 응력 계산식을 표시한 것이다. 이 식은 모두 용접부의 목두께를 기준으로 하여 유도한 식이다.

표 4.3 용접 이음의 응력 계산식

L : 하중점의 거리, l : 용접 유효 길이, h : 용접 사이즈, a : 목 두께, e : 중심으로부터의 거리

1	2	3	4
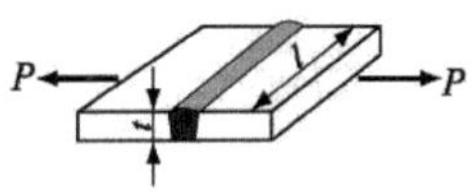	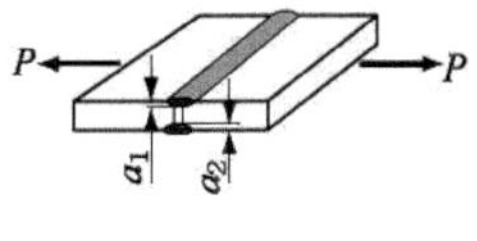	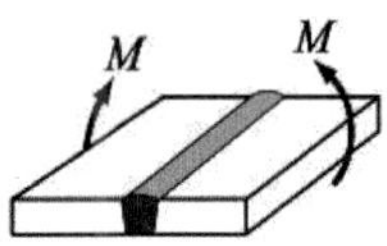	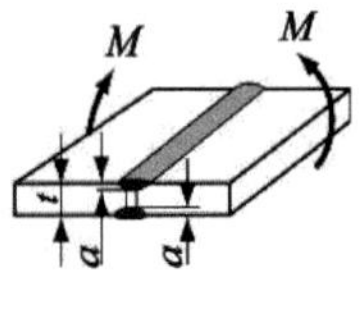
$\sigma = \frac{P}{l\,a}(a=l)$	$\sigma = \frac{P}{l\,(a_1+a_2)}$	$\sigma_b = \frac{6M}{l\,a^2}(a=t)$	$\sigma_b = \frac{3t\,M}{l\,a(3t^2-6ta+4a^2)}$
5	6	7	8
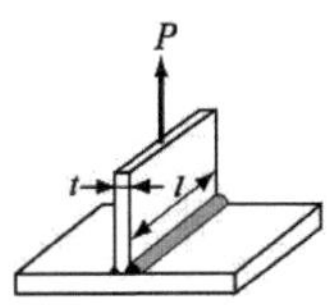	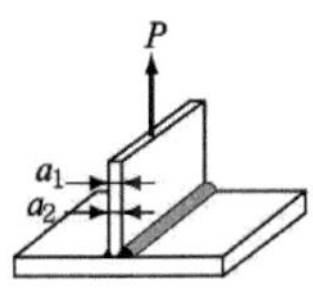	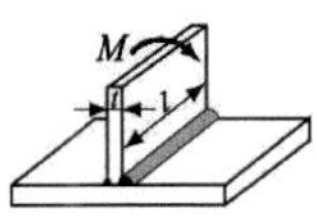	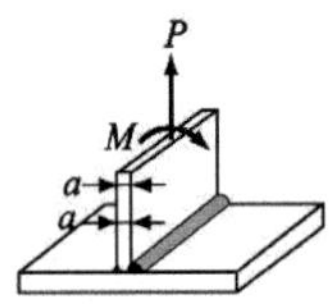
$\sigma = \frac{P}{l\,t}$	$\sigma = \frac{P}{l\,(a_1+a_2)}$	$\sigma_b = \frac{6M}{l\,t^2}$	$\sigma_b = \frac{3t\,M}{l\,a(3t^2-6ta+4a^2)}$

9	10	11	12
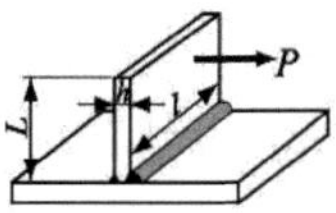 $\sigma = \frac{6PL}{l\,t^2}$, $\tau = \frac{P}{l\,t}$	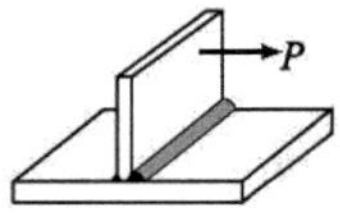 $\sigma = \frac{3tPL}{l\,a(3t^2-6ta+4a^2)}$, $\tau = \frac{P}{2lt}$	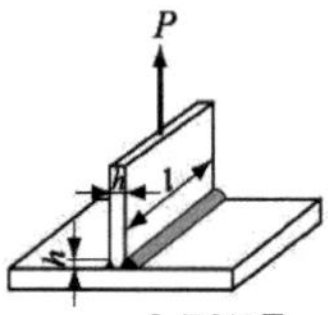 $\sigma_b = \frac{0.707P}{lh}$	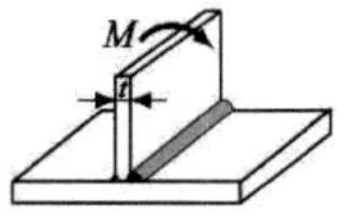 $\sigma_b = \frac{1.414M}{lh(t+h)}$
13	**14**	**15**	**16**
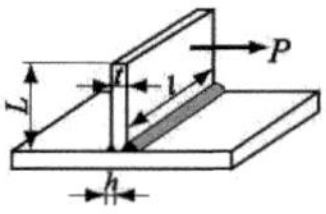 $\sigma_{max} = \frac{P}{lh(t+h)}$ $\sqrt{2L^2+\frac{(t+h^2)}{2}}$ 평균 $\sigma = \frac{0.707P}{lh}$	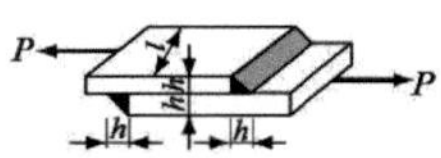 $\sigma = \frac{0.707P}{lh}$, $(h=t)$	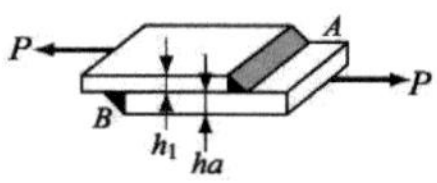 $\sigma_b = \frac{1.414P}{l(h_1+h_2)}$, $\begin{pmatrix} h_1=t_1 \\ h_2=t_2 \end{pmatrix}$	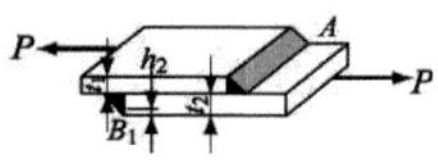 $\sigma_A = \frac{1.414P}{l(t_1+t_2)}$, $\sigma_B = \frac{1.414Pt_2}{lh(t_1+t_2)}$
17	**18**	**19**	**20**
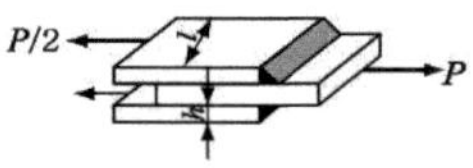 $\sigma = \frac{0.707P}{lh}$, $(h=t)$	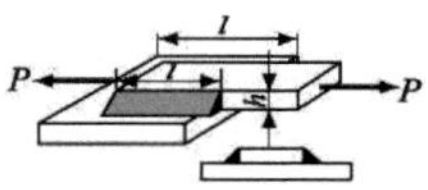 $\sigma = \frac{0.707P}{lh}$, $(h=t)$	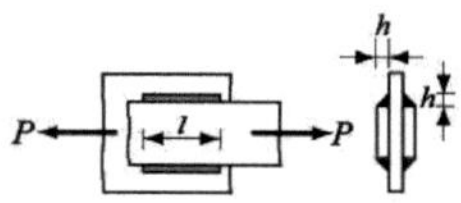 $\sigma_b = \frac{0.354P}{lh}$, $(h=t)$	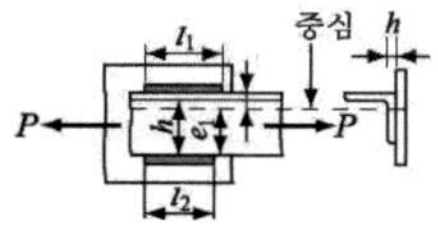 $\sigma = \frac{1.414P}{\sigma hb}$, $l_2 = \frac{1.414Pe_1}{\sigma hb}$, $\sigma = \frac{1.414P}{(l_1+l_2)h}$
21	**22**	**23**	**24**
 필렛 $\sigma = \frac{1.414P}{2lh+l_1h_1}$ 비드 $\sigma = \frac{P}{2lh+l_1h_1}$	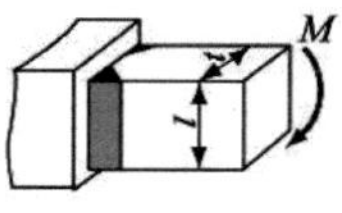 $\sigma_b = \frac{6M}{l^2t}$	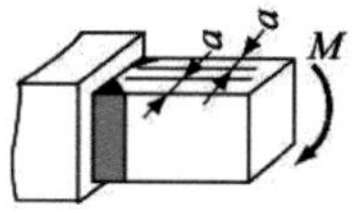 $\sigma_b = \frac{3M}{l^2a}$	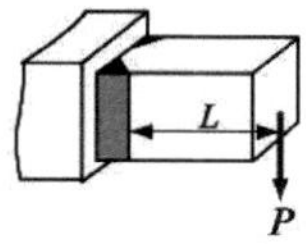 $\sigma_b = \frac{6PL}{l^2t}$, $\tau = \frac{P}{lt}$

25	26	27	28
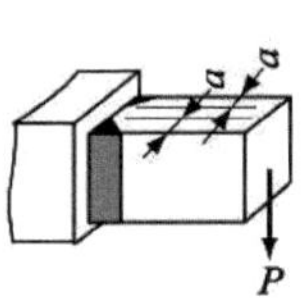 $\sigma=\dfrac{3PL}{l^2a},\tau=\dfrac{P}{2la}$	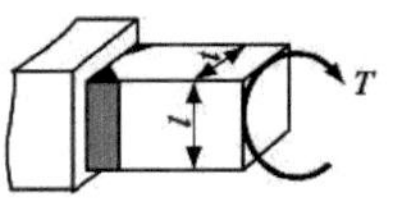 $\tau=\dfrac{T(3l+1.8t)}{l^2t^2}$	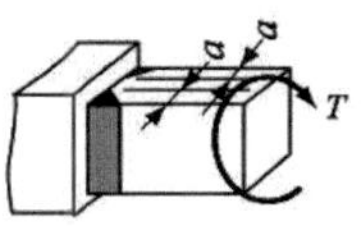 $\tau=\dfrac{T}{2(t-a)(l-a)a}$	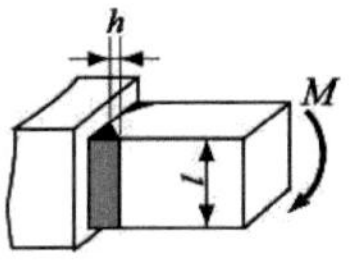 $\sigma_b=\dfrac{4.24M}{l^2h}$
29	**30**	**31**	**32**
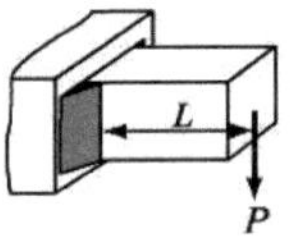 $\sigma_b=\dfrac{4.24PL}{l^2h}$, $\tau=\dfrac{0.707P}{lh}$	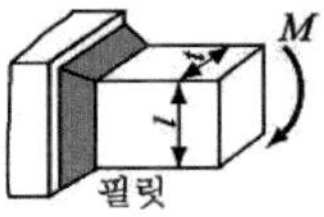 필릿 $\sigma_b=\dfrac{4.24M}{h\{tl^2+3l(t+h)\}}$	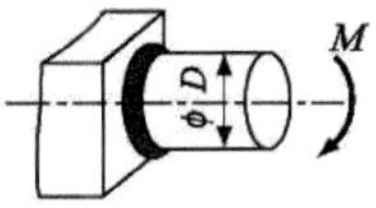 필릿$\sigma_b=\dfrac{5.56M}{h\pi D^2}$	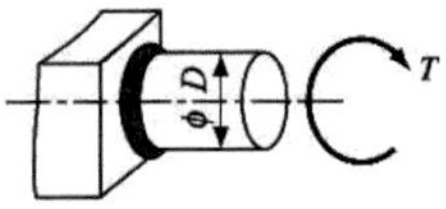 $\tau=\dfrac{2.83T}{h\pi D^2}$

예제 4.12 그림 4.30과 같이 둥근봉을 강판에 필릿 용접 이음을 하였다. 용접부에 걸리는 최대 전단 응력은 얼마인가? 용접 사이즈를 10 [mm]로 한다.

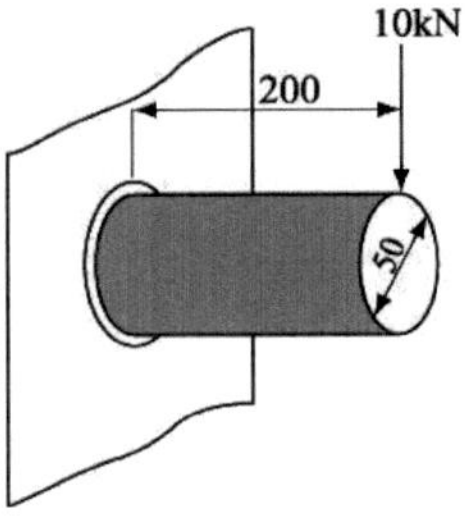

그림 4.30

[풀이] 용접부에는 굽힘 모멘트에 의한 응력과 직접 전단력에 의한 응력이 생기므로 각각을 구한 다음 합성 응력을 구한다.

굽힘 모멘트에 의한 굽힘 응력은 표 4.3의 31로부터

$$\sigma_b=\frac{5.56\,M}{\pi\,h\,D^2}=\frac{5.56\times10000\times200}{\pi\times10\times50^2}=141.6\ [\mathrm{N/mm^2}]$$

직접 전단력에 의한 전단 응력은

$$\tau_d=\frac{P}{A}=\frac{P}{0.707\,h\,\pi\,D}=\frac{10000}{0.707\times10\times\pi\times50}=9\ [\mathrm{N/mm^2}]$$

합성 응력은 굽힘 응력과 전단 응력이 서로 직각 방향으로 작용하고 있으므로

$$\sigma=\sqrt{{\sigma_b}^2+{\tau_d}^2}=\sqrt{141.6^2+9^2}=141.9\ [\mathrm{N/mm^2}]$$

그러므로 전단 응력은 합성 응력에 별 영향을 미치지 못한다.

예제 4.13 그림 4.31에서 보는 바와 같이 풀리에서 7 [kW], 250 [rpm]의 동력을 전달시킬 때 림, 보스의 용접부에 생기는 전단 응력을 구하여라. 다만, 온둘레 필릿 용접

을 한다.

[풀이] 전달 토크 T는 다음과 같다.

$$T = 9549 \times 10^3 \times \frac{7}{250} = 267372\ [\mathrm{N \cdot mm}]$$

보스와 림부를 양쪽으로 온둘레 필릿 용접을 하였으므로 표 4.3의 32에 의해

$$\text{보스부의 전단 응력 } \tau_B = \frac{2.83\,T}{2\pi D^2 h} = \frac{2.83 \times 267372}{2 \times \pi \times 100^2 \times 6} = 2\ [\mathrm{N/mm^2}]$$

$$\text{림부의 전단 응력 } \tau_R = \frac{2.83 \times 267372}{2 \times \pi \times 380^2 \times 4} = 0.21\ [\mathrm{N/mm^2}]$$

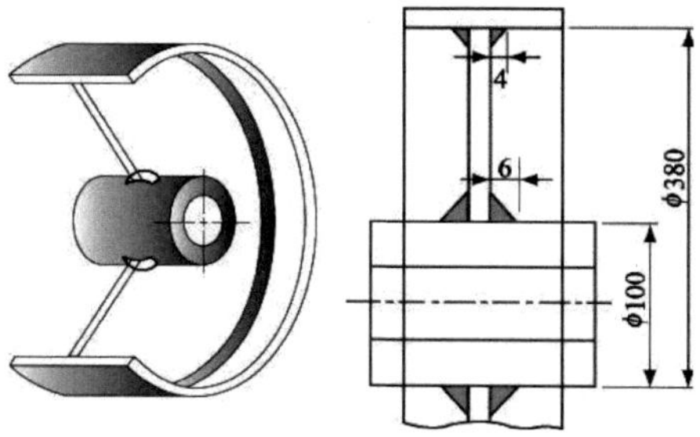

그림 4.31

연습문제

1. 리벳 작업에서 코킹과 플러링을 하는 이유를 설명해보자.
2. 리벳 이음에서 각부 치수들이 어떤 관계가 있는지 유도해보자.
3. 리벳 이음에서 일어나는 5가지 파괴에는 어떤 것이 있는지 알아보자.
4. 리벳 이음 효율에서 어느 효율 값을 설계할 때 사용하는지 알아보자.
5. 용접 이음이 리벳 이음에 비하여 어떤 장점이 있는지 알아보자.
6. 용접 이음을 분류해 보자.
7. 판두께가 10 [mm]인 판을 리벳으로 1줄 겹치기 이음을 하였을 때 피치를 얼마로 하면 되겠는가? 다만, 리벳의 지름은 19 [mm], 판의 허용 인장 응력은 50 [N/mm^2], 리벳의 허용 전단 응력은 40 [N/mm^2]로 한다. 답 (p= 42 [mm])
8. 150 [kN]의 인장력을 받는 양쪽 덮개판 맞대기 이음에서 리벳의 지름이 22 [mm]이라면 리벳을 몇 개로 하면 되겠는가? 리벳의 허용 전단 응력은 70 [N/mm^2]이다. 답 (4개)
9. 판두께가 8 [mm]인 강판을 지름이 13 [mm]인 리벳으로 1줄 겹치기 이음을 하였다. 리벳 이음의 효율을 구하여라. 다만, 판의 허용 인장 응력은 90 [N/mm^2], 리벳의 허용 전단 응력은 70 [N/mm^2]이다. 답 (η= 49.6%)
10. 강판의 두께가 10 [mm], 리벳의 지름이 20 [mm], 피치가 45 [mm], 리벳 중심에서 강판의 가장 자리까지의 길이가 30 [mm]인 1줄 겹치기 리벳 이음의 효율을 구하여라. 다만, 강판의 인장 응력은 90 [N/mm^2], 허용 압축 응력은 150 [N/mm^2], 허용 전단 응력은 70 [N/mm^2]이다. 답 (η= 54.3 %)
11. 40×9의 평판을 그림 4-32와 같이 리벳 이음을 하려고 한다. 평판이 받는 인장력이 15 [kN]이라면 몇 [mm]의 리벳을 몇 개 사용하여야 하겠는가? 다만, 리벳의 허용 전단 응력은 35 [N/mm^2]으로 한다. 또, 실제로 판은 얼마의 인장 응력에 견디는가? 답 (d= 20 [mm], z= 2, σ_t= 47.6 [N/mm^2])

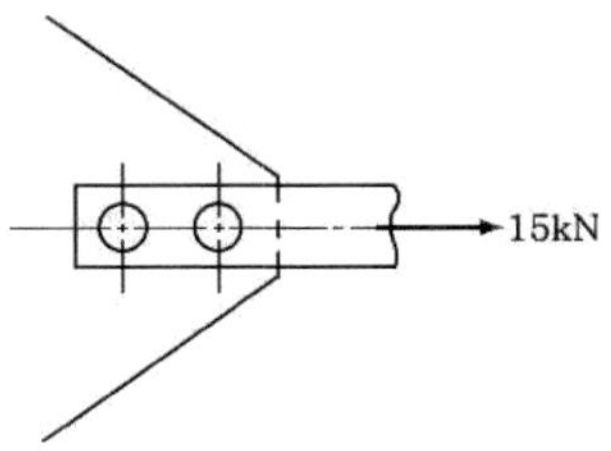

그림 4.32

12. 그림 4.33과 같은 리벳 이음에 편심 하중 48 [kN]이 가해질 때, 리벳의 지름을 얼마로 해야 하는가? 다만, 단일 전단면이고 리벳의 전단 강도는 300 [N/mm^2], 안전율은 1.6으로 하며, 단위는 [mm]이다. 답 (d= 15 [mm])

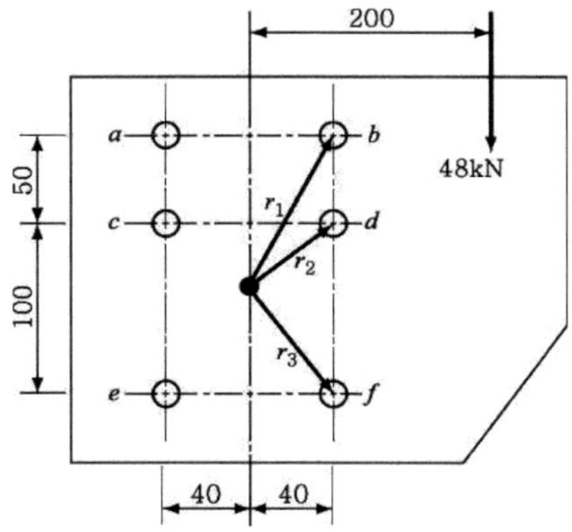

그림 4.33

13. 그림 4.34와 같은 용접 이음에 100 [kN]의 인장 하중이 작용한다. 만일 허용 전단 응력 τ = 50 [N/mm^2]이면 용접부의 길이를 얼마로 하면 되겠는가? 다만, h = 10 [mm] 이다. 답 (l = 71 [mm])

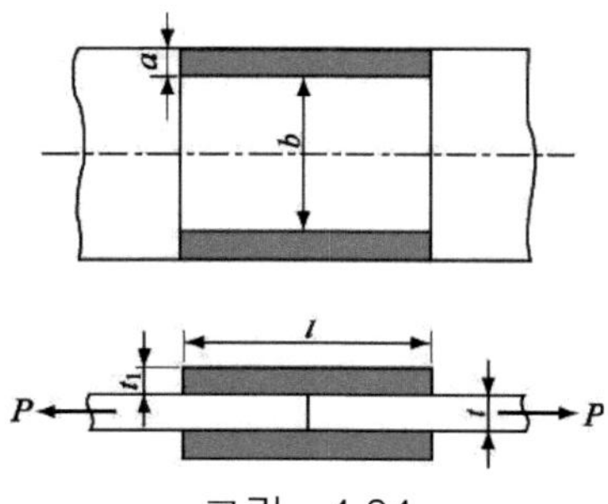

그림 4.34

14. 그림 4.35와 같은 용접 이음이 50 [kN]의 인장 하중을 받는다. 이 때 전면 필릿 이음을 하였을 때 용접 길이를 구하여라. 또, 측면 필릿 이음을 하였을 때 용접 길이를 구하여라. 다만, 용착 금속의 허용 응력은 인장일 때는 35 [N/mm^2], 전단일 때는 [20N/mm^2]이다. 답 (l= 85, 148 mm)

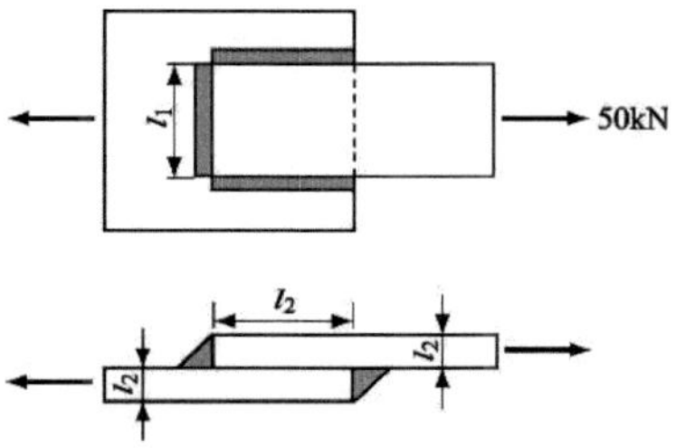

그림 4.35

15. 그림 4.36과 같은 필릿 용접 이음에 하중 10 [kN]이 작용할 때 전단 응력과 굽힘 응력을 구하여라. 다만, 사이즈는 양쪽 모두 6 [mm], 용접 길이는 100 [mm]이다.

답 ($\tau = 11.8$ [N/mm^2], $\sigma_b = 85$ [N/mm^2])

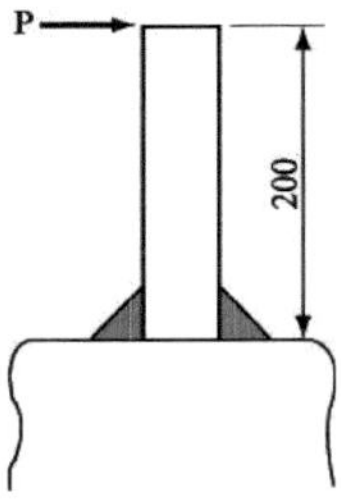

그림 4.36

16. 허용 인장 응력이 100 [N/mm^2]인 두께 12 [mm]인 강판을 용접 길이 160 [mm]로 V형 맞대기 용접을 하였을 때 그 효율을 80%로 하려면 목두께를 얼마로 하면 되겠는가? 다만, 용접부의 허용 응력은 80 [N/mm^2]로 한다. 답 ($a = 12$ [mm])

17. 그림 4.37과 같이 4변이 필릿 용접이 되어 있고, 중심에서 600 [mm] 떨어진 곳에 50 [kN]의 하중이 작용하면 용접부의 최대 응력은 얼마이겠는가?답 ($\tau_{max} = 60.2$ [N/mm^2])

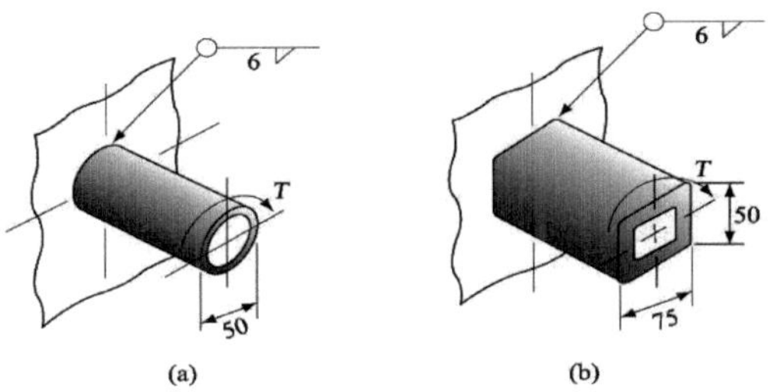

그림 4.37

3 PART

동력전달요소설계

5 Chapter

축

축은 동력이나 운동을 전달하는 기계요소이며 기어, 풀리, 플라이휠, 스프로킷 등이 설치된다. 축의 단면은 원형이며, 굽힘, 인장, 압축, 비틀림 등의 하중이 단독 또는 복합적으로 작용하기 때문에 축 설계 시 여러 가지 강도를 고려해야 한다.

축은 차륜이 발명된 옛날부터 화물 차량이나 군용 차량 등에 쓰인 것을 비롯하여, 산업 혁명 이후 동력 전달용으로 광범위하게 사용되고 있다. 또 공작기계의 전동축, 철도 차량의 차축, 자동차용 차축, 터어빈용 축, 기타 일반 범용 기계의 축 등에 널리 쓰이고 있다.

5.1 축

5.1.1 축의 분류

1. 작용에 의한 분류

축이 어떠한 힘을 받고, 어떠한 작용을 하는가에 따라 축을 분류하면 다음과 같다.

① 차축(axle shaft) : 주로 굽힘 모멘트를 받으며, 토크를 전달하지 않는 정지축(stationary shaft)과 토크를 전달하는 회전축(rotating shaft)이 있다.

② 전동축(transmission shaft) : 회전에 의해 동력을 전달하는 축으로 주로 비틀림 모멘트를 받으며, 일반 공장용 축이 이에 속한다. 공장용 축은 그림 5.1과 같이 주축(main shaft), 선축(line shaft), 중간축(counter shaft)으로 구성된다.

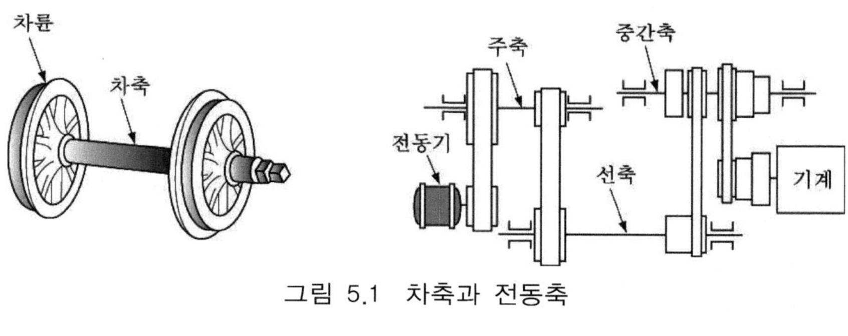

그림 5.1 차축과 전동축

③ 스핀들(spindle) : 주로 비틀림 작용을 받으면서 작업하는 비교적 짧은 축으로 공작기계의 주축 등에 사용한다. 비틀림과 굽힘 모멘트를 동시에 받는다(그림 5.2).

그림 5.2 선반의 스핀들

2. 형상에 의한 분류

축은 속이 차 있는 **중실축**(solid shaft)과 비어 있는 **중공축**(hollow shaft)으로 나누며, 또, 형상에 의해 분류하면 다음과 같다.

① 직선축(straight shaft) : 가장 일반적인 것으로 축심이 진원인 축이다.

② 크랭크축(crank shaft) : 왕복 운동과 회전 운동을 상호 변환하는 축이다.

③ 플렉시블축(flexible shaft) : 자유롭게 휠 수 있게 강선을 2중, 3중으로 감은 나사 모양의 축이며, 공간상의 제한으로 일직선 형태의 축을 사용할 수 없을 때 사용한다.

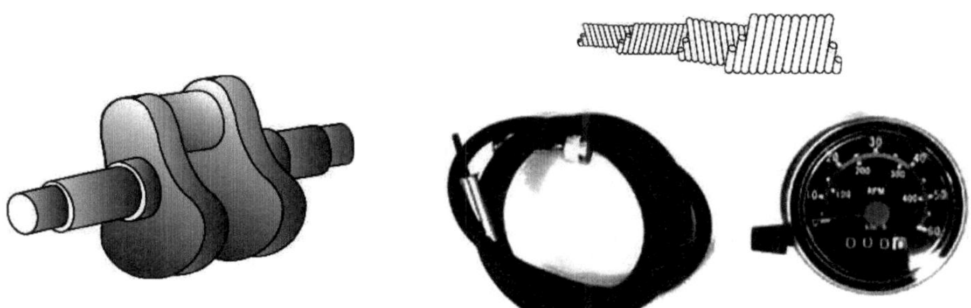

그림 5.3 크랭크축과 플렉시블축

5.1.2 축 설계시 주의

이상과 같은 축들은 사용 목적에 따라 축을 설계할 때는 다음 사항들을 고려하여야 한다.

1. 강도

축에는 굽힘, 비틀림 이외에 인장, 압축 등이 작용하고, 또 이것들이 조합되어 작용하는 경우가 있다. 이로 인하여 축의 내부에 복잡한 응력이 생기므로 이와 같은 응력에 충분히 견딜 수 있게 설계할 필요가 있다. 또, 키 홈, 원주 홈 등의 노치(notch)에서 발생되는 응력 집중, 피로나 충격 등에 대해서도 안전하도록 설계해야 한다.

2. 강성

축을 사용 목적에 따라 강도가 충분하여도 여러 가지의 지장을 일으키는 경우가 있다. 예를 들면 축의 비틀림이 크게 되면 진동을 일으키기 쉽고, 공작기계 등에서는 작업상 지장을 일으킨다. 또, 축의 처짐이 어느 정도 이상이 되면 베어링에 무리한 힘을 가하게 되고, 그 축에 설치된 기어의 물림이 정확하게 되지 않아 이의 파손이나 소음을 일으킨다. 그러므로 축에 상당히 큰 변형이 생기지 않도록 해야 한다. 처짐이나 비틀림에 대해 저항하는 세기를 **강성**(stiffness)이라 하며, 긴 전동축에서는 굽힘 강성과 비틀림 강성을 고려해야 한다.

3. 진동

축은 회전 시 굽힘 진동 또는 비틀림 진동에 의해 **공진**(resonance) 현상이 생겨 축이 파괴되는데 이 때의 회전 속도를 위험 **속도**(critical speed)라 한다. 이를 방지하기 위해서는 회전 속도를 위험 속도에 가까이 하면 안 된다. 또, 운전의 안정을 잃는 경우가 가끔 일어나므로 고속 회전을 하는 축에서는 진동(vibration) 방지 대책을 강구해야 한다.

4. 열응력

가스 터빈이나 증기 터빈의 축은 고온에서 사용되기 때문에 **열응력**(thermal stress)에 대한 대책을 강구해야 한다.

5. 부식 · 마멸

축에 부식이나 마멸이 심하게 얼어나는 것이 예상되는 경우에는 재질이 적합한 것을 선택해야 하거나 방식 처리나 표면 처리를 해야 한다.

5.2 축의 설계

축의 크기는 축에 작용하는 하중과 축의 단면 형상으로 구한다. 축에 작용하는 하중으로는 다음과 같은 것을 생각할 수 있다.

㉮ 전동축과 같이 비틀림을 받는 경우

㉯ 차축과 같이 굽힘을 받는 경우

㉰ 비틀림과 굽힘을 동시에 받는 경우

또, 축의 단면 형상으로는 중실축인 것과 중공축인 것이 있다. 축지름은 주로 강도에 의해 구하지만 사용하는 조건으로 강성을 고려하는 경우도 있다. 어느 것이나 축지름은 KS 규격에 따라 결정해야 한다.

5.2.1 축의 강도 설계

1. 축의 토크와 동력

전동축에는 비틀림이 작용하므로 축에 작용하는 동력과 비틀림 모멘트(토크)와의 관계에 대하여 알아보자.

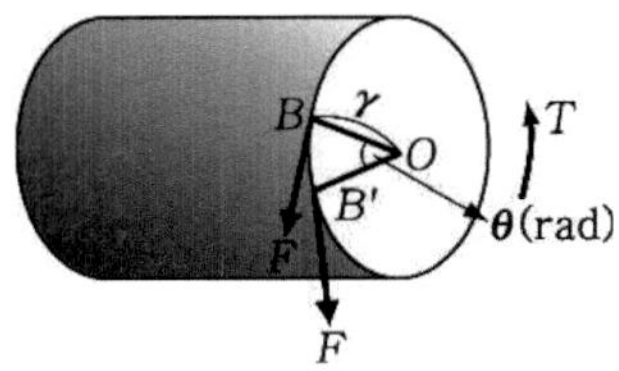

그림 5.4 토크와 동력

그림 5.4와 같이 토크 T [N · m]가 가해지고, 각속도 ω [rad/s]로 회전하는 축을 생각하면 $T = Fr$, $BB' = r\theta$ 이므로 점 B 에서 점 B' 까지의 한 일 W [N · m]는

$$W = F \times BB' = Fr\theta = T\theta$$

이다. 또 점 B에서 점 B'까지의 시간을 t (s), 회전 속도를 N [rpm]이라 하면

$$\omega = \frac{\theta}{t} = \frac{2\pi N}{60}$$

이다. 축의 전달 동력 H 는 식 (1.11)로부터 다음과 같이 되며,

$$H\,[kW] = \frac{T\,[N \cdot m] \times N\,[rpm]}{9549}$$

토크의 단위가 T [N · mm] 일 경우

$$T\ [N \cdot mm] = 9549 \times 10^3 \frac{H\,[kW]}{N\,[rpm]} \tag{5.1}$$

가 된다.

즉 전달 동력은 회전 속도와 비틀림 모멘트에 비례하고, 또 비틀림 모멘트는 전달 동력에 비례하고, 회전 속도에 반비례한다.

2. 굽힘 모멘트만을 받는 축

굽힘 모멘트만을 받는 축을 원형 단면의 보로 생각하고 계산한다. 그림 5.5와 같은 차축에 굽힘 모멘트 M_b [N · mm]이 작용할 때 위험 단면에서의 최대 굽힘 응력은 $\sigma_b = \dfrac{M_b y}{I}$ 의 관계가 있다.

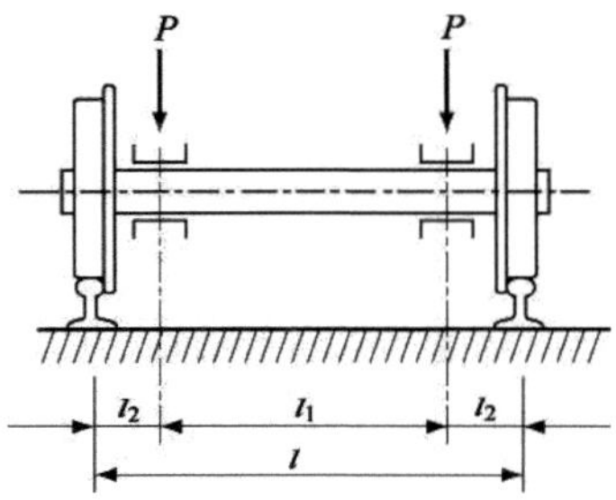

그림 5.5 굽힘을 받는 차축

(1) 중실축의 경우

그림 5.5과 같은 중실축의 지름을 d [mm]라 하면

$$\sigma_b = \frac{M_b y}{I}, \quad I = \frac{\pi d^4}{64}, \quad y = \frac{d}{2}$$

이다. 이 식에서 굽힘 응력을 허용 굽힘 응력으로 하면 축 지름은 다음과 같다.

$$d = \sqrt[3]{\frac{32 M_b}{\pi \sigma_b}} \tag{5.2}$$

(2) 중공축의 경우

중공축의 바깥지름 d_2 , 안지름 d_1 이라 하고, $d_1/d_2 = x$ 라 하면

$$\sigma_b = \frac{M_b y}{I}, \quad I = \frac{\pi (d_1^4 - d_2^4)}{64}, \quad y = \frac{d_2 - d_1}{2}$$

이 된다. 따라서 바깥지름은 다음과 같다.

$$d_2 = \sqrt[3]{\frac{32\,M_b}{(1-x^4)\pi\,\sigma_a}} \tag{5.3}$$

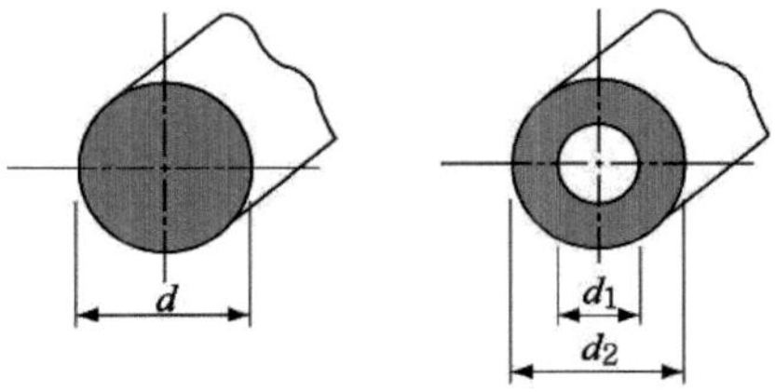

(a) 중실축 (b) 중공축

그림 5.6 중실축과 중공축

3. 비틀림 모멘트만을 받는 축

비틀림 모멘트만을 받는 전동축에서 최대 비틀림 응력이 τ 일 때 견딜 수 있는 비틀림 모멘트 T [N · mm]는 다음과 같다.

$$\tau = \frac{T\,r}{I_p} \qquad \text{여기서} \quad I_p = \frac{\pi\,d^4}{32}, \quad r = \frac{d}{2}$$

이므로 $T = \dfrac{\pi\,d^3}{16}\tau$

(1) 중실축의 경우

위 식에서 최대 비틀림 응력을 허용 비틀림 응력 τ_a 로 하면 축 지름은 다음과 같다.

$$d = \sqrt[3]{\frac{16\,T}{\pi\,\tau_a}} \tag{5.4}$$

(2) 중공축의 경우

중공축의 바깥지름을 d_2, 안지름을 d_1이라 하고, $d_1/d_2 = x$ 라 하면

$$T = \tau_a \frac{\pi}{16}\left(\frac{{d_2}^4 - {d_1}^4}{d_2}\right) = \frac{\pi}{16} d_2^3 (1-x^4) \tag{5.5}$$

이 된다. 그러므로 축의 바깥지름은 다음과 같다.

$$d_2 = \sqrt[3]{\frac{16\,T}{(1-x^4)\pi\,\tau_a}} \tag{5.6}$$

식 (5.4)에 식 (5.1)을 대입하면 축 지름 [mm]은 다음과 같다.

$T\ [\mathrm{N \cdot mm}] = 9549 \times 10^3 \dfrac{\mathrm{H\,[kW]}}{\mathrm{N\,[rpm]}}$ 이므로

$$d = \sqrt[3]{\frac{16\,T}{\pi\tau_a}} = \sqrt[3]{\frac{16}{\pi\tau_a} \times 9549 \times 10^3 \frac{H}{N}} = 365\ \sqrt[3]{\frac{H}{\tau_a N}} \tag{5.7}$$

또, 식 (5.6)에 식 (5.1)을 대입하면 바깥지름은 다음과 같다.

$$d_2 = 365\ \sqrt[3]{\frac{H}{(1-x^4)\tau_a N}} \tag{5.8}$$

(3) 중실축과 중공축의 비교

다음, 중실축과 중공축을 비교하여 보기로 한다. 같은 재질의 중실축과 중공축의 바깥지름을 비교하면 다음과 같은 관계가 있다.

$$d_2 = \sqrt[3]{\frac{32\,M}{(1-x^4)\pi\sigma_a}} = \sqrt[3]{\frac{32\,M}{\pi\sigma_a}}\ \sqrt[3]{\frac{1}{1-x^4}} = d \cdot \sqrt[3]{\frac{1}{1-x^4}} \tag{5.9}$$

그러므로

$$d = d_2\ \sqrt[3]{1-x^4} \tag{5.10}$$

또, 동일 재료, 동일 길이의 중실축과 중공축의 중량비는 단면적의 비와 같으므로 중량비 ϵ는

$$\epsilon = \frac{\text{중공축의 단면적}}{\text{중실축의 단면적}} = \frac{{d_2}^2 - {d_1}^2}{d^2} = \frac{{d_2}^2(1-x)}{d^2} \tag{5.11}$$

가 된다.

이상의 식을 이용하여 같은 강도의 중실축과 중공축의 지름의 비와 단면적의 비를 그림 5.7과 같이 나타냈다. 예를 들면 중실축의 지름이 40 [mm]이고, $x = 0.5$라 하면 그림에서 $d_2/d = 1.022$이가 되므로 $d_2 = 1.022 \times 40 = 40.9$ [mm]가 되어, 바깥지름 41 [mm], 안지름 20.5 [mm]가 된다. 또 그림에서 $A_1/A = 0.78$이므로 단면적은 중실축의 78%가 된다.

따라서 같은 강도에서는 중공축이 중실축보다 바깥지름이 약간 크게 되지만, 중량이 훨씬 가볍다는 것을 알 수 있다. 따라서 같은 지름의 축에서는 중공축이 중실축보다 강도가 우수하다고 할 수 있다. 그러나 중공축은 가공비가 비싸기 때문에 강도가 크고 중량이 가벼워야 하는 항공기, 선박 등에만 사용하고, 대부분 중실축을 사용한다.

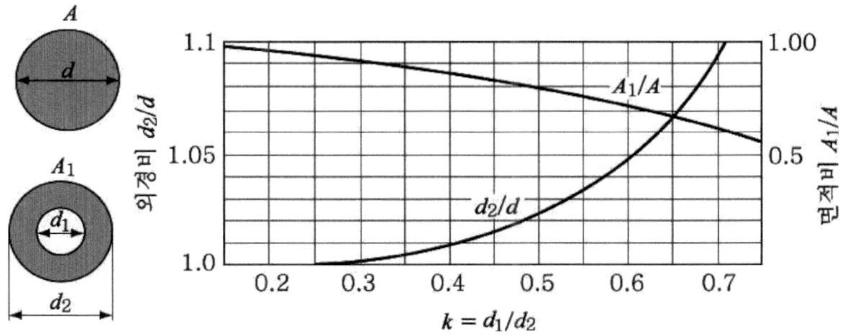

그림 5.7 비틀림 강도가 같은 중실축과 중공축

4. 굽힘 모멘트와 비틀림 모멘트를 동시에 받는 축

그림 5.8과 같이 벨트 풀리나 기어를 설치한 축과 크랭크축은 굽힘 모멘트와 비틀림 모멘트를 동시에 받으므로 축에서 축 지름을 구하는 것은 매우 복잡하다. 이 때 두 모멘트를 받는 효과와 같은 모멘트를 구하면 계산이 편리하다. 이 모멘트를 **상당 굽힘 모멘트**(equivalent bending moment), **상당 비틀림 모멘트**(equivalent twisting moment)라 한다. 상당 굽힘 모멘트를 M_e , 상당 비틀림 모멘트를 T_e 로 나타내며, M_e 또는 T_e 가 각각 단독으로 작용하는 것으로 생각하여 식 (5.2), 식 (5.4)를 다음과 같이 나타낸다.

$$d = \sqrt[3]{\frac{32\,M_e}{\pi\sigma_a}} \tag{5.12}$$

$$d = \sqrt[3]{\frac{16\,T_e}{\pi\tau_a}} \tag{5.13}$$

따라서 굽힘 모멘트와 비틀림 모멘트가 동시에 작용할 때 상당 굽힘 모멘트와 상당 비틀림 모멘트를 계산하여 식 (5.12)과 식 (5.13)에 대입하여 축 지름을 계산한다.

또, M_e 와 T_e 는 다음 식으로 구한다.

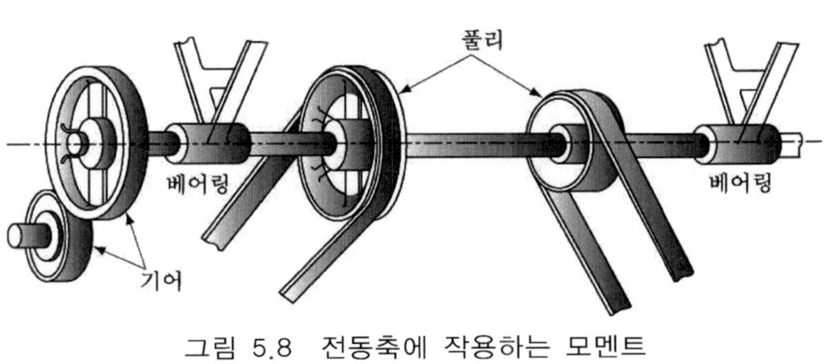

그림 5.8 전동축에 작용하는 모멘트

$$\left.\begin{aligned} M_e &= \frac{1}{2}(M + \sqrt{M^2 + T^2}\,) \\ T_e &= \sqrt{M^2 + T^2} \end{aligned}\right\} \tag{5.14}$$

보통 축의 재료가 연성일 때는 식 (5.13)으로, 취성 재료일 때는 식 (5.12)로 구하며, 위 식들에서 계산한 축 지름 중에서 큰 값을 택하는 것이 안전하다.

한편, 중공축에서 굽힘 모멘트와 비틀림 모멘트가 동시에 작용할 때는 다음 식으로 바깥 지름을 계산한다.

$$d_2 = \sqrt[3]{\frac{32\,M_e}{(1-x^4)\pi\sigma_a}} \tag{5.15}$$

$$d_2 = \sqrt[3]{\frac{16\,T_e}{(1-x^4)\pi\tau_a}} \tag{5.16}$$

5. 동하중을 받는 축

동력 전달용 축을 설계할 때 축에 작용하는 굽힘 모멘트와 비틀림 모멘트는 운전 중에 복잡하게 변동하며, 반복적이고 충격적으로 작용한다. 또, 축의 자중·회전체의 질량·풀리에 작용하는 장력 등에 의하여 회전할 때마다 반복 굽힘 응력을 받는다. 따라서 이러한 동적 효과를 고려해서 굽힘 모멘트의 계수 k_m 과 비틀림 모멘트의 계수 k_t 를 각각 굽힘 모멘트와 비틀림 모멘트에 곱하여 축 지름을 다음과 같이 계산한다(표 5.1).

$$\left.\begin{aligned} &\text{연성 재료인 경우 } d = \sqrt[3]{\frac{16}{\pi\tau_a}\sqrt{(k_m\,M)^2 + (k_t\,T)^2}} \\ &\text{취성 재료인 경우 } d = \sqrt[3]{\frac{32}{\pi\sigma_a}\left\{k_m\,M + \sqrt{(k_m\,M)^2 + (k_t\,T)^2}\right\}} \end{aligned}\right\} \tag{5.17}$$

표 5.1 동적 효과 계수 k_t , k_m의 값

하중의 종류	회전축		정지축	
	k_t	k_m	k_t	k_m
정하중 또는 가벼운 동하중	1.0	1.5	1.0	1.0
급속한 변동 하중, 가벼운 충격 하중	1.0~1.5	1.5~2.0	1.5~2.0	1.5~2.0
심한 충격 하중	1.5~3.0	2.0~3.0	-	-

이상과 같이 축 지름을 계산한 다음에 되도록 KS 규격(KS B 0406 축의 지름)에 규정되어 있는 축 지름 중에서 선정하여야 한다(표 5.2).

표 5.2 축의 지름(KS B 0106)

(단위: [mm])

4	10	19	35	60	100	170	300	450
4.5	11	20	35.5	63	105	180	315	460
5	11.2	22	38	65	110	190	320	480
5.6	12	22.4	40	70	112	200	340	500
6	12.5	24	42	71	120	220	355	530
6.3	14	25	45	75	125	224	360	560
7	15	28	48	80	130	240	380	600
7.1	16	30	50	85	140	250	400	630
8	17	31.5	55	90	150	260	420	
9	18	32	56	95	160	280	440	

[주] 1. 일반적으로 사용되는 원통 축의 끼워맞춤 부분의 지름을 규정한 것이다.
2. 4 [mm]이상 630 [mm]이하의 축지름을 규정한 것이다.
3. 굵은 활자는 KS B 2013(구름베어링의 주요치수)의 베어링 안지름에 따른다.

예제 5.1 50 [kN · mm]의 굽힘 모멘트를 받는 중실축의 지름을 구하여라. 다만, 허용 굽힘 응력은 100 [N/mm²]이다.

[풀이] 굽힘 모멘트만을 받는 중실축의 지름은 식 (5.2)에 대입하여 구한다.

$$d = \sqrt[3]{\frac{32M}{\pi\,\sigma_b}} = \sqrt[3]{\frac{32\times 50000}{\pi\times 100}} = 17.2\ [\text{mm}]$$

축 지름은 표 5.2에 의해 20 [mm]로 한다.

예제 5.2 그림 5.9와 같이 축의 길이가 200 [mm]이고, V 벨트 풀리에 최대 하중800 [N]이 작용할 때 견딜 수 있는 축 지름을 구하여라. 다만, 허용 굽힘 응력은 50 [N/mm²] 한다.

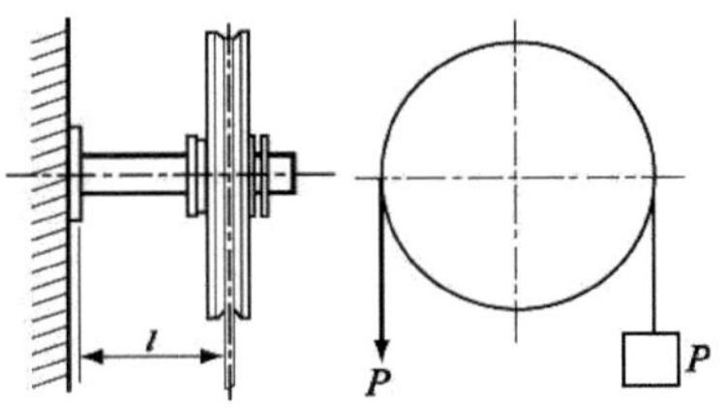

그림 5.9

[풀이] 축에 가해지는 최대 굽힘 모멘트는

$$M = P\,l = 800\times 200 = 160000\ [\text{N}\cdot\text{mm}]$$

축 지름은 식 (5.2)로 구한다.

$$d = \sqrt[3]{\frac{32\,M}{\pi\,\sigma_a}} = \sqrt[3]{\frac{32\times 160000}{\pi\times 50}} = 32\ [\text{mm}]$$

예제 5.3 10 [kN · mm]의 비틀림 모멘트를 받는 축의 지름을 구하여라. 다만, 허용 비틀림 응력은 40 [N/mm²]이다.

[풀이] 식 (5.4)에서

비틀림응력은 $T = \tau_a \dfrac{\pi d^3}{16}$ 으로부터

$$d = \sqrt[3]{\frac{16\,T}{\pi\,\tau_a}} = \sqrt[3]{\frac{16 \times 10000}{\pi \times 40}} = 10.8\,[\text{mm}]$$

축 지름은 표 5.2에 의해 12 [mm]로 한다.

예제 5.4 10 [kN · mm]의 비틀림 모멘트를 받는 중공축에서 $d_1/d_2 = 0.6$ 일 때 이 축의 바깥지름을 구하여라. 다만, 허용 비틀림 응력은 40 [N/mm²]이다.

[풀이] 중공축의 바깥지름을 d_2, 안지름을 d_1이라 하고, $d_1/d_2 = x$ 라 하면

$T = \tau_a \dfrac{\pi}{16}\left(\dfrac{{d_2}^4 - {d_1}^4}{d_2}\right) = \dfrac{\pi}{16} d_2^3 (1 - x^4)$이 된다. 그러므로 축의 바깥지름은 다음과 같다.

$$d_2 = \sqrt[3]{\frac{16\,T}{(1-x^4)\pi\tau_a}} = \sqrt[3]{\frac{16 \times 10000}{(1-0.6^4) \times \pi \times 40}} = 11.4\,[\text{mm}]$$

축 지름은 표 5.2에 의해 12 [mm]로 한다.

예제 5.5 2000 [rpm]으로 10 [kW]를 전달하는 중실축의 지름을 구하여라. 다만, 축 재료의 허용 비틀림 응력은 40 [N/mm²]이다.

[풀이] 축에 의하여 전달되는 비틀림 모멘트는

$$T = 9549 \times 10^3\,\frac{H}{N} = 9549 \times 10^3 \times \frac{10}{2000} = 47750\,[\text{N} \cdot \text{mm}]$$

축의 바깥지름은

$$d = \sqrt[3]{\frac{16\,T}{\pi\,\tau_a}} = \sqrt[3]{\frac{16 \times 47750}{\pi \times 40}} = 18.3\,[\text{mm}]$$

그러므로 축의 규격 표 5.2 로부터 18.3[mm]보다 크며, 구름베어링 안지름이 있는 20 [mm]로 한다.

예제 5.6 14.7 [kN · m]의 비틀림 모멘트를 받는 중실축과 중공축이 있다. 중실축의 지름을 구하여라. 또, 중공축에서 바깥지름이 125 [mm]일 때 안지름은 얼마인가? 다만,

$\tau_a = 50\ [\mathrm{N/mm^2}]$이다.

[풀이] ① 중실축의 지름은

$$d = \sqrt[3]{\frac{16\,T}{\pi\,\tau_a}} = \sqrt[3]{\frac{16 \times 147 \times 10^5}{\pi \times 50}} = 114.5\ [\mathrm{mm}]$$

축 지름은 표 5.2에 의해 120 [mm]로 한다.

② 중공축의 안지름을 d_1라 하면 식 (5.5)에

$$x = \sqrt[4]{1 - \frac{16\,T}{\pi\ {d_2}^3\,\tau_a}} = \sqrt[4]{1 - \frac{16 \times 147 \times 10^5}{\pi \times 125^3 \times 50}} = 0.694$$

$$d_1 = x\,d_2 = 0.694 \times 125 = 86.8\ [\mathrm{mm}]$$

예제 5.7 그림 5.10에서 $P = 400\ [\mathrm{N}]$, $l = 500\ [\mathrm{mm}]$, $r = 300\ [\mathrm{mm}]$일 때 축 지름을 구하여라. 다만, 허용 굽힘 응력은 40 $[\mathrm{N/mm^2}]$, 허용 전단 응력은 30 $[\mathrm{N/mm^2}]$으로 한다.

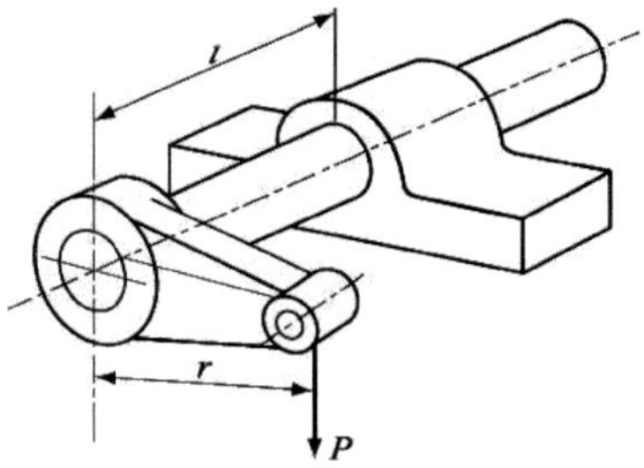

그림 5.10

[풀이] 축에는 굽힘 모멘트와 비틀림 모멘트가 동시에 작용하므로

$M = P\,l = 400 \times 500 = 2 \times 10^5\ [\mathrm{N \cdot mm}]$

$T = P\,r = 400 \times 300 = 1.2 \times 10^5\ [\mathrm{N \cdot mm}]$

상당 굽힘 모멘트M_e 와 상당 비틀림 모멘트T_e 를 식 (5.14)에 의해 구한다.

$$T_e = \sqrt{M^2 + T^2} = \sqrt{(2 \times 10^5)^2 + (1.2 \times 10^5)^2} = 2.33 \times 10^5\ [\mathrm{N \cdot mm}]$$

$$M_e = \frac{M + T_e}{2} = \frac{2 \times 10^5 + 2.33 \times 10^5}{2} = 2.17 \times 10^5\ [\mathrm{N \cdot mm}]$$

식 (5.12)와 식 (5.13)에 의해 축 지름을 구한다.

$$d = \sqrt[3]{\frac{32\,M_e}{\pi \sigma_a}} = \sqrt[3]{\frac{32 \times 2.17 \times 10^5}{\pi \times 40}} = 38.1\ [\mathrm{mm}]$$

$$d = \sqrt[3]{\frac{16\,T_e}{\pi\,\tau_a}} = \sqrt[3]{\frac{16 \times 2.33 \times 10^5}{\pi \times 30}} = 34.1\ [\mathrm{mm}]$$

축 지름은 큰 쪽 값을 택하여 표 5.2에 의해 40 [mm]로 한다.

축에는 굽힘 모멘트와 비틀림 모멘트가 동시에 작용하므로

$$M = P\,l = 400 \times 500 = 2 \times 10^5\ [\mathrm{N \cdot mm}]$$

$$T = P\,r = 400 \times 300 = 1.2 \times 10^5\ [\mathrm{N \cdot mm}]$$

상당 굽힘 모멘트M_e 와 상당 비틀림 모멘트T_e

$$T_e = \sqrt{M^2 + T^2} = \sqrt{(2 \times 10^5)^2 + (1.2 \times 10^5)^2} = 2.33 \times 10^5\ [\mathrm{N \cdot mm}]$$

$$M_e = \frac{M + T_e}{2} = \frac{2 \times 10^5 + 2.33 \times 10^5}{2} = 2.17 \times 10^5\ [\mathrm{N \cdot mm}]$$

위 식에 의해 축 지름을 구한다.

$$d = \sqrt[3]{\frac{32\,M_e}{\pi \sigma_a}} = \sqrt[3]{\frac{32 \times 2.17 \times 10^5}{\pi \times 40}} = 38.1\ [\mathrm{mm}]$$

$$d = \sqrt[3]{\frac{16\,T_e}{\pi \tau_a}} = \sqrt[3]{\frac{16 \times 2.33 \times 10^5}{\pi \times 30}} = 34.1\ [\mathrm{mm}]$$

축 지름은 큰 쪽 값을 택하여 표 5.2에 의해 40 [mm]로 한다.

예제 5.8 그림 5.11과 같이 3 [kW], 1500 [rpm]의 모터에 직결되어 있는 전동축에 590 [N]의 장력을 가진 벨트 풀리가 부착되어 있다. 이 축의 재료를 SM 40°C로 할 때 축 지름을 결정하라. 다만, 재료의 허용 전단 응력은 70 [N/mm^2]이고, $k_m = 2.0$, $k_t = 1.5$로 하며, 풀리에는 성크 키가 끼워져 있다.

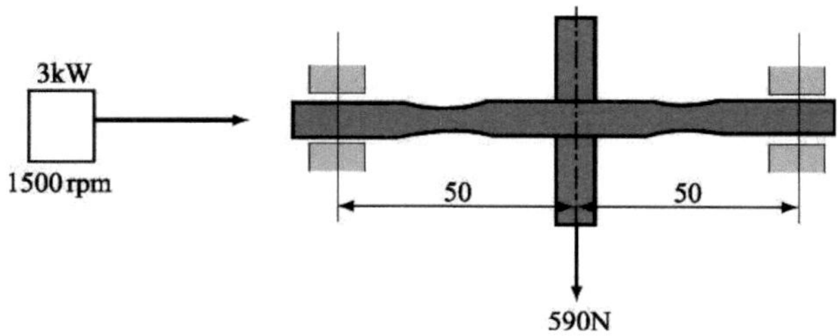

그림 5.11

[풀이] 축에 작용하는 토크는

$$\mathrm{T\ [N \cdot mm]} = 9549 \times 10^3 \frac{\mathrm{H\,[kW]}}{\mathrm{N\,[rpm]}}$$

$$\mathrm{T} = 9549 \times 10^3 \frac{3}{1500} = 19100\ [\mathrm{N \cdot mm}]$$

이고, 축에 작용하는 최대 굽힘 모멘트는

$$M = \frac{Pl}{4} = \frac{590 \times 100}{4} = 14750 \text{ [N · mm]}$$

축에는 풀리가 설치되어 있어 벨트의 장력 때문에 회전할 때 마다 반복 하중을 받게 된다. 따라서, 동적 효과 계수를 고려하여 설계하여야 한다.

$$d = \sqrt[3]{\frac{16}{\pi \tau_a} \sqrt{(k_m M)^2 + (k_t T)^2}}$$

$$= \sqrt[3]{\frac{16}{\pi \times 70} \sqrt{(2.0 \times 14750)^2 + (1.5 \times 19100)^2}} = 14.4 \text{ [mm]}$$

축지름은 표 5.2에 의해 15 [mm]로 한다.

5.2.2 축의 강성 설계

1. 비틀림 강성

비틀림 모멘트를 받는 전동축은 탄성적으로 어느 각도 만큼 비틀린다. 이 값이 어느 한계를 넘게 되면 비틀림 진동의 원인이 되므로, 비틀림각을 어느 정도 제한할 필요가 있으며, 다음과 같이 구한다.

그림 5.12와 같이 축이 비틀림 모멘트를 받아 비틀릴 때 축의 단면 끝에서의 회전각 θ는 다음과 같다.

$$\theta = \frac{Tl}{G I_p} = \frac{Tl}{G \dfrac{\pi d^4}{32}} \text{ [rad]} \tag{5.18}$$

위 식에서 비틀림 각은 rad으로 나타내고 있으므로 이것을 도(degree)로 바꾸면 다음과 같다.

$$\theta° = \frac{Tl}{G \dfrac{\pi d^4}{32}} \frac{180°}{\pi} = \frac{583.6\, Tl}{G d^4} \text{[도]} \tag{5.19}$$

위 두식에서 T, l이 일정한 경우, $G d^4$가 클수록 θ는 작게 된다.

위 식으로 축지름을 구하면 다음과 같다.

$$d = \sqrt[4]{\frac{583.6\, Tl}{G\theta°}} \tag{5.20}$$

다시 식 (5.20)에 식 (5.1)을 대입하면

$$d = 273 \sqrt[4]{\frac{Hl}{G N \theta°}} \tag{5.21}$$

이 된다. 일반적으로 전동축에서는 허용 비틀림각을 축 길이 1 [m]에 대하여 0.25° 이하로 하는 경우가 많다. 그러므로 식 (5.21)에 $\theta = 0.25°$, $l = 1000$ [mm]를 대입하면

$$d = 2170 \sqrt[4]{\frac{H}{G\,N}} \tag{5.22}$$

이 된다. 또, 축은 거의 연강이므로 $G = 8 \times 10^4$ [N/mm²]이다. 이 값을 위 식에 대입하면

$$d = 130 \sqrt[4]{\frac{H}{N}} \tag{5.23}$$

전동축의 지름은 비틀림 강도에서는 식 (5.7)로, 비틀림 강성에서는 식 (5.22)나 식 (5.23)으로 계산하여 큰 값으로 결정한다.

또, 중공축의 경우는 다음과 같이 된다.

$$d_2 = 130 \sqrt[4]{\frac{H}{(1-x^4)N}} \tag{5.24}$$

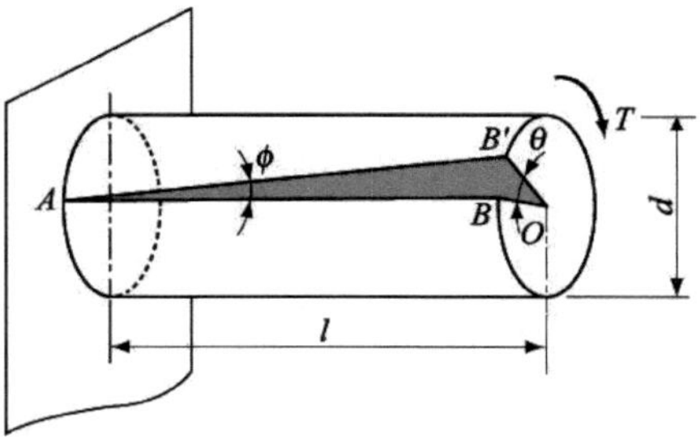

그림 5.12 축의 비틀림 모멘트

2. 굽힘 강성

축에 발생하는 굽힘 응력이 허용 응력 이하가 되어도 처짐이 어느 한계 이상이 되면 그림 5.13과 같이 베어링은 편접촉이 되어 편마멸을 일으킨다. 또, 축에 설치된 기어의 이물림이 불량해지며, 벨트 전동에서는 벨트 장력의 감소로 전동 효율이 저하된다. 이 때문에 축의 처짐에도 어떤 제한을 두어 설계할 필요가 있다.

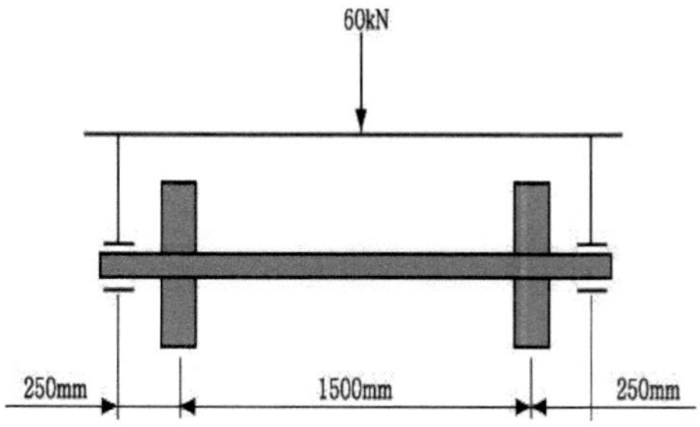

그림 5.13 베어링의 편마멸

지금, 그림 5.14와 같이 길이 l 이고, 하중이 중앙에 작용하는 축을 단순보로 생각하면 최대 처짐 δ와 처짐각 β는 다음과 같다.

$$\delta = \frac{Pl^3}{48EI} \qquad \beta = \frac{Pl^2}{16EI}$$

여기서 E : 세로 탄성 계수,
I : 단면 2차 모멘트

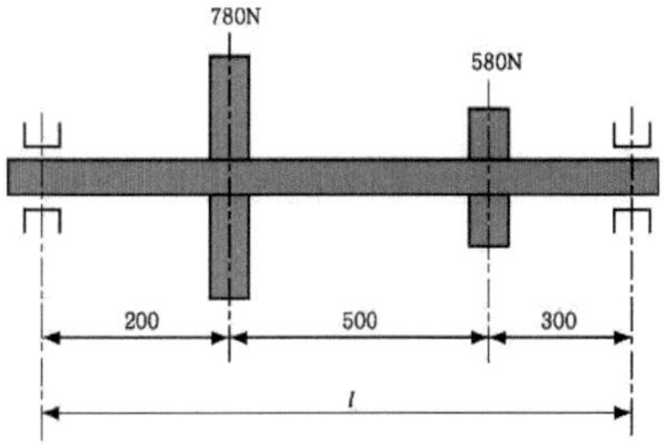

그림 5.14 축의 굽힘

이 두 식에서 다음과 같은 관계가 성립된다.

$$\frac{\delta}{\beta} = \frac{l}{3}$$

일반적으로 전동축에서 최대 처짐각을 1/1000 [rad] 이하로 제한하므로, 이 값을 위 식에 대입하면 다음과 같이 된다.

$$\delta = \beta\frac{l}{3} \leq \frac{l}{3000} \tag{5.25}$$

그러므로 축 길이 1 m에 대해서는

$$\delta \leq \frac{1000}{3000} \leq 0.33\,[\mathrm{mm/m}]$$

로 제한하게 된다.

축 길이 1 [m] 당의 처짐량 δ는 다음과 같은 정도로 한다.

공장 전동축(벨트 전동)	$\delta \leq 0.35$ [mm/m]
일반 전동축(등분포 하중)	$\delta \leq 0.30$ [mm/m]
(중앙 집중 하중)	$\delta \leq 0.33$ [mm/m]

예제 5.9 280 [rpm]으로 15 [kW]를 전달하는 연강제 전동축의 지름을 구하여라. 다만 허용 전단 응력은 20 [N/mm^2], 허용 비틀림각은 1 [m] 당 0.25°이하로 한다.

[풀이] 축지름은 비틀림 강도와 비틀림 강성으로 계산하여 큰 값을 택한다.

먼저 비틀림 강도로 계산하면 식 (5.7)에 의해서

$$d = \sqrt[3]{\frac{16\ T}{\pi\tau_a}} = \sqrt[3]{\frac{16}{\pi\tau_a}\times 9549\times 10^3\frac{15}{280}} = 50.7\,[\mathrm{mm}]$$

다음 비틀림 강성으로 계산하면 식 (5.23)에 의해서

$$d = 130\sqrt[4]{\frac{H}{N}} = 130\sqrt[4]{\frac{15}{280}} = 62.5\,[\mathrm{mm}]$$

따라서, 축 지름은 큰 쪽의 값이 62.5 [mm] 이므로 표 5.2에서 65 [mm]로 한다.

5.2.3 회전축의 진동과 위험 속도

1. 축의 진동

축은 탄성체이므로 외력을 작용시키면 변형이 일어나고, 제거하면 변형이 회복된다. 그러므로 축이 회전할 때 이와 같은 현상이 축의 중심에 대하여 교대로 반복되기 때문에 진동이 생긴다.

축의 진동은 대체로 처짐, 비틀림 및 신축에 의하여 생기지만, 신축에 의한 진동은 그 비율이 작으므로 무시하고, 처짐이나 비틀림에 의한 진동을 생각한다.

예를 들면 베어링 사이의 거리가 짧은 왕복 운동 기관의 축에서는 처짐에 의한 진동은 작고, 관성력 변화로부터 오는 주기적인 비틀림 변화를 받으므로, 비틀림에 의한 진동이 주가 된다. 반면에 베어링 사이가 긴축에서는 처짐에 의한 진동이 주가 된다. 비틀림에 의한 진동은 처짐에 의한 진동보다 작으므로, 처짐에 의한 진동만을 설명한다.

축에 생기는 진동의 주기는 축의 회전수에 따라 변하며, 이 진동수와 축 자체의 고유 진동수가 겹치게 되면 **공진 현상**(resonance)이 생기고, 진폭(amplitude)은 갑자기 커져 축의 탄성 한도를 초과하면 파괴를 일으킨다. 이와 같이 축의 고유 진동수에 해당하는 축의 회전수를 **위험 속도**(critical speed)라 하며, 이 속도에서 진동이 가장 심하게 일어난다.

따라서, 축 설계 시 축의 회전수(상용 회전수)는 위험 속도로부터 적어도 ±20 % 이상 떨어지게 하여야 한다. 즉, 1000 [rpm]의 1차 고유 진동수를 갖는 축에서는 상용 회전수를 800 [rpm] 이하로 하든지 1200 [rpm] 이상으로 하는 것이 안전하다.

2. 축의 위험 속도

(1) 1개의 회전체를 가진 축

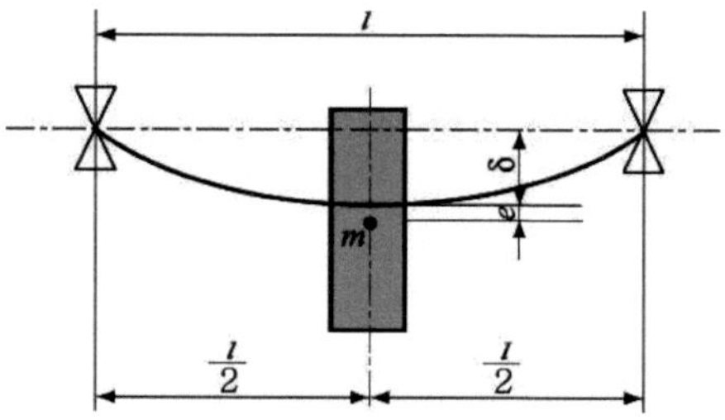

그림 5.15 보의 처짐

축의 무게 중심(center of gravity)을 중심(center) 선상에 오도록 가공하는 것은 매우 어려우므로 축은 항상 편심(eccentricity)이 되어 있다고 할 수 있다. 또, 축은 자중이나 회전체의 질량 때문에 편심도가 증가한다. 이 때 축이 회전하면 편심에 의해 원심력이 생겨 축의 처짐은 더욱 커지게 된다.

이와 같이 처짐이 생긴 축을 회전시키면 어느 특정 회전수에 도달했을 때 처짐이 급격히 증가하여 진동이 생기며, 또 그 특정 회전수를 넘으면 진동은 오히려 감소되는 것을 알 수 있다.

그림 5.15와 같이 질량 m [kg]인 회전체를 가진 축에서 회전체의 편심량을 e [mm], 축의 처짐량을 δ [mm]라 할 때 이 회전체가 회전할 때 원심력 F는 다음과 같다.

$$F = m\,\omega^2(\delta + e)$$

여기서 ω : 각속도 [rad/s]

한편, 축이 원상태로 돌아오려는 복원력 P는 다음과 같다.

$$P = k\,\delta$$

여기서 k : 탄성율

원심력과 복원력은 평형이므로

$$m\,\omega^2(\delta + e) = k\,\delta$$

$$\delta = \frac{m\,\omega^2 e}{k - m\,\omega^2} = \frac{e}{\dfrac{k}{m\,\omega^2} - 1}$$

위 식에서 $e \neq 0$, $k = m\,\omega^2$일 때 δ는 무한대가 되므로 축이 파괴된 상태가 된다. 이 때의 각속도를 ω_c라고 하면 이것이 위험 각속도이다.

$$\omega_c = \sqrt{\frac{k}{m}} \tag{5.26}$$

g를 중력의 가속도라 하면 회전체의 자중 $W = m\,g$, W에 의한 처짐을 δ라 하면 $W = k\delta$이다. 이것을 식 (5.26)에 대입하면

$$\omega_c = \sqrt{\frac{g}{\delta}}\ \text{[rad/s]} \tag{5.27}$$

가 된다. 이 각속도일 때의 회전수를 위험 속도 n_c라 하며, 다음과 같은 식이 된다.

$$N_c = \frac{60\,\omega_c}{2\pi} = \frac{60}{2\pi}\sqrt{\frac{g}{\delta}}\ \text{[rpm]} \tag{5.28}$$

여기서 $g = 9.81$ [m/s^2]

축의 처짐량은 재료 역학의 처짐식으로 구할 수 있다. 축에 회전체가 있을 때는 축의 자중과 회전체의 무게에 의해 축의 굽힘이 생긴다. 축의 자중만에 의한 굽힘은 단순보에 균일 분포하중이 작용하는 경우이고, 회전체의 무게에 의한 굽힘은 단순보에 집중 하중이 작용하는 경우로 생각할 수 있다. 즉, 그림 5.16과 같이 처짐을 계산할 수 있다. 또 축의 처짐량은 작용하는 하중점 및 지지 조건에 따라 다르며, 표 5.3에 의해 구할 수도 있다.

$$\delta_{max} = \frac{5wl^4}{384EI} \qquad \delta_{max} = \frac{Pl^3}{48EI}$$

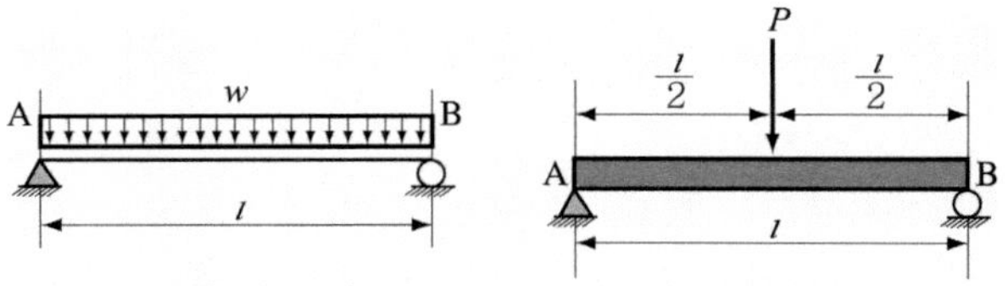

(a) 균일 분포 하중 (b) 집중 하중

그림 5.16 단순보의 처짐량

표 5.3 축의 처짐

축의 경계조건		처짐량
(1)	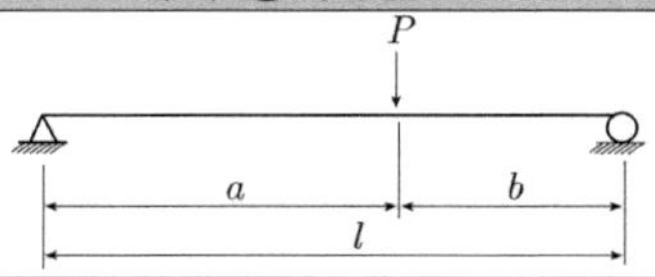	$\delta = \frac{Pa^2b^2}{3lEI}$
(2)	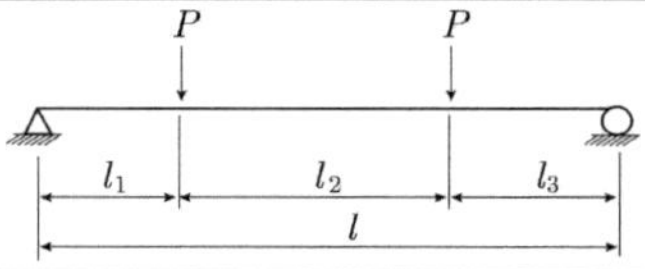	$\delta = \frac{Pa^2l^3}{6EI}(3l-4a)$
(3)	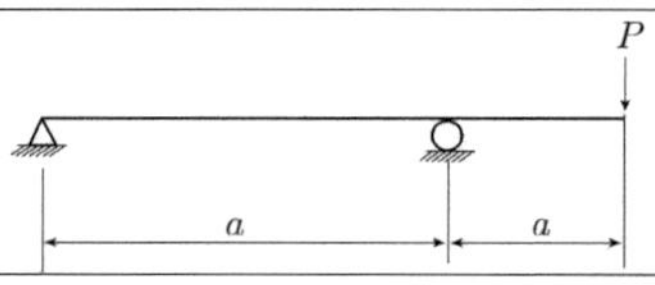	$\delta = \frac{Pa(l+a)}{3EI}$
(4)	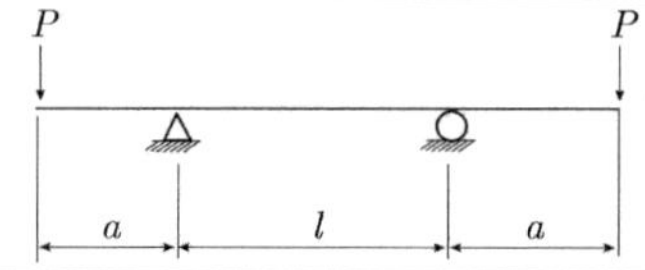	$\delta = \frac{Pa^2(3l+2a)}{6EI}$
(5)	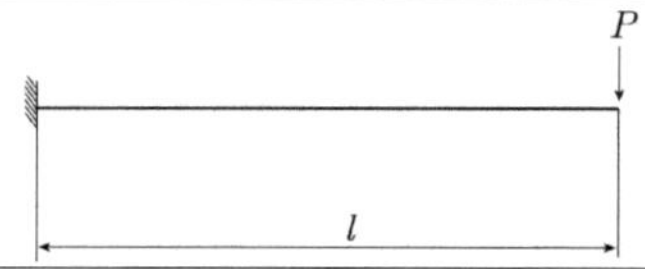	$\delta = \frac{Pl^3}{3EI}$
(6)	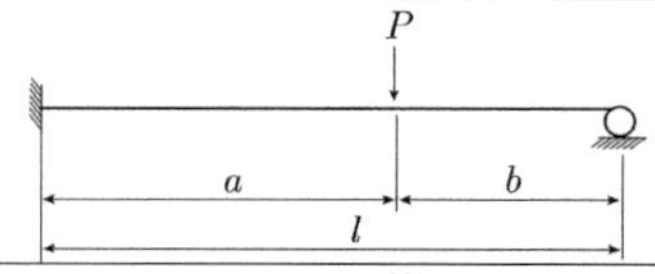	$\delta = \frac{Pa^2b^2}{12l^3EI}(3l^2-3b^2-2ab^2)$
(7)	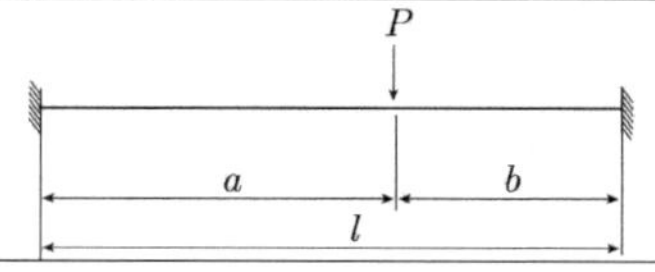	$\delta = \frac{Pa^3b^3}{3l^3EI}$

(2) 2개 이상의 회전체를 가진 축

그림 5.17과 같이 2개 이상의 회전체가 설치된 축에서 각 회전체의 단독 위험 속도를 N_1, N_2, N_3,⋯ 라 하고, 축만의 위험 속도를 N_o라 하면 던컬레이(Dunkerley)가 회전축의 위험 속도 N_c를 다음과 같은 실험식으로 구했다.

$$\frac{1}{{N_c}^2} = \frac{1}{{N_o}^2} + \frac{1}{{N_1}^2} + \frac{1}{{N_2}^2} + \cdots\cdots \tag{5.29}$$

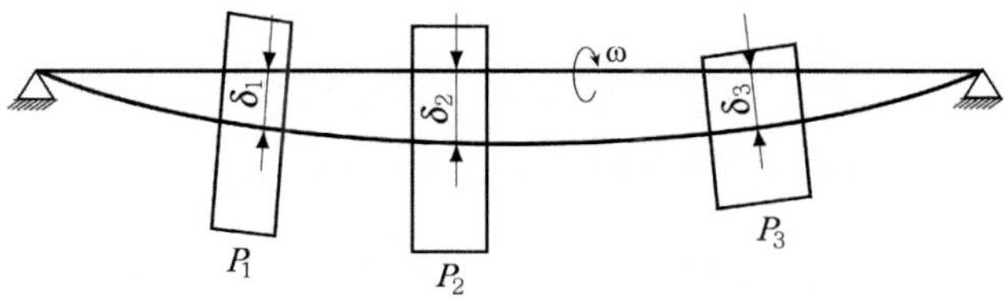

그림 5.17 2개 이상인 회전체를 갖는 축의 가로 진동

예제 5.10 베어링 사이의 거리가 500 [mm], 지름이 60 [mm]인 축의 중앙에 500 [N]의 회전체가 설치되어 있다. 축의 자중을 무시할 때 이 축의 위험 속도를 구하여라. 다만, $E = 2\times10^5$ [N/mm²] 이다.

[풀이] 축을 단순보로 생각한다면 축의 단면 2차 모멘트 I는

$$I = \frac{\pi d^4}{64} = \frac{\pi\times60^4}{64} = 63.6\times10^4 \text{ [mm}^4\text{]}$$

축의 처짐량 δ는

$$\delta = \frac{P\,l^3}{48\,E\,I} = \frac{500\times500^3}{48\times2\times10^5\times63.6\times10^4} = 0.01 \text{ [mm]}$$

축의 위험 속도 N_c는 식 (5.28)에 의해 구한다.

$$N_c = \frac{60}{2\pi}\sqrt{\frac{g}{\delta}} = \frac{60}{2\pi}\sqrt{\frac{9810}{0.01}} = 9453 \text{ [rpm]}$$

예제 5.11 길이가 3 [m]이고, 지름이 200 [mm]인 축 중앙에 8 [kN]의 회전체가 설치되어 있을 때 이 축의 위험 속도를 계산하여라. 다만, 축의 상용 회전수는 1100 [rpm]이고, $E = 2\times10^5$ [N/mm²], 밀도 $\rho = 7.7\times10^3$ [kg/m³]이다.

[풀이] 축의 단면 2차 모멘트 I는

$$I = \frac{\pi d^4}{64} = \frac{\pi\times200^4}{64} = 7.85\times10^7 \text{ [mm}^4\text{]}$$

회전축의 위험 속도는 축만의 위험 속도와 회전체만의 위험 속도를 구한 다음 축 전체의 위험 속도를 구한다.

(1) 축만의 위험 속도는 축의 자중에 의한 것으로 단순보에 균일 분포 하중이 작용하는 것으로 계산한다.

$$w = \rho g A = 7.7 \times 10^3 [\mathrm{kg/m}] \times 9.81 [\mathrm{m/s^2}] \times \frac{\pi \times 0.2^2}{4}$$

$$= 2373 [\mathrm{N/m}] = 2.37 [\mathrm{N/mm}]$$

축 자중에 의한 처짐량은

$$\delta = \frac{5wl^4}{384EI} = \frac{5 \times 2.37 \times 3000^4}{384 \times 2 \times 10^5 \times 7.85 \times 10^7} = 0.16 \ [\mathrm{mm}]$$

축만의 위험 속도는

$$N_o = \frac{60}{2\pi}\sqrt{\frac{g}{\delta}} = \frac{60}{2\pi}\sqrt{\frac{9810}{0.16}} = 2364.5 \ [\mathrm{rpm}]$$

(2) 회전체만의 위험 속도는 단순보의 중앙에 집중하중이 작용하는 것으로 계산한다. 회전체로 인한 처짐량 δ는

$$\delta = \frac{Pl^3}{48EI} = \frac{8000 \times 3000^3}{48 \times 2 \times 10^5 \times 7.85 \times 10^7} = 0.29 \ [\mathrm{mm}]$$

회전체만의 위험 속도는

$$N_1 = \frac{60}{2\pi}\sqrt{\frac{9810}{0.29}} = 1756.3 \ [\mathrm{rpm}]$$

(3) 그러므로 회전축의 위험 속도는

$$\frac{1}{{N_c}^2} = \frac{1}{{N_o}^2} + \frac{1}{{N_1}^2} = \frac{1}{2364.5^2} + \frac{1}{1756.3^2} = 5 \times 10^{-7}$$

$$N_c = \sqrt{\frac{1}{5 \times 10^{-7}}} = 1414.2 \ [\mathrm{rpm}]$$

상용 회전수가 1100 [rpm]이므로 그 차이는

$$\frac{1414.2 - 1100}{1414.2} \times 100 = 22.2\ \% > \ 20\ \%$$

축의 상용 회전수는 위험 회전수로부터 ±20% 이상 떨어져야 한다. 따라서 상용 회전수가 위험 회전수로부터 ±20% 범위 내에 있지 않으므로 안전하다.

5.2.4 베어링 사이의 거리

베어링 사이의 거리는 강성면에서 축의 자중 및 가로 하중에 의한 최대 처짐 δ 또는 최대

처짐각 β 의 제한으로 정한다. 지금 축에 작용하는 하중을 균일 분포 하중으로 생각하고 계산한다. 이 때 축의 처짐각은 다음과 같다.

$$\beta = \frac{wl^3}{24EI}$$

회전축의 양끝이 단순 지지되어 있을 경우 처짐각은 $\frac{1}{1000}$ [rad]이내로 제한하고, 축의 무게는 자중의 4 ~ 5배로 계산한다. 또 축재료가 연강일 때 밀도 $\rho = 7.7 \times 10^3$ [kg/m^3], $E = 2 \times 10^{11}$ [N/m^3]이므로 이들 값을 위 식에 대입하면 베어링 사이의 거리를 다음과 같이 계산할 수 있다.

$$l \fallingdotseq 100 \sqrt[3]{d^2} \tag{5.30}$$

연습문제

1. 축 설계 시 고려하여야 할 사항에는 어떤 것들이 있는지 알아보자.
2. 같은 강도에서 중실축과 중공축의 지름비와 중량비를 계산하는 식을 유도해 보자.
3. 전동축의 지름을 구할 때 비틀림 강도와 비틀림 강성을 비교하여 어떻게 이용되는지 설명해 보자.
4. 연강축에서 지름과 토크의 관계는 어떤 관계가 있는가? 또, 토크와 비틀림각은 어떤 관계가 있는지 알아보자.
5. 공진 현상과 축의 위험 속도와는 어떤 관계가 있는지 알아보자.
6. 그림 5.18과 같은 차축에 60 [kN]의 하중을 가할 때 차축 지름은 얼마로 해야 하는가? 다만, 허용 굽힘 응력은 60 [N/mm^2]이다. 답 (d= 110 [mm])

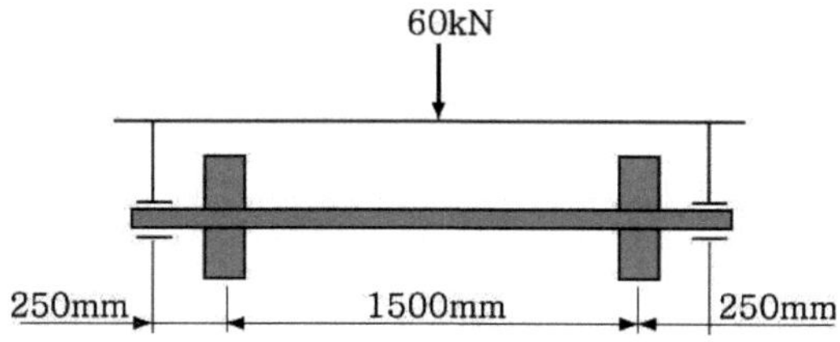

그림 5.18

7. 250 [rpm]으로 8 [kW]를 전달시키는 중실축의 지름을 구하여라. 다만, 축 재료의 허용 전단 응력은 20.6 [N/mm^2]이다. 답 (d= 42.3 [mm])
8. 지름 70 [mm]의 중실축과 비틀림 강도가 같고, 동일한 축길이로 무게가 60%인 중공축의 안지름, 바깥지름을 각각 구하여라. 다만, 축재료는 같다.
답 (d_2= 77.8 [mm], d_1= 56.2 [mm])
9. 지름 100 [mm]의 축에 120 [kN · cm]의 토크 및 80 [kN · cm]의 굽힘 모멘트가 작용하였다. 재료의 항복점을 50 [N/mm^2]이라면 안전율을 얼마로 하여야 할 것인가? 동적 효과 계수 k_m= 2, k_t= 1.5로 한다. 답 (S= 2)
10. 지름이 100 [mm]인 연강축이 120 [rpm]으로 동력을 전달하고 있다. 이 축 끝에서 50 cm 떨어진 임의의 단면에서의 비틀림각을 측정해 본 결과 0.04°였다. 이 축이 전달하고 있는 동력은 몇 [kW]인가? 다만, $G = 79.2 \times 10^3$ [N/mm^2]이다.
답 (H= 13.6 [kW])

11. 200 [rpm]으로 15 [kW]를 전달하는 축지름을 강성에 의해 구하여라. 또, 비틀림 응력을 구하여라. 다만, $G = 79.2 \times 10^3$ [N/mm^2]이다.
답 ($d = 70$ [mm], $\tau = 10.6$N/mm^2)
12. 400 [rpm]으로 50 [kW]를 전달시키는 중실축과 강도가 같은 중공축을 만들려고 한다. 중공축의 바깥지름을 중실축보다 얼마만큼 크게 하면 되겠는가? 다만, 축의 비틀림각은 1 m당 0.25°로 제한하고 내외경비 $x = 0.5$로 한다. 답 (1.3 [mm])
13. 지름 15[mm]의 축이 500 [mm] 떨어져서 2개의 베어링으로 지지되고, 그 중앙에 50 [N]의 펌프 날개가 고정되어 있다. 축의 위험 속도는 얼마인가? 다만, 축의 자중은 무시하고 $E = 2 \times 10^5$ [N/mm^2]이다. 답 ($n_c = 1891$ [rpm])
14. 1개의 회전체가 축 중앙에 있는 전동축의 위험 속도를 구하여라. 축지름은 60 [mm], 길이는 1 [m], 밀도는 7.5×10^3 [kg/m^3], $E = 2 \times 10^5$[N/mm^2], 회전체의 하중은 800 [N]이다. 답 ($n_c = 7704$ [rpm])

6

Chapter

축이음

축이음은 축과 축을 연결하여 동력을 전달하는 기계요소이다. 축이음에는 운전 중에 탈착이 불가능한 것을 커플링(coupling)이라 하고, 운전 중 필요에 따라 두 축을 결합시키거나 끊을 수 있는 것을 클러치(clutch)라 한다.

6.1 커플링

커플링에는 두 축의 관계 위치에 따라 고정 커플링, 플렉시블 커플링, 올덤 커플링 및 유니버셜 조인트 등이 있다.

고정 커플링(fixed couling)은 두 축이 동일선상에 있도록 한 이음으로 원통 커플링과 플랜지 커플링(flange coupling)이 있다. 플렉시블 커플링(flexible coupling)은 두 축이 동일선상에 있는 것을 원칙으로 하나 두 축 사이에 약간의 상호 이동을 허용할 수 있다. 올덤 커플링은 두 축이 평행하고 그 축의 중심선이 약간 어긋났을 때 각속도의 변동 없이 토크를 전달하는 데 사용한다. 유니버설 조인트는 두 축의 중심선이 어느 각도로 교차되고, 그 사이의 각도가 운전 중 다소 변하여도 자유로이 운동을 전달한다.

6.1.1 고정 커플링과 플렉시블 커플링

1. 고정 커플링

(1) 원통 커플링

원통 커플링(cylindrical coupling)은 원통 속에 두 축을 끼워 넣고 일직선이 되게 키, 볼트 또는 크립(clip) 등으로 결합시키며, 일체형과 분할형이 있다. 일체형에는 머프 커플링, 마찰 원통 커플링, 셀러 커플링 등이, 분할형에는 클램프 커플링이 있다.

① 머프 커플링(muff coupling) : 그림 6.1과 같이 주철제 원통 속에 두 축을 맞대어 끼우고 키로 고정한 축이음으로, 축지름과 하중이 작은 경우에 쓰인다.

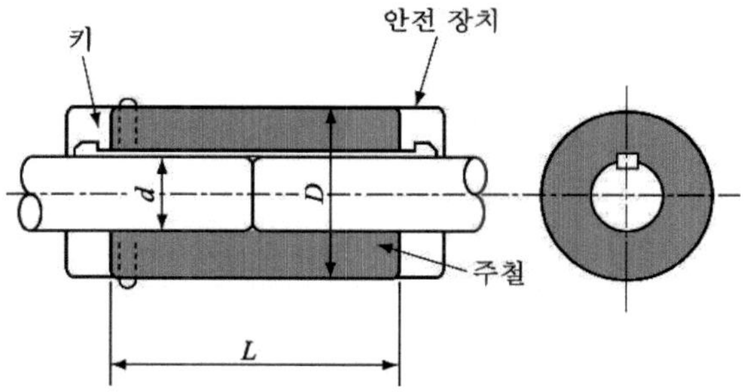

그림 6.1 머프 커플링

② 마찰 원통 커플링(friction clip coupling) : 그림 6.2와 같이 2개로 분할된 원통의 바깥을 원추형으로 만들어 이것에 두 축을 끼우고, 그 바깥쪽에 2개의 링을 끼워 고정한 것이다. 진동이 작용하는 축이나 축 지름이 150 [mm] 이상일 때는 사용하지 않는다.

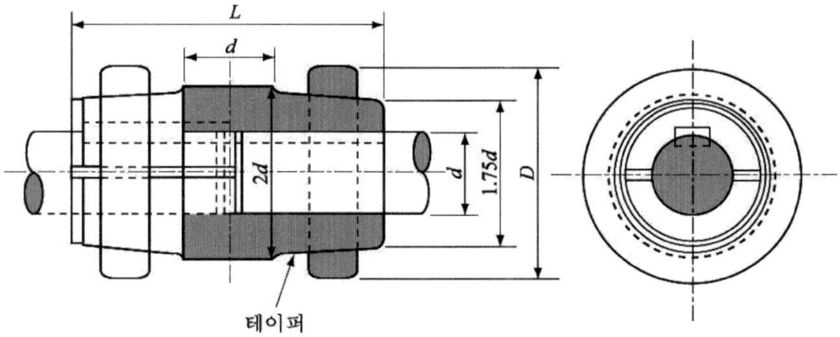

그림 6.2 마찰 원통 커플링

③ 셀러 커플링(Seller's conical coupling) : 그림 6.3과 같이 주철제 원통은 내면이 원추면으로 되어 있어 이것에 두 축을 끼우고, 바깥면이 원추면으로 되어 있는 원추통을 양쪽에서 끼워 넣은 다음, 3개의 볼트로 죄여 축을 고정시키는 커플링이다. 이것은 연결할 두 축의 지름이 다소 달라도 두 축이 자연히 동일 선상에 있게 된다.

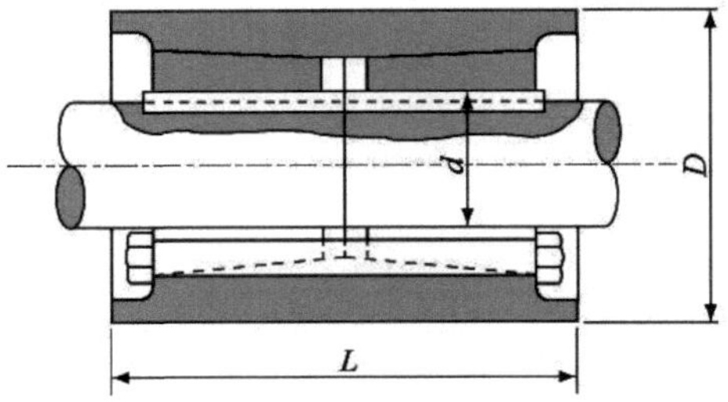

(a) 조립도

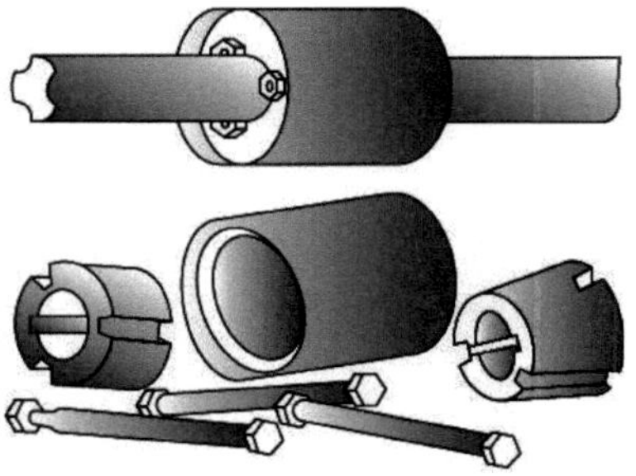

(b) 분해도

그림 6.3 셀러 커플링의 분해도

④ 클램프 커플링(clamp coupling) : 두 축을 주철 또는 주강제 반원통에 넣고 볼트로 체결하는 이음으로, 볼트 수는 축 한쪽에 대하여 소형축에서는 2개, 대형축에서는 3~4개로 한다.

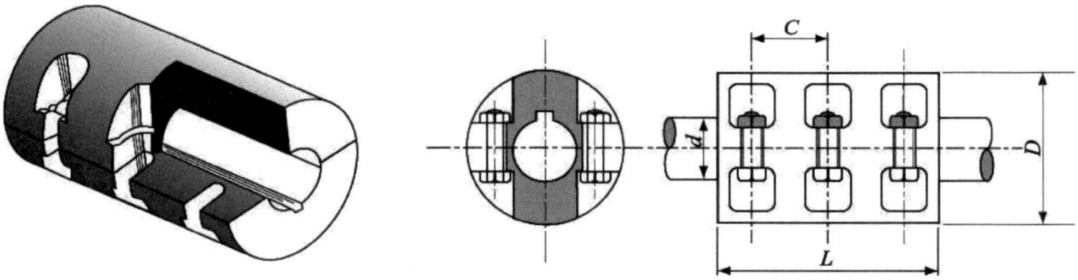

그림 6.4 클램프 커플링

(2) 플랜지 커플링

그림 6.5와 같이 주철 또는 주강제의 플랜지(flange)를 축에 억지끼워 맞춤을 하거나 키(key)로 결합시킨 후, 두 플랜지를 볼트로 체결하는 커플링이다. 플랜지의 중앙부는 요철을 만들어 두 축의 중심을 일치시킨다. 표 6.1은 플랜지 커플링의 각부 치수를 표시한 것이다.

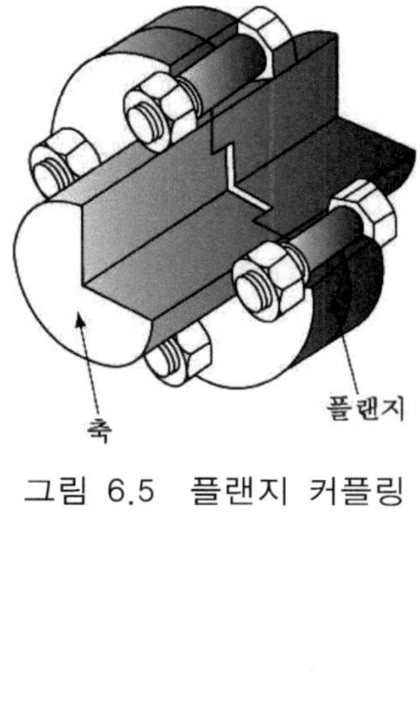

그림 6.5 플랜지 커플링

표 6.1 플랜지형 고정 축 커플링의 치수(KS B 1551)

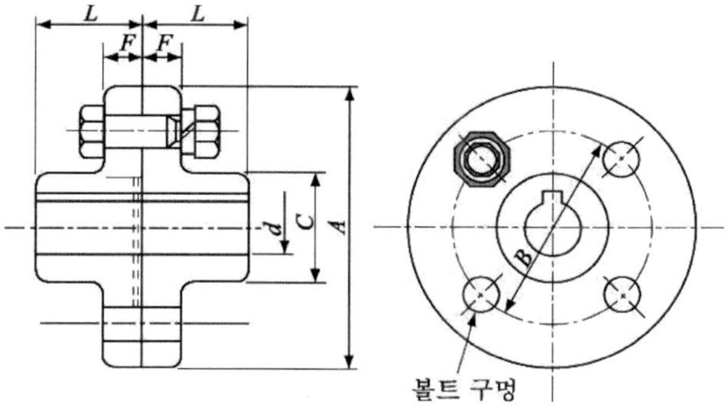

(단위 : [mm])

이음 바깥 지름 A	D		L	C	B	F	볼트 수 z	볼트 지름 δ
	최대 축 구멍지름	최소 축 구멍지름						
112	28	16	40	50	75	16	4	10
125	32	18	45	56	85	18	4	14
140	38	20	50	71	100	18	6	14
160	45	25	56	80	115	18	8	14
180	50	28	63	90	132	18	8	14
200	56	32	71	100	145	22.4	8	16
224	63	35	80	112	170	22.4	8	16
250	71	40	90	125	180	28	8	20
280	80	50	100	140	200	28	8	20
315	90	63	112	160	236	28	10	20
355	100	71	125	180	260	35.5	8	25

2. 플렉시블 커플링

이 커플링은 두 축의 중심선이 정확하게 일치하지 않을 때 사용하며 고무, 가죽, 스프링 등의 탄성체를 이음 부분에 삽입하여 변동 토크나 충격, 진동 등을 완화시킨다. 예를 들면 원동기의 축을 발전기, 원심 펌프(centrifugal pump) 및 공작기계 등의 기계축에 직결할 때 두 축의 축선을 정확하게 일직선상에 설치하는 것은 매우 어렵다. 또, 처음에는 두 축이 일직선상에 정확하게 설치되었다고 하더라도 양쪽에 있는

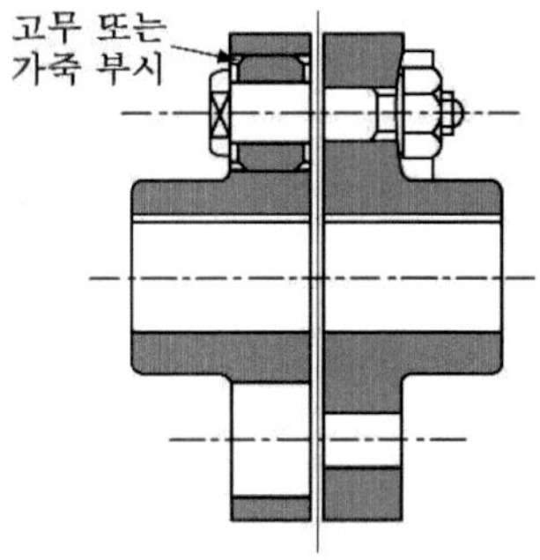

그림 6.6 플랜지형 플렉시블 커플링

베어링이 마멸되는 정도가 다르게 되면 축선이 휘어지게 되어, 베어링에 무리가 생긴다. 또한, 전달 토크에 심한 변동이 일어나거나 고속 회전을 하면 진동이 발생하게 된다. 이와 같은 상태를 완화시킬 때 플렉시블 커플링(flexible coupling)을 사용한다.

6.1.2 올덤 커플링과 유니버설 조인트

1. 올덤 커프링

올덤 커플링(Oldham's coupling)의 구조는 그림 6.7과 같이 중간 원판의 두 면에는 서로 직각으로 된 키 모양의 돌기를 만들고, 양쪽 플랜지에는 이 돌기에 꼭 맞도록 지름 방향의 홈을 만든다. 원판을 양쪽 플랜지 사이에 끼워 한 쪽의 축을 회전시키면, 중간의 원판이 홈을 따라 미끄러지면서 다른 쪽의 축에 회전을 전달하게 된다.

이 커플링에서는 각속도를 일정하게 하고, 마찰 손실을 작게 하기 위하여 윤활을 하게 된다. 또, 축의 회전에 따라 중간 원판은 편심된 상태에서 회전 운동을 하기 때문에 회전에 따라 받은 원심력이 달라 진동을 일으키게 되므로, 고속 회전에는 부적합하다.

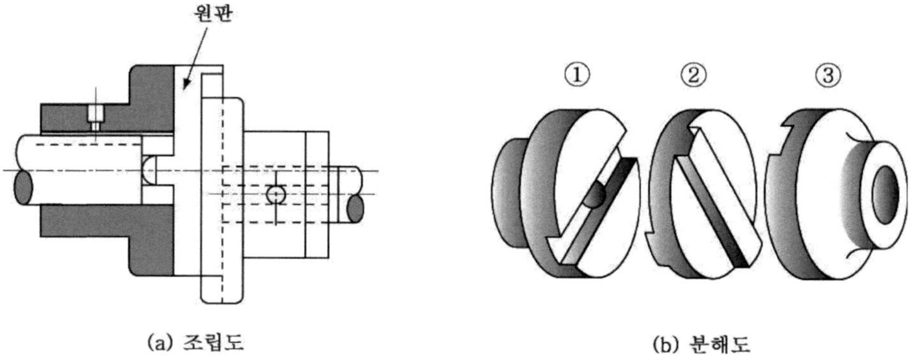

그림 6.7 올덤 커플링

2. 유니버설 조인트

유니버설 조인트(universal joint)는 그림 6.8과 같이 두 축이 동일 평면 내에 있고, 그 축선이 어떤 각도로 교차하는 경우에 사용되는 축이음이다. 두 축 끝에 각각 요크(yoke)를 부착하고, 이것을 십자형의 핀으로 자유로이 회전할 수 있도록 연결하였다. 이 이음에서는 구동축(Ⅰ)의 속도가 일정하더라도 두 축의 교차각의 크기가 다르면 피동축(Ⅱ)의 속도가 변하게 되고, 토크도 변화하게 된다.

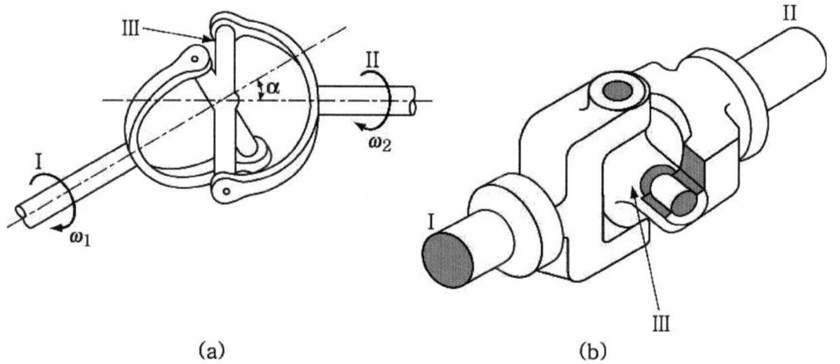

그림 6.8 유니버설 조인트

6.1.3 커플링의 역학

1. 마찰 원통 커플링

이 커플링은 그림 6.9와 같이 축과 원통 사이의 마찰력에 의해 토크를 전달하므로 접촉 면압과 토크는 다음과 같다. 원통과 축사이의 접촉 압력을 p라 하면, 원통이 축을 죄는 힘 P는 다음과 같이 유도할 수 있다.

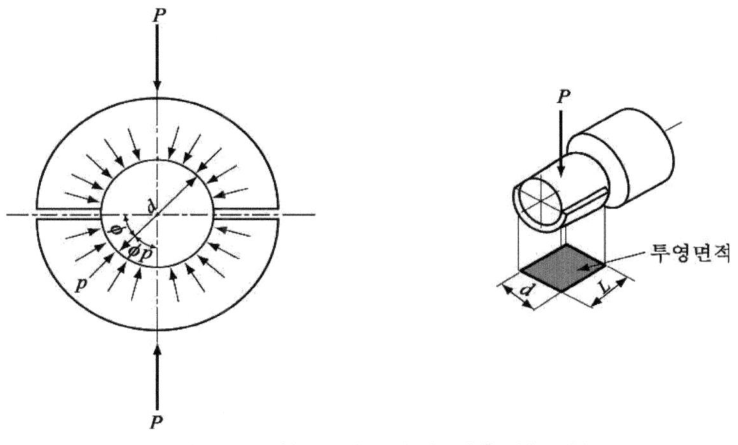

그림 6.9 원통 커플링에 작용하는 힘

$$P = \int_o^{\pi} \frac{d}{2} d\phi \cdot p \sin\phi \times \frac{L}{2} = \frac{p\,d\,L}{2} \tag{6.1}$$

위 식에서 커플링의 전체 길이는 L이나 한쪽 축에 접촉하는 커플링의 길이는 $L/2$과 같으므로, 이 커플링이 전달할 수 있는 토크 T는 다음과 같다.

$$T = \int_{o}^{2\pi} \mu p \frac{d}{2} d\phi \cdot \frac{L}{2} \cdot \frac{d}{2} = \frac{\mu \pi p d^2 L}{4} = \frac{\mu \pi P d}{2} \tag{6.2}$$

2. 클램프 커플링

이 커플링은 분할된 반 원통을 볼트로 결합하므로 볼트를 죄면 원통은 축을 누르고 반대로 볼트에는 인장력이 작용한다. 이로 인해 원통과 축 사이에는 접촉 압력이 생기고, 이로 인해 축을 누르는 힘 P가 생긴다.

$$P = \frac{p d L}{2} = \frac{\pi \delta^2 \sigma_t}{4} \cdot \frac{z}{2} \tag{6.3}$$

여기서 σ_t : 볼트의 인장 응력, z : 볼트의 수

지금, 축의 비틀림 모멘트 T는 다음과 같다.

$$T = \frac{\pi d^3}{16} \tau$$

또, 커플링이 전할 수 있는 토크는 다음과 같다.

$$T = \frac{\mu \pi P d}{2} = \frac{\mu \pi d}{2} \left(\frac{\pi \delta^2 \sigma_t}{4} \cdot \frac{z}{2} \right)$$

위 두 식에서 볼트의 수를 구하면 다음과 같다.

$$z = \frac{\tau d^2}{\mu \pi \sigma_t \delta^2} \tag{6.4}$$

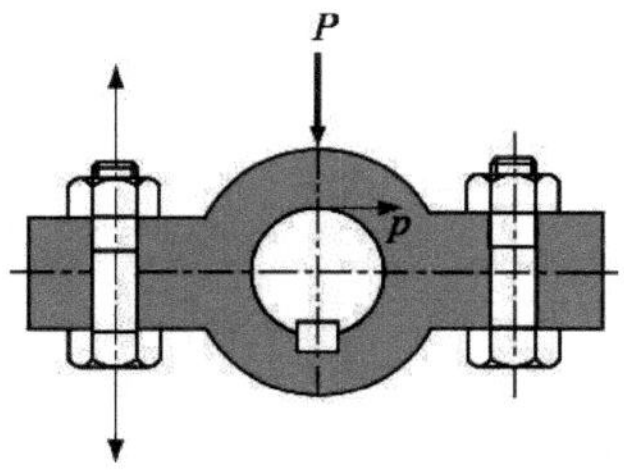

그림 6.10 클램프 커플링에 작용하는 힘

3. 플랜지 커플링

그림 6.5와 같은 플랜지 커플링에서 강도를 계산할 때는 볼트와 키의 전단, 플랜지 마찰면의 회전마찰 저항 등을 고려해야 한다. 축의 한쪽을 회전시키면 볼트에는 전단력이, 플랜지의 마찰면에는 마찰력이 생겨 이 저항력으로 다른쪽 축에 토크가 전달된다.

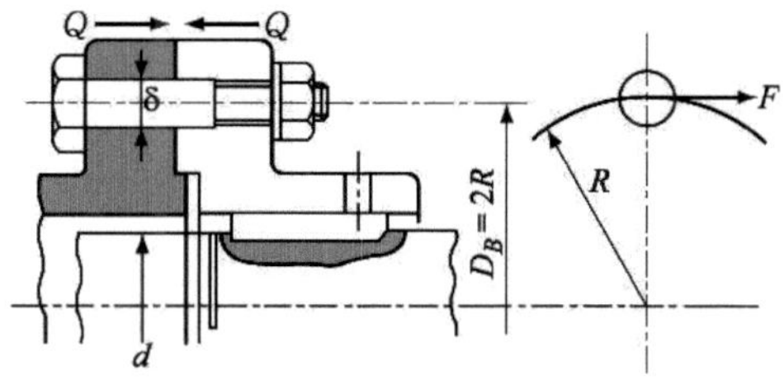

그림 6.11 볼트의 전단 저항이 전달할 수 있는 토크

(1) 볼트의 전단 저항만으로 토크를 전달하는 경우

이 축이 전달할 수 있는 토크는 다음과 같다.

$$T = \frac{\pi d^3}{16} \tau_s$$

z 개의 볼트가 전단 저항 τ_b에 의해 전달할 수 있는 토크 T_1은 다음과 같다.

$$T_1 = \frac{\pi}{4} \delta^2 \tau_b \, z \, R \tag{6.5}$$

여기서 δ : 볼트의 지름, R : 볼트 구멍의 피치원 반지름

$T = T_1$ 이어야 하므로

$$\frac{\pi \delta^2 \tau_b z R}{4} = \frac{\pi d^3 \tau_s}{16}$$

$$\delta = 0.5 \sqrt{\frac{d^3 \tau_s}{z R \tau_b}} \tag{6.6}$$

축과 볼트의 재료가 같다면 $\tau_s = \tau_b$이므로 볼트의 지름은 다음과 같다.

$$\delta = 0.5 \sqrt{\frac{d^3}{z R}} \tag{6.7}$$

(2) 플랜지 마찰면 사이의 마찰력으로 토크를 전달하는 경우

볼트 1개가 죄는 힘 Q 는

$$Q = \frac{\pi}{4} \delta^2 \sigma_t \tag{6.8}$$

이므로 플랜지 접촉면이 마찰력에 의해 전달할 수 있는 토크 T_2 는 다음과 같다.

$$T_2 = \mu Q z R_f = \frac{\pi}{4} \delta^2 \sigma_t \, \mu \, z \, R_f \tag{6.9}$$

여기서 μ : 플랜지 접촉면의 마찰 계수

R_f : 플랜지 접촉면의 평균 반지름($R_f \fallingdotseq R$)

따라서 $T = T_2$ 이면 다음과 같다.

$$\frac{\pi d^3}{16} \tau_s = \frac{\pi}{4} \delta^2 \sigma_t \mu z R_f \tag{6.10}$$

플랜지 커플링은 정밀도에 따라 상급과 보통급으로 나누며, 보통급에서는 T_1 과 T_2 를 고려하지만 상급에서는 볼트의 전단 저항에 의하여 토크를 전달하므로 $T = T_1$ 으로 계산한다.

4. 유니버셜 조인트의 각속도비

그림 6.8에서 두 축선의 교차각을 α, 구동축의 각속도를 ω_1 (일정)라 하면, 구동축이 임의의 각도 θ 로 회전하였을 때 피동축의 각속도 ω_2는 다음 식으로 구할 수 있다.

$$\frac{\omega_2}{\omega_1} = \frac{\cos\alpha}{1 - \sin^2\theta \sin^2\alpha} \tag{6.11}$$

위 식에서 각속도의 비는 교차각 뿐만 아니라, 구동축의 회전각에 따라 변함을 알 수 있다. 보통 교차각은 30° 이하에서 사용하며, 아주 저속에서는 45° 정도까지 할 수 있다.

지금, 구동축의 회전각을 여러 가지 값에 대하여 계산하면 다음과 같다.

θ	0°	90°	180°	270°
ω_2	$\cos\alpha \cdot \omega_1$	$\frac{1}{\cos\alpha} \cdot \omega_1$	$\cos\alpha \cdot \omega_1$	$\frac{1}{\cos\alpha} \cdot \omega_1$

즉, 각속도비는 축이 1/4 회전하는 동안에 최소 $\cos\alpha$ 에서 최대 $1/\cos\alpha$ 사이로 변동한다. 따라서, 1/2 회전을 주기로 피동축의 각속도의 변화가 반복되며, 이 때 피동축의 각속도 변동률을 구하면 다음과 같다.

$$\frac{\left(\frac{1}{\cos\alpha}\right)\omega_1 - (\cos\alpha)\,\omega_1}{\omega_1} = \frac{1}{\cos\alpha} - \cos\alpha = \tan\alpha \sin\alpha \tag{6.12}$$

식 (6.12)에서 피동축의 각속도 변동률은 교차각의 크기에 따라 변하는 것을 알 수 있고, 교차각의 크기를 바꾸면 다음과 같다.

α°	2	5	8	10	15	20	25	30	35
각속도 변동률(%)	0.12	0.8	2	3.1	7.2	12.4	19.7	28.9	40.2

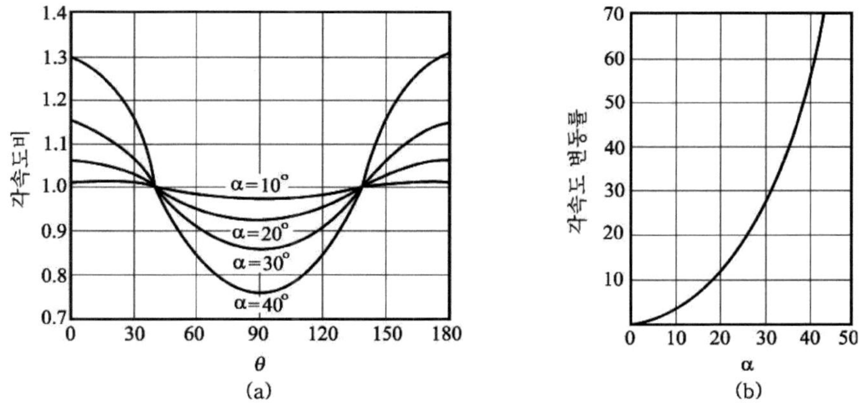

그림 6.12 유니버설 조인트의 각속도비와 각속도 변동률

즉, 각속도 변동률이 5° 이하일 때는 변화가 작기 때문에 변화를 원치 않는 경우는 교차각을 5° 이하로 제한한다. 그러나 교차각이 커지면 각속도의 변화도 크게 되므로 회전이 원활하지 못하며, 교차각이 90° 이면 $\cos\alpha = 0$, $1/\cos\alpha = \infty$ 가 되므로 직교하는 두 축에는 운동을 전할 수 없다.

그러므로 이와 같은 결점을 없애기 위하여 그림 6.13과 같이 두 축 사이에 중간축(III)을 삽입하여 두 축과의 교차각이 같게 되도록 하면 각속도비는 항상 같게 된다. 즉, 중간축의 각속도를 ω_3 라 하면 다음과 같다.

$$\frac{\omega_3}{\omega_1} \times \frac{\omega_2}{\omega_3} = 1$$

이 커플링은 특히 자동차의 추진축(propeller shaft)에 널리 쓰이고 있다.

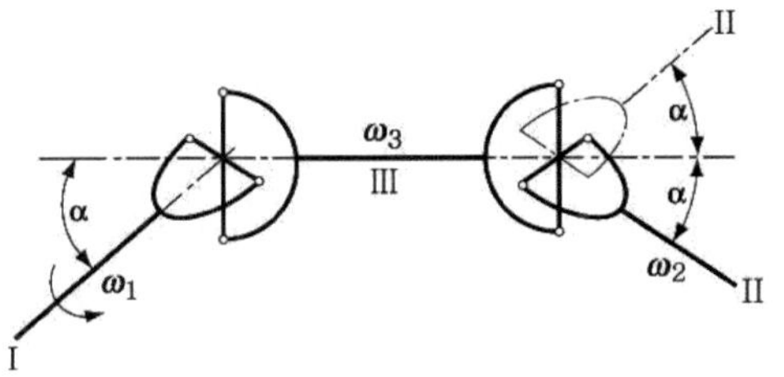

그림 6.13 중간축

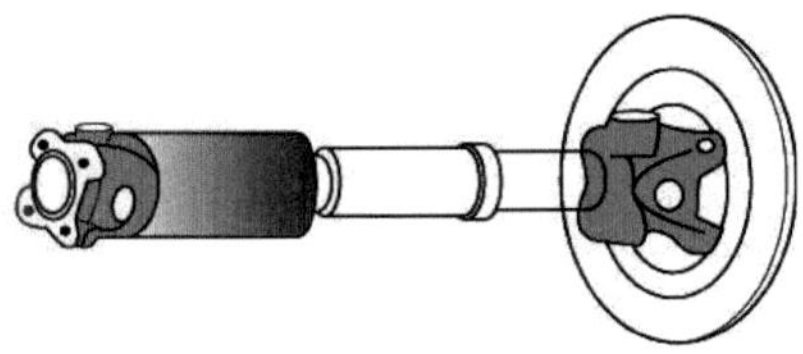

그림 6.14 유니버설 조인트

예제 6.1 지름이 50 [mm]인 축을 클램프 커플링을 할 때 M12 볼트 4개를 사용하였다. 이 때 볼트에 생기는 인장 응력이 49 [N/mm^2]이라 하면 이 커플링은 어느 정도의 토크를 전할 수 있는가? 다만, 마찰 계수는 0.2, 볼트의 골지름은 9.4 [mm]이다.

[풀이] 볼트 4개로 클램프를 죄면 축은 눌려지고, 반대로 볼트는 인장력을 받으므로 식 (6.3)에 의해 죄는 힘은

$$P = \frac{\pi}{4}\delta^2 \sigma_t \cdot \frac{z}{2} = \frac{\pi}{4} \times 9.4^2 \times 49 \times \frac{4}{2} = 6800\ [\mathrm{N}]$$

커플링이 전할 수 있는 토크는 식 (6.2)에 의해 구한다.

$$T = \frac{\mu \pi d P}{2} = \frac{0.2 \times \pi \times 50 \times 6800}{2} = 106814\ [\mathrm{N} \cdot \mathrm{mm}] = 107\ [\mathrm{N} \cdot \mathrm{m}]$$

예제 6.2 지름이 50 [mm]인 축을 M14 볼트 8개로 플랜지 이음을 하였다. 이 때 접촉면의 마찰을 무시하면 볼트에 생기는 전단 응력은 얼마이겠는가? 또, 접촉면의 마찰력만으로 토크를 전달하는 경우 초기 체결력에 의해 볼트에 생기는 인장 응력은 얼마인가? 다만, 볼트 구멍의 피치원 지름은 132 [mm], 마찰 계수는 0.2, 축 재료의 허용 전단 응력은 20 [N/mm^2]로 한다.

[풀이] 축의 전달 토크는

$$T = \frac{\pi d^3}{16}\tau_s = \frac{\pi \times 50^3}{16} \times 20 = 490874\ [\mathrm{N} \cdot \mathrm{mm}]$$

전달 토크 때문에 볼트에 생기는 전단 응력은 식 (6.5)에 의해 구한다.

$$\tau_b = \frac{4T}{\pi \delta^2 z R_f} = \frac{4 \times 490874}{\pi \times 14^2 \times 8 \times 66} = 6\ [\mathrm{N/mm^2}]$$

플랜지 접촉면의 마찰에 의해 볼트에 생기는 인장 응력은 식 (6.9)에 의해 구한다.

$$\sigma_t = \frac{4T}{\pi \delta^2 \mu z R_f} = \frac{4 \times 490874}{\pi \times 14^2 \times 0.2 \times 8 \times 66} = 30.2\ [\mathrm{N/mm^2}]$$

예제 6.3 그림 6.8에서 구동축이 각속도 ω_1으로 회전할 때 피동축의 각속도 ω_2의 변화 양상을 90° 마다의 회전각에 대하여 조사하여라.

[풀이] 식 (6.11)에 의해

$\theta = 0°$ 일 때

$$\omega_2 = \frac{\cos\alpha}{1 - \sin^2\alpha \cdot \sin^2 0°} \cdot \omega_1 = \frac{\cos\alpha}{1 - 0} \cdot \omega_1 = \cos\alpha \cdot \omega_1$$

$\theta = 90°$ 일 때

$$\omega_2 = \frac{\cos\alpha}{1-\sin^2\alpha \cdot \sin^2 90°} \cdot \omega_1$$

$$= \frac{\cos\alpha}{1-\sin^2\alpha} \cdot \omega_1 = \frac{\cos\alpha}{\cos^2\alpha} \cdot \omega_1 = \frac{1}{\cos\alpha} \cdot \omega_1$$

$\theta = 180°$ 일 때

$$\omega_2 = \frac{\cos\alpha}{1-\sin^2\alpha \cdot \sin^2 180°} \cdot \omega_1 = \frac{\cos\alpha}{1-0} \cdot \omega_1 = \cos\alpha \cdot \omega_1$$

$\theta = 270°$ 일 때

$$\omega_2 = \frac{\cos\alpha}{1-\sin^2\alpha \cdot \sin^2 270°} \cdot \omega_1 = \frac{\cos\alpha}{1-\sin^2\alpha} \cdot \omega_1 = \frac{1}{\cos\alpha} \cdot \omega_1$$

즉, 피동축의 각속도는 $\cos\alpha \cdot \omega_1$ 에서 $\frac{1}{\cos\alpha} \cdot \omega_1$ 으로 바뀌고 있음을 알 수 있다.

예제 6.4 유니버설 조인트로 연결한 축의 교차각이 30° 이고, 두 축 사이에 1200 [rpm]으로 50 [kW]를 전달할 경우, 피동축의 회전수 변화를 조사하여라. 또, 피동축의 지름을 얼마로 하면 되겠는가? 다만, 허용 전단 응력은 44 [N/mm²]로 한다.

[풀이] 유니버설 조인트에서 피동축의 각속도는 $\cos\alpha \cdot \omega_1$에서 $\frac{1}{\cos\alpha} \cdot \omega_1$으로 변하므로 교차각이 30°일 때 $0.866\,\omega_1$에서 $1.155\,\omega_1$으로 변한다. 즉, 0.866~1.155 배 사이로 변화 되는 것을 알 수 있다. 그러므로 회전수도 각속도 변화만큼 변하므로 최소와 최대를 계산하면

$$n_{2\max} = 1200 \times 1.155 = 1386 \text{ [rpm]}$$

$$n_{2\min} = 1200 \times 0.866 = 1039 \text{ [rpm]}$$

반면에 전달 토크는 회전수가 작을수록 커지므로 축지름 계산은 회전수가 작을 때를 기준으로 한다.

$$T_{2\min} = 9.55 \times 10^6 \frac{H}{n_{2\max}} = 9.55 \times 10^6 \times \frac{50}{1039} = 459577 \text{ [N} \cdot \text{mm]}$$

$$d = \sqrt[3]{\frac{5.1\,T_{2\min}}{\tau_a}} = \sqrt[3]{\frac{5.1 \times 459577}{44}} = 37.6 \text{ [mm]} = 38 \text{ [mm]}$$

6.2 클러치

운전 중에 필요에 따라 축 이음을 끊을 수 있는 것을 클러치라 한다. 클러치에는 동력 전달 방법에 따라 맞물림 클러치, 마찰 클러치, 유체 클러치 및 일방향 클러치 등이 있다.

6.2.1 맞물림 클러치

그림 6.15와 같은 맞물림 클러치는 플랜지에 서로 물림 톱니 모양의 클로(claw)가 있는데, 한쪽 플랜지는 구동축에 키(key)로 고정되고, 다른 쪽은 미끄럼 키에 의해 피동축에 끼워져 있다. 이 때 피동측을 축방향으로 이동시켜 두 플랜지의 클로가 맞물리면 회전 운동은 구동축에서 피동축으로 전달된다.

클로의 형상은 사각형, 사다리꼴형, 삼각형, 톱니형 등의 4종류가 있다.

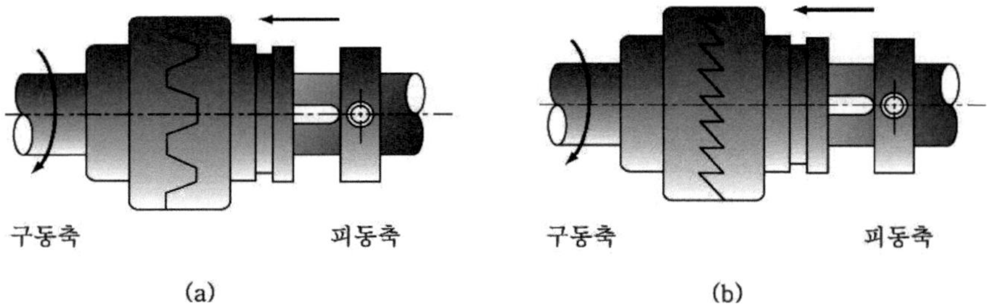

그림 6.15 맞물림 클러치

이 클로의 강도 설계는 클로 뿌리의 전단 저항력과 클로 측면에 작용하는 압축 저항력 및 클로의 굽힘 등을 계산하면 된다.

(1) 클로 뿌리면의 전단 저항으로 토크를 전달하는 경우

그림 6.16에서 맞물림 클러치의 구동축이 회전하면 클로가 서로 맞물려 돌기 때문에 클로 뿌리면은 전단 응력을 받게 된다. 이 때 전달 토크 T는 다음과 같다.

$$T = z\,A\,\tau_a \frac{D_1 + D_2}{4} \tag{6.13}$$

클로 뿌리면의 면적은 $zA = \frac{\pi}{8}(D_2{}^2 - D_1{}^2)$이므로

$$T = \frac{\pi(D_2{}^2 - D_1{}^2)(D_1 + D_2)\tau_a}{32} \tag{6.14}$$

여기서 A : 클로 1개의 뿌리면 단면적 z : 클로의 수

D_2, D_1 : 클로의 바깥지름, 안지름 τ_a : 허용 전단 응력

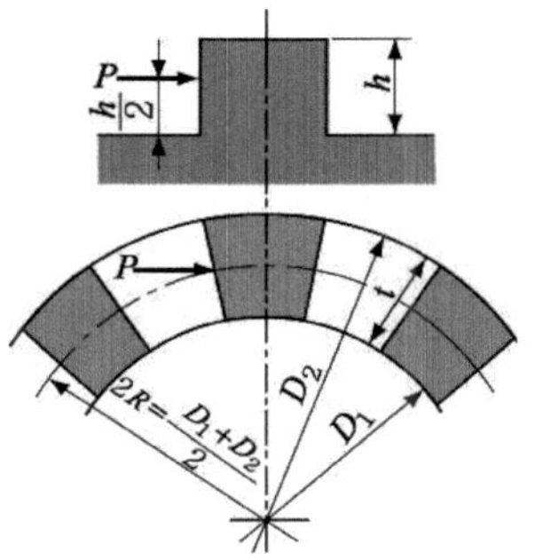

그림 6.16 사각형 클로 클러치의 토크

(2) 클로 사이의 접촉면 압력으로 토크를 전달하는 경우

그림 6.17에서 구동축의 회전으로 구동측 클로가 피동측 클로에 압력을 가해 피동축이 회전한다. 이 때 클로 접촉면 압력 p_a로 전달할 수 있는 토크는 다음과 같다.

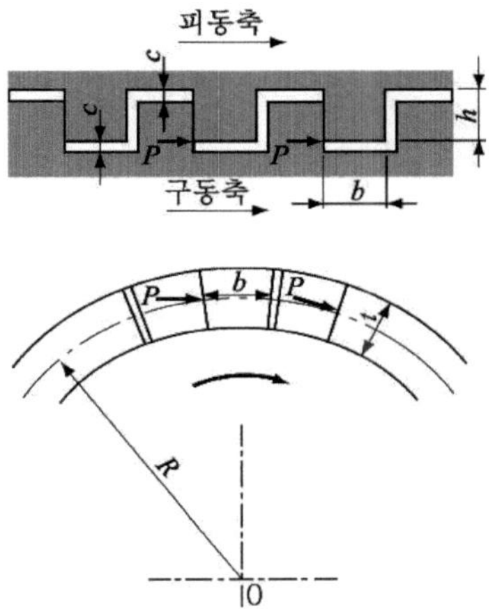

그림 6.17 사각형 클로 클러치의 설계

$$A_c = (h-c)\,t\,z = (h-c)\frac{(D_2 - D_1)\,z}{2}$$

$$T = A_c p_a \frac{D_2 + D_1}{4} = \left(\frac{{D_2}^2 - {D_1}^2}{8}\right)(h-c)\,z\,p_a \tag{6.15}$$

여기서 c : 틈새(생략해도 큰 지장이 없다)

h : 클로의 높이

t : 두께

A_c : 물림시 실제 접촉 면적

(3) 클로의 굽힘을 고려하는 경우

그림 6.16에서 클로에 작용하는 굽힘 하중은 토크에 의하여 구해지며, 하중은 클로의 중앙에 작용하지만 안전을 위하여 클로 끝에 작용하는 것으로 한다.

클로에 생기는 굽힘 응력 σ_b는 다음과 같다.

$$\sigma_b = \frac{M}{z\,Z} = \frac{P\,h}{z\,Z} = \frac{T\,h}{z\,Z\,R} \tag{6.16}$$

여기서 단면 계수 Z는 근사적으로 다음과 같다.

$$Z = \frac{1}{6} \cdot \frac{D_2 - D_1}{2}\left\{\frac{\pi\,(D_2 + D_1)}{4\,z}\right\}^2$$

이상과 같이 클로의 뿌리에는 전단 응력과 굽힘 응력이 동시에 작용하므로 최대 전단 응력설에 의하여

$$\tau_{\max} = \frac{1}{2}\sqrt{{\sigma_b}^2 + 4\tau^2}$$

으로 계산하여 이것을 설계 응력으로 한다.

6.2.2 마찰 클러치

마찰 클러치는 구동축과 피동축에 붙어 있는 마찰면을 서로 밀어 붙여 여기서 발생하는 마찰력에 의하여 동력을 전달하는 클러치이다. 이 클러치는 축 방향의 힘을 가감하여 마찰면에 미끄럼을 일으켜 피동축의 회전 속도를 변화시키기도 한다. 또, 과대한 부하가 작용할 경우에는 마찰면에 미끄럼이 생겨 피동축에 일정 이상의 토크가 전달되지 않으므로 안전 장치의 역할도 한다. 이 클러치에는 원판 클러치와 원추 클러치가 있다.

1. 원판 클러치

원판 클러치(disc clutch)는 그림 6.18에 나타낸 것과 같이 구동축과 피동축 사이에 마찰판을 1장 또는 여러 장을 설치하여 접촉시켜 그 사이의 마찰에 의하여 전동하는 장치이다. 원판 클러치는 사용할 마찰판의 수에 따라 단판식과 다판식이 있고, 또 이 클러치에는 드럼 속에 기름을 채워 접촉판이 기름 속에서 작용하는 습식과 기름을 쓰지 않는 건식이 있다.

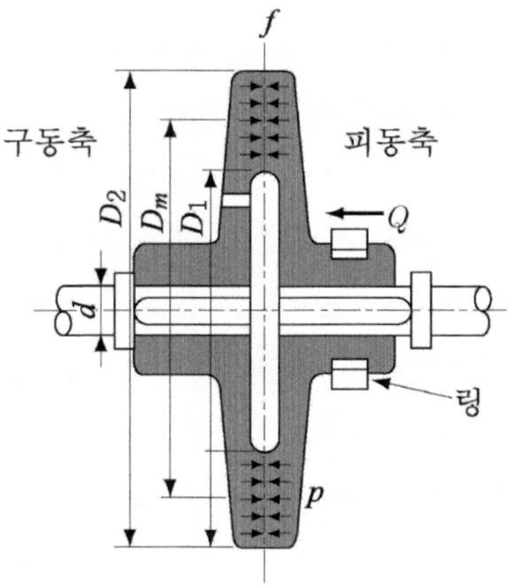

그림 6.18 원판 클러치

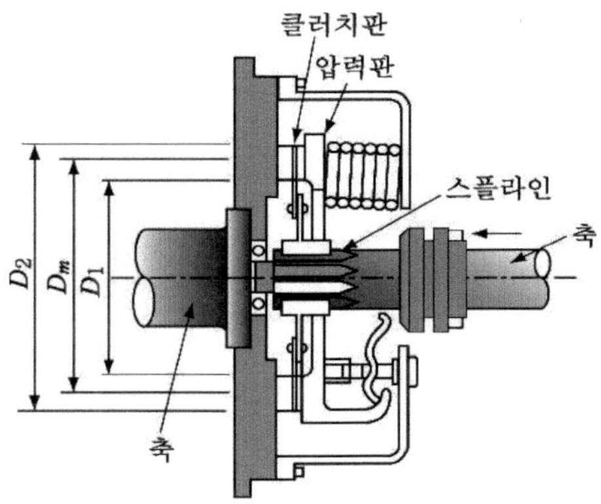

그림 6.19 자동차용 단판 클러치

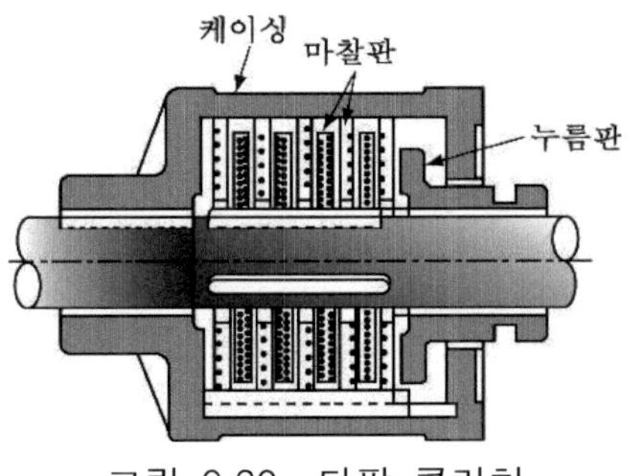

그림 6.20 다판 클러치

지금 그림 6.18과 같은 원판 클러치가 전할 수 있는 토크를 구해 보자. 먼저 축 방향에서 힘 P로 밀 때 마찰면에 작용하는 압력 p는

$$p = \frac{P}{\pi (R_2{}^2 - R_1{}^2)} = \frac{P}{\pi b D_m}$$

여기서 D_m : 평균 지름, b : 마찰면의 접촉 나비

이며, 이 때 전달 토크 T는 다음 식으로 계산한다.

$$T = \mu P \frac{D_m}{2} = \mu P \frac{D_1 + D_2}{4} = \frac{\mu \pi b p \, D_{m2}^2}{\quad} \tag{6.17}$$

위 식에서 전달 토크를 크게 하려면 접촉면의 평균 지름을 크게 하면 된다. 평균 지름을 크게 하려면 원판의 중심부는 접촉되지 않도록 해야 한다. 이와 같이 하면 접촉면의 속도 차이가 작게 되며, 마멸도 균일하게 된다.

한편, 전달할 토크가 클 때에는 마찰면의 크기는 제한을 받으므로 축 방향에 여러 개의 마찰면을 배열한 **다판 클러치**(multiple disc clutch)가 사용된다(그림 6.20). 이 경우 전달 토크는 식 (6.17)에 마찰면의 수를 곱하면 된다.

2. 원추 클러치

원추 클러치(cone clutch)는 그림 6.21과 같이 접촉면이 원추형으로 되어 있으며, 축 방향의 누르는 힘이 원판 클러치보다 작은 데 비해 큰 동력을 전달할 수 있는 장점이 있다. 그림에서 P와 Q 사이의 관계는 다음과 같다.

$$P = Q\sin\alpha + \mu Q\cos\alpha = Q(\sin\alpha + \mu\cos\alpha)$$

$$Q = \frac{P}{\sin\alpha + \mu\cos\alpha} \tag{6.18}$$

여기서 α : 원추각(꼭지각의 1/2)

그러므로 이 클러치가 전달할 수 있는 토크는 다음과 같다.

$$T = \mu R_m Q = \mu R_m \frac{P}{\sin\alpha + \mu\cos\alpha} = \mu' P R_m \tag{6.19}$$

$$\mu' = \frac{\mu}{\sin\alpha + \mu\cos\alpha}$$

즉, 원추 클러치는 원판 클러치보다 마찰 계수가 크기 때문에 큰 동력을 전달할 수 있다.

식 (6.19)에서 α가 작을수록 큰 토크를 전달할 수 있으나 너무 작으면 클러치를 밀어 넣을 때 과대한 충격이 생기거나 클러치를 떼어내기가 어렵게 된다. 따라서 보통 원추각은 20° 보다 작게 하는 것이 보통이다.

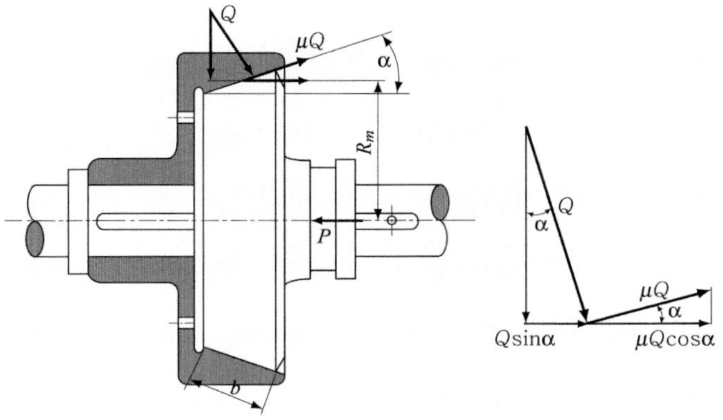

그림 6.21 원추 클러치

또, 마찰면의 나비를 b, 마찰면의 평균 면압력을 p라고 하면

$$Q = 2\pi R_m b p$$

$$p = \frac{Q}{2\pi R_m b} = \frac{T}{2\pi \mu {R_m}^2 b} \tag{6.20}$$

마찰 원추면의 큰 지름을 D_2, 작은 지름을 D_1이라고 하면,

$$\sin\alpha = \frac{D_2 - D_1}{2b}$$

원추면의 평균 반지름 $R_m = \dfrac{D_1 + D_2}{4}$ 이므로 D_1, D_2는 각각

$$\begin{aligned} D_1 &= 2\left(R_m - \frac{b}{2}\sin\alpha\right) \\ D_2 &= 2\left(R_m + \frac{b}{2}\sin\alpha\right) \end{aligned} \tag{6.21}$$

예제 6.5 그림 6.16과 같이 축지름이 60 [mm]인 사각형 맞물림 클러치에서 클로의 수가 4개, 클러치의 바깥지름이 150 [mm], 안지름이 100 [mm], 클로의 높이가 34 [mm]일 때 클로의 접촉 면압과 클로 뿌리에 생기는 전단 응력을 구하여라. 다만, 클로의 허용 전단 응력은 20 [N/mm^2], 클로의 허용 접촉 면압이 4.9 [N/mm^2] 이다.

[풀이] 축의 전달 토크 T를 구한다.

$$T = \frac{\pi d^3}{16}\tau_s = \frac{\pi \times 60^3}{16} \times 20 = 848230\ [\text{N} \cdot \text{mm}]$$

이 토크로 식 (6.15)에 의해 클로의 접촉면 압력을 구한다.

$$p_a = \frac{8\,T}{({D_2}^2 - {D_1}^2)\,h\,z} = \frac{8 \times 848230}{(150^2 - 100^2) \times 34 \times 4} = 4\ [\text{N/mm}^2]$$

이 접촉 면압은 허용 면압력보다 작으므로 안전하다. 또, 클로 뿌리 부분에 발생하는 전단 응력은 식 (6.14)에 의해 구한다.

$$\tau_a = \frac{32\,T}{\pi\,({D_2}^2 - {D_1}^2)(D_1 + D_2)}$$

$$= \frac{32 \times 848230}{\pi\,(150^2 - 100^2)\,(100 + 150)} = 2.76\ [\text{N/mm}^2]$$

전단 응력도 허용 전단 응력보다 작으므로 안전하다.

예제 6.6 접촉면의 안지름이 80 [mm], 바깥지름이 120 [mm]인 단판 클러치가 1500 [rpm]으로 2.5 [kW]의 동력을 전하는 경우 밀어붙여야 할 힘을 계산하여라. 다만, 클러치 접촉면의 마찰 계수는 0.2이다.

[풀이] 마찰로 전달되는 토크는 식 (6.17)로부터

$$T = \mu P \frac{D_1 + D_2}{4}$$

축이 전달하고자 하는 토크는 다음과 같다.

$$T = 9549 \times 10^3\,\frac{H}{N}$$

위 두 식이 같다고 하면 밀어붙이는 힘은

$$P = \frac{4}{\mu(D_1 + D_2)} \times 9549 \times 10^3\,\frac{H}{N} = \frac{4 \times 9549 \times 10^3 \times 2.5}{0.2 \times (80 + 120) \times 1500} = 1591.5\ [\text{N}]$$

예제 6.7 100 [rpm], 9 [kW]의 동력을 전하는 단판 클러치의 내외경비 $D_1/D_2 = 0.8$로 하면 안지름과 바깥지름은 얼마가 되겠는가? 다만, 마찰 계수는 0.2, 접촉 면압은 0.2 [MPa]이다.

[풀이] 전달 토크는

$$T = 9549 \times 10^3\,\frac{H}{N} = 9549 \times 10^3 \times \frac{9}{100} = 859410\ [\text{N} \cdot \text{mm}]$$

축방향으로 밀어붙이는 힘은

$$P = \frac{\pi}{4}({D_2}^2 - {D_1}^2)p$$

클러치를 통해 전달되는 토크는

$$T = \mu P \frac{D_1 + D_2}{4}$$

위 두 식으로부터

$$T = \frac{\mu \pi p}{16}({D_2}^2 - {D_1}^2)(D_1 + D_2) = \frac{\mu \pi p {D_2}^3}{16}(1 - 0.8^2)(0.8 + 1)$$

위 식으로부터 D_2를 계산한다.

$$D_2 = \sqrt[3]{\frac{16\,T}{\mu \pi p (1 - 0.8^2)(0.8 + 1)}}$$

$$= \sqrt[3]{\frac{16 \times 859410}{0.2 \times \pi \times 0.2 \times 0.36 \times 1.8}} \fallingdotseq 552.7\ [\mathrm{mm}]$$

$$D_1 = 0.8 \times 552.7 = 442.2\ [\mathrm{mm}]$$

예제 6.8 접촉면의 평균 지름이 250 [mm], 접촉면의 나비가 80 [mm], 원추각이 11°인 원추 클러치에서 마찰 계수가 0.2, 접촉면 압력이 0.4 [MPa]이면, 240 [rpm]으로 몇 [kW]를 전할 수 있는가? 또, 이 경우 축방향으로 밀어붙이는 힘은 얼마인가?

[풀이] 전달 토크는 $T = \mu Q R_m$이고, $Q = 2\pi R_m b p$ 이므로

$$T = 2\pi \mu b p {R_m}^2 = 2 \times \pi \times 0.2 \times 80 \times 0.4 \times 125^2 = 628319\ [\mathrm{N \cdot mm}]$$

전달 동력은

$$H = \frac{N\,T}{9549 \times 10^3} = \frac{240 \times 628319}{9549 \times 10^3} = 15.8\ [\mathrm{kW}]$$

또, 밀어붙이는 힘은

$$P = 2\pi R_m b p(\sin\alpha + \mu \cos\alpha)$$

$$= 2 \times \pi \times 125 \times 80 \times 0.4(\sin 11° + 0.2\cos 11°) = 9.73\ [\mathrm{kN}]$$

6.2.3 기타 클러치

1. 비역전 클러치

구동측에서 한 방향의 토크만을 피동축에 전하고, 반대 방향의 토크는 전하지 않는 클러치를 비역전 클러치(over running clutch) 또는 일방향 클러치(one way clutch)라고도 한

다. 이 클러치는 그림 6.22와 같이 적당한 쐐기 모양으로 만들어진 공간 속에 여러 개의 볼(ball)이나 롤러(roller)와 같은 전동체가 삽입되어 있다.

구동축의 회전에 의하여 전동체가 쐐기 모양의 공간 속으로 끌려 들어가면 클러치 효과가 생기고, 그 반대인 경우에는 클러치 효과가 없어진다. 쐐기 모양의 공간은 내륜에 만들어진 것과 외륜에 만들어진 것이 있다. 또, 전동체 자체를 쐐기 작용을 할 수 있도록 캠 모양으로 만든 것도 있다.

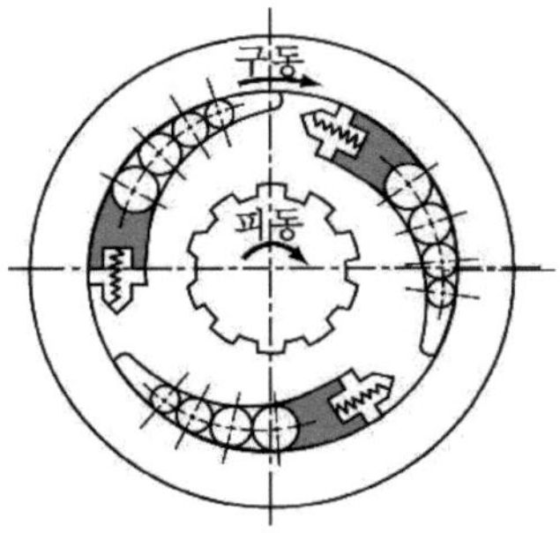

그림 6.22 비역전 클러치

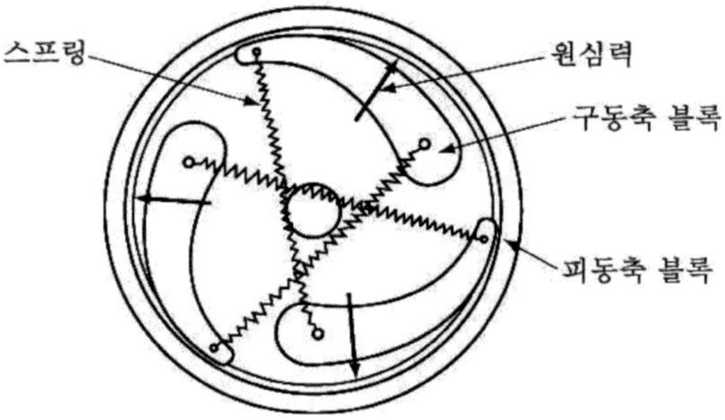

그림 6.23 원심 클러치

2. 원심 클러치

그림 6.23은 스프링을 이용한 원심 클러치(centrifugal clutch)로 블록이 드럼 속에 코일 스프링으로 연결되어 있다. 이 클러치는 구동축이 어느 회전 속도 이상으로 회전하면, 원심력이 스프링의 장력을 이겨, 블록이 피동측 드럼 내면에 접촉되어 마찰력으로 토크를 전달하게 된다.

3. 유체 클러치

유체 클러치(hydraulic clutch)는 구동축에 고정된 날개 바퀴를 펌프 임펠러(pump impeller)라 하고, 피동축에 고정된 날개 바퀴를 터빈 러너(turbine runner)라 하며, 그 사이에 유체가 가득차 있다. 펌프를 구동함으로써 유체에 에너지를 공급하고, 이것을 터빈에 흘려보내 터빈을 회전시켜 동력을 전달한다. 그 원리는 그림 6.24와 같이 선풍기를 2대 나란히 맞대어 놓고, 한쪽 선풍기를 회전시키면 회전에 의하여 공기는 다른 쪽 선풍기에 닿아, 같은 방향으로 돌아가는 것과 같다.

유체 클러치의 구조는 그림 6.25와 같이 날개를 가지고 있는 회전판을 구동축과 피동축에 설치한다. 구동축에 붙어 있는 날개가 회전하면 유체는 원심력에 의하여 터빈의 날개에 흘러 들어가 피동축에 있는 날개를 회전시킨다. 구동축의 회전이 너무 늦으면, 피동축을 회전시키는 힘이 약해져서 피동축은 회전하지 않는다.

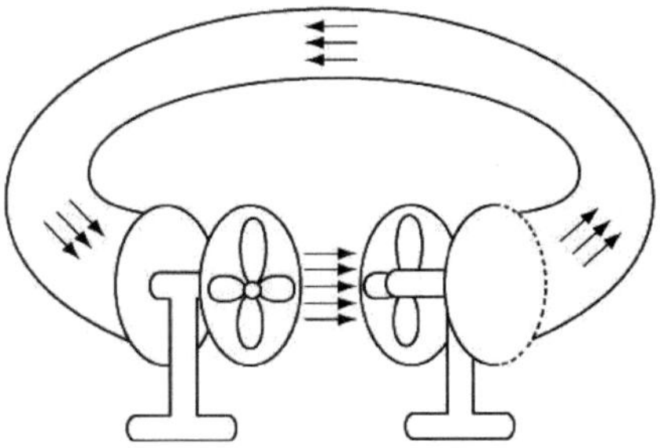

그림 6.24 유체 클러치의 원리

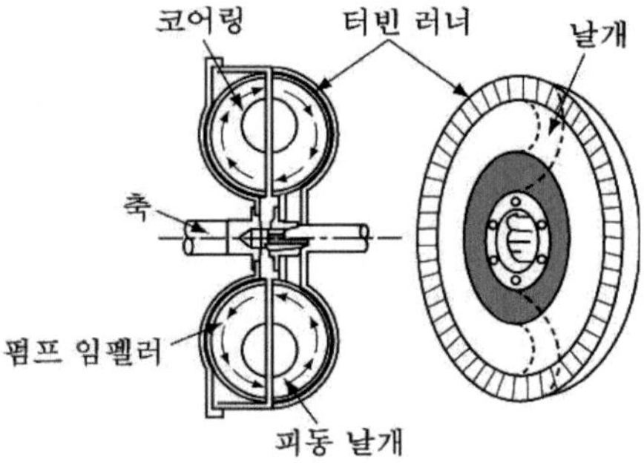

그림 6.25 유체 클러치의 구조

연습문제

1. 커플링을 분류하고 각 커플링의 특징을 설명해 보자.
2. 클러치의 종류와 그 특징을 설명해 보자.
3. 유니버셜 조인트에서 축의 교차각과 각속도의 변화률의 관계를 설명해 보자.
4. 유니버셜 조인트에서 구동축의 회전각과 피동축의 각속도는 어떤 관계를 가지고 있는지 알아보자.
5. 원추 클러치가 원판 클러치보다 큰 동력을 전할 수 있는 이유를 알아보자.
6. 유체 클러치의 원리와 장점을 설명해 보자.
7. 축지름이 50 [mm]인 클램프 커플링에서 200 [rpm]으로 22 [kW]의 동력을 전할 때 볼트 1개에 생기는 인장 응력은 얼마인가? 다만, 마찰 계수는 0.2, 볼트의 수 6개, 볼트의 지름은 18 [mm](골지름 15.294 [mm])이다. 답 ($\sigma_t = 121.3$ [N/mm^2])
8. 250 [rpm]으로 80 [kW]의 동력을 전하는 플랜지 커플링에 지름 22 [mm]의 볼트 4개를 사용하였을 때 볼트에 생기는 전단 응력을 구하여라. 다만, 플랜지 접촉면에 마찰은 없는 것으로 가정하고, 볼트 구멍의 피치원 지름은 240 [mm]이다. 답 ($\tau_b = 16.7$ [N/mm^2])
9. 250 [rpm]으로 90 [kW]를 전하는 축을 플랜지 커플링을 하였다. 사용된 볼트의 지름은 22 [mm]이라면 필요한 볼트의 수는 몇 개일까? 다만, 볼트 재료의 허용 전단 응력은 20 [N/mm^2], 볼트 구멍의 피치원 지름은 240 [mm]이다. 답 (4개)
10. 지름이 50 [mm]인 두 축을 플랜지 커플링을 하였다. 지름이 16 [mm](골지름 13.835 [mm])인 볼트 8개, 볼트 구멍의 피치원 지름은 140 [mm]이고, 볼트의 허용 인장 응력이 49 [N/mm^2]이라면 마찰에 의한 전달 토크는 얼마인가? 또, 200 [rpm]으로 50 [kW]를 전하려면 볼트에 생기는 전단 응력은 얼마인가? 다만, 마찰면의 마찰 계수는 0.2이다. 답 ($T = 824992$ [N · mm], $\tau_b = 21.2$ [N/mm^2])
11. 지름이 120 [mm]인 축을 M24 볼트 6개를 사용하여 플랜지 커플링을 하였다. 볼트 구멍의 피치원 지름이 320 [mm], 축의 전단 응력이 40 [N/mm^2]이 될 때까지 토크를 가하는 경우 볼트에 생기는 전단 응력은 얼마인가? 답 ($\tau_b = 31.2$ [N/mm^2])
12. 교차각이 20° 인 두 축을 유니버셜 조인트로 축이음을 하였다. 구동축의 토크가 일정하여 196 [N · m]라면 피동축의 회전각이 0°와 30°일 때 전달되는 토크는 각각 얼마이겠는가? 답 ($T = 208781$ [N · mm] 와 202459 [N · mm])

13. 사각형 맞물림 클러치에서 축지름이 50 [mm], 클로가 3개, 바깥지름이 125 [mm], 안지름이 70 [mm], 클로의 높이가 33 [mm]일 때 클로의 접촉 면압과 클로 뿌리 부분에 생기는 전단 응력은 얼마인가? 다만, 클로의 허용 전단 응력은 20 [N/mm^2], 클로의 허용 접촉 면압은 5 [N/mm^2]이다.

답 ($p=3.7$ [N/mm^2], $\tau=2.4$ [N/mm^2])

14. 250 [rpm]으로 15 [kW]의 동력을 전달하는 원판 클러치에서 접촉면의 바깥지름이 160 [mm], 안지름이 120 [mm], 마찰 계수가 0.35이면 클러치를 밀어붙이는 힘 P와 평균 접촉 면압 p는 얼마인가? 답 ($P=23388$ [N], $p=2.7$ [N/mm^2])

15. 접촉면의 평균 지름이 250 [mm], 접촉면의 나비가 50 [mm], 허용 접촉 면압이 0.15 [N/mm^2], 마찰 계수가 0.2인 단판 클러치에서 축이 500 [rpm]으로 회전할 때 이 클러치가 전할 수 있는 동력은 몇 [kW]인가? 답 ($H=7.71$ [kW])

16. 2000 [rpm]으로 60 [kW]를 전하는 원추 클러치에서 원추면를 누르는 힘과 접촉면의 나비를 구하여라. 다만, 접촉면의 평균 지름은 280 [mm], $\alpha=6°$, $\mu=0.15$, $p=0.4$ [N/mm^2]이다. 답 ($P=3.46$ [N], $b=38.8$ [mm])

17. 원추 클러치에서 접촉면의 평균 지름이 400 [mm], 마찰면의 나비가 50 [mm], 접촉면의 면압력이 0.07 [N/mm^2]이면 전달할 수 있는 동력을 구하여라. 다만, $N=$ 900 [rpm], $\alpha=12°$, $\mu=0.2$이다. 답 ($H=16.6$ [kW])

7

Chapter

미끄럼 베어링

베어링은 축을 받쳐줄 뿐만 아니라 축의 회전을 원활하게 하는 기계 요소이다. 축과 베어링 사이의 마찰로 인하여 동력 손실이 생기고, 심하면 마찰열로 베어링이 손상되게 된다. 따라서 축과 베어링 사이에 윤활유를 공급하여 마찰을 감소시키고, 발생하는 열을 제거하여 베어링이 일정한 온도를 유지할 수 있게 해야한다.

7.1 미끄럼 베어링의 개요

7.1.1 베어링의 종류

베어링에는 그림 7.1과 같이 축과 베어링이 미끄럼 접촉을 하는 **미끄럼 베어링**(sliding bearing)과, 구름 접촉을 하는 **구름 베어링**(rolling bearing)이 있다.

또, 축에 작용하는 하중에 따라 축에 직각 방향으로 작용하는 하중을 받쳐 주는 **레이디얼 베어링**(radial bearing), 축 방향으로 작용하는 하중을 받쳐 주는 **스러스트 베어링**(thrust bearing), 축의 직각 방향과 축 방향으로 작용하는 두 하중을 동시에 받쳐 주는 **테이퍼 베어링**(taper bearing)으로 나눈다(그림 7.2).

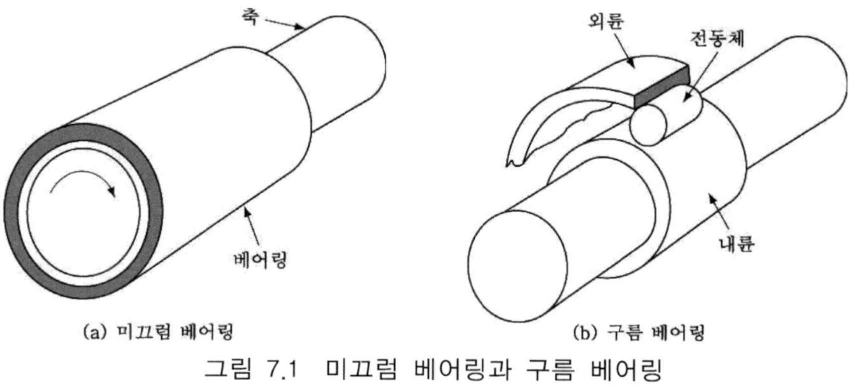

그림 7.1 미끄럼 베어링과 구름 베어링

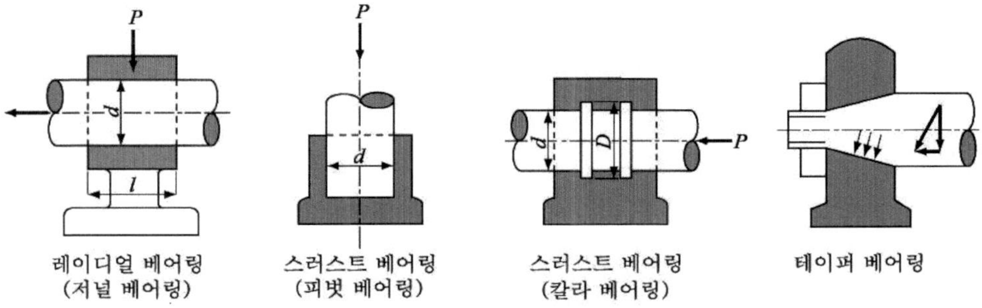

(a) 미끄럼 베어링

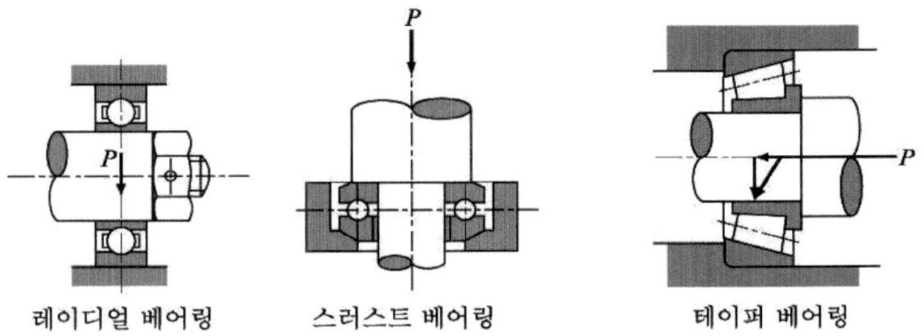

(b) 구름 베어링

그림 7.2 베어링의 종류

7.1.2 미끄럼 베어링의 구조

미끄럼 베어링은 **평면 베어링**(plane bearing)이라고도 하며, 베어링과 접촉하고 있는 축 부분을 **저널**(journal)이라 한다. 저널은 하중의 방향에 따라 축의 직각 방향 하중을 받는 **레이디얼 저널**(radial journal), 축방향 하중을 받는 **스러스트 저널**(thrust journal), 축의 직각 방향 하중과 축 방향 하중을 동시에 받는 **합성 저널**(composite journal)로 나눈다. 레이디얼 저널은 그림 7.3과 같이 끝 저널(end journal)과 중간 저널(neck journal)로, 구분되고, 스러스트 저널은 그림 7.4와 같이 **피벗 저널**(pivot journal)과 **칼라 저널**(collar journal)로 구분되며, 합성 저널은 그림 7.5와 같이 **원추 저널**(cone journal)과 **구면 저널**(spherical journal)로 구분된다.

미끄럼 베어링의 일반적인 구조는 베어링 메탈(bearing metal), 윤활부, 베어링 하우징(bearing housing)으로 구성되어 있다.

베어링 메탈은 접촉면의 마찰을 감소시키고 저널의 마멸을 방지한다. 윤활부는 윤활제를 베어링의 접촉면에 공급하여 마찰을 감소시키고, 마찰열을 흡수하여 방산시키는 기구와 기능을 갖고 있다.

베어링 하우징은 베어링 메탈과 윤활부를 지지하고 작용하는 힘을 프레임 등에 전하는 부분이며, 프레임의 일부가 베어링 하우징의 기능을 하는 것도 있다.

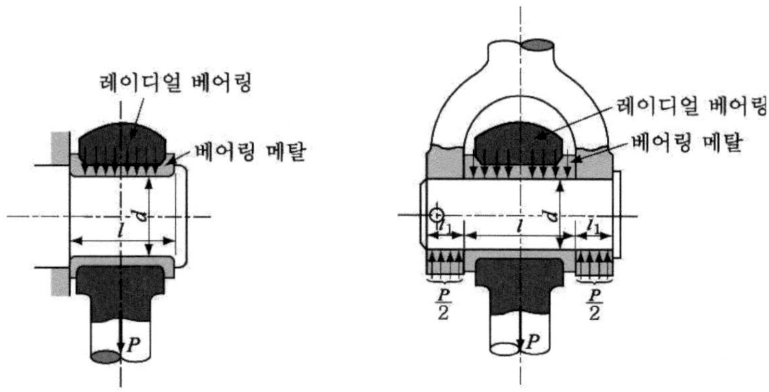

(a) 끝 저널 (b) 중간 저널

그림 7.3 레이디얼 저널

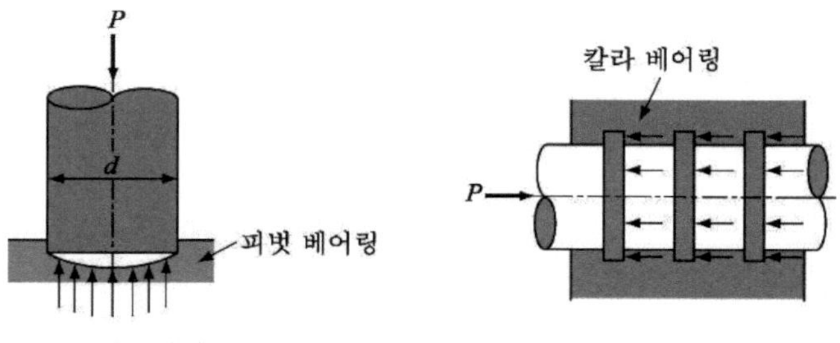

(a) 피벗 저널 (b) 칼라 저널

그림 7.4 스러스트 저널

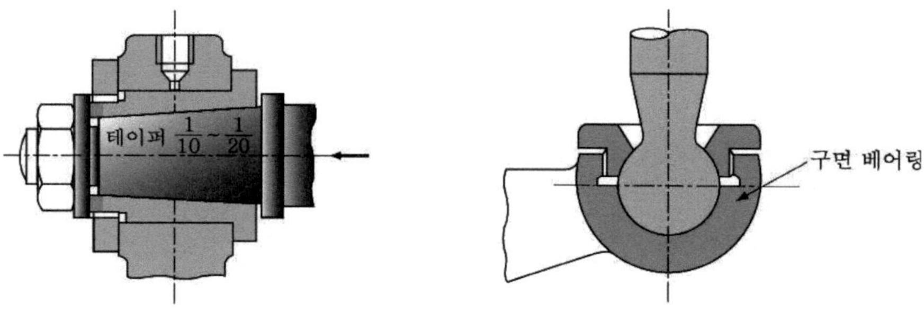

(a) 원추 저널 (b) 구면 저널

그림 7.5 합성 저널

1. 레이디얼 미끄럼 베어링

레이디얼 베어링은 저널 베어링(journal bearing)이라고도 하며, 단일체 베어링(solid bearing)과 분할 베어링(split bearing)으로 구분된다.

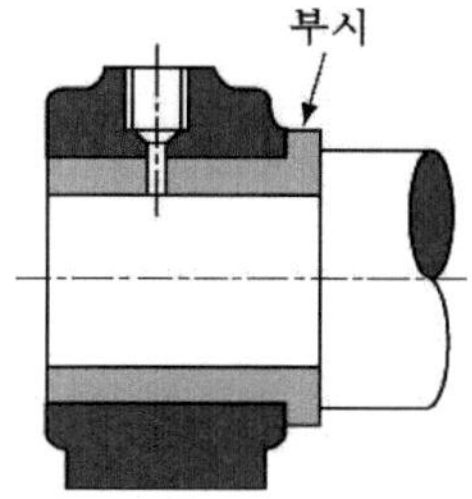

그림 7.6 단일체 베어링(부시)

① 단일체 베어링 : 그림 7.6과 같이 구조가 간단하여 경하중의 저속용에 쓰이며, 부시(bush)라고도 한다. 베어링 하우징에 끼워 고정된 축을 지지하도록 되어 있으며, 베어링 하우징 상부에는 급유기를 붙이는 나사 구멍이 있다.

② 분할 베어링 : 그림 7.7과 같이 본체(body)와 캡(cap)으로 분할된 베어링으로, 중하중의 고속용에 쓰인다. 분할 베어링은 메탈의 분할면에 얇은 심(shim)을 여러 장 삽입하여 판 두께를 가감함으로써 저널과의 끼워맞춤을 적절히 유지한다. 또, 윤활 때문에 각 방식에 맞는 구조의 급유구를 설치하며, 내면에 그림 7.8과 같이 오일홈(oil groove)을 만든다.

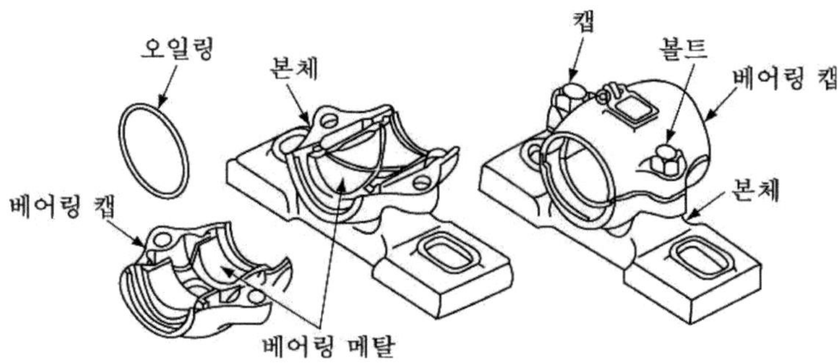

그림 7.7 레이디얼 미끄럼 베어링의 구조

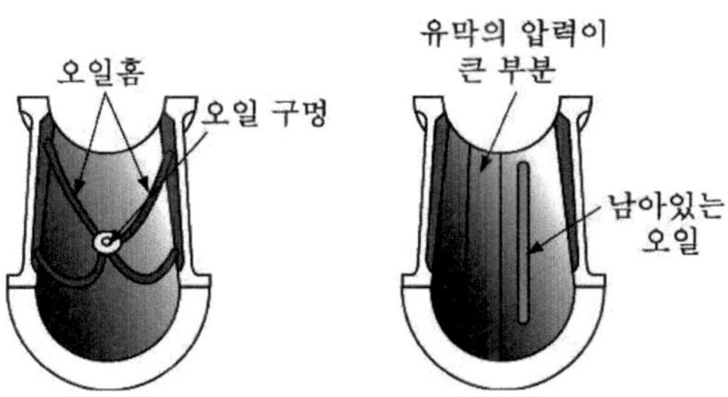

그림 7.8 분할 베어링의 급유구와 기름홈

2. 스러스트 미끄럼 베어링

이 베어링에는 그림 7.4에서와 같이 피벗 베어링(pivot bearing)과 칼라 베어링(collar bearing)이 있다.

① 피벗 베어링 : 절구 베어링이라고도 하며, 세워져 있는 축에 의하여 스러스트를 받을 때 사용되는 베어링이다.

② 칼라 베어링 : 수평으로 된 축이 스러스트를 받을 때 사용되는 베어링으로, 여러 단의 칼라가 배열되어 있어 베어링의 길이가 비교적 길다.

7.2 미끄럼 베어링의 설계

7.2.1 레이디얼 베어링의 설계

레이디얼 미끄럼 베어링은 저널을 지지하고 있으므로 베어링이 받는 압력, 저널의 강도, 저널과 베어링사이의 마찰로 발생되는 마찰열을 고려해서 설계를 해야 한다.

1. 베어링 압력

저널이 베어링면에 작용하는 베어링 압력(bearing pressure)의 분포는 그림 7.9(a)와 같이 하중이 작용하는 방향인 중앙 부분이 최대가 되고, 직각 방향인 가장자리 부분이 0이 된다.

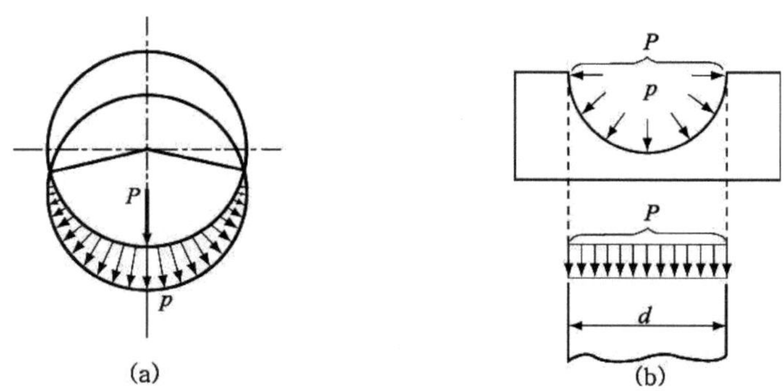

그림 7.9 베어링의 압력

그러므로 베어링의 압력은 위치에 따라 다르므로 실제 베어링 압력을 구하는 것은 쉽지 않다. 편의상 그림 (b)와 같이 베어링 부분에서 베어링 압력 분포가 일정하다고 가정하면 베어링 압력은 하중을 투영 면적으로 나눈 값이 된다.

$$p = \frac{P}{dl} \qquad (7.1)$$

미끄럼 베어링의 설계에서 베어링 압력이 과대하게 되면 접촉면의 윤활유가 밀려 나오므로 마찰이 크게 된다. 그러므로 일정한 값 이하로 베어링 압력을 제한해야 한다.

2. 레이디얼 저널의 강도

저널을 설계할 때는 저널에 하중이 작용하므로 끝 저널과 중간 저널의 크기(지름과 나비)가 강도(strength)와 강성(rigidity)에 충분히 견딜 수 있도록 설계를 해야 한다.

(1) 끝 저널의 경우

끝 저널은 그림 7.10과 같이 축의 일부분이므로 끝 저널을 외팔보로 가정하고, 중앙에 집중하중이 작용한다고 생각하면 굽힘 모멘트와 굽힘 응력의 관계는

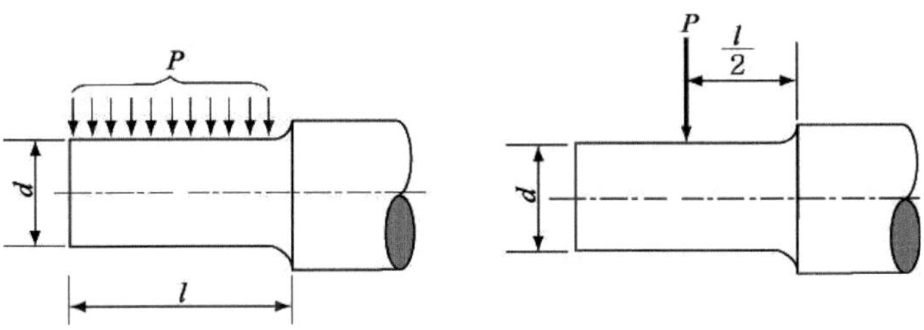

그림 7.10 끝 저널

$$\sigma_b = \frac{My}{I} \text{ 이며, 여기서 } M = \frac{Pl}{2},\ I = \frac{\pi d^4}{64},\ \ y = \frac{d}{2} \text{ 이므로}$$

축지름을 계산하면 다음과 같다.

$$\sigma_b = \frac{\left(\frac{Pl}{2}\right) \times \frac{d}{2}}{\frac{\pi d^4}{64}}$$

$$d = \sqrt[3]{\frac{16Pl}{\pi \sigma_b}} = \sqrt[3]{\frac{5.1Pl}{\sigma_b}} \qquad (7.2)$$

한편, 굽힘 모멘트와 굽힘 응력의 관계에서 허용 베어링 압력을 p_a라 하면

$$\frac{p_a\, d\, l^2}{2} = \frac{\pi d^3}{32}\sigma_b$$

이다. 이 식으로 다음을 얻을 수 있다.

$$\frac{l}{d} = \sqrt{\frac{\pi\,\sigma_b}{16\,p_a}} = \sqrt{\frac{\sigma_b}{5.1\,p_a}} \qquad (7.2a)$$

위 식에서 l/d을 폭경비라 한다.

(2) 중간 저널의 경우

그림 7.11은 피스톤 핀으로 중간 저널을 나타낸 것이다. 이 중간 저널을 단순보로 생각하고 하중이 중앙에 집중하여 작용한다면 최대 굽힘 모멘트는 보의 중앙 단면에 생긴다. 이때 최대 굽힘 모멘트는 다음 식으로 나타낼 수 있다.

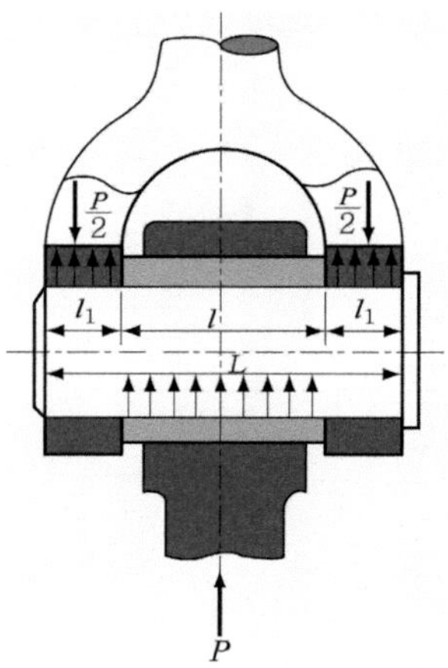

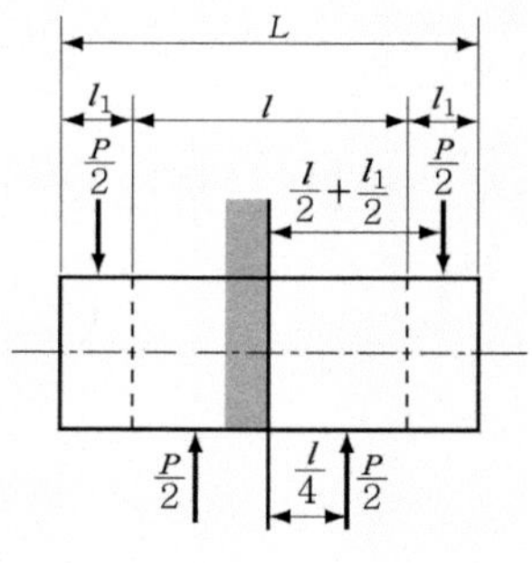

그림 7.11 중간 저널

$$\sigma_b = \frac{M y}{I} \text{ 이며, 여기서 } M = \frac{P l}{8},\quad I = \frac{\pi d^4}{64},\quad y = \frac{d}{2} \text{ 이므로}$$

$$\sigma_b = \frac{\dfrac{P l}{8} \times \dfrac{d}{2}}{\dfrac{\pi d^4}{64}}$$

위 식에서 축지름을 구하면

$$d = \sqrt[3]{\frac{4PL}{\pi \sigma_b}} \tag{7.3}$$

저널의 전길이 L과 저널 부분의 길이 l과의 관계는 $L=1.5\,l$로 하므로

$$d = \sqrt[3]{\frac{4PL}{\pi \sigma_b}} = \sqrt[3]{\frac{4 \times P \times 1.5l}{\pi \times \sigma_b}} \tag{7.4}$$

한편, 위 식으로 폭경비를 구하면 다음과 같다.

$$d^3 = \frac{4 \times 1.5\, p_a d l^2}{\pi \sigma_b}$$

$$(\frac{l}{d})^2 = \frac{\pi}{4 \times 1.5} \frac{\sigma_b}{p_a}$$

$$\frac{l}{d} = \sqrt{\frac{\pi}{4 \times 1.5} \cdot \frac{\sigma_b}{p}} = \sqrt{\frac{\sigma_b}{1.9p}} \tag{7.4a}$$

실제 설계 시 폭경비의 값이 커지면 축이 휘어져 베어링 끝에 압력이 집중되어 유막이 파괴될 우려가 있다. 또, 폭경비의 값이 작아지면 윤활유의 누설이 현저히 증가하여 부하 능력이 감소된다. 따라서, 폭경비는 경험적으로 0.6~3.0이 널리 사용되며, 보통 하중의 경우는 1.0~1.5가 많이 사용된다.

예제 7.1 회전수 500 [rpm]으로 베어링 하중 15 [kN]를 지지하는 끝 저널에서 지름과 나비를 구하여라. 다만, 허용 베어링 압력은 1 MPa, 폭경비는 2로 한다.

[풀이] 폭경비 $l/d=2$이므로

$$p_a = \frac{P}{dl} = \frac{P}{2d^2}$$

$$d = \sqrt{\frac{P}{2p_a}} = \sqrt{\frac{15000}{2 \times 1}} = 86.6\ [\text{mm}]$$

$$l = 2d = 2 \times 86.6 = 173.2\ [\text{mm}]$$

예제 7.2 끝 저널이 30 [kN]의 하중을 받고 있다. 폭경비를 1.2로 하고 저널의 허용 굽힘 응력을 60 [N/mm^2]라고 할 때, 이 저널의 지름과 나비를 구하여라. 또, 이 때의 베어링 압력을 구하여라.

[풀이] 식 (7.2)를 변형시켜 끝 저널의 지름을 구한다.

$$\sigma_a = \frac{M_b\, y}{I} \quad \text{여기서} \quad M_b = \frac{Pl}{2},\ y = \frac{d}{2},\ I = \frac{\pi d^4}{64}$$

$$\sigma_a = \frac{\frac{Pl}{2} \times \frac{d}{2}}{\frac{\pi d^4}{64}} = \frac{16}{\pi}\frac{Pl}{d^3}$$ 이며, 폭경비 $l = 1.2\,d$이므로

$$d^3 = \frac{16\,Pl}{\pi\,\sigma_b} = \frac{16\,P \times 1.2\,d}{\pi \sigma_b}$$

$$d = \sqrt{\frac{16 \times P \times 1.2}{\pi\,\sigma_b}} = \sqrt{\frac{16 \times 30000 \times 1.2}{\pi \times 60}} = 55.3\ [\text{mm}]$$

$$l = 1.2d = 1.2 \times 55.3 = 66.4\,[\text{mm}]$$

또, 베어링 압력은 식 (7.1)에 의해 구한다.

$$p = \frac{P}{dl} = \frac{30000}{55.3 \times 66.4} = 8.17\,[\text{N}/\text{mm}^2] = 8.17\,[\text{MPa}]$$

예제 7.3 베어링 하중 6 [kN]를 지지하는 끝 저널의 지름과 나비를 구하여라. 다만, 저널의 허용 굽힘 응력은 40 [N/mm^2], 허용 베어링 압력은 2 [MPa]로 한다.

[풀이] 식 (7.2)에 의해

$$d^3 = \frac{16\,Pl}{\pi \sigma_b} = \frac{16 \times 6000 \times l}{\pi \times 40}$$

식 (7.1)에서

$$dl = \frac{P}{p_a} = \frac{6000}{2} = 3000\ [\text{mm}^2]$$

그러므로 l = 3000/d 이므로 이 값을 위 식에 대입하면

$$d^3 = \frac{16 \times 6000 \times \frac{3000}{d}}{\pi \times 40}$$

$$d = \sqrt[4]{\frac{16 \times 6000 \times 3000}{\pi \times 40}}$$

$$d = 38.9\ [\text{mm}]$$

또, 저널의 나비 l 은

$$l = \frac{3000}{d} = \frac{3000}{38.9} = 77.1\ [\text{mm}]$$

3. 마찰열을 고려한 설계

(1) 마찰열

저널에 하중이 작용하면 베어링과 저널 사이가 마찰로 인해 마찰열이 발생하며, 이 열로

온도가 너무 상승하면 베어링이 소손될 우려가 있다. 따라서 베어링의 온도를 일정하게 유지하려면 발생열의 일부를 방산시켜야 한다. 이를 위해서는 베어링 메탈의 열전도를 고려하여 저널의 나비를 설계한다.

저널이 회전할 때 생기는 단위 시간당의 **마찰일**(frictional work) W_f 는 다음과 같다.

$$W_f = \mu P v \tag{7.5}$$

이 마찰일이 전부 마찰열로 바뀌는 경우 동력의 손실을 가져오게 되므로 마찰일에 의한 **손실 동력**(loss power) H_f 는 다음과 같다.

$$H_f = \frac{\mu P[\mathrm{N}]\, v[\mathrm{m/s}]}{1000} \ [\mathrm{kW}] \tag{7.6}$$

$$H_f = \frac{\mu P[\mathrm{kg_f}]\, v[\mathrm{m/s}]}{75} \ [\mathrm{PS}] \tag{7.7}$$

한편, 1 [cal] = 4.184 [J]이므로 단위 시간에 발생하는 **마찰열**(frictional heat) Q_f 는

$$H_f = \frac{\mu P[\mathrm{N}]\, v[\mathrm{m/s}]}{4.184 \times 10^3} \ (\mathrm{kcal}) \tag{7.8}$$

$$H_f = \frac{\mu P[\mathrm{kg_f}]\, v[\mathrm{m/s}]}{427} \ (\mathrm{kcal}) \tag{7.9}$$

$$H_f = \mu P[\mathrm{kg_f}]\, v[\mathrm{m/s}] \times \frac{9.81\,[\mathrm{N}]}{1\,[\mathrm{kg_f}]} \times \frac{1\,[\mathrm{kal}]}{4184\,[\mathrm{J}]} = \frac{\mu \mathrm{P}\,[\mathrm{kg_f}]\, v[\mathrm{m/s}]}{427}$$

$$Q_f = \mu P v \ \ [\mathrm{J/s}]$$

가 된다.

(2) 마찰열의 방산

마찰열은 베어링의 온도를 상승시키므로 저널과 베어링을 통해서 외부로 마찰열을 방산시켜 마찰 열량과 방산 열량이 같게 되면 베어링은 항상 일정한 온도를 유지하게 된다. 만일, 방산 열량이 마찰 열량보다 작으면 열이 점차로 축적되어 고온에 도달하게 되고 이로 인해 윤활 작용이 불량해져 베어링의 녹아붙음(seizure)이 일어난다. 따라서 녹아붙음이 생기지 않도록 마찰열량과 방산열량이 균형을 이루도록 설계해야 한다.

발생 열량이 베어링의 투영 면적에 비례한다고 하면 단위 면적마다의 마찰일(발생열량) w_f 를 제한하여야 하며, 다음과 같다.

$$w_f = \frac{W_f}{dl} = \frac{\mu P v}{dl} = \mu p v \tag{7.10}$$

위 식에서 μ는 일정하므로 마찰열은 pv값에 따라 결정된다. 이 pv값을 **발열 계수** (calorific coefficient) 또는 최대 허용 압력 속도 계수라 부르며, 이 값은 베어링의 온도를 상승시키는 원인이 되므로 일정한 값으로 제한할 필요가 있다.

또, 발열 계수의 제한 값으로도 저널의 나비를 구할 수 있다.

$$pv = \frac{P}{dl} \cdot \frac{d}{2 \times 1000} \frac{2\pi N}{60} \ [\text{MPa} \cdot \text{m/s}] \tag{7.11}$$

저널에서 발생된 마찰열을 방산시키는 방법에는 자연 방열과 강제 방열이 있다.

① 자연 방열 : 베어링의 온도가 높아지면 열은 베어링의 표면을 통해 공기로 방산이 되므로 베어링 내부의 온도는 어느 일정한 값으로 떨어지게 된다. 또, 이것만으로는 냉각이 불충분한 경우에는 베어링 표면에 공기를 분출시켜 냉각을 촉진시킨다.
레이디얼 베어링에서 저널이 회전하면 급유구에서 공급된 윤활유는 압력이 높아지게 되고, 베어링 양끝 부분의 압력은 낮아지므로 윤활유는 축방향으로 흘러 베어링의 양끝에서 유출된다. 이 때, 윤활유는 베어링 내부에서 마찰에 의하여 발생한 열의 일부를 빼앗아간다.

② 강제 냉각 : 고속・고하중용 베어링에서는 발생 열량이 많기 때문에 자연 방열만으로는 베어링의 온도를 일정하게 유지시키기는 어렵다. 또, 저널의 회전만으로는 윤활유의 순환이 원활하지 못하기 때문에 온도가 상승된다. 이 때문에 별도로 설치된 오일 펌프로 윤활유를 강제 순환시키면 윤활유가 베어링 내를 통과할 때 발생열을 흡수하여 유출할 수 있으므로 방열 목적을 달성할 수 있다.

예제 7.4 베어링 하중이 2 [kN], 저널의 지름이 100 [mm], 회전수 300 [rpm], 마찰 계수가 0.2일 때 마찰에 의한 소비 동력을 구하여라.

[풀이] 축의 원주속도는

$$v = r\omega = \frac{d}{2 \times 1000} \frac{2\pi N}{60} = \frac{\pi d N}{1000 \times 60} = \frac{\pi \times 100 \times 300}{1000 \times 60} = 1.5 \ [\text{m/s}]$$

$$W_f = \mu P v = 0.2 \times 2000 \times 1.5 = 600 \ [\text{N} \cdot \text{m/s}]$$

마찰일을 마찰 손실 동력으로 바꾸면

$$H_f = \frac{\mu P v}{1000} = \frac{600}{1000} = 0.6 \ [\text{kW}]$$

7.2.2 스러스트 베어링의 설계

스러스트 베어링은 하중이 축방향으로만 작용하기 때문에 굽힘 강도는 고려하지 않고, 베어링 압력과 마찰열만으로 설계를 한다.

1. 베어링의 압력

피벗 베어링은 그림 7.12와 같이 축의 접촉면에서의 미끄럼 속도는 중심부에서 바깥쪽으로 갈수록 크게 되고, 마찰 일량과 마멸량도 바깥쪽으로 갈수록 커진다.

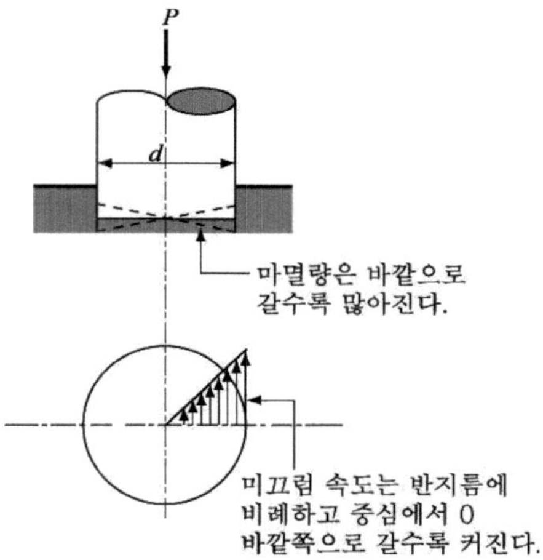

그림 7.12 피벗 베어링의 미끄럼 속도와 마멸량

또, 얼마동안 운전을 한 후 압력 분포를 보면 그림 7.13 (a)와 같이 바깥쪽일수록 압력이 낮고, 중심부는 아주 높은 압력이 된다. 따라서 중심부에서는 좁은 면적에 큰 압력이 작용하므로 유막이 파괴되어 과열로 베어링이 녹아 붙게 된다. 이와 같은 현상을 피하기 위해서 그림 7.13(b)와 같이 중심부를 오목하게 하던지 그림 7.13(c)와 같은 칼라 베어링을 사용한다.

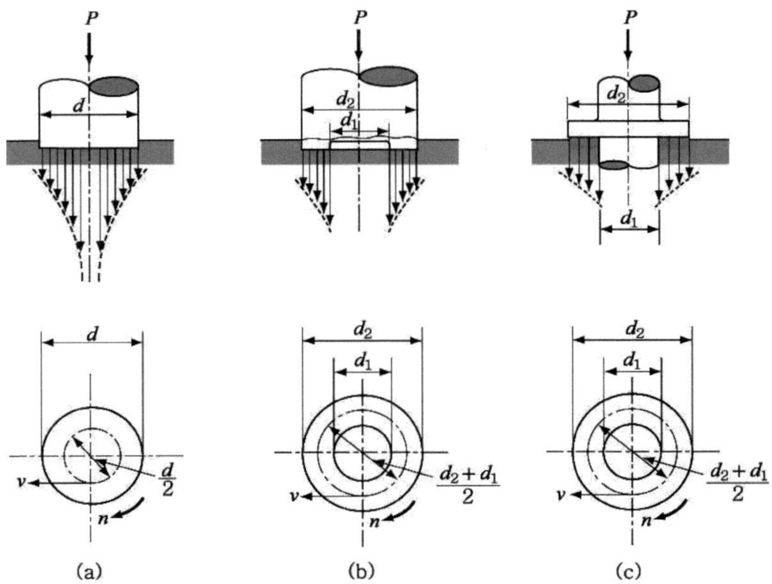

그림 7.13 피벗 베어링의 압력 분포

(1) 피벗 베어링의 경우

그림 7.13 (a),(b)와 같은 피벗 베어링의 경우, 베어링 압력 p 는 다음과 같다.

$$\left.\begin{aligned} &\text{(a)의 경우 } p = \frac{P}{\dfrac{\pi d^2}{4}} \\ &\text{(b)의 경우 } p = \frac{P}{\dfrac{\pi}{4}({d_2}^2 - {d_1}^2)} \end{aligned}\right\} \qquad (7.12)$$

(2) 칼라 베어링의 경우

칼라 베어링의 경우는 그림 7.13(c)에 칼라의 수 z 를 추가하면 된다. 이 때 베어링 압력 p 는 다음과 같다.

$$p = \frac{P}{z\,\dfrac{\pi}{4}({d_2}^2 - {d_1}^2)} \qquad (7.13)$$

2. 마찰열을 고려한 설계

레이디얼 베어링에서 설명한 것과 같이 스러스트 베어링에서도 축이 회전할 때 발생되는 마찰열은 발열 계수와 밀접한 관계를 가지고 있다. 따라서 베어링을 설계할 때는 발열 계수값으로부터 다음과 같이 계산할 수 있다.

그림 7.13 (a)와 같은 피벗 베어링에서 접촉면의 원주 속도는 반지름의 위치에 따라 다르므로 접촉면의 평균 반지름이 되는 곳의 원주 속도를 평균 속도로 사용한다.

즉, 평균 속도 $v = r\omega = \frac{d/2}{2\times 1000}\frac{2\pi N}{60}$ 이고, $p = \frac{P}{\pi d^2/4}$ 이므로

$$pv = \frac{P}{\pi d^2/4}\cdot\frac{d/2}{2\times 1000}\frac{2\pi N}{60}\ [\text{MPa}\cdot\text{m/s}]$$

위 식에서

$$d = \frac{PN}{30000\,pv} \tag{7.14}$$

또, 그림 7.13(b)의 경우에는 평균 속도와 베어링 압력은 다음과 같다.

$$v = \frac{\pi(d_2+d_1)N}{2\times 1000\times 60},\quad p = \frac{4P}{\pi(d_2{}^2-d_1{}^2)}$$

$$v = \frac{(d_2+d_1)/2}{2\times 1000}\frac{2\pi N}{60}\ [\text{m/s}],\ p = \frac{P}{\pi(d_2^2-d_1^2)/4}[\text{MPa}]$$

이 두 식에서 피벗 베어링의 지름을 계산하면

$$d_2 - d_1 = \frac{PN}{30000\,pv}\ [\text{mm}]] \tag{7.15}$$

또, 칼라 베어링의 경우 식 (7.15)에 칼라의 수를 추가하면 다음 식이 된다.

$$d_2 - d_1 = \frac{PN}{30000\,Z\,p\,v}\ [\text{mm}] \tag{7.16}$$

예제 7.5 400 [rpm]으로 회전하고 지름이 150 [mm]인 축에 피벗 베어링이 있다. 베어링면에 닿는 바깥지름이 140 [mm], 안지름이 60 [mm]이다. 허용 베어링 압력을 1 [MPa]로 하면 지지할 수 있는 스러스트 하중은 얼마로 할 수 있을까? 또, 마찰 계수가 0.01이라면 마찰 손실 동력은 얼마인가?

[풀이] 먼저 스러스트 하중을 구한다.

$$P = \frac{\pi}{4}(d_2{}^2 - d_1{}^2)p = \frac{\pi}{4}(140^2-60^2)\times 1 = 12566\ [\text{N}]$$

피벗 베어링의 평균 원주 속도를 구하면

$$v = \frac{(d_2+d_1)/2}{2\times 1000}\frac{2\pi N}{60} = \frac{\pi\times(140+60)\times 400}{2\times 1000\times 60} = 2.1\ [\text{m/s}]$$

마찰 손실 동력은 식 (7.8)에 의해 구한다.

$$H_f = \frac{\mu P v}{1000} = \frac{0.01 \times 12566 \times 2.1}{1000} = 0.26 \text{ [kW]}$$

예제 7.6 지름이 300 [mm]인 축에 120 [kN]의 스러스트가 작용하는 칼라 베어링에서 칼라의 바깥지름이 350 [mm], 안지름이 280 [mm]이다. 허용 베어링 압력이 0.5 [MPa]이라면 칼라의 수를 얼마로 하면 되겠는가?

[풀이] 식 (7.13)에서

$$Z = \frac{P}{\frac{\pi}{4}(d_2{}^2 - d_1{}^2)p} = \frac{120000}{\frac{\pi}{4} \times (350^2 - 280^2) \times 0.5} = 6.9 \text{ [개]}$$

그러므로 칼라의 수는 7개로 한다.

예제 7.7 50 [kN]의 하중을 받으면서 250 [rpm]으로 회전하는 칼라 베어링에서 칼라의 안지름이 150 [mm]이면 칼라의 바깥지름은 얼마로 하면 되겠는가? 다만, 칼라의 수는 3개이고, $p\,v$ = 2.5 [MPa · m/s]로 한다.

[풀이] 식 (7.16)에서

$$d_2 = \frac{P N}{30000\, Z p v} + d_1 = \frac{50000 \times 250}{30000 \times 3 \times 2.5} + 150 = 206 \text{ [mm]}$$

7.3 마찰과 윤활

7.3.1 마찰

그림 7.14와 같이 물체가 평면 위를 일정한 속도로 미끄러지고 있을 때 접촉면에는 미끄럼 마찰이 생기게 된다.

미끄럼 마찰에서 마찰 계수는 일정한 값을 갖는 계수가 아니고, 접촉면의 재질, 접촉면의 상태, 윤활제의 유무, 그 종류나 양, 하중의 크기, 온도, 기타의 조건에 따라 크게 변한다. 마찰 상태를 윤활제의 유무에 따라 다음 3가지 경우로 나눌 수 있다.

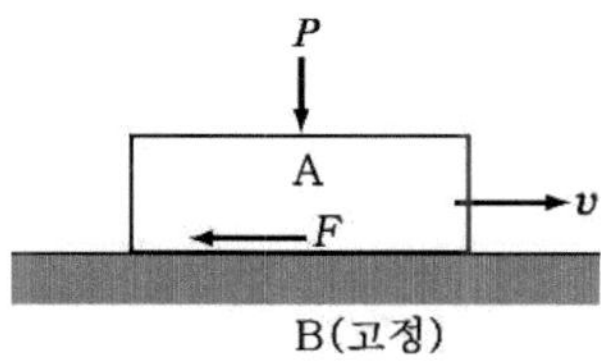

그림 7.14 미끄럼 마찰

1. 고체 마찰

고체 마찰(solid friction)은 접촉면에 윤활제(lubricant)가 없는 경우의 마찰로 **건조 마찰**(dry friction)이라고도 한다. 그 상태는 재료의 탄성, 접촉면의 거칠기, 접촉 압력, 상대 속도 등에 따라 변하므로 마찰 계수도 이들의 영향을 받아 아주 잘 연마된 면이라도 그 값은 0.14~0.25 정도이며, 다른 마찰 상태에 비하여 마찰 계수가 크다. 그러므로 이 마찰 상태는 마찰 저항이 가장 커서 마멸과 발열을 일으키므로 베어링에는 절대로 존재해서는 안 된다.

2. 경계 마찰

저널과 베어링 사이에 윤활제가 있으면 저널의 회전으로 윤활제는 저널과 베어링 사이의 넓은 부분에서 차츰 좁은 부분으로 밀려들어가므로 유압이 점점 높아져 그림 7.15 (a)와 같은 유압 분포가 되고 하중의 일부를 받는 것과 같이 된다. 이 상태를 **반유체 마찰** 또는 **경계 마찰**(boundary friction)이라 부른다.

3. 유체 마찰

회전수가 다시 증가하면 유압이 차츰 높아지고 이 합력이 하중보다 크게 되면 그림 7.15 (b)와 같이 저널은 유막(oil film)의 위로 떠오른다. 이 마찰 상태를 **유체 마찰**(fluid friction)이라 하고, 저널과 베어링은 직접 접촉을 하지 않고 유막을 사이에 두고 접촉을 하기 때문에 마찰 계수는 아주 작다. 이 마찰은 윤활유의 점성에만 기인하는 것이며, 접촉면의 재질, 표면 상태에는 관계가 없으므로 마찰이나 발열이 적어 가장 양호한 상태이다.

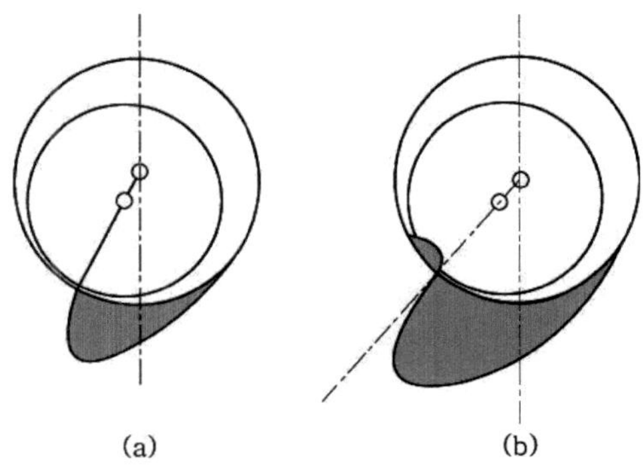

그림 7.15 윤활유의 압력

그러므로 유막의 두께에 따라 유체 마찰, 경계

마찰, 건조 마찰의 혼재 상태가 있으며, 회전 속도가 줄어들면 차츰 건조 마찰에 비슷한 상태로 옮겨 간다.

7.3.2 윤활

1. 유체의 전단력

윤활제는 베어링의 종류, 용도에 따라 여러 가지가 있으나 그 주된 목적은 마찰 계수와 마멸의 감소, 녹아 붙음의 방지, 냉각, 밀봉, 녹방지 및 청정 작용 등이다. 그러므로 윤활 목적을 달성하기 위해 올바른 윤활제를 사용해야 한다.

윤활제의 대부분은 액체이고, 기타 반고체형의 그리스와 고체형의 고체 윤활제가 있다. 윤활유는 식물성도 있으나 현재는 화학적으로 안정되고, 가격이 싼 석유 제품이 널리 사용된다.

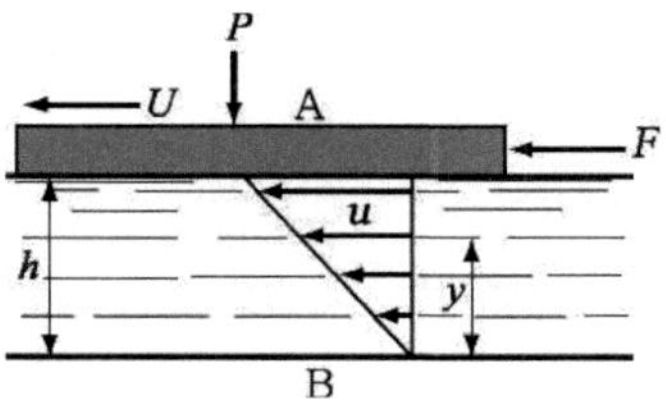

그림 7.16 전단력과 속도 구배

그림 7.16에서 A와 B사이에 윤활유가 들어 있다. 판자 A가 힘 F에 의해 속도 U로 운동할 때, 판의 바로 아래에 있는 윤활유의 미소층은 판자와 함께 이동하지만 최하단 부분은 전혀 이동을 하지 않는다.

이 때, 임의의 층에 있는 속도 u는 거리 y에 비례한다. 따라서 한 면이 상대면에 대하여 미끄러질 때 나타나는 미끄럼 저항을 점도라 한다.

점성 유체는 뉴턴(Newton)의 법칙에 의하여 유체의 전단 강도 τ는 속도변화율에 비례하므로 다음과 같이 된다.

$$\tau = \frac{F}{A} = \eta \frac{du}{dy} \tag{7.17}$$

여기서, η는 비례 상수로서 **점성 계수**(coefficient of viscosity) 또는 절대 점도라 한다.

속도 U로 움직이는 판자와 고정판 사이에 거리가 h이고, 속도가 선형적으로 변하므로 속도 구배는 U/h가 된다. 따라서 식 (7.17)은 다음과 같이 표현된다.

$$\tau = \frac{F}{A} = \eta \frac{U}{h} \tag{7.18}$$

점성계수는 다음과 같이 표현된다.

$$\eta = \frac{\mathrm{F\,[dyne]} \times \mathrm{h\,[cm]}}{\mathrm{A\,[cm^2]} \times \mathrm{U\,[cm/s]}} = \frac{\mathrm{Fh}}{\mathrm{AU}}\mathrm{[dyne \cdot s/cm^2]} \tag{7.19}$$

2. 점도

윤활유의 성질 중에서 가장 중요한 것이 점도(viscosity)이며, 마찰면에 생기는 유막의 두께와 관계가 있다. 즉, 점도가 알맞지 않으면 유막이 지나치게 얇아져 마찰이 증가하여 녹아 붙음을 일으키고, 유막이 지나치게 두꺼우면 윤활유의 낭비가 많아진다.

점도의 단위는 단위계에 따라 다르다. CGS 단위계에서 **절대 점도**(absolute viscosity)의 단위를 **포아즈**(Poise)라 하고, 기호는 P로 나타내며, SI 단위로 환산하면 다음과 같다.

$$1\,\mathrm{P} = 1\,[\mathrm{dyn}\cdot\mathrm{s/cm^2}] = 0.1\,[\mathrm{N}\cdot\mathrm{s/m^2}] = 0.1\,[\mathrm{Pa}\cdot\mathrm{s}]$$

윤활유의 점도는 대부분 1 포아즈 보다 작으므로 점도의 실용 단위로서 절대 점도의 1/100을 취하여 **센티포아즈**(centi-Poise), 즉 cP로 나타낸다.

$$1\,\mathrm{cP} = 10^{-3}\,[\mathrm{Pa}\cdot\mathrm{s}] = 1\,[\mathrm{mPa}\cdot\mathrm{s}]$$

또, 점성 계수를 η, 기름의 밀도를 ρ라 할 때 동점성 계수(동점도) ν는 다음과 같다.

$$\nu = \frac{\eta}{\rho} \tag{7.20}$$

$$\eta\,[\mathrm{Pa}\cdot\mathrm{a}] = \nu\,[\mathrm{m^2/s}] \times \rho\,[\mathrm{kg/m^3}]$$

ASTM에서는 점도를 결정하기 위하여 세이볼트 유니버설 점도계(Saybolt Universal Viscosimeter, 기호 SUV)를 사용하는데, 표준 규격은 지름이 0.176 [cm], 길이 1.225 [cm]인 유리관에 60 cc의 윤활유를 특정 온도하에서 빠져 나가는 시간을 초단위로 측정하여 계산하는 방법이다. 이렇게 측정한 점도를 동점성 계수(kinematic viscosity)라 하는데, 과거에는 $[\mathrm{m^2/s}]$의 단위가 사용되었으며, 이 단위를 **스토크스**(Stokes)라 하고, St의 기호로 나타낸다.

1 St의 1/100을 센티스토크스(centiStokes)라 하고, cSt의 기호로 나타낸다. 윤활유의 점도는 온도의 상승에 따라 급격히 감소하고, 밀도는 온도 상승과 더불어 저하한다.

$$1\,\mathrm{St} = 1\,[\mathrm{cm^2/s}] = 1\times10^{-4}\,[\mathrm{m^2/s}]$$

$$1\,\mathrm{cSt} = 1\times10^{-6}\,[\mathrm{m^2/s}] = 1\,[\mathrm{mm^2/s}]$$

유체의 점성 계수를 직접 측정하는 것은 곤란하므로 측정하기 쉬운 동점성 계수를 사용한다. 윤활유의 밀도는 온도 상승에 따라 감소하게 되며 다음 식으로 구한다.

$$\rho = \rho_o - 0.657\,(t - t_o) \tag{7.21}$$

여기서 ρ_o : t_o ℃에서의 밀도 $[\mathrm{kg/m^3}]$

ρ : t ℃일 때의 밀도

3. 페트로프의 베어링 방정식

그림 7.17과 같이 베어링 내에서 회전하는 저널을 생각해 보자. 베어링에 작용하는 하중은 매우 작고, 틈새에는 윤활유가 가득 차 있으며, 윤활유의 누출은 없다고 가정한다. 저널 반지름을 r, 저널과 베어링과의 틈새를 c, 베어링 길이를 l, 저널의 회전수를 N이라 하면, 저널의 표면 속도 $U = r\dfrac{2\pi N}{60}$이 된다. 이 값을 식 (7.18)에 대입하면 다음과 같다.

$$\tau = \eta\frac{U}{h} = \eta\frac{2\pi r N}{60c} \tag{7.22}$$

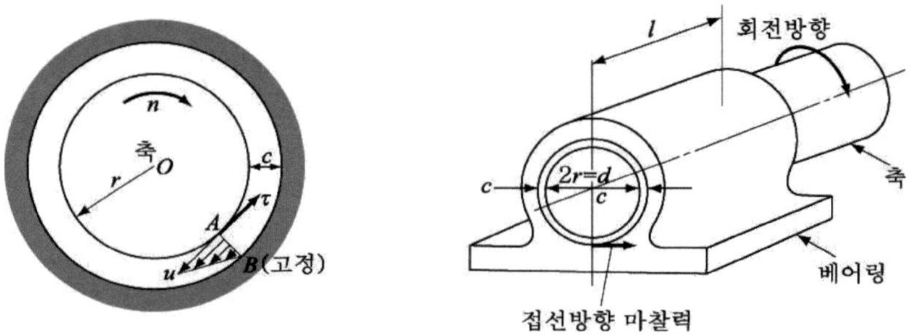

그림 7.17 페트로프의 법칙

유막을 전단시키는데 필요한 힘은 전단 응력에 면적을 곱한 값과 같고, 저널을 회전시키는데 필요한 마찰토크는 유막을 전단시키는데 필요한 힘에 모멘트의 팔을 곱한 것과 같으므로 마찰토크 T_f는 다음과 같다.

$$T_f = (\tau A)r = \eta\frac{2\pi r N}{60c}(2\pi r l)r = \frac{4\pi^2\eta l r^3 N}{60c} \tag{7.23}$$

한편, 베어링 압력 p, 베어링 하중을 P라 하면 토크는

$$T_f = \mu P r = \mu(2rlp)r = 2r^2\mu l p$$

이다. 위 두식을 이용하여 마찰 계수를 구한다.

$$2r^2\mu l p = \frac{4\pi^2 r^3 l}{c}\cdot\frac{\eta N}{60}$$

$$2r^2\mu l p = \eta\frac{4\pi^2 r^3 N l}{60c}$$

$$\mu = \frac{\pi^2}{30} \cdot \eta \frac{N}{p} \cdot \frac{r}{c} = \frac{\pi^2}{30} \cdot \eta \frac{N}{p} \cdot \frac{1}{\phi} \tag{7.24}$$

이 식을 **페트로프의 베어링 방정식**(Petroff's bearing equation)이라 부르고, 편심이 작을 때의 미끄럼 베어링의 마찰 계수를 나타낸다. 여기서 $\eta \frac{N}{p}$를 **베어링 계수**(bearing modulus)라 하고, $\phi = c/r$ 를 **틈새비**라 하며, 두 값은 무차원으로서 미끄럼 베어링의 성능을 결정하는 중요한 변수(parameter)가 된다.

무차원 하중 지지력을 나타내는 무차원 좀머펠트 수(Sommerfeld number)는 다음과 같으며, 좀머펠드수가 같으면 같은 베어링으로 취급한다.

$$S = (\frac{r}{\delta})^2 \eta \frac{N}{p} \tag{7.25}$$

4. 안정 윤활

베어링 계수에 대한 마찰 계수의 변화 선도는 맥키(Mckee) 형제가 행한 실제 마찰 실험에 의하여 그림 7.18과 같이 얻어졌다. 이 선도는 베어링의 안정성을 정의하고, 또한 유체 윤활, 경계 윤활을 이해하는 데 도움이 된다.

그림에서 베어링 계수는 어느 값을 넘으면 그 오른쪽에서는 마찰 계수는 비교적 완만하게 상승하지만, 반대로, 왼쪽은 급히 하강한다. 오른쪽 영역에서 저널은 유막의 압력에 의하여 베어링 내면에서 떠올라 있고, 유막의 두께는 비교적 두꺼워 미끄럼면이 서로 금속 접촉을 일으키지 않는다. 따라서 윤활 성능은 점성 유체의 성질에 의해 지배된다. 이와 같은 윤활를 **유체 윤활**(fluid lubrication) 또는 **완전 윤활**(perfect lubrication) 상태라 한다.

그러나, 하중이 증가하거나 회전 속도가 낮아지거나 또는 오일의 점도가 떨어져 베어링 계수가 특정 값 이하로 되면 유막의 두께가 얇게 되고, 그 정도가 심한 경우는 얇은 유막을 사이에 두고 접촉을 시작한다.

유막의 두께가 얇게 되면 급격히 온도 상승이 생기고, 마멸을 일으키게 된다. 이 때, 금속 접촉이 일어나 녹아 붙음이 진전되므로 위험하다. 이와 같은 윤활 상태를 **경계 윤활**(boundary lubrication) 또는 **불완전 윤활**(imperfect lubrication) 상태라 한다.

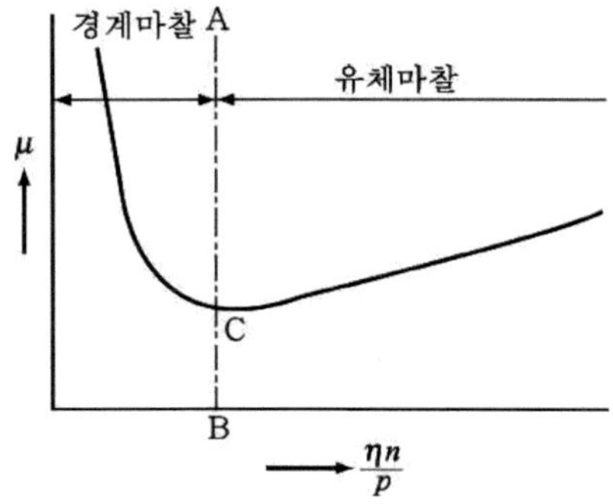

그림 7.18 마찰계수와 베어링계수와의 관계

또, 그림에서 유체 마찰과 경계 마찰과의 경계에 해당하는 가로축 값은 마찰면의 거칠기, 마찰면 재료, 윤활유의 성질 등에 따라 변한다. 그림에서 AB의 오른쪽 영역을 **안정 윤활 영역**(stable lubrication), 왼쪽 영역을 **불안정 윤활 영역**(unstable lubrication)이라 한다. 또, 점 C는 금속과 금속이 접촉하기 시작하는 점으로 **임계점**(critical point)이라 한다.

예제 7.8 12 [mm]의 간격을 유지하는 평행한 평판 사이의 점성 계수가 15.14 P(poise)인 윤활유가 가득 차 있다. 아래판을 고정하고, 위판을 3 [m/s]의 속도로 움직일 때 윤활유 속에 생기는 전단 강도를 구하여라.

[풀이] 점성 계수 1 P(poise)는 0.1 [Pa · s] 이므로 전단 강도는 다음과 같이 구한다.

$$\tau = \eta \frac{U}{h} = 1.514 \times \frac{3}{0.012} = 378.5\ [\mathrm{Pa}]$$

예제 7.9 어떤 원심 펌프에서 축지름이 80 [mm], 저널의 길이 120 [mm], 하중이 500 [N], 회전수가 1200 [rpm]일 때 베어링으로 화이트 메탈을 사용하였다. 윤활유의 점도가 9.2 [m Pa · s] (10^{-3} [N · s/m^2]) 이고, 베어링의 틈새가 0.05 [mm] 일 때 발열계수, 마찰계수와 마찰토크 그리고 동력손실을 구하여라.

[풀이] 먼저 베어링 압력과 발열 계수를 계산하여 허용 범위 내에 있으면 안전하다.

발열계수는

$$p = \frac{P}{dl} = \frac{500}{0.08 \times 0.12} = 52.08\ [\mathrm{kPa}]$$

$$v = \frac{d}{2 \times 1000} \frac{2\pi N}{60} = \frac{80 \times \pi \times 1200}{1000 \times 60} = 5.03\ [\mathrm{m/s}]$$

$$pv = 52.08 \times 10^3 \times 5.03 = 0.26\ [\mathrm{MPa \cdot m/s}]$$

마찰 계수는 페트로프의 베어링 방정식을 이용하여 구한다.

$$\mu = \frac{\pi^2}{30} \cdot \eta \frac{N}{p} \cdot \frac{r}{c} = \frac{\pi^2}{30} \times 0.0092 \times \frac{1200}{52080} \times \frac{40}{0.05} = 0.0058$$

마찰토크는 식(7.23a)으로 부터

$$T_f = \mu P r = 0.0558 \times 500 \times \frac{0.08}{2} = 1.116\ [\mathrm{N \cdot m}]$$

손실동력은

$$H_f = \frac{TN}{9549} = \frac{1.116 \times 1200}{9549} = 0.14\ [\mathrm{kW}]$$

가 된다.

7.3.3 급유법

베어링에 윤활유를 계속 공급해서 축과 베어링 사이에 얇은 유막을 만들어 마멸을 방지해야 한다. 일반적인 베어링에 윤활유를 공급하여 주는 방법에는 다음과 같은 것이 있다.

(1) 적하 급유법(drop lubrication)

그림 7.19와 같이 오일 컵(oil cup)을 사용하여 모세관 현상이나 사이펀(siphon) 작용으로 윤활유를 급유하는 것으로 원주 속도가 4~5 m/s 정도의 저·중하중에 쓰인다. 그림 7.19(b)는 오일 컵을 확대해 나타낸 것이다.

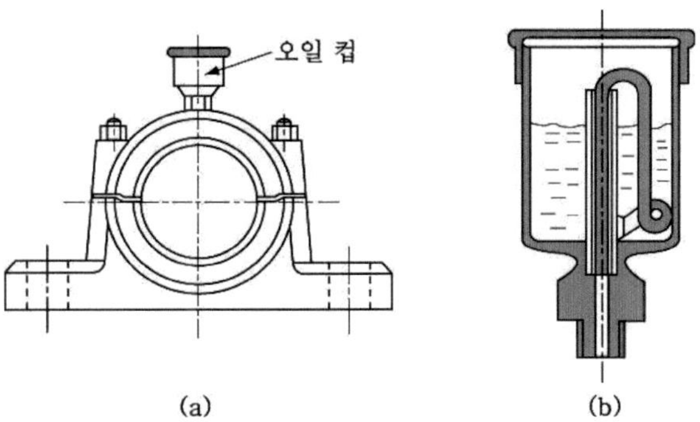

그림 7.19 적하 급유법

(2) 오일링 급유법(oil ring lubrication)

레이디얼 미끄럼 베어링에 널리 사용되고 있는 것으로 그림 7.20과 같이 베어링 아랫 부분에 기름을 채우고 축에 링을 걸쳐 놓았다. 축이 회전하면 링도 함께 회전하여 윤활유통에 있는 윤활유를 축 위쪽으로 공급한다.

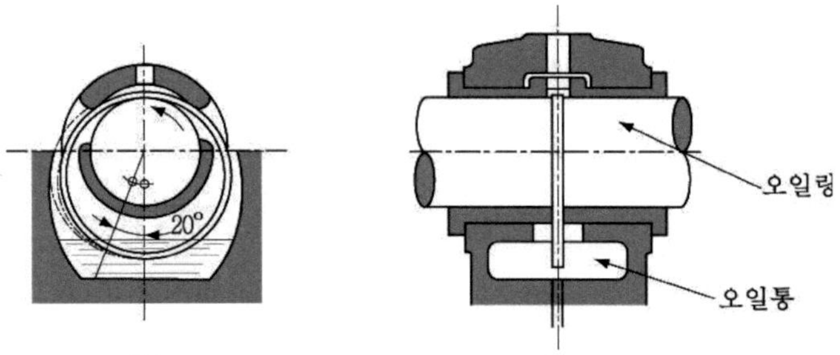

(a) (b)

그림 7.20 오일링 급유법

(3) 패드 급유법(pad lubrication)

그림 7.21에 나타낸 바와 같이 윤활유통에 모세관 작용을 하는 패드를 넣어 스프링에 의해 축에 눌러 붙여 놓는 방법으로 철도 차량의 베어링에 많이 사용되고 있다.

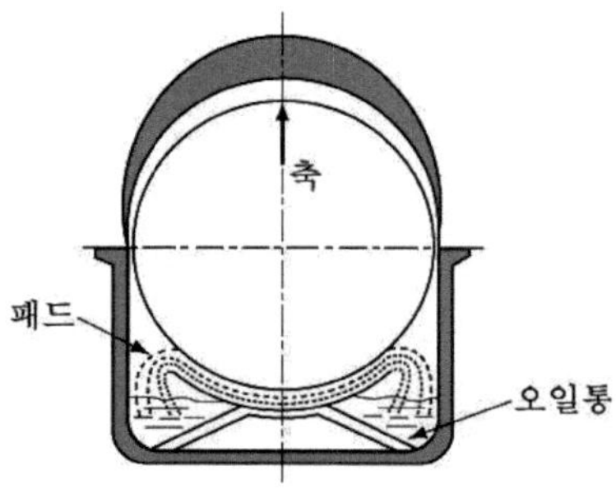

그림 7.21 패드 급유법

(4) 침지 급유법(i[mm]ersion lubrication)

베어링을 윤활유 속에 담그는 방법으로 주위를 밀폐시켜야 하기 때문에 레이디얼 베어링에서는 부적합하며, 수직축에 칼라 베어링 등의 급유법으로 사용한다.

(5) 비산 급유법(splash lubrication)

그림 7.22와 같이 내연기관의 크랭크축에 급유할 때 사용하는 것으로 크랭크축이 회전하면 크랭크축에 붙어 있는 국자가 오일을 퍼올려 뿌리는 구조로 되어 있다.

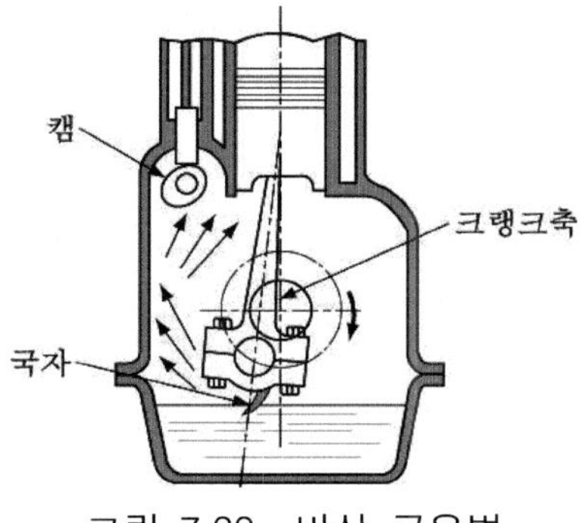

그림 7.22 비산 급유법

(6) 순환 급유법(circulating lubrication)

이 급유법에는 중력을 이용하는 방법과 그림 7.23과 같은 강제 압력에 의한 방법 등이 있다. 전자는 어느 높이에 놓인 윤활유 탱크에서 분배관을 통하여 윤활유를 각 베어링에 보내며, 베어링에서 배출된 윤활유는 밑에 고여 펌프에 의해 다시 윤활유 탱크로 되돌아간다. 또, 강제 압력에 의한 것은 오일 펌프, 플런저 펌프 등에 의하여 압송 급유하는 것으로 베어링에서 배출된 윤활유는 다시 처음의 펌프로 되돌아가 순환 급유가 된다. 어느 것이든 고속 내연기관, 증기 터어빈, 기타 공작기계 등에 사용된다.

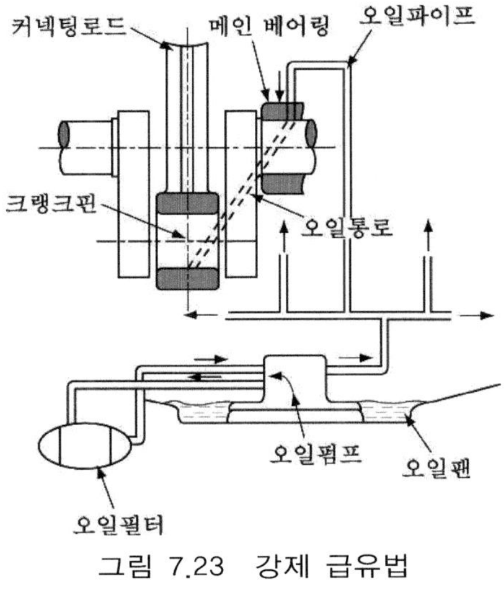

그림 7.23 강제 급유법

연습문제

1. 발열 계수란 무엇이며, 이 값이 베어링 설계에 어떤 영향을 미치는지 알아보자.
2. 발생되는 마찰열과 이것을 방산시키는 열량 사이의 관계를 설명해 보자.
3. 경계 마찰과 유체 마찰에 대하여 설명해 보자.
4. 페트로프의 베어링식을 유도하고 식 중의 각 변수는 어떠한 것을 결정하는데 쓰이는지 알아보자.
5. 베어링 계수에 대한 마찰 계수의 변화 선도에 대하여 설명해 보자.
6. 급유법의 종류를 열거하여라.
7. 저널 베어링으로 지름 50 [mm]의 전동축을 지지한다. 최대 허용 압력을 6 [MPa], 폭경비를 2.0이라고 할 때 최대 베어링 하중을 구하여라. 답 ($P=$ 30 [kN])
8. 끝 저널 베어링에서 폭경비가 1.5, 저널에 생기는 최대 굽힘 응력이 40[N/mm^2]일 때 베어링 압력은 얼마인가? 답 ($p_a=$ 3.5 [MPa])
9. 회전수 600 [rpm], 베어링 하중 12 [kN]의 저널 베어링의 지름과 나비를 결정하여라. 다만, 허용 베어링 압력 1 [MPa], 폭경비 2.0으로 하라.
   답 ($d=$ 80 [mm], $l=$ 160 [mm])
10. 지름 155 [mm], 길이 240 [mm]인 압축기의 메인 베어링이 270 [rpm]으로 41 [kN]의 최대 베어링 하중을 받고 있다. 최대 베어링 압력과 pv값을 계산하여라.
    답 ($p=$ 1.1 [MPa], $pv=$ 2.41 [MPa · m/s])
11. 안지름 50 [mm], 길이 80 [mm]의 저널 베어링을 회전수 300 [rpm]의 전동축에 사용할 때 안전하게 지지할 수 있는 최대 베어링 하중을 구하여라. 다만, 허용 pv값을 1 [MPa · m/s]로 한다. 또, 마찰 계수를 0.06이라고 하면 마찰 손실 동력은 몇 [kW]인가? 답 ($P=$ 5093 [N], $H_f=$ 0.24 [kW])
12. 회전수 125 [rpm]으로 레디얼 하중 55 [kN]를 받는 끝 저널의 지름과 나비를 결정하여라. 다만, 저널의 허용 굽힘 응력은 60 [N/mm^2], 허용 베어링 압력은 60 [MPa]이다. 또한 동시에 pv값을 2 [MPa · m/s]로 제한한다.
    답 ($d=$ 94.4 [mm], $l=$ 180 [mm])
13. 회전수 900 [rpm]으로 5.3 [kN]의 베어링 하중을 받는 끝 저널의 지름과 나비를 구하여라. 또, 저널에 생기는 굽힘 응력 및 마찰 손실 동력을 구하여라. 다만, 허용 베어링 압력은 0.85 [MPa], 허용 pv값을 2 [MPa · m/s], 마찰 계수는 0.006으로 한다. 답 ($l=$ 125 [mm], $d=$ 50 [mm], $\sigma_b=$ 27 [N/mm^2], $H_f=$ 0.075 [kW])

14. 디젤 엔진의 칼라 베어링이 420 [rpm]으로 9000 [N]의 스러스트 하중을 받고 있다. 베어링 압력과 pv값을 계산하여라. 다만, 칼라의 수는 1, 축의 지름은 100 [mm], 칼라의 지름 220 [mm]이다. 답 (p= 0.3 [MPa], pv= 1.06 [MPa・m/s])
15. 500 [rpm]으로 3.5 [kN]의 스러스트 하중을 받는 칼라 베어링이 있다. 축지름 60 [mm], 칼라의 수 1일 때 칼라의 바깥지름을 결정하여라. 다만, 허용 pv값을 1 [MPa・m/s]로 한다. 답 (d_2 = 118.3 [mm])
16. 프로펠러축의 지름이 200 [mm]이고, 100 [kN]의 스러스트 하중을 받는다. 이에 사용할 칼라 베어링의 지름이 325 [mm]이고, 최대 허용 압력을 0.4 [MPa]라고 할 때, 필요한 칼라의 수를 결정하여라. 답 (Z= 5)
17. 디젤 엔진의 칼라 베어링이 410 [rpm]으로 4.15 [kN]의 스러스트 하중을 받는다. 축지름 90 [mm], 칼라의 지름 170 [mm]일 때, 필요한 칼라의 수를 결정하라. 다만, 허용 pv값을 0.5 [MPa・m/s]로 한다. 답 (Z= 2)
18. 축지름 160 [mm], 칼라의 지름 280 [mm], 칼라의 수가 2인 칼라 베어링이 어느 정도의 스러스트 하중을 받을 수 있는가? 또, 이 때, 회전수는 몇 [rpm]까지 허용할 수 있는가? 다만, 허용 베어링 압력 0.6 [MPa], 허용 pv값 1 [MPa・m/s]이다. 답 (P= 49.8 [kN] N= 145 [rpm])
19. 300 [rpm]으로 회전하는 지름 125 [mm]의 수직축의 아랫쪽에 피벗 베어링으로 지지하고 있다. 피벗 베어링의 밑면은 바깥지름 120 [mm], 안지름 50 [mm]일 때 이 베어링이 지지할 수 있는 스러스트 하중을 구하여라. 또, 마찰 계수를 0.012라고 하면 마찰 손실 동력은 몇 [kW]인가? 다만, 허용 베어링 압력 1.5 [MPa], 허용 pv값은 1.5 [MPa・m/s]이다. 답 (P= 14020 N, H_f= 0.23 [kW])

8
Chapter

구름 베어링

구름 베어링은 구름 접촉을 하기 때문에 미끄럼 베어링에 비해 마찰이 작아 마찰 손실이 적고, 또 윤활유로 인한 기계의 오손이 적으며, 고속 회전에 사용할 수 있다. 그러나 전동체와 궤도륜이 점접촉이나 선접촉을 하기 때문에 충격에 약하고, 소음이 생기기 쉬운 결점이 있다.

8.1 구름 베어링의 구조와 종류

8.1.1 구름 베어링의 구조

구름 베어링은 그림 8.1과 같이 상대하고 있는 2개의 **궤도륜**(race ring) 사이에 **전동체**(rolling element)가 들어있어 구름 운동을 한다.

전동체는 **리테이너**(retainer)에 의하여 일정한 간격을 유지하도록 되어 있고, 궤도륜은 **내륜**(inner race)과 **외륜**(outer race)으로 구성되어 있고, 보통 내륜은 축에 고정, 외륜은 축 하우징에 끼워진다. 궤도면(ring surface)의 형상은 외륜의 안쪽과 내륜의 바깥쪽에 홈이 설치되어 있어, 두 홈 사이에 전동체를 삽입하고 조립한다.

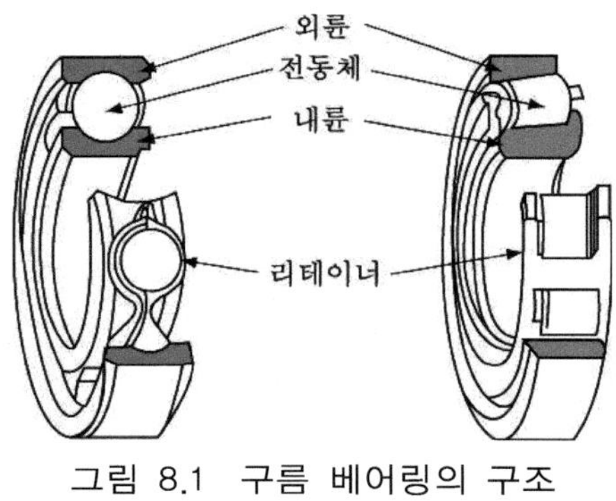

그림 8.1 구름 베어링의 구조

전동체에는 그림 8.2와 같이 볼(ball)과 롤러(roller)가 있으며, 구형인 것을 볼 베어링, 원통형인 것을 롤러 베어링이라 한다. 롤러 베어링 중에는 원통 롤러 베어링(cylindrical roller bearing), 니들 롤러 베어링(needle roller bearing), 테이퍼 롤러 베어링(taper roller bearing), 및 구면 롤러 베어링(spherical roller bearing) 등이 있다.

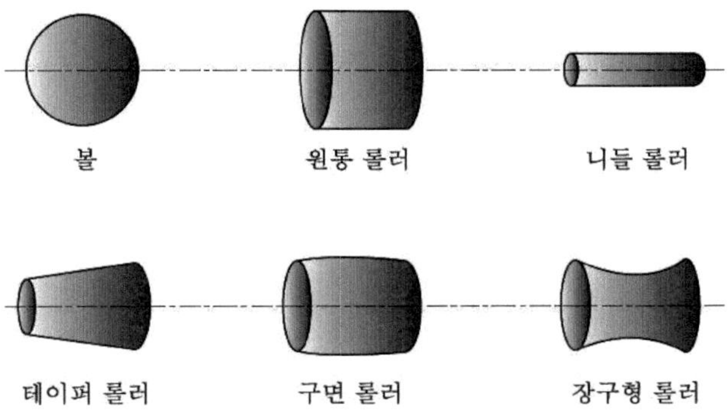

그림 8.2 전동체의 형상

8.1.2 구름 베어링의 종류

구름 베어링은 앞에서 설명한 것과 같이 크게 볼 베어링과 롤러 베어링으로 나누며, 또 하중을 받는 방법에 따라 그림 8.3과 같이 레이디얼 베어링(축 직각 방향의 하중을 받는 베어링)과 스러스트 베어링(축방향 하중을 받는 베어링)으로 나눈다. 이 밖에 전동체의 열수에 의하여 단열, 복열이 있고, 내륜, 외륜의 어느 한쪽이 분리되는가의 여부에 따라 분리형과 비분리형이 있다.

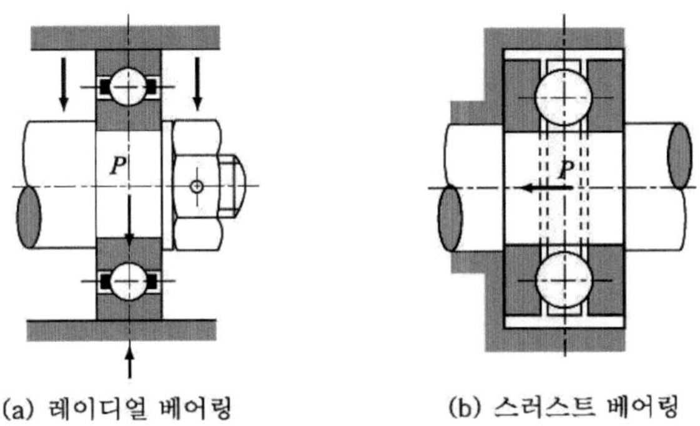

그림 8.3 레이디얼 베어링과 스러스트 베어링

1. 레이디얼 구름 베어링

① 깊은 홈 볼 베어링(single row ball bearing) : 구름 베어링 중에서 가장 널리 사용되는 것으로 내륜과 외륜 모두 원호 모양의 깊은 홈이 있다. 축에 내륜을 압입하고, 외륜은 하우징에 고정하며, 내륜과 외륜을 분리할 수 없다. 때로는 내륜을 고정하고, 외륜

을 회전시키는데 사용할 수도 있다.

② 매그니토 볼 베어링(magneto ball bearing) : 외륜 궤도면 한쪽에는 플랜지가 없고 분리형으로 되어 있어 분리와 조립이 편리하다. 접촉각이 작고, 축 방향 변위를 허용할 수 있으나 부하 하중이 작아, 깊은 홈 볼 베어링보다 경하중용에 사용된다.

③ 앵귤러 콘텍트 볼 베어링(angular contact ball bearing) : 볼과 내외륜과의 접촉점을 잇는 직선이 레이디얼 방향에 대해서 어느 각도를 이루고 있기 때문에 앵귤러 콘텍트라 하고, 이 각도를 접촉각이라 한다. 구조상 레이디얼 하중 외에 한 방향의 스러스트 하중을 받는 경우에 적합하고, 접촉각이 클수록 스러스트 부하 능력이 증가한다.

④ 자동 조심 볼 베어링(self-aligning ball bearing) : 이 베어링은 외륜의 궤도면이 구면으로 되어 있어, 그 중심이 베어링 중심과 일치하고 있기 때문에 자동적으로 중심을 맞출 수 있다. 축이나 베어링 하우징의 설치시에 생기는 축심의 어긋남을 조절할 수 있어 무리한 힘이 생기지 않는다. 그러나 스러스트 하중하에서는 효과가 저하한다.

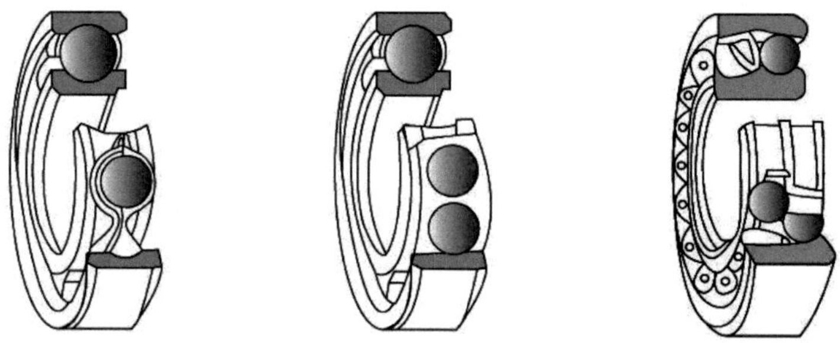

(a) 단열 깊은 홈 볼 베어링 (b) 단열 앵귤러 볼 베어링 (c) 자동 조심 볼 베어링

그림 8.4 레이디얼 구름 베어링

⑤ 원통 롤러 베어링(cylindrical roller bearing) : 전동체로 원통 롤러를 사용하기 때문에 선접촉을 하며, 레이디얼 방향의 부하 용량이 크다. 따라서 무거운 하중, 고속 회전에 적합하다.

⑥ 테이퍼 롤러 베어링(taper roller bearing) : 전동체로 테이퍼 롤러를 사용한 베어링으로 내륜, 외륜 및 롤러 원추의 정점이 축선상의 한 점에 집중되며, 롤러는 내륜의 턱에 의하여 안내된다. 따라서 레이디얼 하중과 스러스트 하중의 합성 하중에 대한 부하 능력이 크다.

⑦ 구면 롤러 베어링(spherical roller bearing) : 표면이 구면으로 되어 있는 롤러를 전

동체로 사용한 것으로서, 자동 조심 작용이 있어 축심의 어긋남을 자동적으로 조절한다. 레이디얼 부하 용량이 크고, 구면을 이용하여 양 방향의 스러스트 하중에도 견딜 수 있으므로 중하중 및 충격 하중에 적합하다.

⑧ 니들 롤러 베어링(needle roller brearing) : 이 베어링은 바늘 모양의 롤러를 사용한 것으로서 일반적으로 리테이너는 없으며, 내외륜이 있는 것과 내륜이 없고 축에 직접 접촉하는 구조의 것이 있다. 니들 롤러 베어링은 축지름에 비하여 바깥지름이 작고, 부하 용량이 크므로 다른 롤러 베어링을 사용할 수 없는 좁은 장소나 충격 하중이 있는 곳에 사용된다.

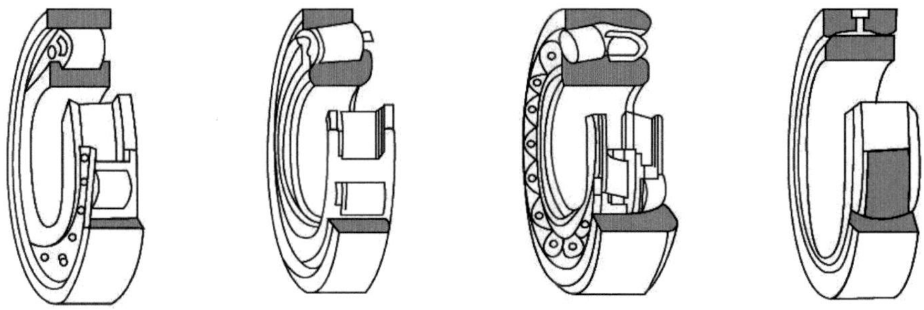

(a) 원통 롤러 베어링 (b) 테이퍼 롤러 베어링 (c) 자동 조심 롤러 베어링 (d) 니들 롤러 베어링

그림 8.5 롤러 베어링

2. 스러스트 구름 베어링

① 스러스트 볼 베어링 : 스러스트 하중만을 받는 베어링으로 고속 회전에는 부적합하다. 그림 8.6과 같이 단식은 스러스트 하중이 한 방향일 경우에, 복식은 양 방향일 경우에 쓰인다. 단식에서는 회전륜과 고정륜 사이에 볼을 넣어 사용하고, 한 방향의 스러스트를 받는 경우에만 사용하며, 고속 회전에는 부적합하다.

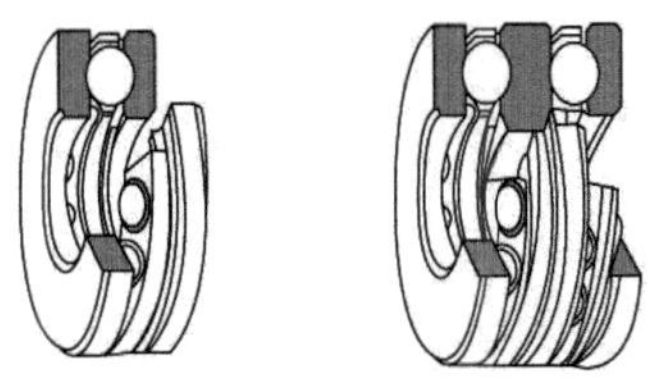

(a) 단식 스러스트 볼 베어링 (b) 복식 스러스트 볼 베어링

그림 8.6 스러스트 볼 베어링

② 스러스트 구면 롤러 베어링(thrust spherical roller bearing) : 구면 롤러는 그림 8.7과 같이 접촉각을 40~50°정도로 경사시켜서 배열한 것으로서 고하중을 받을 수 있으나 고속 회전에는 부적합하다. 스러스트 하중이 작용할 때 어느 정도의 레이디얼 하중을 받을 수도 있다. 궤도면은 구면이므로 자동 조심 작용을 한다.

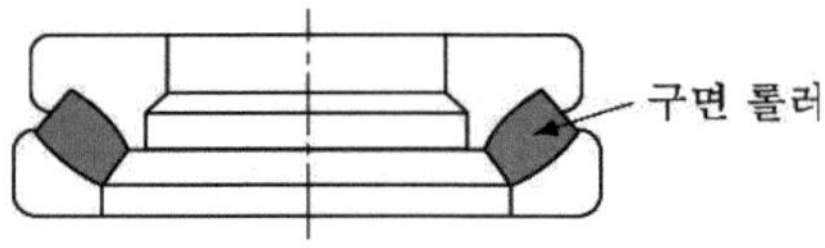

그림 8.7 스러스트 구면 롤러 베어링

8.2 구름 베어링의 규격

8.2.1 구름 베어링의 주요 치수

구름 베어링은 전문 메이커의 제품을 그대로 사용하며, 사용할 때 그림 8.8과 같이 베어링의 크기를 결정하는 주요 치수는 안지름(d), 베어링의 바깥지름(D), 너비(B)(레이디얼 베어링의 경우) 또는 높이 (H)(스러스트 베어링의 경우) 및 모서리의 크기(r) 등으로 나타낸다. 이 주요 치수는 ISO에 따르고 있으므로 국제적으로 공통이다.

또, 구름 베어링은 종류도 매우 많고, 주요 치수도 많기 때문에 KS에서는 반드시 **호칭 번호**(designation for rolling bearing)로 주요 치수를 나타내고 있다.

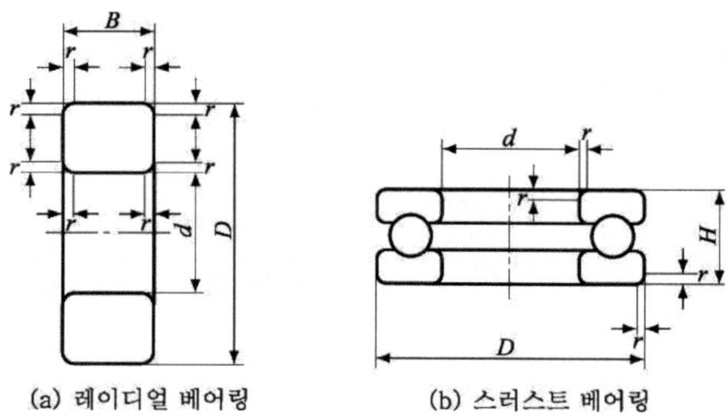

그림 8.8 구름 베어링의 주요 치수

표 8.1 호칭 번호의 구성(KS B 2012)

기본 번호			보 조 기 호					
베어링계열기호	안지름번호	접촉각기호	내부치수	실기호 또는 실드기호	궤도륜모양기호	조합기호	내부틈새기호	등급기호

호칭 번호를 붙이는 목적은 제조나 사용 시 혼란을 방지하고, 또 정리의 편의를 도모하기 위함이다. 따라서 호칭 번호로 주요 치수를 손쉽게 알 수 있으며, 호칭 번호 앞뒤에 붙이는 기호로 그 베어링의 특수한 형태를 알 수 있다. 그러므로 구름 베어링을 구입할 때는 반드시 호칭 번호를 알아야 한다.

호칭 번호는 기본 번호(형식 기호, 계열 기호, 안지름 번호 및 접촉각 기호)와 보조 기호로 구성되어 있는데, 형식 기호와 계열 기호 및 안지름 번호 외에는 필요에 따라 생략할 수 있다.

8.2.2 구름 베어링의 호칭 번호

1. 기본 번호

(1) 베어링 계열 기호

베어링 계열 기호에는 베어링의 각 형식에 따른 형식 기호와 치수 계열 기호로 구성되어 있다.

① 형식 기호 : 형식 기호는 호칭 시 제일 먼저 나오는 기호로 표 8.2와 같이 1, 2, 3, 4인 경우는 복렬 베어링, 6, 7인 경우는 단열 베어링이며, N인 경우는 원통 롤러 베어링을 나타낸다.

② 치수 계열 : 치수 계열은 베어링의 너비(높이) 계열 기호와 지름 계열 기호를 조합한 것이다.

너비(또는 높이) 계열은 크기가 같은 베어링의 안지름에 대해 너비(또는 높이)의 크기를 나타내는 것으로 레이디얼 베어링에서는 (8), 0, 1, 2, 3, (4), (5) 및 (6) 등이 있다. 이 순서로 너비가 커지며, 클수록 중하중에 견디며, 보통 사용하는 것은 0, 1, 2, 3이다.

표 8.2 구름 베어링의 베어링 계열 기호(KS B 2012)

베어링의 형식			형식 기호	치수 기호	베어링 계열 기호
레이디얼 볼 베어링	단열 깊은 홈형		6	17, 18, 19, 10, 02, 03, 04	67, 68, 69, 60, 62, 63, 64
	단열 앵귤러형		7	19, 10, 02, 03, 04	79, 70, 72, 73, 74
	자동 조심형		1	02, 03, 22, 23	12, 13, 22, 23
스러스트 볼 베어링	단식	평면자리형 분리형	5	11, 12, 13, 14	511, 512, 513, 514
	복식	평면자리형 분리형	5	22, 23, 24	522, 523, 524
원통 롤러 베어링	단열	외륜 턱 없음 내륜 양쪽 턱붙이	N	02, 03, 04	N2, N3, N4
	단열	외륜 한쪽 턱붙이 내륜 양쪽 턱붙이	NF	10, 02, 22, 03, 23, 04	NF10, NF2, NF22, NF3, NF23, NF4
	단열	외륜 양쪽 턱붙이 내륜 턱 없음	NU	10, 02, 22, 03, 23, 04	NU10, NU2, NU22, NU3, NU23, NU4
	단열	외륜 양쪽 턱붙이 내륜 한쪽 턱붙이	NJ	02, 22, 03, 23, 04	NJ2, NJ22, NJ3, NJ23, NJ4
	복렬	외륜 턱 없음 내륜 양쪽 턱붙이	NN	30	NN30
	복렬	외륜 양쪽 턱붙이 내륜 턱없음	NNU	49	NNU49
테이퍼 롤러 베어링	단열	분리형	3	29, 20, 30, 31, 02, 22, 22C, 32, 03, 03D, 13, 23, 23C	329, 320, 330, 331, 302, 322, 322C, 332, 303, 303D, 313, 323, 323C
자동 조심 롤러 베어링	복렬	비분리형 외륜 궤도 구면	2	39, 30, 40, 41, 31, 22, 32, 03, 23	239, 230, 240, 241, 231, 222, 232, 213, 223
솔리드형 니들 롤러 베어링	내륜 붙이 외륜 양쪽 턱붙이		NA	48, 49, 59, 69	NA48, NA49, NA59, NA69
	내륜 없음 외륜 양쪽 턱붙이		RNA	-	RNA48, RNA49, RNA59, RNA69

지름 계열은 크기가 같은 베어링의 안지름에 대해 바깥지름의 크기를 나타내는 것으로 (7), (8), (9), 0, 1, 2, 3, 및 4 등이 있고, 이 순서로 바깥지름이 커지며, 클수록 중하중에 견딘다. 보통 사용하는 것은 0, 1, 2, 3, 4로 0과 1은 특별 경하중형, 2는 경하중형, 3은 중간 하중형, 4는 중하중형이라 부른다. 괄호안의 숫자는 잘 안 쓰이는 계열을 의미한다.

앞에서 설명한 너비 계열 기호와 지름 계열 기호를 나타내는 숫자를 그 순서에 따라 두 자리 아라비아 숫자로 나타낸다. 그림 8.9에서는 이들을 조합한 것으로 너비 계열이 8이고, 지름 계열이 2인 경우에는 치수 계열은 82로, 또 너비 기호가 3이고, 지름 기호가 3일 때 치수 계열은 33이 된다. 한편, 너비 계열의 0 또는 1은 깊은 홈 볼 베어링, 앵귤러 볼 베어링 및 원통 롤러 베어링에서는 관례적으로 생략되는 수가 있다. 표 8.2는 베어링 계열 번호를 표시한 것이다.

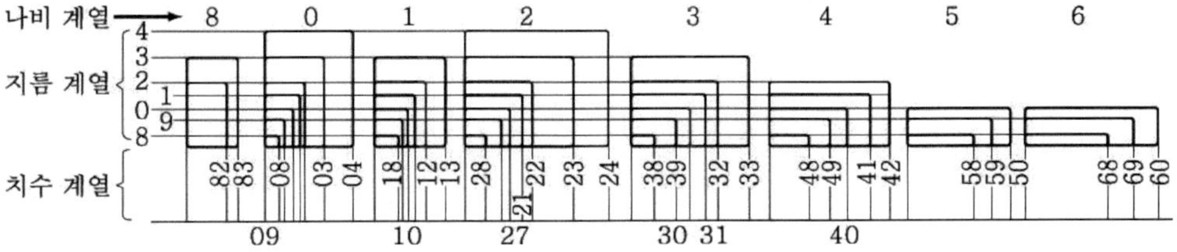

그림 8.9 구름 베어링의 치수 계열

(2) 안지름 번호

안지름 번호는 표 8.3과 같이 내륜의 안지름을 표시하며, 다음과 같다.

㉮ 안지름이 10 [mm] 미만인 정수일 때는 안지름 치수를 그대로 안지름 번호로 나타낸다.

㉯ 안지름이 10 [mm] 이상에서 20 [mm] 미만인 경우는 안지름 번호 00은 10 [mm], 01은 12 [mm], 02는 15 [mm], 03은 17 [mm]를 나타낸다.

㉰ 안지름이 20 [mm] 이상 500 [mm]미만인 경우는 안지름을 5로 나눈 수를 안지름 번호(두 자리)로 나타낸다. 예를 들면, 안지름이 25 [mm]일 때 안지름 번호는 05로 표시한다.

㉱ 안지름이 500 [mm] 이상이거나 또는 22, 28, 32 [mm]는 그 치수를 표시하는 숫자의 앞에 사선을 그어, /28, /32, /560과 같이 표시한다.

이상 설명한 것과 같이 구름 베어링의 호칭 번호는 베어링 계열 기호, 안지름 번호를 순서대로 조합하여 4자리 또는 5자리 숫자나 기호로 표시하도록 규정하고 있다.

표 8.3 안지름 번호(KS B 2012)

호칭 베어링 안지름	안지름 번호	호칭 베어링 안지름	안지름 번호	호칭 베어링 안지름	안지름 번호
0.6	/0.6*	75	15	480	96
1	1	80	16	500	/500
1.5	/1.5*	85	17	530	/530
2	2	90	18	560	/560
2.5	/2.5*	95	19	600	/600
3	3	100	20	630	/630
4	4	105	21	670	/670
5	5	110	22	710	/710
6	6	120	24	750	/750
7	7	130	26	800	/800
8	8	140	28	850	/850
9	9	150	30	900	/900
10	00	160	32	950	/950
12	01	170	34	1000	/1000
15	02	180	36	1060	/1060
17	03	190	38	1120	/1120
20	04	200	40	1180	/1180
22	/22	220	44	1250	/1250
25	05	240	48	1320	/1320
28	/28	260	52	1400	/1400
30	06	280	56	1500	/1500
32	/32	300	60	1600	/1600
35	07	320	64	1700	/1700
40	08	340	68	1800	/1800
45	09	360	72	1900	/1900
50	10	380	76	2000	/2000
55	11	400	80	2120	/2120
60	12	420	84	2240	/2240
65	13	440	88	2360	/2360
70	14	460	92	2500	/2500

[주] * 다른 기호를 사용할 수 있다.

(3) 접촉각 기호

접촉각은 볼 또는 롤러 베어링에서 하중이 가해지는 작용선이 반지름 방향과 이루는 각으로 표 8.4와 같다. 단열 앵귤러 볼 베어링에서 접촉각이 22°를 초과 32°이하의 경우는 A, 이 보다 작은 것은 C, 큰 것은 B로 표시한다. 또, 테이퍼 롤러 베어링의 경우는 호칭 접촉각이 큰 것에는 D로 표시한다. 기호 A는 생략하여도 좋다.

표 8.4 접촉각 기호(KS B 2012)

베어링의 형식	호칭 접촉각	접촉각 기호
단열 앵귤러 볼 베어링	10° 초과 22° 이하 22° 초과 32° 이하(보통 30°) 32° 초과 45° 이하(보통 45°)	C A* B
테이퍼 롤러 베어링	17° 또는 24° 이하 24° 초과 32° 이하	C D

2. 보조 기호

보조 기호에는 표 8.5에 나타낸 것과 같은 기호가 정해져 있다.

표 8.5 보조 기호

리테이너		실·실드		궤도륜 모양		베어링의 조합		내부 틈새		등급 기호	
내용	기호	내용	기호(※)	내용	기호	종류	기호	구분	기호	구분	기호
리테이너 없음	V	양쪽 실붙이	UU	내륜 원통 구멍	없음	뒷면 조합	DB	보통의 레이디얼 내부 틈새보다 크다.	C2	0급	없음
		한쪽 실붙이	U	내륜 테이퍼 구멍 (기준테이퍼 1/12)	K			보통의 레이디얼 내부 틈새	CN	6X급	P6X
						정면 조합	DF	보통의 레이디얼 내부 틈새보다 크다.	C3	6급	P6
		양쪽 실드붙이	ZZ	링 홈붙이	U					5급	P5
						병렬 조합	DT	C3보다 크다.	C4	4급	P4
		한쪽 실드붙이	Z	멈춤 링붙이	NR			C4보다 크다.	C5	2급	P2

다음에 구름 베어링 호칭 번호의 보기를 설명하면 다음과 같다.

▌보기 1▐ 6208 C2 P6

62 : 베어링 계열 기호[형식 기호 6은 단열 깊은 홈 볼 베어링, 2는 치수 계열(너비 계열 0은 생략, 지름 계열 2)]

08 : 안지름 번호(안지름이 40 [mm])

C2 : 틈새 기호

P6 : 등급 기호(6급)

▌보기 2▐ 7206 C DB P5

72 : 베어링 계열 기호[형식 기호 7은 단열 앵귤러 볼 베어링, 2는 치수 계열(너비 계열 0은 생략, 2는 지름 계열)]

06 : 안지름 번호(안지름 30 [mm])

C : 접촉각 기호(15도)

DB : 조합 기호(뒤면 조합)

P5 : 정밀도 등급(5급)

▌보기 3▐ 232/32 K

232 : 베어링 계열 기호[형식 기호 2는 자동 조심 롤러 베어링, 32는 치수 계열(너비 계열 3, 지름 계열 2)]

/32 : 안지름 번호(안지름 32 [mm])

K : 궤도륜 모양 기호(내륜 테이퍼 구멍)

8.3 구름 베어링의 기본 설계

8.3.1 구름 베어링의 수명과 정격 수명

1. 구름 베어링의 수명

구름 베어링은 오래 사용하게 되면 피로 현상으로 궤도륜이나 전동체 표면에 비늘 모양의 입자가 떨어져 나가는 박리 현상(flaking)이 생긴다. 이 현상으로 소리가 나거나 진동이 생겨 베어링을 사용할 수 없게 된다. 이와 같은 원인으로 베어링을 사용할 수 없을 때까지의 기간을 베어링 수명(bearing life)이라 한다.

2. 구름 베어링의 정격 수명

같은 회사에서 같은 형식으로 제작된 베어링이라도 견딜 수 있는 베어링 수명은 각각 다르다. 그래서 구조와 치수 등이 같은 한 무리의 베어링을 같은 조건으로 여러 개 사용하였을 때 이 중 90%의 베어링이 피로에 의한 손상이 생기지 않을 때까지의 총회전수를 **정격 수명**(rating life)이라 한다. 또, 정격 수명은 회전수로 나타낼 때는 **정격 회전 수명**이라 하고, 일정 속도로 회전시키는 경우에는 시간으로도 나타낼 수도 있으며, 이를 **정격 시간 수명**이라 한다.

8.3.2 구름 베어링의 정격 하중

베어링의 하중 지지 능력을 정격 하중으로 나타내며, 기본 정정격 하중과 기본 동정격 하중으로 분류한다. 베어링이 정하중을 받거나 저속(10 [rpm] 이하)으로 회전하는 경우는 정정격 하중을 기준으로 베어링을 선정하고, 일반적인 경우는 동정격 하중을 기준으로 베어링을 선정한다.

표 8.6(a) 구름 베어링의 정격 하중

종류		단열 깊은 홈 볼 베어링					
안지름 \ 호칭 번호		6200		6300		6400	
번호	d	C[N]	C_o[N]	C[N]	C_o[N]	C[N]	C_o[N]
00	10	3920	2270	6270	3720	-	-
01	12	4700	2610	7450	4610	-	-
02	15	5930	3430	8820	5340	-	-
03	17	7400	4360	10390	6470	17350	10780
04	20	9900	6270	12250	7740	23520	15290
05	25	10800	7150	16270	10490	27540	18620
06	30	15880	10300	21360	14210	32830	22740
07	35	19700	14000	25580	16760	42410	29890
08	40	22340	16200	31360	20340	49000	36750
09	45	25200	18400	40670	29890	57330	39600
10	50	26950	19600	47530	35380	66640	49000
11	55	33320	24790	55370	41650	76930	58800
12	60	40180	30870	63210	48610	82810	65660
13	65	44100	33810	71540	54880	90650	74970
14	70	47530	37240	79870	62720	108780	99960
15	75	50470	41160	87220	71050	117600	107800
16	80	55860	44100	94570	79380	124460	117600
17	85	63700	53410	101920	88200	133280	129360
18	90	73500	60270	109760	98000	142100	143030
19	95	83300	69090	117600	107800	-	-
20	100	93590	78400	133280	129360	-	-

표 8.6(b) 구름 베어링의 정격 하중

종류		단열 앵귤러 베어링				자동 조심형 볼 베어링			
안지름 \ 호칭 번호		7200		7300		1200		1300	
번호	d	C[N]	C_o[N]	C[N]	C_o[N]	C[N]	C_o[N]	C[N]	C_o[N]
00	10	-	-	-	-	4210	1320	5490	1810
01	12	-	-	-	-	4260	1470	7250	2350
02	15	-	-	-	-	5730	2010	7350	2600
03	17	-	-	-	-	6370	2400	9560	3680
04	20	-	-	-	-	7600	3190	9600	4020
05	25	12450	8330	20380	14310	9210	4060	13820	5980
06	30	17350	12450	25970	18720	11960	5310	16370	7740
07	35	22830	16860	30870	23030	12050	6620	19210	9800
08	40	27150	20870	37730	28710	14110	8040	22640	12150
09	45	30380	23810	49000	38710	16660	9560	29110	15880
10	50	31850	25480	57330	46060	17440	10780	33320	17440
11	55	39200	32340	66150	53900	20480	13330	39200	22440
12	60	47530	39690	75460	62230	23030	15480	43610	26560
13	65	53900	46550	85260	71540	23620	17150	47530	29300
14	70	58800	51450	96040	81340	26560	18820	56840	35280
15	75	60670	54390	103880	92120	29890	20380	60760	38220
16	80	68110	61250	112700	102900	30380	23520	67620	42140
17	85	76440	70650	121520	114660	37730	28420	74480	48510
18	90	90160	83300	131320	127400	43610	31850	88690	55860
19	95	102900	95550	140140	140140	49000	36750	100940	63700
20	100	110740	101920	158760	168560	52950	40180	108780	72030

1. 기본 정정격 하중

구름 베어링이 정지하고 있는 상태에서 하중을 가할 때 견딜 수 있는 최대 하중을 정정격 하중이라 하고, 크기는 KS에서 다음과 같이 규정하고 있다. 즉, 베어링내의 최대 응력을 받고 있는 접촉부에서 전동체와 궤도륜과의 영구 변형량의 합이 전동체 지름의 0.0001(1/10000)배가 될 때의 정격 하중을 기본 정정격 하중(basic static load rating, 기호 C_o)이라 한다.

2. 기본 동정격 하중

구름 베어링이 회전 중에 견딜 수 있는 최대 하중을 동정격 하중(dynamic load rating)이라 하고, 베어링의 정격 수명이 100만 회전이 되도록 방향과 크기가 일정한 하중을 기본 동정격 하중(basic dynamic load rating) 또는 기본 정격 하중(basic load rating, 기호 C)이라 한다.

예를 들면 33.3 [rpm]으로 축이 회전한다면 1시간에는 33.3 [rpm]×60 = 1998 회전, 약 2000 회전을 하게 되고, 500 시간 동안 회전하면 100만 회전이 된다. 이 때에 33.3 [rpm]으로 500 시간을 사용할 수 있는 하중도 기본 동정격 하중이라 한다.

같은 호칭 번호의 베어링이라고 하더라도 제조 회사마다 전동체의 치수나 궤도면의 모양 등이 다소 다르므로 기본 정정격 하중과 기본 동정격 하중은 제조 회사마다 다소 다르다. 따라서 KS에서는 기본 동정격 하중이 규정되어 있지 않으며, 제조 회사에서 발행되는 카탈록(catalog)에 기재되어 있다.

8.3.3 구름 베어링의 정격 수명 계산식

1. 정격 수명 계산식

구름 베어링에 가해지는 하중이 크면 피로 수명이 짧고, 작으면 길어진다. 기본 동정격 하중이 C인 베어링에 하중 P가 작용할 때 정격 수명 L_n(단위 10^6회전)은 다음 식으로 나타낸다.

$$L_n = \left(\frac{C}{P}\right)^r [10^6\text{회전}] \tag{8.1}$$

여기서, r : 지수(볼 베어링은 3, 롤러 베어링은 10/3으로 한다)

정격 수명을 시간 수명으로도 바꿀 수 있다. 지금 N [rpm]으로 베어링 하중 P가 작용할 때 시간 수명을 L_h라 하면 정격 수명과의 관계는 다음과 같다.

$L_h \times N \times 60 = L_n$ 이므로

$$L_h = \frac{L_n}{60\,N} \tag{8.2}$$

이 식에 식(8.1)을 대입하면 다음과 같다.

$$L_h = \frac{10^6}{60\,N}\left(\frac{C}{P}\right)^r \text{[시간]} \tag{8.3}$$

수명을 시간으로 나타낼 때는 500 시간을 기준으로 한다. 베어링을 33.3 [rpm]으로 500 시간 운전하면 그 때의 회전수는 10^6회전이므로 식 (8.3)은 다음과 같다.

$$L_h = 500\left(\frac{33.3}{N}\right)\left(\frac{C}{P}\right)^r = 500\, f_h{}^r \tag{8.4}$$

위 식에서 f_h를 수명 계수(life factor)라 하다. 또, f_h는 다음과 같다.

$$f_h = \sqrt[r]{\frac{33.3}{N}}\left(\frac{C}{P}\right) = f_n\left(\frac{C}{P}\right) \tag{8.5}$$

따라서 $f_n = \sqrt[r]{\frac{33.3}{N}}$ 이다. 이 f_n을 속도 계수(speed factor)라 한다.

표 8.7 구름 베어링의 수명 기간과 수명 계수

사용 상태	기계의 종류	정격수명시간	수명 계수
늘 회전할 필요가 없는 기구	도어개폐기, 자동차 방향 지시기	500	1
단시간 또는 가끔 사용하는 기계로 만일 사고로 정지되더라도 영향이 적은 경우	가정용 전기기구, 자전거, 기계 공장의 호이스트, 농업용 기계, 단조 공장 크레인, 핸드그라인더 등	4000 ~ 8000	2~2.5
단속적으로 사용되며 연속적으로는 사용되지 않으나 확실성이 필요한 기계	발전소의 보조기계, 컨베어, 엘리베이터, 에스컬레이터, 일반 하역, 기계톱, 건설 기계 등	8000 ~ 14000	2.5~3
1일 8시간 연속 운전 기계	일반 펌프, 공작기계, 윤전기, 원심 분리기, 전동기, 철도 차량, 기어 감속 장치, 바이브레이터 등	20000 ~ 30000	3.5~4
24시간 연속 운전이고, 사고로 정지되어서는 안될 기계	중요한 전동기, 발전소 배수펌프, 제지기계, 볼밀, 송풍기, 크레인 시내 수도 설비 등	50000 ~ 100000	4.5~6

베어링을 설계할 때 베어링의 정격 하중을 필요 이상으로 크게 하면 비경제적이므로 사용 기계 및 사용 상태에 따라 알맞는 값을 선택한다. 표 8.7은 용도별 기계의 필요한 수명 시간과 수명 계수를 나타냈다. 구름 베어링이 일정한 회전을 하고 있을 때 그 수명 시간, 수명 계수, 속도 계수는 표 8.8을 이용하면 편리하게 구할 수 있다.

표 8.8 베어링의 정격 수명 시간, 수명 계수, 속도 계수

베어링의 양식	볼 베어링	롤러 베어링
정격 수명 시간	$L_h = 500\, f_h{}^3$	$L_h = 500\, f_h{}^{10/3}$
수명 계수	$f_h = f_n\left(\dfrac{C}{P}\right)$	$f_h = f_n\left(\dfrac{C}{P}\right)$
속도 계수	$f_n = \sqrt[3]{\dfrac{33.3}{N}}$	$f_n = \sqrt[\frac{10}{3}]{\dfrac{33.3}{N}}$

2. 베어링의 하중 계산

베어링에 가해지는 하중은 그 크기가 여러 가지로 변동하거나 레이디얼 하중과 스러스트 하중이 동시에 가해지는 경우가 있어 이론적으로 계산할 수 없는 경우도 있다. 이와 같은 경우에는 다음과 같이 베어링 하중을 계산한다.

(1) 하중 계수

베어링은 축에 가해지는 하중이나 기어의 회전력 또는 풀리에 가해지는 장력에 의한 이론 하중을 받고 있다. 그러나 베어링의 설치 오차에 의한 진동, 기어의 정밀도와 다듬질, 변형에 의한 영향, 벨트에 가해지는 초기 장력의 영향 등 때문에 이론적으로 계산되지 못하는 하중도 받는다. 이와 같은 경우 베어링의 하중 계산은 이론적으로 구한 값에 경험으로 얻은 하중 계수(load factor)를 곱해서 구한다. 즉, 이론상의 하중을 P_{th}, 하중 계수를 f_w라 하면 사용 베어링 하중 P는 다음과 같다. 표 8.9는 하중 계수를 나타내고 있다.

$$P = f_w\, P_{th} \tag{8.6}$$

표 8.9 하중 계수의 값

하중 상태	적용 예	f_w
충격이 없는 원활한 운전	전동기 공작 기계	1.0~1.2
보통의 운전	송풍기, 크레인, 엘리베이터	1.2~1.5
어느 정도의 진동, 충격이 있는 운전	건설 기계	1.5~2.5

(2) 등가 베어링 하중

그림 8.10과 같이 레이디얼 하중 F_r 과 스러스트 하중 F_a 가 동시에 작용할 때 이 두 가지 하중을 레이디얼 하중 또는 스러스트 하중만이 단독으로 가해지는 경우와 같은 수명을 주는 하중으로 계산해야 한다. 이 복합 하중을 등가 하중(equivalent laod)이라 한다.

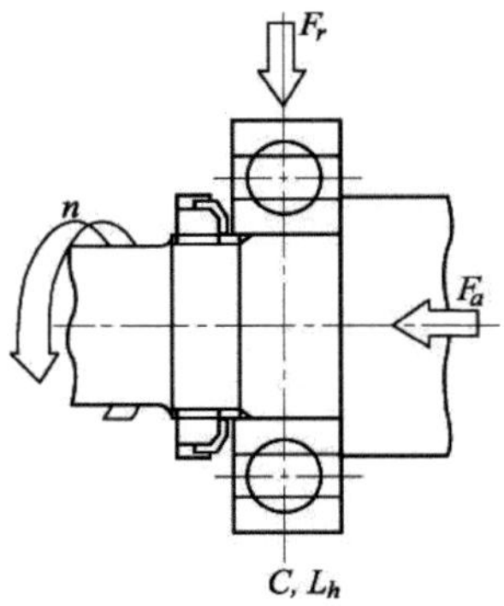

그림 8.10 조합 하중을 받는 구름 베어링

표 8.10 레이디얼 볼 베어링의 계수 X 및 Y (KS B 2019)

베어링의 형식		내륜회전하중	외륜회전하중	단열 $\frac{F_a}{F_r}>e$		복렬 $\frac{F_a}{F_r}<e$		복렬 $\frac{F_a}{F_r}>e$		e
		V		X	Y	X	Y	X	Y	
깊은 홈 볼 베어링	F_a/C_o= 0.014	1	1.2	0.56	2.30	1	0	0.56	2.30	0.19
	= 0.028				1.99				1.99	0.22
	= 0.056				1.71				1.71	0.26
	= 0.084				1.55				1.55	0.28
	= 0.11				1.45				1.45	0.30
	= 0.17				1.31				1.31	0.34
	= 0.28				1.15				1.15	0.38
	= 0.42				1.04				1.04	0.42
	= 0.56				1.00				1.00	0.44
앵귤러 볼 베어링	α = 20°	1	1.2	0.43	1.00	1	1.09	0.70	1.63	0.57
	= 25°			0.41	0.87		0.92	0.67	1.41	0.68
	= 30°			0.39	0.76		0.78	0.63	1.24	0.80
	= 35°			0.37	0.66		0.66	0.60	1.07	0.95
	= 40°			0.35	0.57		0.55	0.57	0.93	1.14
자동 조심 볼 베어링		1	1	0.4	0.4×cot α	1	0.4×cot α	0.65	0.65 ×cot α	1.5 ×tan α
마그네토 볼 베어링		1	1	0.5	2.5	-	-	-	-	0.2
자동 조심 롤러 베어링		1	1.2	0.4	0.4 ×cot α	1	0.45 ×cot α	0.67	0.67×cot α	1.5×tan α
스러스트 볼 베어링	α = 45°	-	-	0.66	1	1.18	0.59	0.66	1	1.25
	= 60°			0.92		1.90	0.54	0.92		2.17
	= 70°			1.66		3.66	0.52	1.66		4.67
스러스트 자동 조심 롤러 베어링		-	-	tan α	1	1.5×tan α	0.67	tan α	1	1.5×tan α

이 등가 하중을 레이디얼 하중으로 환산하는 것을 **등가 레이디얼 하중**(equivalent radial load), 스러스트 하중으로 환산한 것을 **등가 스러스트 하중**(equivalent thrust laod)이라 한다. 등가 레이디얼 하중 P_r은 다음 식으로 구한다.

$$P_r = VXF_r + YF_a \tag{8.7}$$

등가 스러스트 하중P_a는 다음 식으로 구한다.

$$P_a = XF_r + YF_a \tag{8.8}$$

여기서, X : 레이디얼 계수, Y : 스러스트 계수, V : 회전 계수

라 하며, 이 값은 베어링의 형식에 따라 결정하며, 표 8.10에서 구한다.

식 (8.7), 식 (8.8)에서 X, Y의 값은 베어링의 종류나 F_a/F_r에 의해서 정해지는 값이고, e값은 F_a/C_o의 값에 의해 변하므로 먼저 이 값을 계산해야 한다.

(3) 평균 등가 하중

베어링에 가해지는 하중이 여러 가지로 변동하는 경우에는 수명 계산에서 베어링 하중 대신에 변동 하중에 대한 평균 등가 하중을 사용해야 한다. **평균 등가 하중**(means equivalent load)이란 변동하는 하중과 같은 수명이 되도록 한 것으로, 일정의 변동이 없는 가상의 하중으로 계산한다. 평균 등가 하중의 계산식은 하중의 종류에 따라 다르다.

(가) 하중이나 회전수가 시간적으로 변동하는 경우

그림 8.11과 같이 시간 t_i 사이에 하중 P_i 및 회전수 N_i가 일정하게 반복하여 변한다면 베어링 수명 계산상의 평균 등가 하중 P_m은 다음 식으로 구한다.

$$P_m = \sqrt[r]{\frac{t_1 N_1 P_1{}^r + t_2 N_2 P_2 r + \cdots\cdots + t_n N_n P_n{}^r}{t_1 N_1 + t_2 N_2 + \cdots\cdots + t_n N_n}} \tag{8.9}$$

여기서 r : 지수(볼 베어링은 3, 롤러 베어링은 10/3)

이 때 회전수의 평균값은 다음과 같다.

$$N_m = \frac{t_1 N_1 + t_2 N_2 + \cdots\cdots}{t_o} \tag{8.10}$$

여기서 $t_o = t_1 + t_2 \cdots\cdots$이다.

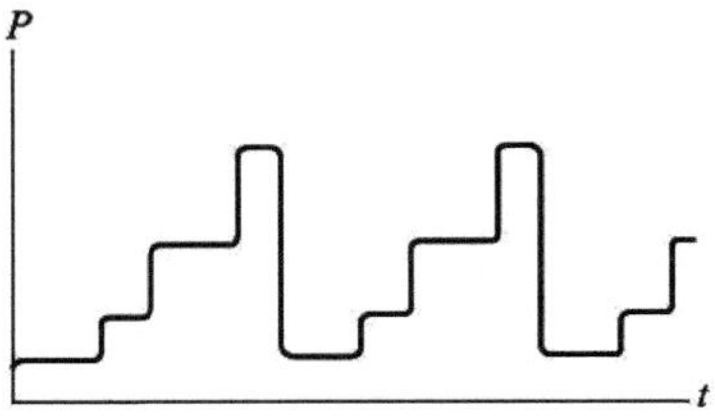

그림 8.11 계단형 변동 하중

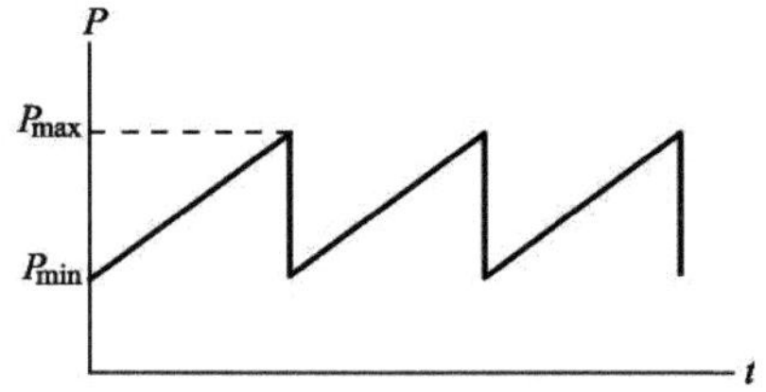

그림 8.12 선형 파동형 변동 하중

(나) 하중이 최소에서 최대로 반복되는 경우

그림 8.12와 같이 하중이 거의 직선적으로 최소 하중 $P_{\min}$에서 최대 하중 $P_{\max}$까지 반복하여 가해지는 경우 평균 등가 하중 P_m은 다음 식으로 구한다.

$$P_m \fallingdotseq \frac{P_{\min} + 2\,P_{\max}}{3} \tag{8.11}$$

3. 구름 베어링의 윤활법과 속도 한계

구름 베어링이 고속 회전을 하면 마찰로 인하여 열이 발생하며, 이로인하여 온도가 상승되어 베어링이 녹아붙음 현상이 생긴다. 구름 베어링이 손상을 일으키지 않고 장시간 운전이 가능한 속도의 한계를 속도 한계라 한다. 일반적으로 윤활법에 따라 허용 회전 속도가 다르다. 이 때문에 베어링의 안지름 d와 회전 속도 N의 곱을 속도 한계라 하고, $d\,N$ 값으로 나타낸다. 이 값에 따라 윤활 방법을 선택한다.

구름 베어링의 윤활 문제는 미끄럼 베어링처럼 중요하지는 않다. 따라서 과거에는 윤활을 거의 고려하지 않았으나 현대는 기계가 고속화됨에 따라 윤활이 중요한 문제로 부각되고 있다. 또, 윤활은 마찰과 마멸을 감소시킬 뿐만 아니라, 부식을 방지하고 방진에도 유효하고, 베어링의 냉각과 방열 작용을 하므로 베어링 수명을 연장시키는 데 영향을 미친다.

표 8.11 윤활 방법과 속도 한계 계수 $d\,N$ 값 (단위 : [mm×rpm])

베어링의 형식	그리스 윤활	윤활유			
		유욕	적하	강제	분무
단열 레이디얼 볼 베어링	200000	300000	400000	600000	1000000
복열 자동조심형 볼 베어링	150000	250000	400000	–	–
단열 앵귤러 볼 베어링	200000	300000	400000	600000	1000000
원통 롤러 베어링	150000	300000	400000	600000	1000000
원추 롤러 베어링	100000	200000	230000	300000	–
자동조심형 롤러 베어링	80000	120000	–	25000	–
스러스트 볼 베어링	40000	60000	120000	150000	–

예제 8.1 회전수가 400 [rpm], 레이디얼 하중이 2 [kN]일 때 50000 시간에 견딜 수 있는 단열 깊은 홈 볼 베어링을 선정하여라.

[풀이] 베어링을 선정하기 위해서는 기본 동정격 하중을 식 (8.1)과 (8.2)에 의해 구한다.

$$L_n(10^6) = 60\ NL_h = 60 \times 400 \times 50000 = 1200(10^6)$$

$$C = P\sqrt[3]{L_n} == 2000\ \sqrt[3]{1200} = 21253\ [\mathrm{N}]$$

가 되어 표 8.6에서 6208 또는 6306 및 6404 중에서 적합한 것을 선정하면 된다.

예제 8.2 베어링의 안지름이 50 [mm], 바깥지름이 100 [mm]이하인 단열 깊은 홈 볼 베어링 중에서 다음 조건을 만족시키는 베어링을 선정하여라. 단, 레이디얼 하중 2.4 [kN], 회전수 1800 [rpm], 시간 수명 10000시간이다.

[풀이] 시간 수명이 10000시간이므로 정격 수명을 구한다.

$$L_n = \frac{60\ NL_h}{10^6} = \frac{60 \times 1800 \times 10000}{10^6} = 1080 \text{ 회전}$$

$$C = P\sqrt[3]{L_n} = 2400 \times \sqrt[3]{1080} = 24624\ [\mathrm{N}]$$

그러므로 표 8.6에서 $C=$ 25200 N인 6209, $C=$ 25580 N인 6307, $C=$ 27540 [N]인 6405 중에서 택한다.

예제 8.3 호칭 번호가 6206인 단열 깊은 홈 볼 베어링에 레이디얼 하중 980 [N]이 작용하고, 내륜이 700 [rpm]으로 회전할 때 수명 시간을 구하여라. 다만, 하중 계수는 1.2이다.

[풀이] 표 8.6에서 6206인 베어링의 기본 동정격 하중은 15880 [N]이므로 베어링 하중은

$$P = f_w\,P_{th} = 1.2 \times 980 = 1176\ [\mathrm{N}]$$

정격 수명 L_n을 구하면

$$L_n = \left(\frac{C}{P}\right)^3 \times 10^6 = \left(\frac{15880}{1176}\right)^3 \times 10^6 = 2462\ (10^6 \text{ 회전})$$

수명 시간을 구한다.

$$L_h = \frac{L_n \times 10^6}{60\ N} = \frac{2462 \times 10^6}{60 \times 700} = 58619 \text{ 시간}$$

예제 8.4 레이디얼 하중 1.47 [kN]를 받고, 500 [rpm]으로 내륜이 회전하며 12500 시간의 수명인 6200형의 볼 베어링을 선정하여라. 다만, 하중 계수 $f_w = 1.25$로 한다.

[풀이] 베어링 하중 $P = f_w\,P_{th} = 1.25 \times 1470 = 1837.5\ [\mathrm{N}]$

정격 회전 수명 $L_n = \dfrac{60\,N\,L_h}{10^6} = \dfrac{60\times 500\times 12500}{10^6} = 375\,[\mathrm{rpm}]$

기본 동정격 하중 $C = P\ \sqrt[3]{L} = 1837.5\times\ \sqrt[3]{375} = 13250\ [\mathrm{N}]$

표 8.6에 의해 6200형의 C란에서 13250 [N]보다 크고 가장 가까운 6206($C=$ 15880 [N])을 선택한다.

예제 8.5 호칭 번호가 6206인 베어링에 레이디얼 하중 9.8 [kN]과 스러스트 하중 4.9 [kN]이 동시에 가해지는 경우 등가 레이디얼 하중을 구하여라. 다만, 내륜 회전이다.

[풀이] 6206형은 안지름이 30 [mm], 기본 동정격 하중 $C=$ 15880 [N], 기본 정정격 하중 $C_o=$ 10300 [N]의 단열 깊은 홈 볼 베어링이므로

$$\frac{F_a}{C_o} = \frac{4900}{10300} = 0.475$$

e의 값을 비교하기 위해 F_a/F_r를 구한다.

$\dfrac{F_a}{F_r} = \dfrac{4900}{9800} = 0.5 > 0.42$ 이므로 $X=$ 0.56이 되며, Y값은 1.04와 1.00 사이가 된다.

그러므로 비례식으로 Y값을 구하면

$$Y = 1.04 + \frac{0.495-0.42}{0.56-0.42}\times(1.00-1.04) = 1.02$$

$X=$ 0.56, $Y=$ 1.02이고, 내륜 회전이므로 등가 레이디얼 하중은

$$P_r = VXF_r + YF_a = 1\times 0.56\times 9800 + 1.02\times 4900 = 10486\,[\mathrm{N}]$$

즉, 스러스트 하중이 가해지기 때문에 레이디얼 하중만의 경우보다 686 [N]이 크게 되는 것을 알 수 있다. 그러나 등가 레이디얼 하중이 기본 동정격 하중 $C=$ 15880 [N]보다 작으므로 500 시간 가동에 견딜 수 있다는 것을 알 수 있다.

예제 8.6 회전수가 500 [rpm], 최소 하중이 0.49 [kN], 최대 하중이 1.96 [kN]이 가해지는 압축기의 크랭크축에 사용할 단열 깊은 홈 베어링을 선정하여라. 다만, 하중 계수는 1.3, 정격 수명을 50000 시간으로 한다.

[풀이] 베어링 하중이 최대에서 최소로 반복해서 작용하므로 평균 하중은 식 (8.11)로 구한다.

$$P_m \fallingdotseq \frac{1}{3}(P_{\min} + 2\,P_{\max}) = \frac{1}{3}(490 + 2\times 1960) = 1470\ [\mathrm{N}]$$

하중 계수가 있으므로 베어링 하중은

$$P = f_w\,P_m = 1.3\times 1470 = 1911\ [\mathrm{N}]$$

기본 동정격 하중을 구하여 베어링을 선정한다.

$$C = P\sqrt[3]{\frac{60\,N L_h}{10^6}} = 1911 \times \sqrt[3]{\frac{60 \times 500 \times 50000}{10^6}} = 21875\,[\mathrm{N}]$$

그러므로, 표 8.6에 의해 호칭 번호 6208, 6307, 6404 중에서 필요한 것을 선정한다.

예제 8.7 일정한 속도로 회전하고 있는 축에 변동 하중이 작용한다. 레이디얼 볼 베어링에 작용하고 있는 레이디얼 하중은 처음 2분간은 5.88 [kN], 다음 3분간은 3.92 [kN], 끝으로 5분간은 2.94 [kN]이 반복해서 작용한다면 평균 하중은 얼마인가?

[풀이] 레이디얼 베어링에 회전수는 일정하고 하중이 시간적으로 변동하므로 평균 하중은 식 (8.9)에 의해 구한다.

$$P_m = \sqrt[3]{\frac{t_1 N_1 {P_1}^3 + t_2 N_2 {P_2}^3 + \cdots}{t_1 N_1 + t_2 N_2 \cdots}}$$

$$= \sqrt[3]{\frac{2 \times 5880^3 + 3 \times 3920^3 + 5 \times 2940^3}{2+3+5}} = 4149\,[\mathrm{N}]$$

연습문제

1. 구름 베어링의 장단점을 알아보자.
2. 구름 베어링의 종류와 특성을 알아보자.
3. 구름 베어링의 주요 치수를 나타내는 방법에 대하여 설명해 보자.
4. 구름 베어링의 호칭 번호에는 베어링의 어떤 사항이 배열되는지 알아보자.
5. 구름 베어링의 호칭 번호에서 안지름 번호는 어떻게 나타내는지 알아보자.
6. 구름 베어링의 수명과 정격 수명은 어떻게 다른지 알아보자.
7. 구름 베어링의 기본 동정격 하중에 대하여 설명하고, 베어링 수명과 어떤 관계가 있는지 알아보자.
8. 구름 베어링에서 일정 시간 사이에 하중과 회전수가 반복하여 변하는 경우 평균 등가 하중을 구하는 방법을 알아보자.
9. 단열 레이디얼 볼 베어링 6207을 300 [rpm]으로 20000 시간까지 사용하기 위한 최대 베어링 하중을 구하여라. 다만, $f_w = 2$로 한다. 답 ($P = 1385$ [N])
10. 회전수 200 [rpm]으로 베어링 하중 1.5 [kN]을 지지하는 단열 깊은 홈 볼 베어링을 선정하여라. 다만, 수명은 30000 시간으로 하고, $f_w = 2$로 한다.
답 (6208, 6306, 6404)
11. 단열 레이디얼 볼 베어링 6207이 베어링 하중 2.5 [kN]을 받고, 150 [rpm]으로 회전할 때 수명은 몇 시간이 되겠는가? 다만, $f_w = 1.2$로 한다. 또, 이 경우에 스러스트 하중 1.65 [kN]이 동시에 작용한다면 수명은 몇 시간으로 되는가(내륜회전)?
답 (31462 시간, 9285 시간)
12. 복열 자동 조심형 볼 베어링 1310에 그리스 윤활로서 40000 시간의 수명을 주려고 한다. 이 베어링의 최고 사용 회전수와 그 때의 최대 베어링 하중을 구하여라.
답 (3000 [rpm], $P = 1.73$ [kN])
13. 6208 베어링에 레이디얼 하중 8 [kN]과 스러스트 하중 4.33 [kN]이 동시에 작용할 때 등가 레이디얼 하중을 구하여라. 다만, 내륜 회전이다. 답 (9.46 [kN])
14. 단열 깊은 홈 볼 베어링 6206에 레이디얼 하중 2 [kN]이 작용하고 내륜이 800 [rpm]으로 회전 할 때 수명 시간을 구하여라. 다만, 하중 계수는 1.5이다.
답 (2600 시간)
15. 6210 단열 깊은 홈 볼 베어링에 레이디얼 하중 3 [kN], 스러스트 하중 2.5 [kN]이 작용하고, 300 [rpm]으로 회전할 때 수명은 몇 시간이나 되는가? 다만, 내륜회전, 6210의 $C_o = 35280$ [N], $C = 47530$ [N]이다. 답 (31278 시간)

16. 62계열 단열 깊은 홈 볼 베어링을 사용할 때 600 [rpm]으로 레이디얼 하중 2.5 [kN], 스러스트 하중 1 [kN]을 받고, 10000시간의 수명을 필요로 한다. 어떤 베어링을 사용하는 것이 좋을까? 다만, 내륜 회전이다. 답 (6208)
17. 깊은 홈 볼 베어링이 600 [rpm]으로 회전할 때 처음 3시간은 2 [kN], 다음 2시간은 3 [kN]의 레디얼 하중이 반복된다. 베어링의 수명시간을 15000 시간으로 하려면 어떤 베어링을 선정하여야 하는가? 답 (6208, 6306)
18. 레이디얼 볼 베어링에 작용하는 레이디얼 하중이 최대 4 [kN]이고, 최소 2 [kN]으로 반복 변동한다면 베어링에 작용하는 평균 등가 하중은 얼마인가?

답 ($P_m = 3333$ [N])

9

Chapter

링크, 캠, 마찰차

기계는 그 목적에 따라 정해진 운동을 하도록 만들어져 있다. 아무리 복잡한 운동을 하는 기계라 할지라도 기계를 구성하고 있는 각 부분의 운동을 살펴보면 기본적인 단순한 운동이 조합되어 있는 것을 알 수 있다. 기계의 각 부분이 목적에 따라 정해진 운동을 하도록 하는 장치에는 링크 장치와 캠 장치 등이 있다.

또, 구동차(driver)와 피동차(follower)가 직접 접촉하여 회전 운동을 전달할 때에 맞닿아 있는 접점에서 서로 미끄러지면서 회전 운동을 전달하는 상태를 미끄럼 접촉(sliding contact)이라 하고, 접점에서 미끄러지지 않고 서로 구르면서 회전 운동을 전달하는 상태를 구름 접촉(rolling contact)이라 한다.

직접 구름 접촉을 하는 구동절 바퀴와 피동절 바퀴가 마찰력에 의하여 동력을 전달하는 것을 마찰 전동(friction drive)이라 하고, 이 때 사용되는 바퀴를 마찰차(friction wheel)라 한다.

9.1 링크 장치

9.1.1 링크와 연쇄

여러 개의 기계요소가 서로 짝을 이루어 차례로 연결되어 있는 것을 **연쇄**(kinematic chain) 또는 **체인**(chain)이라 하며, 각 부분의 것을 **링크**(link)라 한다. 그림 9.1(a)와 같이 연쇄가 3개의 링크로 되어 있으면 각 링크는 상대 운동을 할 수 없게 되는데, 이러한 연쇄를 **고정 연쇄**(locked chain)라 한다. 그림 (b)에서 어느 하나의 링크를 고정하고, 다른 하나의 링크에 일정한 운동을 시키면 나머지 링크도 정해진 운동을 한다. 이와 같은 연쇄를 **구속 연쇄**(constrained chain)라 한다.

또 그림 (c)와 같이 5개 이상의 링크로 되어 있으면 하나의 링크에 일정한 운동을 시키면 나머지 링크의 운동은 불확실하다. 즉 이와 같은 것을 **불구속 연쇄**(unconstrained chain)라 한다. 그러나 그림 (d)와 같이 링크 F를 붙이면 정해진 운동을 할 수 있는 구속 연쇄가 될 수 있다. 이렇게 몇 개의 링크가 핀으로 결합된 것을 **링크 기구**(link work)라 한다.

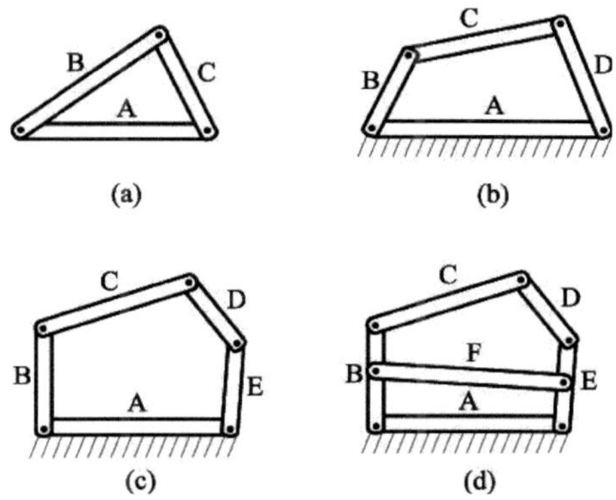

그림 9.1 연쇄

9.1.2 4절 회전 기구

그림 9.2와 같이 길이가 다른 4개의 링크를 핀으로 연결한 것을 4절 회전 기구(quadric crank mechanism)라 한다. 4절 회전 기구에는 고정한 링크를 어느 것으로 하느냐에 따라 여러 가지의 기구를 얻을 수 있다. 또 링크의 짝에 어떤 운동을 시키느냐에 따라 다시 변형된 기구를 얻을 수 있다. 링크 중에서 고정 링크에 대하여 완전히 회전하는 링크를 **크랭크**(crank)라 하고, 어느 각도 사이를 왕복 각운동하는 링크를 **레버**(lever)라 한다. 또 크랭크와 레버를 연결하는 링크를 **커넥팅로드**(connecting rod)라 한다.

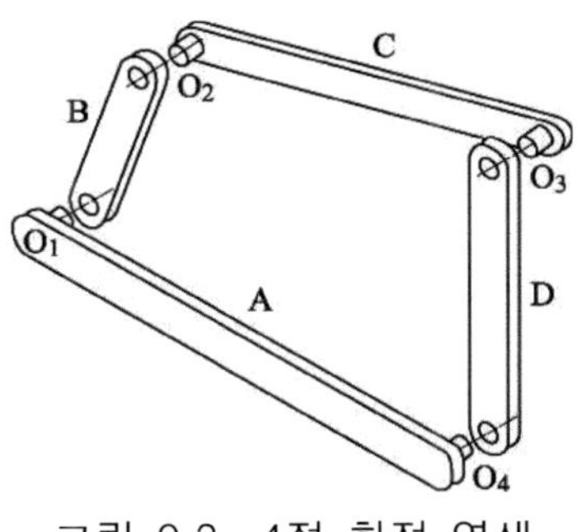

그림 9.2 4절 회전 연쇄

1. 레버 크랭크 기구

그림 9.3과 같이 링크 A를 고정하고, 링크 B를 회전시키면 링크 D가 일정하게 왕복 운동을 한다. 이와 같은 기구를 레버 크랭크 기구(lever crank mechanism)라 하고, B는 크랭

크, D는 레버, C는 커넥팅로드가 된다.

이 기구에서 레버 D가 구동절, 크랭크 B가 피동절로서 운동을 할 때 B와 C가 겹쳐지면 $O_2'O_1O_3'$이 되고, B와 C가 일직선이 되면 $O_1O_2''O_3''$의 위치에서는 크랭크 B가 좌우쪽으로 어느 정도 회전한다. 이와 같이, 구동절의 일정한 움직임에 대하여 피동절의 운동 방향이 바뀌게 되는 점을 **변환점**(change point)이라 한다. 또 이 위치에서는 시동을 하려고 D에 힘을 가해도 B에는 회전력이 작용하지 않으므로 B를 회전시킬 수 없다. 이와 같은 움직이지 않는 점을 **사점**(dead point)이라 한다. 변환점과 사점은 같은 위치에 있는 것이 많으나 이것들의 의미는 다르다. 그림 9.4는 재봉용 미싱에 이 기구의 원리가 이용되고 있는 것을 나타냈다.

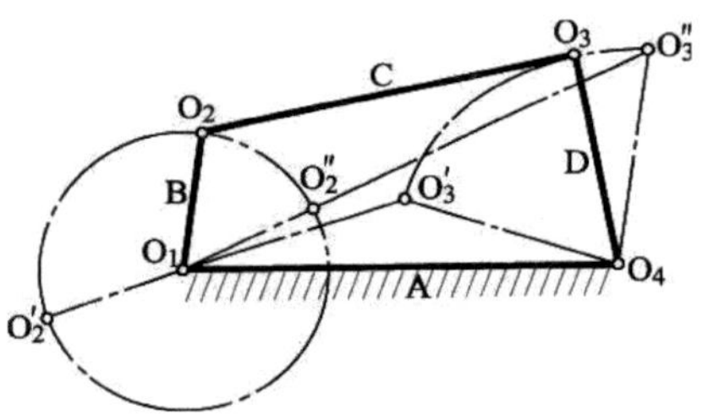

그림 9.3 레버 크랭크 기구

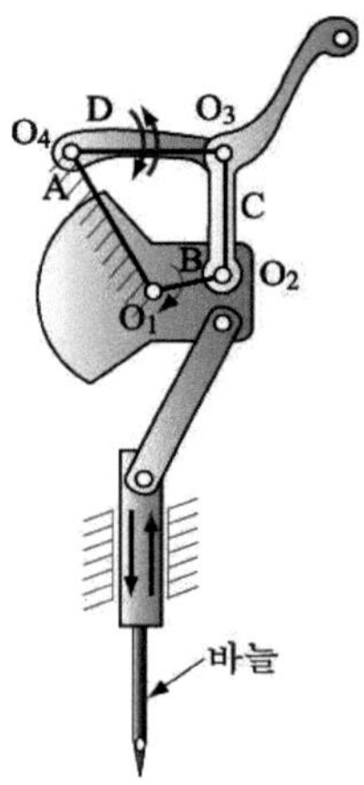

그림 9.4 재봉용 미싱

2. 링크의 교체

그림 9.3의 레버 크랭크 기구에서 크랭크인 링크 B를 고정하면 그림 9.5와 같고 링크 A, C는 같이 크랭크로 움직인다. 이것을 **2중 크랭크 기구**(double crank mechanism)라 한다.

이와 같이 고정한 링크를 바꾸는 것을 링크의 교체라 한다. 그림 9.6은 2중 크랭크 기구를 이용한 송풍기이다.

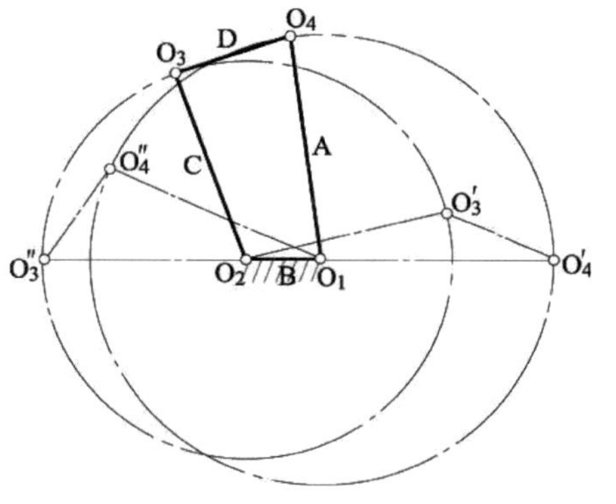

그림 9.5 2중 크랭크 기구

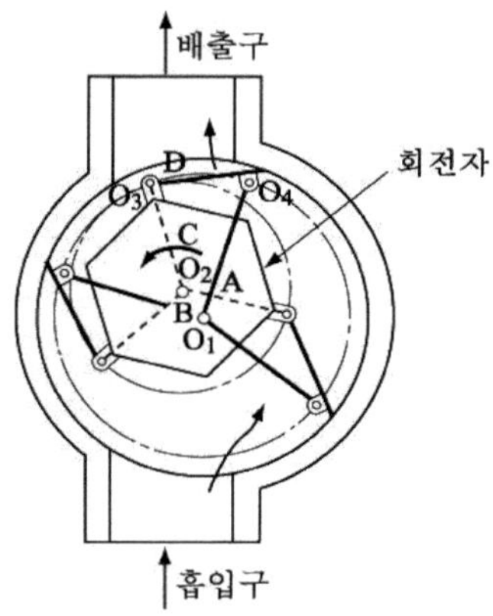

그림 9.6 송풍기

또, 그림 9.7과 같이 가장 짧은 링크 B와 마주보는 링크 D를 고정하면 링크 A, C는 각각 레버로서의 움직임을 한다. 이것을 2중 레버 기구(double lever mechanism)라 한다. 그림 9.8은 수평 크레인으로 이 기구를 응용한 것으로 링크 선단에 설치된 버킷(bucket)이 거의 수평으로 이동을 하도록 각 링크의 치수가 정해져 있다.

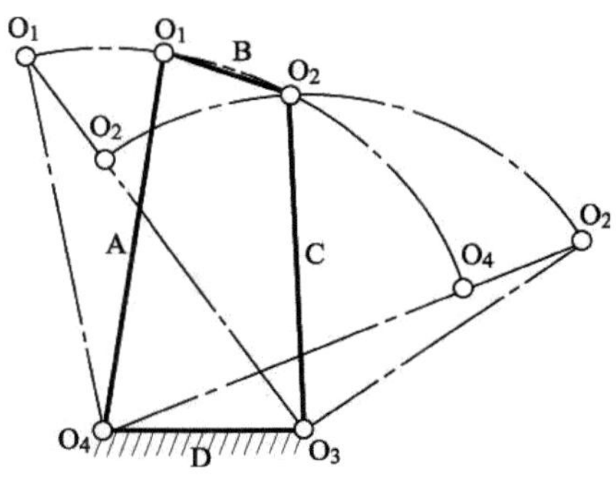

그림 9.7 2중 레버 기구

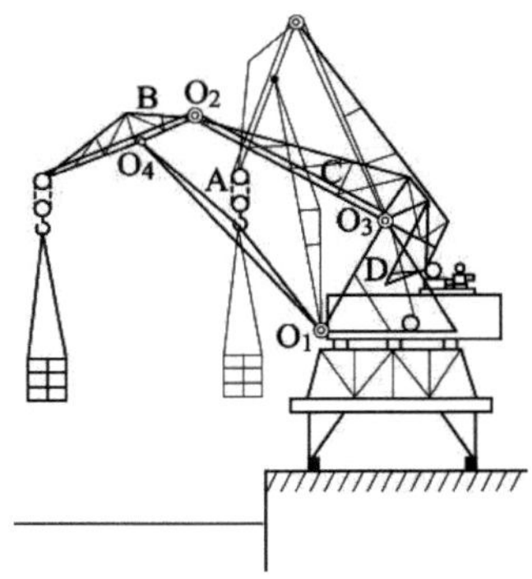

그림 9.8 수평 크레인

3. 회전짝을 미끄럼짝으로의 교체 기구

레버 크랭크 기구인 그림 9.9와 같이 레버 D의 선단 O_3를 원호를 따라 홈에 설치하고, 링크 A를 고정한다. 따라서 레버의 변환 홈 속에 미끄럼운동을 하는 슬라이더(slider)를 이용하면 레버 D가 없어도 링크 B, C는 레버 크랭크 기구와 똑같은 운동을 한다.

그림 9.9의 홈을 그림 9.10과 같이 직선형 홈으로 하면 슬라이더는 홈 속에서 왕복 직선

운동을 한다. 이것을 슬라이더 크랭크 기구(slider crank mechanism)라 한다.

슬라이더가 왕복하는 거리, 즉 행정은 그림 9.10과 같이 크랭크 길이의 2배와 같게 된다. 이 기구도 링크를 교체함에 따라 다음과 같은 기구가 될 수 있다.

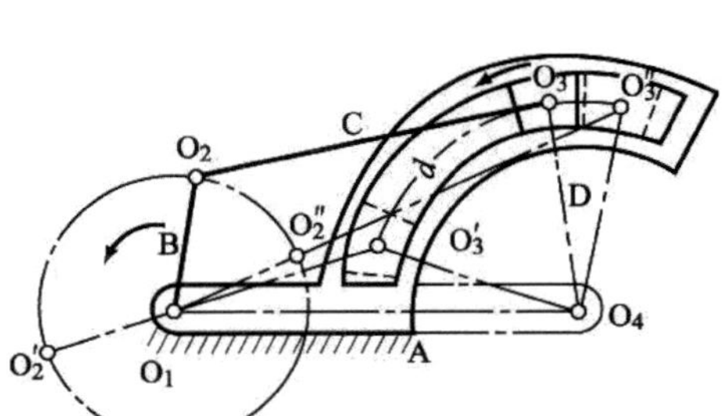

그림 9.9 레버와 슬라이더

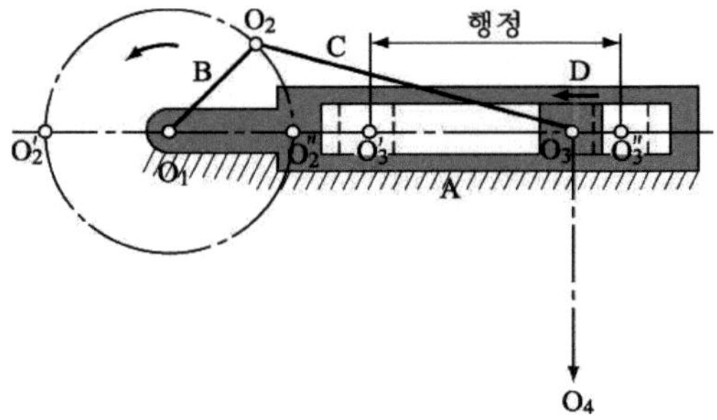

그림 9.10 슬라이더 크랭크 기구

(1) 왕복 슬라이더 크랭크 기구

그림 9.11과 같이 링크 A를 고정한 기구이다. 이 기구는 회전 운동을 왕복 운동으로 바꾸는 경우(예, 공기 압축기, 크랭크 프레스 등) 또는 그 반대의 경우(예 내연기관)에 사용되고 있다.

이 기구에서 크랭크 B가 구동절일 때는 등속으로 운동하는 것이 많다. 이 때 슬라이더가 어떤 속도로 운동을 하는가를 알아보면 그림(b)와 같다.

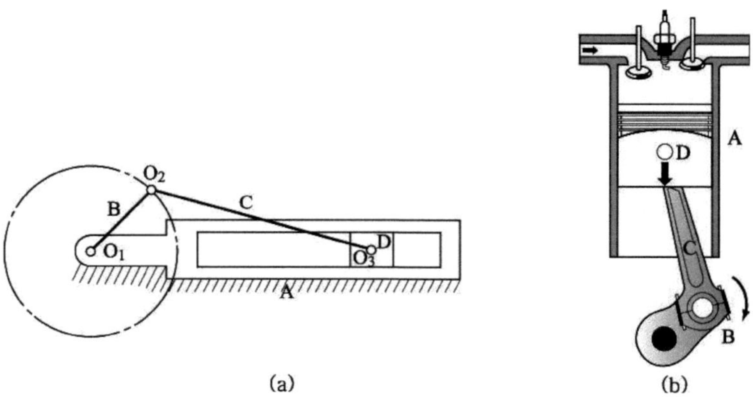

(a) (b)

그림 9.11 왕복 슬라이더 기구

(2) 흔들이 슬라이더 크랭크 기구

그림 9.12는 슬라이더 크랭크 기구(그림 9.10)의 슬라이더 D를 가장 긴 링크로 하고, 링크 A를 반대로 슬라이더로서 D속에 넣어 변형시킨 것이다. 링크 C를 고정하여 링크 B를 회전시키면 링크 D는 O_3를 중심으로 하여 왕복 각운동을 한다.

이 기구를 급속 귀환 운동 기구(quick return motion)라 하여 셰이퍼에 이용하고 있다. 크랭크 B는 등속 회전을 하고 있지만 링크 D는 O_3를 중심으로 한 왕복 각 운동을 하므로 절삭 행정에 요하는 시간과 귀환 행정에 소요되는 시간이 다르게 된다.

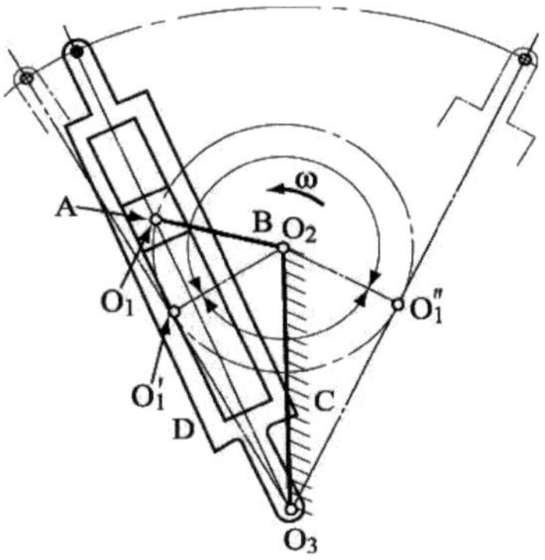

그림 9.12 흔들이 슬라이더 크랭크 기구

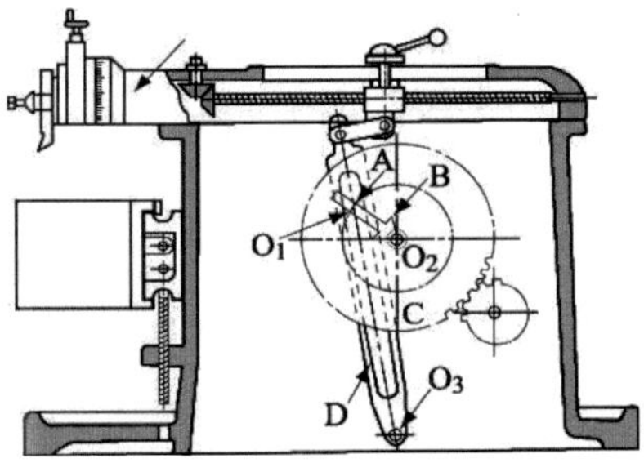

그림 9.13 셰이퍼의 급속 귀환 운동 기구

4. 특별한 운동 기구

(1) 평행 운동 기구

그림 9.14와 같이 서로 마주 보는 링크의 길이를 같은 2중 크랭크 기구에서 A, B, C, D의 4변의 링크가 언제나 평형사변형을 만들고 있다. 그래서 링크 A를 고정하면 언제나 크랭크 B와 크랭크 D의 마주보는 2점은 마주보는 원둘레 위를 움직이고, 링크 C는 A에 평행하고, 링크 C 위의 각점은 원주 위를 움직이고 있다. 이와 같은 기구를 **평행 크랭크 기구**(parallel crank mechanism)라 하고, 이것이 평행 운동 기구의 기초가 되고 있다.

평행 크랭크 기구는 평행자나 제도기의 운동 기구에 이용된다. 그리고 도형을 확대하거나 축소할 때에 사용되는 2중 크랭크 기구를 팬터그래프 (pantograph)라 한다.

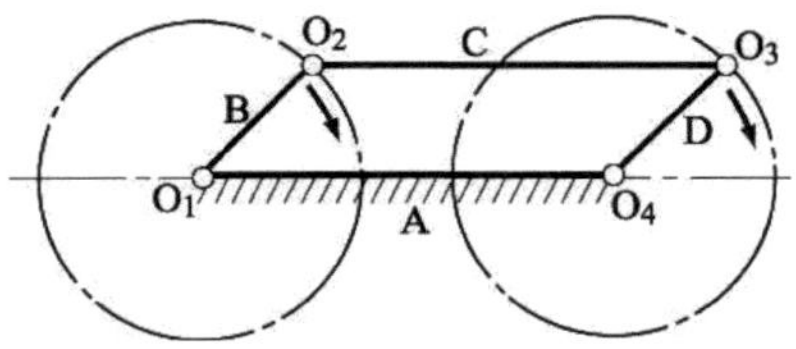

그림 9.14 평행 크랭크 기구

(2) 배력 장치

그림 9.15(a)는 판금의 구멍뚫기나 펀칭에 사용하는 프레스이다. 링크 A, B는 길이가 같고, 레버 E를 누르게 되면 D를 잡아당기게 되어 A와 B의 링크가 직선에 가깝게 된다. 이때 C를 누르는 힘이 현저하게 크게 되므로 판금에 펀칭이나 구멍뚫기를 하게 된다.

이와 같은 링크를 조합시킨 것을 배력 장치(toggle equipment)라 한다.

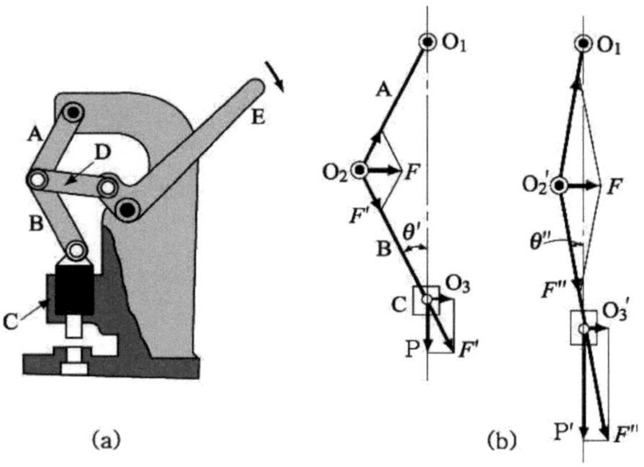

그림 9.15 배력 장치

9.2 캠 장치와 간헐 운동 기구

9.2.1 캠 종류

특수한 모양을 가진 구동절에 회전 운동 또는 직선 운동을 주어서 이것과 짝을 이루고 있는 피동절이 복잡한 왕복 직선 운동이나 왕복 각운동 등을 하게 하는 기구를 캠 기구(cam mechanism)라 하고, 구동절을 캠(cam)이라 한다.

구조는 간단하나 복잡한 운동을 쉽게 실현할 수 있어, 내연기관의 밸브 개폐 기구나 공작기계, 인쇄기계, 자동기계 등의 운동 변환 기구에 사용되어지고 있다.

캠에는 접점의 자취에 따라 평면 곡선을 가지는 평면 캠(plane cam)과 공간 곡선을 가지는 입체 캠(solid cam)이 있다.

1. 평면 캠

평면 캠 중에서 가장 널리 사용되고 있는 것은 판 캠으로 피동절의 운동에 따른 윤곽을 만든 회전판을 캠으로 하는 것이다.

그림 9.16은 판 캠 C가 등속 운동을 하면 피동절 F는 등속 왕복 운동을 하는 것으로, 그림 (a)에서는 C와 F의 끝이 모두 미끄럼으로 운동을 전하므로 접촉면의 마찰이 커 마멸이 되기 쉽다. 이런 결점을 적게 하기 위하여 그림 (b)와 같이 F의 끝에 롤러를 붙인다.

그림 (a), (b)에서는 C의 회전이 빠르면 F가 C에서 떨어지기 쉽다. 이것을 방지하기 위해서 그림 (c)와 같이 캠에 홈을 설치하여 피동절의 움직임이 확실하게 되도록 한다. 이와 같은 캠을 확동 캠(positive cam)이라 한다.

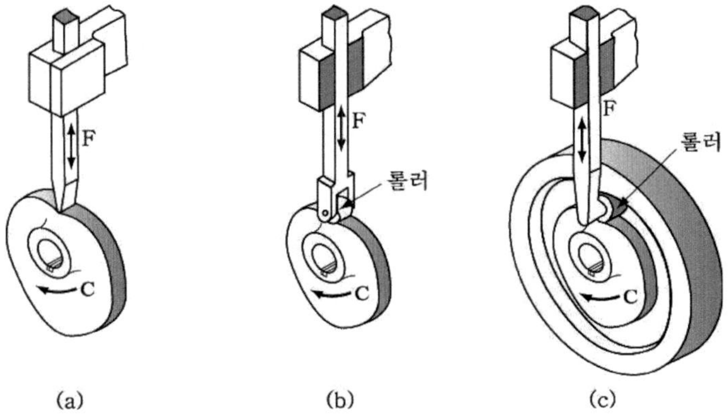

그림 9.16 판 캠

2. 입체 캠

그림 9.17에 표시한 입체 캠에는 원통, 원추, 구 등의 회전체 표면에 홈을 만들어 이 홈에 피동절의 일부가 끼워져 운동을 전달하게 된다. 원통 캠, 원추 캠, 구면 캠도 확동 캠에 속한다.

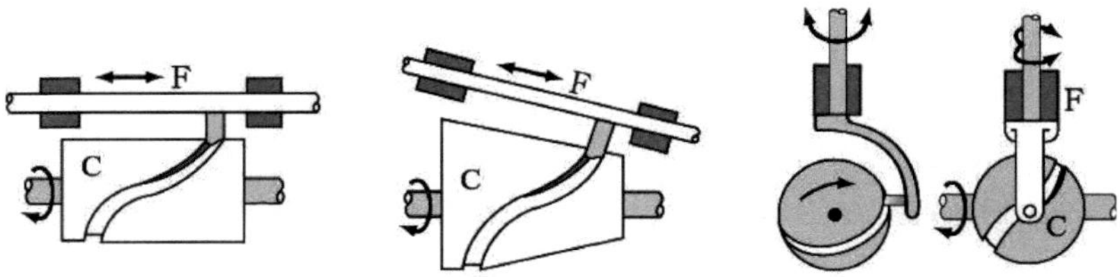

(a) 원통캠 (b) 원추캠 (c) 구면캠

그림 9.17 입체캠

9.2.2 판 캠의 설계

1. 캠의 선도

캠을 설계하는 데는 캠의 회전에 따른 피동절의 위치를 결정하는 것이 필요하다. 보통 캠은 등속 회전을 하고 있으므로 캠의 회전각을 가로축으로, 피동절의 움직임을 세로축으로 잡은 그래프를 그리면 이들의 관계를 잘 알 수 있다. 이 그래프를 **캠의 변위 선도**(displacement diagram of cam)라 한다.

변위 선도 이외에 캠의 회전각과 피동절의 속도와의 관계를 나타낸 것을 **속도 선도**(velocity diagram), 캠의 회전각과 피동절의 가속도와의 관계를 나타낸 **가속도 선도**(acceleration diagram)를 그리면 캠과 피동절의 움직임을 알 수 있다. 이 같은 선도를 합하여 **캠 선도**(cam diagram)라 한다.

그림 9.18은 캠의 1회전에 대하여 피동절의 관계 위치를 변위 곡선 Oabcd로 나타낸 변위 선도이다. X축에는 캠의 회전각을, Y축에는 피동절의 움직임을 나타내고 있다.

캠의 피동절의 운동을 캠의 선도에 의해 알아보자.

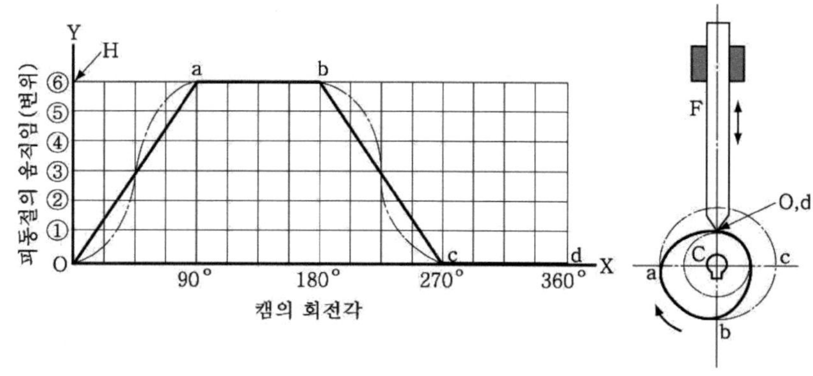

그림 9.18 캠 선도

(1) 등속도 운동

이것은 피동절의 움직임이 회전각에 비례하는 운동이므로 변위 선도는 그림 9.18의 Oa, bc와 같이 경사진 직선이 된다.

캠의 회전이 고속인 경우는 점 a, b, c, d와 같이 꺾여진 곳에서는 속도가 급하게 변해 피동절에 충격을 준다. 이와 같은 충격을 적게 하기 위해서 변위 선도의 직선 끝부분에 1점 쇄선과 같이 둥글게 만들면 속도의 급격한 변화를 피할 수 있다. 둥글게 만들기 위해 사용하는 곡선을 완화 곡선이라 한다.

(2) 등가속도 운동

그림 9.19는 전반, 후반 쪽이 서로 등가속도 운동을 하는 곡선으로, 변위 곡선은 서로 접하는 2개의 포물선으로 나타낸다. 피동절이 이 선도와 같이 움직이도록 하는 캠은 속도가 급격히 변화가 생기므로 고속의 경우에는 별로 사용하지 않는다.

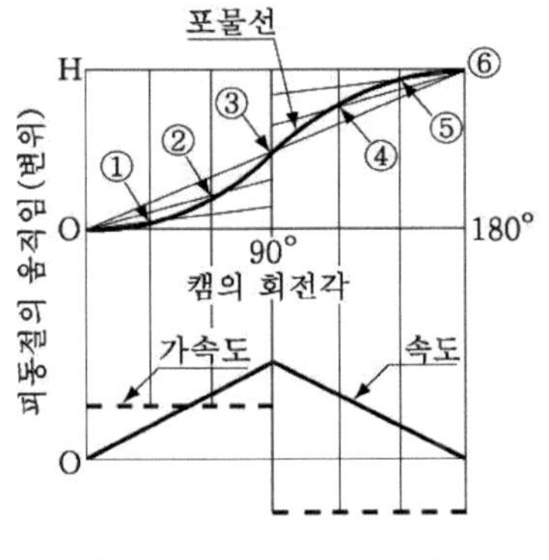

그림 9.19 등가속도 운동

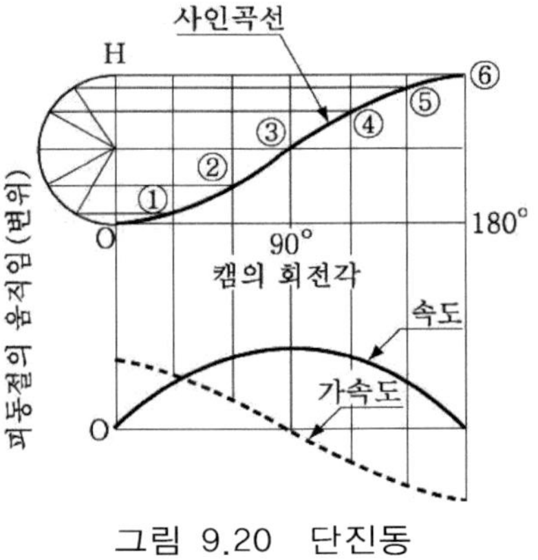

그림 9.20 단진동

(3) 단진동

그림 9.20에 나타낸 것과 같이 변위 선도가 사인 곡선이 되는 것으로 속도 선도, 가속도 선도에서도 사인 곡선이 된다. 피동절이 이와 같은 움직임을 하는 캠은 속도, 가속도에서도 급격한 변화가 없고 운동이 원활하다.

2. 판 캠의 윤곽

캠을 설계할 때에는 캠의 윤곽 곡선, 전달력, 피동절의 절대 속도, 관성 등을 고려하여야 한다.

변위 선도가 주어졌을 때, 그림 9.21과 같은 윤곽 곡선은 다음과 같이 작성된다.

㉮ 변위 선도를 같은 간격으로 나누어 각 구간에서의 변위를 변위 선도에 표시한다.

㉯ 적절한 크기의 기초원을 그리고 이를 같은 구간으로 나눈다.

㉰ 기초원상의 같은 구간점에 변위 선도에서 구한 변위 만큼을 방사선 방향으로 표시하고, 중심에서 각 점까지의 거리를 반지름으로 하는 원을 그려, 기초원의 구간과 만나는 점을 그린다.

㉱ 각 기초원의 구간들의 점을 원만하게 연결하여 윤곽 곡선을 완성한다.

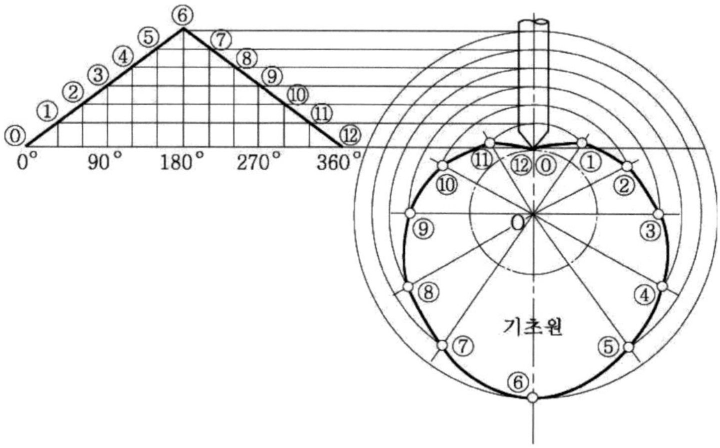

그림 9.21 판 캠의 윤곽을 구하는 법

9.2.3 간헐 운동 기구

인쇄 기계나 포장 기계 등의 자동 기계나 셰이퍼 등에서는 구동절의 연속적인 운동에 대하여 피동절이 주기적으로 단속 운동을 하는 것과 같은 기구가 쓰이고 있다. 이 기구를 간헐 운동 기구(intermittent motion mechanism)라 하고, 링크 장치, 캠 장치 등에도 쓰이고 있다.

1. 간헐 기어

기어는 이와 이가 서로 물려 있을 때만 회전이 전달되지만 그림 9.22와 같이 구동절 A의 이가 1개만 일 때 A의 1회전 마다 피동절 B는 1개의 이만이 간헐적으로 회전한다.

그림 9.23에서 구동절 A에는 핀 P가 붙어 있고, 6각형으로 된 피동절 B에는 반지름 방향

으로 홈이 6개 만들어져 있다. 지금, 구동절 A가 화살표 방향으로 회전하고, 핀이 P에서 P' 까지 움직이면 피동절 B는 60°만큼 회전한다. A, B 두 바퀴의 원호 부분이 접하고 있는 동안은 B는 움직이지 않는다. 이와 같은 것을 제네바 기어(Geneva drive)라 하고, 영사기나 인쇄기 등에 사용되고 있다.

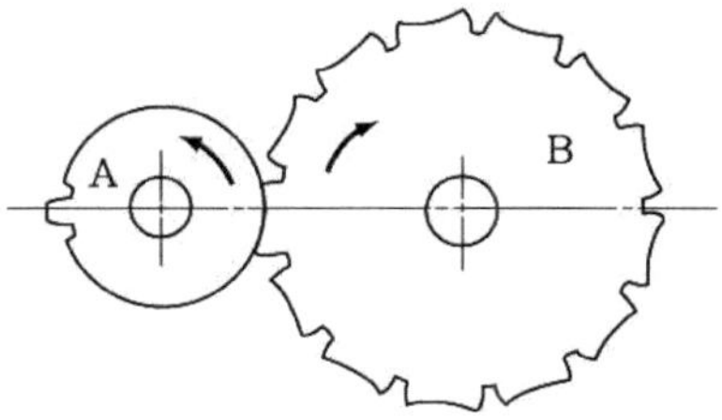

그림 9.22 간헐 기어

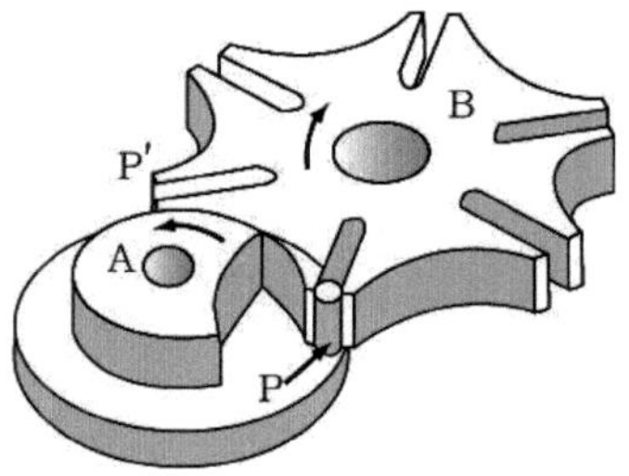

그림 9.23 제네바 기어

2. 래칫 휠

바퀴의 둘레에 특수한 이가 만들어져 있는 래칫 휠(ratchet wheel) A(그림 9.24)에 폴(pawl) B, B'을 걸어 레버 C를 왼쪽으로 움직이면 A는 폴 B에 의해 화살표 방향으로 움직인다. C를 오른쪽으로 당기면 A는 정지 폴 B'에 의해 역전이 방지되고, B는 A의 치면 위를 미끄러진다. 따라서 레버 C를 좌우로 움직이면 래칫 휠 A는 간헐적으로 회전한다.

이와 같은 기구를 래칫 장치(ratchet gearing)라 한다.

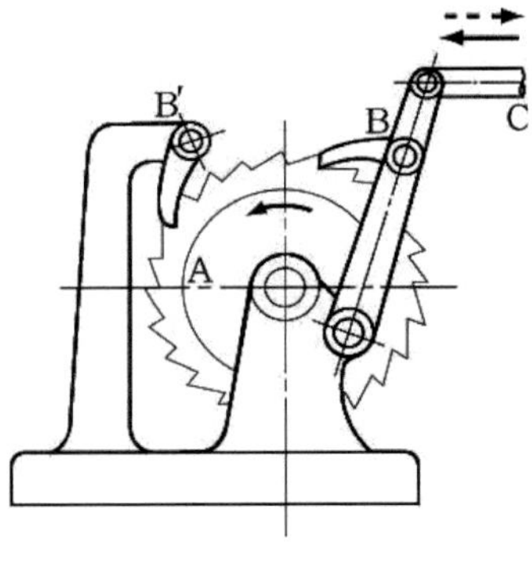

그림 9.24 폴과 래칫 휠

9.3 마찰 전동

9.3.1 마찰차의 종류

1. 원통 마찰차

원통 마찰차(cylindrical friction wheel)는 평행한 두 축 사이에 동력을 전달하며, 외접하는 경우와 내접하는 경우가 있다.

그림 9.25 (a)는 내접하는 원통 마찰차로 회전 장치의 회전판 구동부에 이용되며, 그림 (b)는 구동축으로부터 중간 롤러에 전동하는 형태를 나타낸 것으로, 외접하므로 서로 반대 방향으로 회전한다. 그림 (c)는 중간 롤러를 통해 회전 테이블이 회전하며, 내접하므로 같은 방향으로 회전한다.

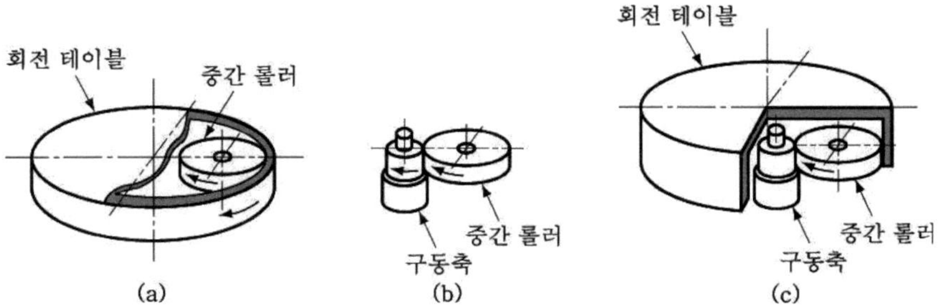

그림 9.25 원통 마찰차

지금, 그림 9.26과 같이 외접하는 마찰차에서 지름이 각각 D_1, D_2인 경우, 속도비 i, 축간 거리를 C, 전달 동력 H는 다음과 같다.

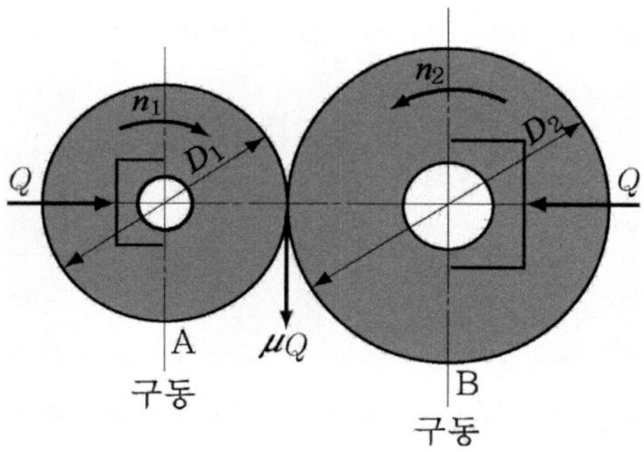

그림 9.26 원통 마찰차의 전달 동력

$$i = \frac{N_2}{N_1} = \frac{D_1}{D_2} \tag{9.1}$$

$$C = \frac{D_1 + D_2}{2} \tag{9.2}$$

$$H = \frac{\mu Q v}{1000} \tag{9.3}$$

여기서 N_1, N_2 : 회전수, μ : 마찰 계수, Q : 마찰차에서 밀어붙이는 힘

그림 9.25 (a)와 같이 내접하는 마찰차의 축간 거리는 두 마찰차의 지름 차이로 나타내지만, 전달 동력은 외접하는 경우와 같은 방법으로 계산한다.

또 마찰차의 너비가 b 일 때 마찰차의 허용 접촉 압력 p_a는 다음과 같다.

$$p_a = \frac{Q}{b} \tag{9.4}$$

마찰차에서 마찰 계수는 표면 재료에 의하여 결정되지만 실험에 의하면 운전 중에 피동차는 미끄럼에 의해 회전수가 2∼4% 감소하며, 이 때 마찰 계수가 최대가 된다. 또, 미끄럼이 이보다 증가하면 운전은 아주 불안정하게 되고, 미끄럼이 갑자기 증대되어 피동차는 정지하게 된다.

두 마찰차의 표면 재료는 내구성의 관점에서 주철, 강, 황동 등을 사용하지만, 마찰력을 크게 하기 위해서는 한쪽 마찰차에는 나무, 가죽, 고무 등을 사용해야 한다. 보통 구동차의 표면 재료는 비금속 재료를 사용하고, 피동차에는 금속 재료를 사용하면 그림 9.27 (a)와 같이 구동차가 마멸된다. 만일, 표면 재료를 반대로 하면 구동차가 회전을 시작할 때 피동차에는 부하가 걸리고 있으므로 정지 상태와 같게 된다. 이 때 구동차만이 회전하므로 그림 (b)와 같이 구동차의 표면은 마멸되지 않고, 피동차는 접촉부만 마멸되어 형상이 변하여 원활한 전동을 할 수 없게 될 우려가 있다.

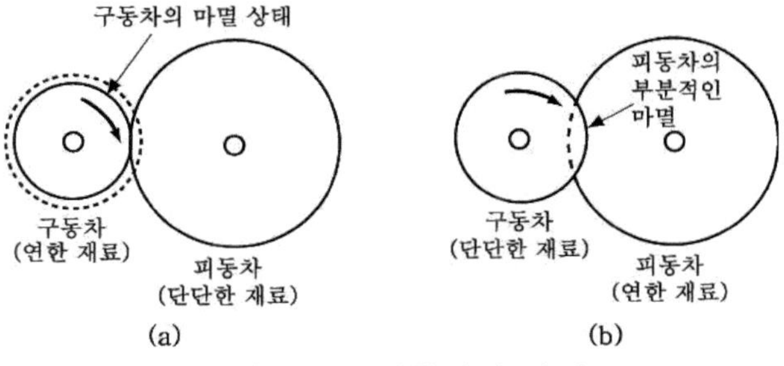

그림 9.27 마찰차의 마멸

예제 9.1 구동차의 지름이 300 [mm], 피동차의 지름이 450 [mm], 너비가 75 [mm]인 원통 마찰차가 있다. 구동차가 300 [rpm]으로 회전할 때의 전달 동력은 몇 [kW]인가? 다만, 허용 압력은 20 [N/mm]이고, 마찰 계수는 0.2로 한다.

[풀이] 식 (9.3)으로 전달 동력을 구하기 위해서는 먼저 원주 속도와 누르는 힘를 구해야 한다.
마찰차의 원주 속도

$$i = \frac{N_2}{N_1} = \frac{D_1}{D_2},\ v = r\omega = (\frac{D}{2\times 1000})(\frac{2\pi N}{60})\ [\mathrm{m/s}]$$

$$v = \frac{\pi \times 300 \times 300}{1000 \times 60} = 4.71\ [\mathrm{m/s}]$$

마찰차를 누르는 힘

$$Q = p_a\, b = 20 \times 75 = 1500\ [\mathrm{N}]$$

마찰차의 전달 동력

$$H = \frac{\mu Q v}{1000} = \frac{0.2 \times 1500 \times 4.71}{1000} = 1.41\ [\mathrm{kW}]$$

예제 9.2 구동차의 지름이 210 [mm]이고 회전수가 500 [rpm]이며, 1.5 [kW]의 동력을 전달하고 있는 원통 마찰차가 있다. 마찰차의 속도비는 0.6, 마찰 계수는 0.2이며, 허용 압력이 25 [N/mm]인 경우의 피동차의 지름과 축간 거리 및 너비를 구하여라.

[풀이] 식 (9.1)로부터 피동차의 지름은 속도비로 부터

$$D_2 = \frac{D_1}{i} = \frac{210}{0.6} = 350\ [\mathrm{mm}]$$

식 (9.2)로부터 축간 거리는

$$C = \frac{D_1 + D_2}{2} = \frac{210 + 350}{2} = 280\ [\mathrm{mm}]$$

식 (9.4)에서 마찰차의 너비를 구하려면 마찰차를 누르는 힘을 먼저 계산한 후 전달할 수 있는 동력을 구하면 된다.

$$v = r\omega = (\frac{D}{2\times 1000})(\frac{2\pi N}{60})\ [\mathrm{m/s}]$$

$$v = \frac{\pi \times 210 \times 500}{1000 \times 60} = 5.5\ [\mathrm{m/s}]$$

$$Q = \frac{1000\, H}{\mu v} = \frac{1000 \times 1.5}{0.2 \times 5.5} = 1364\ [\mathrm{N}]$$

$$b = \frac{Q}{p_a} = \frac{1364}{25} = 54.6\ [\mathrm{mm}]$$

예제 9.3 속도비가 1/2이고 축간 거리가 300 [mm]이며, 너비가 80 [mm]인 원통 마찰차에서 구동차가 750 [rpm]으로 회전하여 피동차에 동력을 전달하고 있다. 마찰 계수가 0.25이며, 허용 압력을 12 [N/mm]라 할 때, 전달 동력은 몇 [kW]인가?

[풀이] 식 (9.1)과 식 (9.2)에서

$D_1 + D_2 = 2C$ 이고, $i = \frac{1}{2} = \frac{D_1}{D_2}$ 이므로,

$$D_1 = \frac{2\,C}{3} = \frac{2 \times 300}{3} = 200\ [\mathrm{mm}]$$

전달 동력을 구하려면 원주 속도와 마찰차를 누르는 힘 Q 를 구해야 한다.

$$v = r\omega = \left(\frac{D}{2 \times 1000}\right)\left(\frac{2\pi N}{60}\right)\ [\mathrm{m/s}]$$

$$v = \frac{\pi \times 200 \times 750}{1000 \times 60} = 7.85\ [\mathrm{m/s}]$$

$$Q = p_a b = 12 \times 80 = 960\ [\mathrm{N}]$$

$$H = \frac{\mu Q v}{1000} = \frac{0.25 \times 960 \times 7.85}{1000} = 1.88\ [\mathrm{kW}]$$

2. 홈붙이 마찰차

원통 마찰차에서 큰 동력을 전달하려고 하면 마찰 계수가 큰 재료를 사용하거나 또는 두 바퀴를 큰 힘으로 밀어붙여야 한다. 그러나 밀어붙이는 힘을 크게 하면 베어링이 큰 부하를 받아 마찰 손실이 크게 된다. 따라서 밀어붙이는 힘을 증가시키지 않고 전달 동력을 크게 하도록 개량한 것이 홈붙이 마찰차(grooved friction wheel)이다.

이 마찰차는 바퀴의 둘레에 그림 9.28과 같이 쐐기 모양의 V형 홈이 파여져 있어 구동차와 피동차가 서로 접촉하게 되어 있다.

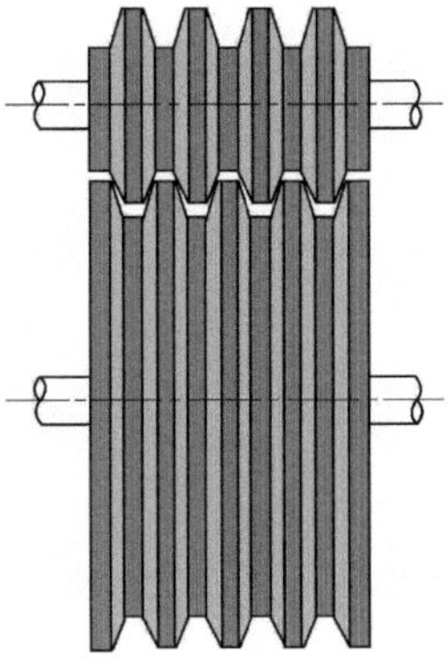

그림 9.28 홈붙이 마찰차

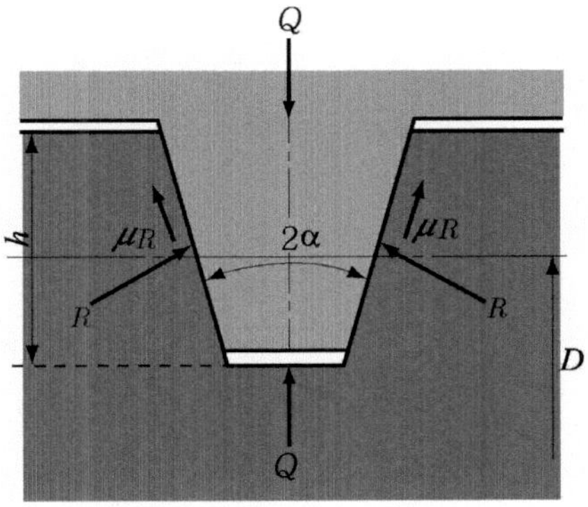

그림 9.29 홈붙이 마찰차의 역학 관계

(1) 마찰 계수

그림 9.29와 같이 홈붙이 마찰차에서 홈의 각도를 2α, 밀어붙이는 힘을 Q, 접촉홈의 경사면에 수직한 힘을 R, 마찰 계수를 μ라 하면 힘의 평형 조건으로부터 다음 식이 얻어진다.

$$Q = 2\,R\sin\alpha + 2\,\mu\,R\cos\alpha = 2\,R(\sin\alpha + \mu\cos\alpha)$$

$$R = \frac{Q}{2(\sin\alpha + \mu\cos\alpha)} \tag{9.5}$$

이 경우의 회전력을 P'이라 하면

$$P' = 2\mu R = \frac{\mu}{\sin\alpha + \mu\cos\alpha}Q = \mu' Q \tag{9.6}$$

$$\mu' = \frac{\mu}{\sin\alpha + \mu\cos\alpha}$$

따라서, 홈 마찰차와 원통 마찰차의 경우 같은 힘으로 밀어붙일 때 회전력을 비교하면

$$P' : P = \frac{\mu}{\sin\alpha + \mu\cos\alpha} : \mu = \mu' : \mu$$

이 식에서 $\mu = 0.2$, $2\alpha = 30°$ 라 하면 $\mu' = 0.44$ 가 되어 홈붙이 마찰차가 원통 마찰차에 비해 2배 이상의 회전력을 얻을 수 있다.

(2) 홈의 깊이와 수

홈붙이 마찰차가 정확하게 구름 접촉이 되는 곳은 홈의 평균 지름에 해당하며, 이 부분에서 멀어짐에 따라 미끄럼이 커지므로 마멸 및 소음이 생기기 쉽다. 이와 같은 현상은 홈의 깊이가 깊을수록, 속도가 빠를수록 심하게 되므로 되도록 홈의 깊이를 얕게 하는 것이 좋다. 홈의 깊이 $h = 0.05\,D$ 이하로 하며, 다음과 같은 경험식을 사용한다.

$$h = 0.3\sqrt{\mu' Q} \tag{9.7}$$

또, 접촉되는 부분의 전체 길이를 l 라 하면

$$l = \frac{2hZ}{\cos\alpha} \fallingdotseq 2hZ$$

여기서 $l = R/p_a$이므로 홈의 수 Z는 다음 식이 된다.

$$Z = \frac{R}{2hp_a} \tag{9.8}$$

예제 9.4 한 쌍의 홈붙이 마찰차의 축간 거리가 500 [mm], 구동차와 피동차의 회전수가 각각 300 [rpm], 200 [rpm]일 때 2 [kW]를 전달시키려면 밀어붙이는 힘을 얼마로 하면 되겠는가? 또, 홈의 깊이와 수를 구하여라. 다만, 홈의 각도(2α)는 40°, 마찰 계수는 0.15, 허용 압력을 30 [N/mm]라 한다.

[풀이] 밀어붙이는 힘, 홈의 깊이 및 수를 구하려면 먼저 마찰차의 지름, 원주 속도, V 홈에 생기는 마찰 계수를 계산해야 한다.

① 홈붙이 마찰차의 지름을 식 (9.1)에서 $D_1 = 2/3\,D_2$이므로 이 값을 식 (9.2)에 대입하면 $C = 5/6\,D_2$이다. 그러므로

$$D_2 = \frac{6\,C}{5} = \frac{6 \times 500}{5} = 600\ [\mathrm{mm}]$$

$$D_1 = 400\ [\mathrm{mm}]$$

② 원주 속도는 다음과 같다.

$$v = r\omega = \left(\frac{D}{2 \times 1000}\right)\left(\frac{2\pi N}{60}\right)\ [\mathrm{m/s}]$$

$$v = \frac{\pi \times 400 \times 300}{1000 \times 60} = 6.28\ [\mathrm{m/s}]$$

(3) V홈에 생기는 마찰 계수

$$\mu' = \frac{\mu}{\sin\alpha + \mu\cos\alpha} = \frac{0.15}{\sin 20° +\ 0.15 \times \cos 20°} = 0.31$$

③ 밀어붙이는 힘 $Q = \dfrac{1000\,H}{\mu' v} = \dfrac{1000 \times 2}{0.31 \times 6.28} = 1027\ [\mathrm{N}]$

④ 홈의 깊이 $h = 0.3\sqrt{\mu' Q} = 0.3 \times \sqrt{0.31 \times 1027} = 5.36 = 6\ [\mathrm{mm}]$

⑤ 홈의 수를 구하려면 마찰면에 수직한 힘을 구해야 한다.

$$R = \frac{Q}{\sin\alpha + \mu\cos\alpha} = \frac{1027}{\sin 20° +\ 0.15 \times \cos 20°} = 2126\ [\mathrm{N}]$$

$$Z = \frac{R}{2\,h\,p_a} = \frac{2126}{2 \times 6 \times 30} = 6\ [\text{개}]$$

3. 원추 마찰차

두 축이 구름 접촉을 하면서 어느 각도로 교차할 때 사용되는 마찰차를 원추 마찰차(cone friction wheel)라 한다(그림 9.30).

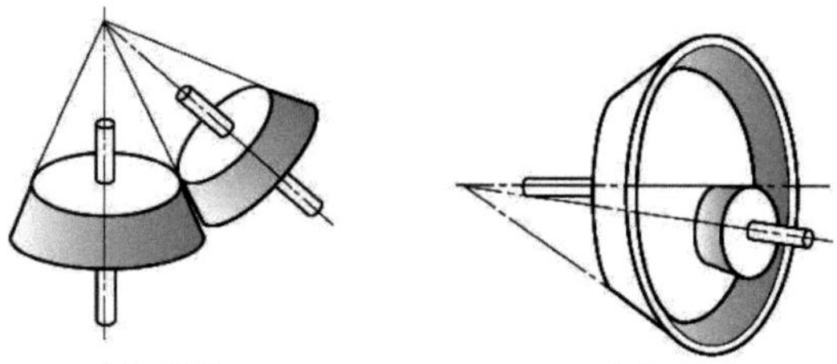

(a) 외접 (b) 내접

그림 9.30 원추 마찰차

(1) 속도비와 축각

그림 9.31과 같이 외접하는 원추 마찰차에서 원추각(꼭지각의 1/2)을 α, β 라 하고, 각속도를 ω_1, ω_2, 회전수를 n_1, n_2, 속도비를 i 라 하면

$$i = \frac{\omega_2}{\omega_1} = \frac{N_2}{N_1} = \frac{D_1}{D_2} = \frac{2\,OP\sin\alpha}{2\,OP\sin\beta} = \frac{\sin\alpha}{\sin\beta} \tag{9.9}$$

두 축이 이루는 축각 $\theta = \alpha + \beta$ 이므로

$$i = \frac{N_2}{N_1} = \frac{\sin\alpha}{\sin\beta} = \frac{\sin\alpha}{\sin(\theta - \alpha)}$$

$$\tan\alpha = \frac{\sin\theta}{\cos\theta + \dfrac{N_1}{N_2}} \tag{9.10}$$

같은 방법으로 풀면 $\tan\beta$ 는 다음과 같다.

$$\tan\beta = \frac{\sin\theta}{\cos\theta + \dfrac{N_2}{N_1}} \tag{9.11}$$

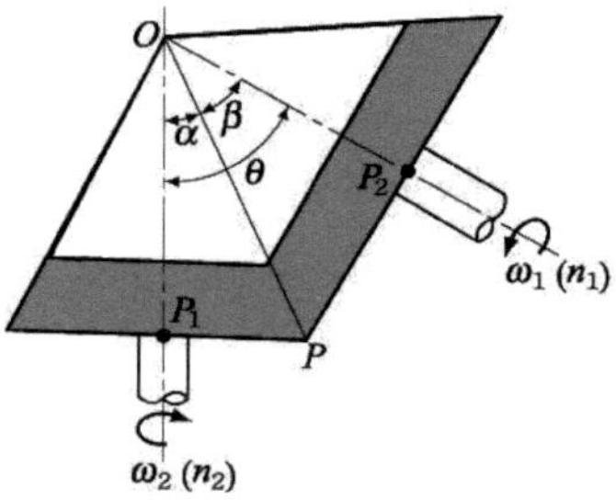

그림 9.31 외접하는 원추 마찰차

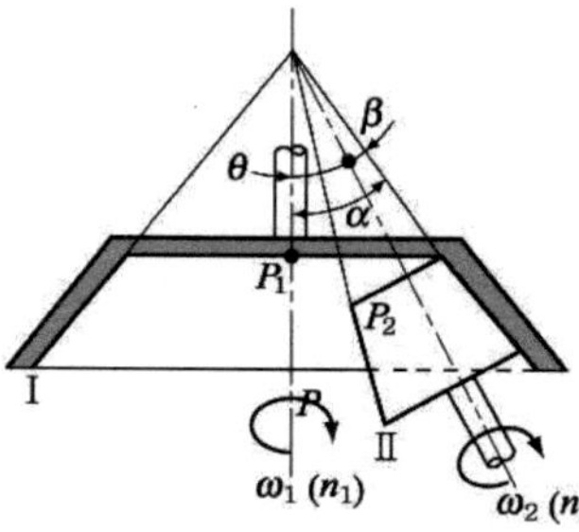

그림 9.32 내접하는 원추 마찰차

위 식에서 두 축이 이루는 각과 속도비를 알면 원추 마찰차의 원추각을 구할 수 있다. 또, 두 축각 $\theta = 90°$인 경우는 다음과 같다.

$$\left.\begin{aligned} \tan\alpha &= \frac{N_2}{N_1} \\ \tan\beta &= \frac{N_1}{N_2} \end{aligned}\right\} \tag{9.12}$$

한편, 그림 9.32와 같이 내접하는 경우($\theta = \alpha - \beta$)도 같은 방법으로 계산하면

$$\left.\begin{aligned} \tan\alpha &= \frac{\sin\theta}{\cos\theta - \dfrac{N_1}{N_2}} \\ \tan\beta &= \frac{\sin\theta}{\dfrac{N_2}{N_1} - \cos\theta} \end{aligned}\right\} \tag{9.13}$$

(2) 전달 동력

원추 마찰차에 의하여 회전을 전달하기 위해서는 그림 9.33과 같이 축 방향으로 하중 Q_1, Q_2를 가하면, 접촉면에 수직 방향으로 누르는 힘 P가 생기며, 그 마찰력에 의하여 회전을 전달하게 된다.

원추 마찰차에서 원추각을 각각 α, β라 하면

$$Q_1 = P\sin\alpha,\ \ Q_2 = P\sin\beta$$

$$P = \frac{Q_1}{\sin\alpha} = \frac{Q_2}{\sin\beta} \tag{9.14}$$

이 때, 베어링에는 축에 직각인 힘도 작용하므로, 이 힘을 R_1, R_2라고 하면

$$R_1 = P\cos\alpha,\ \ R_2 = P\cos\beta \tag{9.15}$$

축각이 90°인 경우에는 $R_1 = Q_1,\ R_2 = Q_2$가 된다.

원추면에서 중앙 부분의 원주 속도를 v라고 할 때 전달 동력 H는 다음 식과 같다.

$$H = \frac{Pv}{1000} = \frac{\mu Q_1 v}{1000\sin\alpha} = \frac{\mu Q_2 v}{1000\sin\beta} \tag{9.16}$$

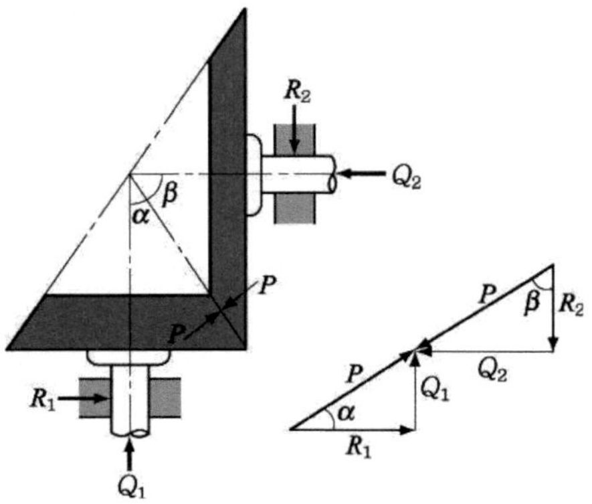

그림 9.33 원추 마찰차의 힘의 해석

(3) 접촉면의 너비

접촉면에 작용하는 접촉 압력을 p_a라 하면 접촉선의 길이 즉, 바퀴의 너비 b 는 다음과 같다.

$$b = \frac{P}{p_a} = \frac{Q_1}{p_a \sin\alpha} = \frac{Q_2}{p_a \sin\beta} \tag{9.17}$$

예제 9.5 두 축이 이루는 각이 60°, 속도비가 2인 외접하는 원추 마찰차가 있다. 구동차와 피동차의 원추각은 각각 얼마인가?

[풀이] 속도비 i = 2이므로 식 (9.10)에 의하여

$$\tan\alpha = \frac{\sin\theta}{\cos\theta + \frac{N_1}{N_2}} = \frac{\sin 60°}{\cos 60° + \frac{1}{2}} = \frac{0.866}{0.5 + 0.5} = 0.866$$

$$\alpha = \tan^{-1} 0.866 = 40.9°$$

$$\beta = 60° - 40.9° = 19.1°$$

예제 9.6 두 축이 90°인 원추 마찰차에서 구동차의 회전수가 300 [rpm]이고, 속도비가 1/2일 때 원추각 α, β 를 구하여라. 또, 구동차의 지름이 200 [mm]이고, 4 [kW]를 전동하기 위해서는 축에 어느 정도의 힘으로 밀어붙이면 되겠는가? 다만, 마찰차의 마찰 계수는 0.35로 한다.

[풀이] ① 축각이 90°일 때 원추각 α, β 는 식 (9.12)에 의해 구한다.

$$\alpha = \tan^{-1} \frac{N_2}{N_1} = \tan^{-1} \frac{1}{2} = 26.6°$$

$\beta = 63.4°$

구동차의 원주 속도를 구한다.

$$v = r\omega = (\frac{D}{2\times 1000})(\frac{2\pi N}{60})\ [\mathrm{m/s}]$$

$$v = \frac{\pi D_1 N_1}{1000\times 60} = \frac{\pi \times 200\times 300}{1000\times 60} = 3.14\ [\mathrm{m/s}]$$

② 축에 가해지는 힘 Q_1, Q_2는 식 (9.16)에 의해 구한다.

$$Q_1 = \frac{1000 H \sin\alpha}{\mu v} = \frac{1000\times 4\times \sin 26.6°}{0.35\times 3.14} = 1627\ [\mathrm{N}]$$

$$Q_2 = \frac{1000 H \sin\beta}{\mu v} = \frac{1000\times 4\times \sin 63.4°}{0.35\times 3.14} = 3254\ [\mathrm{N}]$$

예제 9.7 축각이 90°일 때, 원추 마찰차의 바깥지름이 각각 D_1 =300 [mm], D_2 =150 [mm], 접촉 너비가 50 [mm]이며, 피동차가 500 [rpm]으로 돌고 있다. 이 때, 허용 접촉 압력이 20 [N/mm], 마찰 계수가 0.25일 때 축방향의 힘은 얼마인가? 또, 전달할 수 있는 동력은 몇 [kW]인가?

[풀이] ① 원주 속도와 축방향의 힘을 식 (9.17)에 의해 구한다.

$$v = r\omega = (\frac{D}{2\times 1000})(\frac{2\pi N}{60})\ [\mathrm{m/s}]$$

$$v = \frac{\pi D_2 N_2}{1000\times 60} = \frac{\pi\times 150\times 500}{1000\times 60} = 3.93\ [\mathrm{m/s}]$$

$$i = \frac{N_2}{N_1} = \frac{D_1}{D_2} = \frac{300}{150} = 2$$

$$\alpha = \tan^{-1} 0.5 = 63.4°$$

$$Q_1 = p_a b \sin\alpha = 20\times 50\times \sin 63.4° = 894\ [\mathrm{N}]$$

② 다음에 전달 동력을 식 (9.16)에 의하여 구한다.

$$H = \frac{\mu Q_1 v}{1000 \sin\alpha} = \frac{0.25\times 894\times 3.93}{1000\times \sin 63.4°} = 0.98\ [\mathrm{kW}]$$

9.3.2 무단 변속 장치

무단 변속 장치(infinite variable speed drive)는 속도비를 어떤 범위내에서 자유로이 연속적으로 변화시킬 수 있다. 구동축의 회전 속도를 일정하게 유지하고, 피동축의 회전 속도를 임의로 변화시키는 경우에 많이 사용되며, 아주 큰 동력을 전달하기는 어렵다. 무단 변속 장치에는 마찰 전동이나 감아걸기 전동 장치를 이용한 것이 있다.

1. 마찰 전동에 의한 무단 변속 장치

(1) 원판 마찰차에 의한 변속

그림 9.34 (a)에서 Ⅰ축 위의 원판 마찰차 A와 Ⅰ축과 직교하는 Ⅱ축 위의 원판 마찰차 B를 점 P에서 접촉시켜 동력을 전달한다

점 P로부터 Ⅰ축까지의 거리를 x, 점 P로부터 Ⅱ축까지의 거리를 R_2, Ⅰ축, Ⅱ축의 회전수를 각각 N_1, N_2라 하면

$$N_2 = \frac{N_1}{R_2} x \tag{9.18}$$

또, 그림 9.34 (b)에서와 같이 Ⅰ축과 Ⅲ축 사이의 축간 거리가 s 이며, Ⅰ축 위의 원판 마찰차 A로부터 Ⅰ축에 나란한 Ⅲ축 위의 원판 마찰차 C에, 중간 마찰차 B를 거쳐서 동력을 전달하는 경우, Ⅲ축의 회전수 N_3은 다음 식과 같이 된다.

$$i = \frac{N_3}{N_1} = \frac{N_2}{N_1} \cdot \frac{N_3}{N_2} = \frac{x}{R_2} \cdot \frac{R_2}{s-x}$$

$$N_3 = \left(\frac{x}{s-x}\right) N_1 \tag{9.19}$$

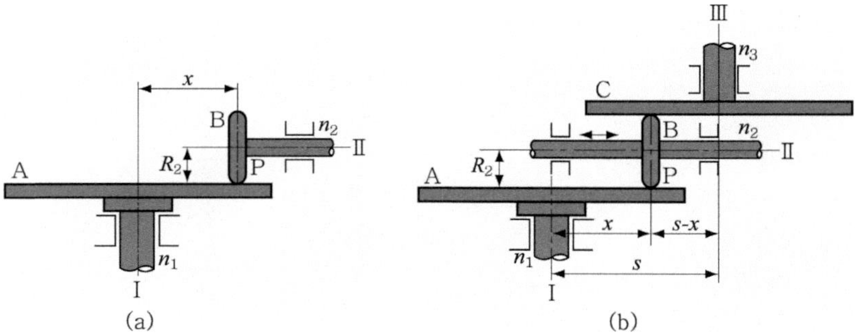

그림 9.34 원판 마찰차에 의한 변속

(2) 원추 마찰차에 의한 변속

그림 9.35와 같은 모양의 원추 마찰차 A, B를 반대 방향으로 맞대어 놓고, 링(ring) R을 원추면에 따라 이동시키면 피동차의 회전수는 무단으로 변화한다. 이것을 에반스 마찰차(Evan's friction wheel)라고 한다. 그림 (a)는 링이 원추 마찰차에 외접하고, 그림 (b)는

링이 원추 마찰차 사이에 끼여 있다.

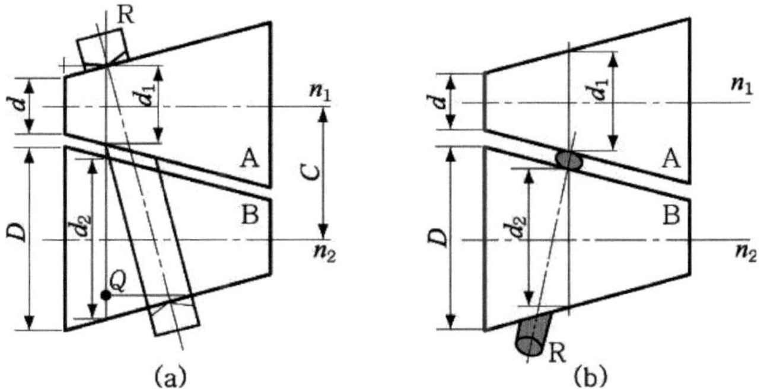

그림 9.35 원추 마찰차에 의한 변속

(3) 기타 마찰차에 의한 변속

그림 9.36 (a)는 원판 마찰차와 반구를, 그림 (b)는 원추 마찰차와 구면 마찰차를 접촉시켜 구면 마찰면의 회전축을 임의의 각도로 기울려 회전시키면, 원판 마찰차나 원추 마찰차의 회전수는 무단으로 변화된다.

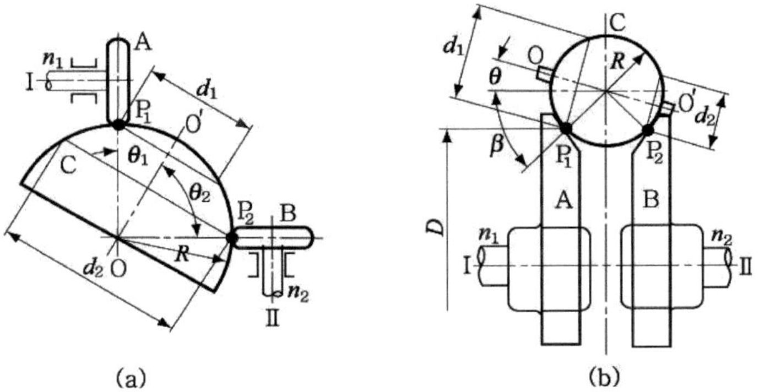

그림 9.36 구면 마찰차에 의한 변속

2. 감아걸기 전동에 의한 무단 변속 장치

감아걸기 전동에 의한 무단 변속 장치에는 평벨트, V벨트, 체인 등에 의한 것이 있다. 평벨트, V벨트에 의한 것은 원추 마찰차를 이용한 것이며, 부하의 대소에 따라 속도비는 어느 정도 변화하고, 구조가 간단하다. 이것에 비하여 속도비가 일정한 것을 요구하는 데는 체인에 의한 것을 사용하며, 구조가 복잡하다.

(1) 평벨트에 의한 변속 장치

그림 9.37과 같이 두 개의 원추형의 벨트 풀리를 반대 방향으로 배치하여 벨트를 감은 것이다. 벨트를 이동시키면 속도비가 무단으로 변한다.

(2) V벨트에 의한 변속 장치

V벨트에 의한 변속 장치는 구조가 간단하고, 고장이 적어 각종 기계에 널리 사용되고 있다. 결점으로는 V벨트 홈에 벨트가 압입되기 때문에 벨트의 수명이 짧다. 그림 9.38과 같이 2개의 원추 풀리를 서로 마주 보게 설치하고 풀리 사이의 간격을 변화시키면 접촉원의 지름이 변화되어 변속이 이루어진다.

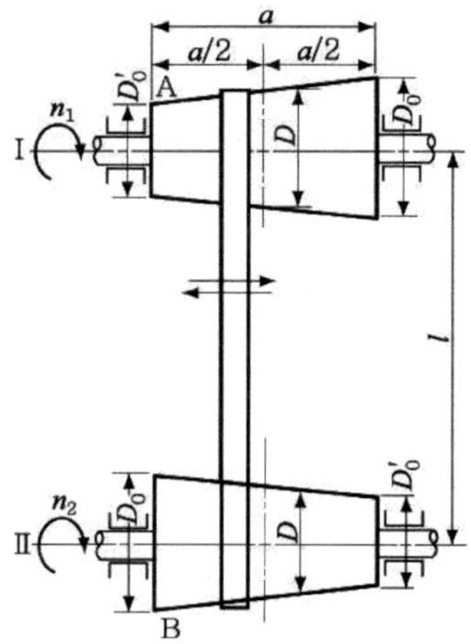

그림 9.37 원추형 벨트 풀리에 의한 무단 변속 장치

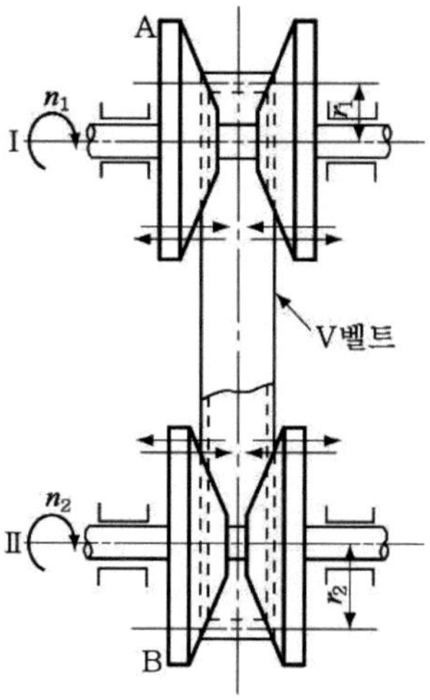

그림 9.38 V벨트에 의한 변속 장치

(3) 체인에 의한 변속 장치

V벨트식 변속 장치와 같이 장치가 작고, 속도비가 일정하며 강력한 전동이 되고, 수명이 길므로 공작기계나 인쇄 기계, 그 밖의 산업 기계에 널리 쓰이고 있다. 이 장치는 그림 9.39와 같이 홈을 만든 원추 풀리를 서로 마주보게 하여 여기에 체인을 감은 것이다. 속도를 변화시키는 방법은 V벨트에 의한 변속 장치와 같다.

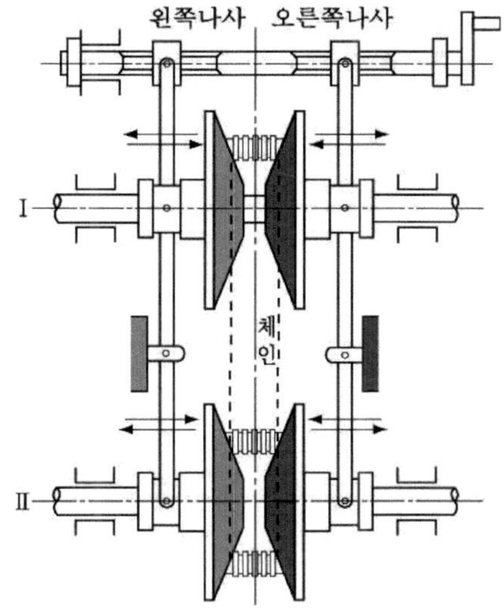

그림 9.39 체인에 의한 변속 장치

연습문제

1. 링크 기구가 쓰이고 있는 기계에는 어떤 것이 있는지 알아보자.
2. 레버 크랭크 기구를 응용한 보기를 들어보자.
3. 캠이 쓰이고 있는 기계에는 어떤 것이 있는지 알아보자.
4. 간헐 운동 기구가 쓰이고 있는 기계에는 어떤 것이 있는지 알아보자.
5. 홈붙이 마찰차가 원통 마찰차에 비하여 어떤 장점이 있는지 알아보자.
6. 원추 마찰차에서 속도비와 축각은 어떤 관계가 있는지 알아보자.
7. 축간 거리가 300 [mm]이고, 속도비가 4인 원통 마찰차에서 각 마찰차의 지름을 구하여라. 답 ($D_1 = 480$ [mm], $D_2 = 120$ [mm])
8. 구동차의 지름이 500 [mm], 회전수 350 [rpm]인 원통 마찰차를 2 [kN]의 힘으로 누르면 전달할 수 있는 동력은 얼마인가? 다만, 마찰 계수는 0.35로 한다. 답 ($H = 6.41$ [kW])
9. 축간 거리 300 [mm], 속도비 1/3인 원통 마찰차에서 구동차의 회전수 500 [rpm]으로 1 [kW]를 전달할 때 필요한 마찰차의 너비를 구하여라. 다만, 허용 압력은 20 [N/mm], 마찰 계수는 0.2로 한다.
   답 ($D_1 = 150$ [mm], $D_2 = 450$ [mm], $d = 63.6$ [mm])
10. 4 [kW], 1000 [rpm]의 구동축으로부터 원통 마찰차를 사용하여 350 [rpm]으로 감속하여 피동축을 운전한다. 구동차의 최소 지름을 약 120 [mm] 정도로 하면 피동차의 지름, 축간 거리, 풀리의 너비를 구하여라. 다만, 두 마찰차의 마찰 계수는 0.3, 허용 압력은 1.5 [N/mm]이다.
    답 ($D_2 = 343$ [mm] $C = 231.5$ [mm], $d = 142$ [mm])
11. 피치원의 지름 $D_1 = 200$ [mm], $D_2 = 700$ [mm]이고 홈의 각도는 40°, 마찰 계수는 0.15, 전달 동력 3 [kW]이고, 피동차의 회전수가 350 [rpm]인 홈붙이 마찰차에서 서로 누르는 힘은 얼마가 필요한가? 답 ($P = 756$ [N])
12. 구동차가 800 [rpm], 피동차가 400 [rpm]으로 2 [kW]의 동력을 전달하는 홈붙이 마찰차의 피치원 지름과 홈의 수를 결정하여라. 다만, 마찰 계수는 0.25, 홈의 각도 30°, 중심 거리는 약 250 [mm], 허용 압력이 15 [N/mm]이다.
    답 ($D_1 = 167$ [mm], $D_2 = 334$ [mm], $z = 8$[개])
13. 구동차가 400 [rpm], 피동차가 240 [rpm]으로 회전하는 원추 마찰차의 축각이 80°일 때 두 풀리의 원추각을 구하여라. 답 (28.2°, 51.8°)

14. 축각이 90°인 원추 마찰차에서 구동차의 평균지름이 300 [mm], 회전수 240 [rpm] 이고, 속도비는 4 / 3이다. 이 마찰차로 1.5 [kW]의 동력을 전달할 때 피동차의 평균지름, 마찰차의 너비 및 원추각을 구하여라. 두 풀리에 가해지는 스러스트를 계산하여라. 다만, 허용 압력이 15 [N/mm]이고 마찰 계수는 0.3이다.

답 ($D_2 = 225$ [mm], $\alpha = 53.1°$, $\beta = 36.9°$, $Q_2 = 1060$ [N], $Q_1 = 796$ [N])

10

Chapter

기어

구동축에서 피동축으로 동력을 전달하는 방법 중에는 기어 전동이 있다. 기어 전동 장치는 미끄럼이 생기지 않기 때문에 일정 속도비로 큰 회전력을 연속적으로 전달할 수 있는 장점이 있어 가장 널리 사용되고 있다.

기어(gear)는 원통 마찰차나 원추 마찰차의 원둘레에 이(tooth)를 같은 간격으로 만든 것이며, 구동 기어(driving gear)의 이가 회전함에 따라 피동 기어(driven gear)의 이 홈에 들어가 치면(tooth flank)을 눌러 회전을 전하게 된다.

10.1 기어의 개요

10.1.1 기어의 종류와 각부 명칭

1. 기어의 종류

기어의 종류는 여러 가지 방법으로 나눌 수 있으며, 두 축의 상대 위치에 따라 분류하면 다음과 같다(그림 10.1).

(1) 두 축이 평행한 기어

① 스퍼 기어(spur gear) : 이가 축에 평행하게 만들어져 있으며, 이 모양이 간단하여 가공하기가 쉽고, 정밀도가 높아 가장 널리 사용되고 있다.

② 인터널 기어(internal gear) : 이가 원통의 내면에 만들어져 있는 기어로 스퍼 기어와 같이 이가 축에 대하여 평행하다. 두 기어의 회전 방향은 같고, 높은 감속비를 필요로 하는 데 사용되고 있다.

③ 래크과 피니언(rack and pinion) : 피치원 지름을 무한대로 한 것을 래크라 하고 여기에 물리는 기어를 피니언이라 하며, 직선 운동을 왕복 운동으로 바꾸는 데 사용되고 있다.

④ 헬리컬 기어(helical gear) : 이가 축방향에 대하여 경사져 있으며, 큰 힘을 받거나, 고속 회전에 적합하지만, 가공이 어렵고 회전 중 축에 스러스트(thrust)가 생기는 단점이 있다.

⑤ 더블 헬리컬 기어(double helical gear) : 헬리컬 기어에서 생긴 스러스트를 없애기 위하여 좌우 양쪽을 다른 방향의 이를 만든 것으로 원활한 회전을 전할 수 있다.

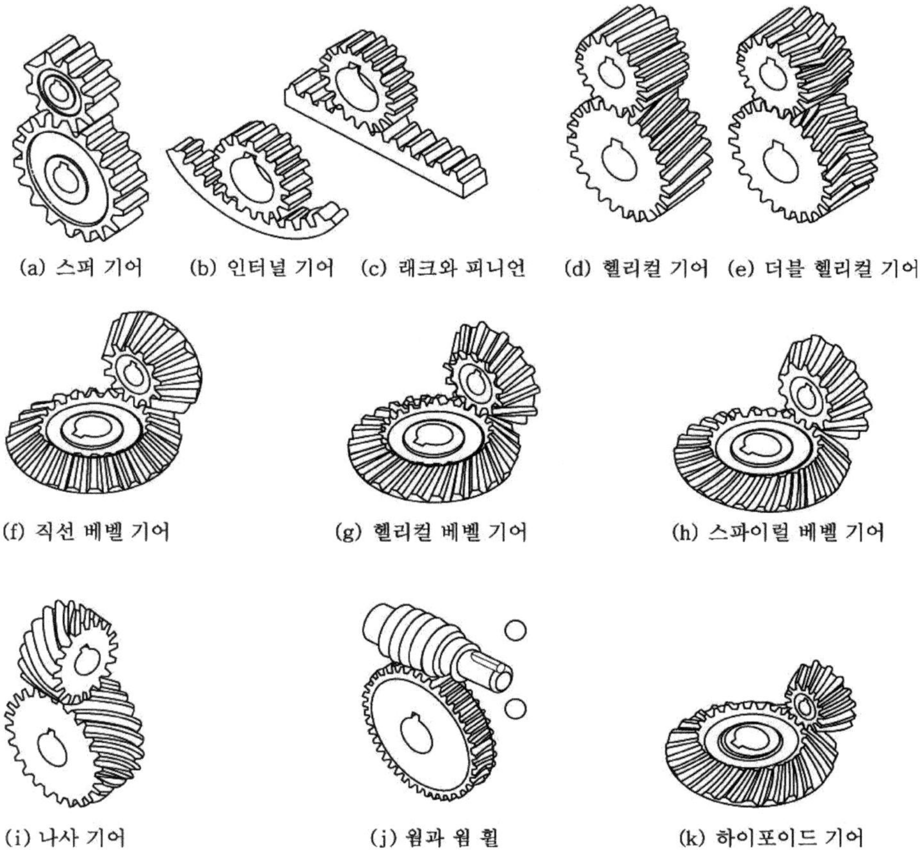

그림 10.1 기어의 종류

(2) 두 축이 교차하는 기어

두 축의 만나는 점을 정점으로 하여 원추면에 방사형으로 이를 만든 기어를 베벨 기어(bevel gear)라 한다. 베벨 기어에는 잇줄이 원추면의 모선과 일치하는 직선 베벨 기어(straight bevel gear), 잇줄이 모선에 대하여 경사져 있는 헬리컬 베벨 기어(helical bevel gear), 잇줄이 모선에 대하여 곡선으로 되어 있는 스파이럴 베벨 기어(spiral bevel gear) 등이 있다.

(3) 두 축이 평행하지도 교차하지도 않는 기어

① 나사 기어(screw gear) : 서로 교차도 평행도 않는 축 사이에 회전을 전할 때 사용하는 기어로 한쌍의 헬리컬 기어를 두축의 관계 위치를 어긋나게 한 기어이다. 이 때 이와 이가 점접촉을 하므로 큰 동력을 전달하는데는 적합하지 않다.

② 웜 기어(worm gear) : 수나사 모양의 피니언인 웜(worm)과 헬리컬 기어 모양인 웜 휠(worm wheel)을 합하여 웜 기어라 한다. 웜은 한 줄 이상의 줄수로 되어 있고, 웜 휠과 물렸을 때 두 축이 이루는 각이 직각이다. 웜을 구동으로 하여 웜 휠을 회전시키므로 큰 감속비(1/10～1/100)를 얻을 수 있어 감속 장치에 널리 사용되고 있다.

③ 하이포이드 기어(hypoid gear) : 평행도 교차도 않는 축 사이에 동력을 전하는 기어로서 스파이럴 베벨 기어와 비슷하며, 피니언의 위치가 스파이럴 베벨 기어와 다르다.

2. 기어의 각부 명칭

① 피치원(pitch circle) : 기어는 일정한 속도비로 회전을 전달하는 것으로 그림 10.2(a)와 같이 축의 직각인 단면을 보면 2개의 원이 접촉하고 있는 원을 피치원(pitch circle)이라 한다. 그러나 래크와 같이 직선일 때는 피치선(pitch line)이라 한다. 또 두 피치원의 접점을 피치점(pitch point)이라 한다.

② 이끝원(addendum circle) : 기어의 이끝을 지나는 원이다.

③ 이뿌리원(dedendum circle) : 기어의 이뿌리를 지나는 원이다.

④ 이끝 높이(addendum) : 피치원에서 이끝원까지의 거리이며, 이끝원은 이끝을 연결한 원이다.

⑤ 이뿌리 높이(dedendum) : 피치원에서 이뿌리원까지의 거리이며, 이뿌리원은 이뿌리를 연결한 원이다.

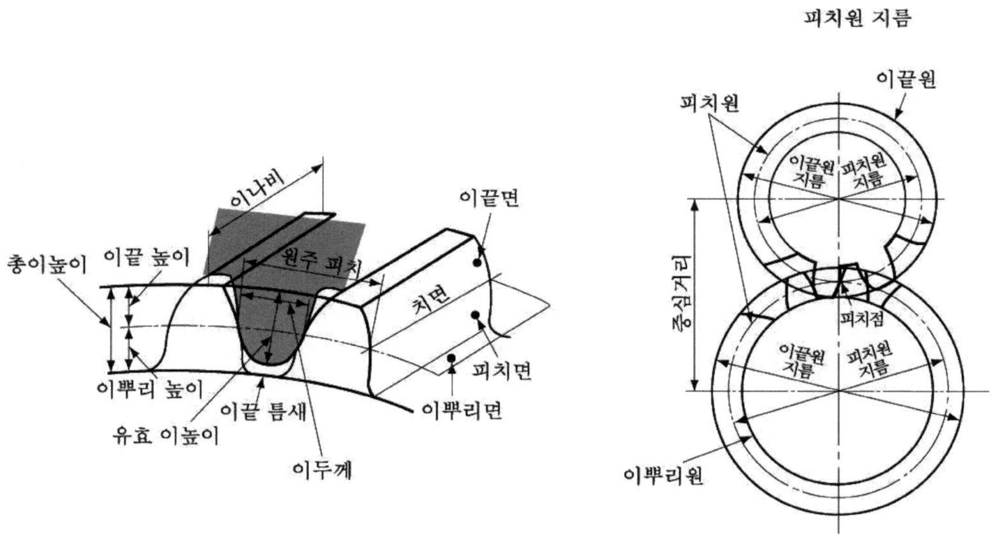

그림 10.2 스퍼 기어의 각부 명칭

⑥ 총 이높이(height of tooth) : 이끝 높이와 이뿌리 높이를 합한 크기이다.

⑦ 이끝 틈새(clearance) : 이끝원에서부터 이것과 맞물리고 있는 기어의 이뿌리원까지의 거리이다.

3. 이의 크기

피치원의 크기가 같은 기어에서 잇수가 다르면 이의 크기가 달라지므로, 이의 크기를 결정하는 기준이 필요하다. 이의 크기를 나타내는 기준에는 그림 10.3과 같이 원주 피치, 모듈, 지름 피치가 있다.

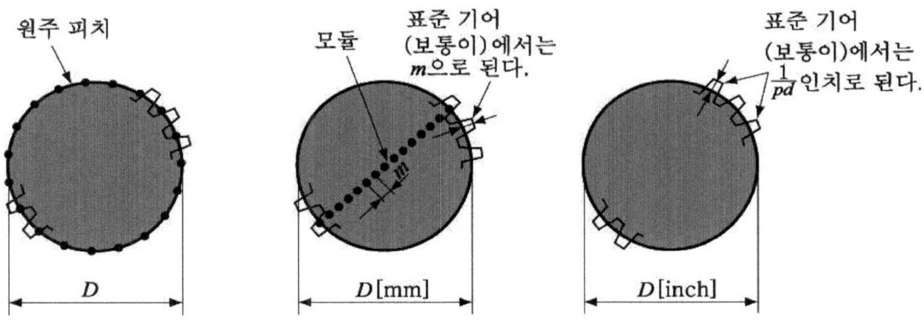

(a) 원주 피치 (b) 모듈 (c) 지름 피치

그림 10.3 이의 크기 비교

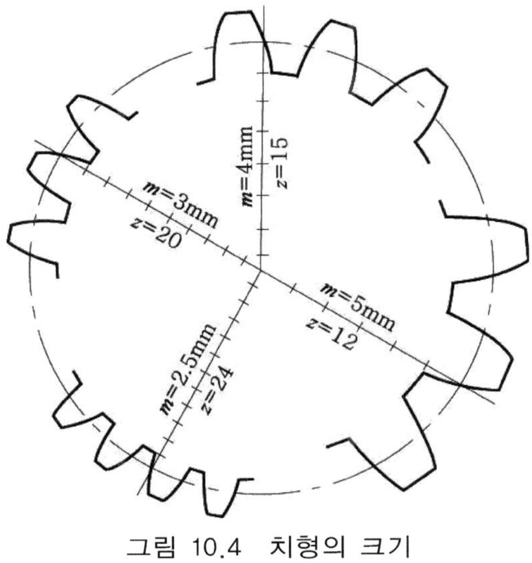

그림 10.4 치형의 크기

㉮ 원주 피치(circular pitch) : 피치원의 둘레를 잇수로 나눈 값으로 피치원 지름을 D, 잇수를 z라 하면 원주 피치 p는

$$p = \frac{\pi D}{z} \tag{10.1}$$

이다. 이 값이 클수록 잇수가 작고, 이는 커진다.

㉯ 모듈(module) : 피치원 지름을 잇수로 나눈 값이며, 이 모듈을 기준으로 이끝 높이, 이뿌리 높이 등이 결정된다. 이 값이 클수록 잇수는 작고, 이는 커진다.

$$m = \frac{D}{z} = \frac{p}{\pi} \tag{10.2}$$

표 10.1 모듈의 표준값(KS B 1404)

(단위 : [mm])

계 열	ISO 54에 규정하는 모듈의 표준값	ISO 54에 규정되지 않은 규정 (인벌류트 원통기어 치형의 1 [mm] 미만의 표준값)
I 계열	1.0 1.25 1.5 2.0 2.5 3 4 5 6 8 10 12 16 20 25 32 40 50	0.3 0.4 0.5 0.6 0.8
II 계열	1.125 1.375 1.75 2.25 2.75 3.5 4.5 5.5 7 9 11 14 18 22 28 36 45	0.35 0.45 0.55 0.7 0.75 0.9

[비고] I계열을 우선적으로 사용하며, 필요에 따라 II 계열을 사용한다.

㉰ 지름피치(diametral pitch) : 잇수를 피치원 지름으로 나눈 값으로, 단위를 인치(inch)로 나타낸다. 이 값이 작을수록 잇수는 작고, 이는 커진다.

$$p_d = \frac{z}{D\,[\text{inch}]} = \frac{25.4\,z}{D\,[\text{mm}]} = \frac{25.4}{m} \tag{10.3}$$

$$m = \frac{25.4}{p_d} = \frac{p}{\pi} \tag{10.4}$$

이의 크기는 절삭한 기어에서는 모듈로 나타내고, 주조 기어나 웜기에서는 원주 피치로 나타내는 것도 있으나 현재 기어는 거의 기계로 절삭되므로 모듈 또는 지름 피치로 나타낸다.

표 10.2 p 및m과 p_d 사이의 관계

종 류	기 호	p를 기준	m을 기준	p_d를 기준
원주 피치	p	$\frac{\pi D}{z}$	πm	$\frac{25.4\pi}{p_d}$
모듈	m	$\frac{p}{\pi}$	$\frac{D}{z}$	$\frac{25.4}{p_d}$
지름 피치	p_d	$\frac{25.4\pi}{p}$	$\frac{25.4}{m}$	$\frac{z}{D}$

10.1.2 치형 곡선

1. 기어의 치형 곡선

기어는 이가 서로 미끄럼 접촉을 하면서 회전을 한다. 따라서, 미끄럼 접촉의 기구학적 조건은 일정한 속도비, 즉 모든 이의 물림에서 두 기어의 속도비가 일정해야 한다는 것이다. 이 조건을 만족시키는 곡선을 **치형 곡선**(tooth profile)이라 한다.

2개의 기어가 물려서 일정한 속도비로 회전을 전하기 위해서는 접점 C에서 공통 법선 NN은 항상 중심 연결선 O_1O_2 위의 정점 P(피치점)을 지나지 않으면 안 된다. 따라서 기어의 회전에 대하여 접점 C는 그림 10.5와 같이 이동하고 치형 곡선은 항상 접점에서 공통 법선 NN이 점 P를 지나도록 한 곡선이어야 한다.

기어에서 이 조건을 만족시키는 치형 곡선에는 인벌류트 곡선(involute curve)과 사이클로이드 곡선(cycloid curve)이 사용되고 있다.

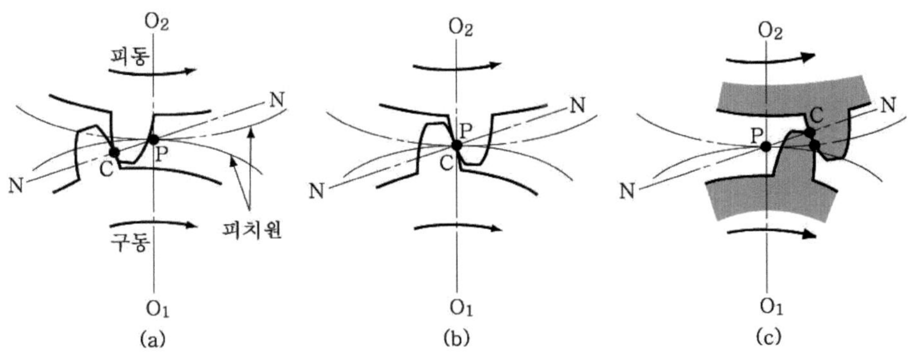

그림 10.5 이의 접촉

2. 인벌류트 치형 곡선

그림 10.6(a)와 같이 원에 실을 감아 실 끝 A에 연필을 끼워 실을 잡아당기면서 원에서 실을 풀어나가면 종이 위에 점 A가 이동한 궤적 AB가 그려진다. 이 궤적을 인벌류트 곡선(involute curve)이라 하며, 실의 방향은 항상 인벌류트 곡선에 수직이 된다. 이 인벌류트 곡선이 만들어지는 원 O을 **기초원**(base circle)이라 하고, 실의 직선부는 인벌류트 곡선의 법선이며, 기초원의 접선이 된다.

따라서 인벌류트 곡선 상의 한점에서 기초원에 그은 접선과 그 점에서 인벌류트 곡선에 그은 접선과는 직각이 된다. 예를 들면 그림 (b)에서 점 P_4에서 인벌류트 곡선에 그은 접선 TT와 $4P_4$와는 직각이 된다.

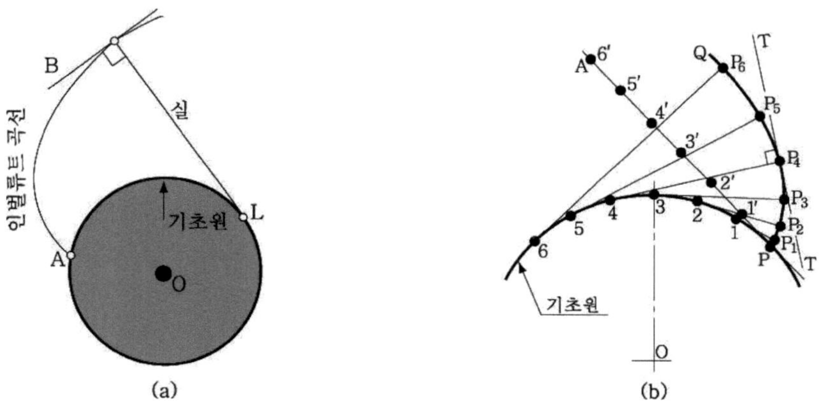

그림 10.6 인벌류트 곡선

인벌류트 곡선이 치형 곡선으로 사용되는 것을 알아보자. 그림 10.7과 같이 구름 접촉을 하면서 회전하는 원판 A와 원판 B에서 접점은 P이다. 그리고 원판 A', B'은 각각 A, B와 동심원으로 고정되어 있다. 이 원판에 벨트를 십자형으로 걸면 벨트는 원판 A', B'의 접선이 되고 접점 P를 지난다.

다음에 그림 10.7을 그림 10.8과 같이 나타냈다. 그림 10.8에서 벨트 N_1N_2 위의 점 C에서 벨트를 절단하여 벨트 CN_1을 A'에 감거나 또는 풀게 되면 인벌류트의 원리에 의해 인벌류트 곡선 DCE가 그려지고, 똑같이 벨트 CN_2를 B'에 감거나 풀게 되면 인벌류트 곡선 FCG가 그려진다.

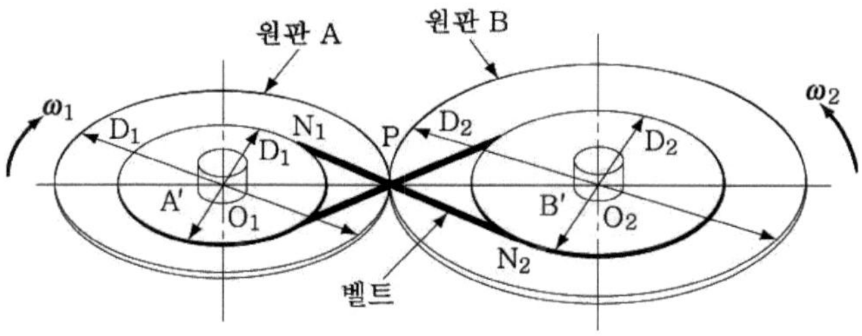

그림 10.7 인벌류트 치형 (1)

이 때 A', B'는 인벌류트 곡선의 기초원(base circle)이 된다. 이 두 개의 인벌류트 곡선은 점 C에서 접촉하고 N_1N_2는 접점 C에 두 인벌류트 곡선의 공통 법선이 된다.

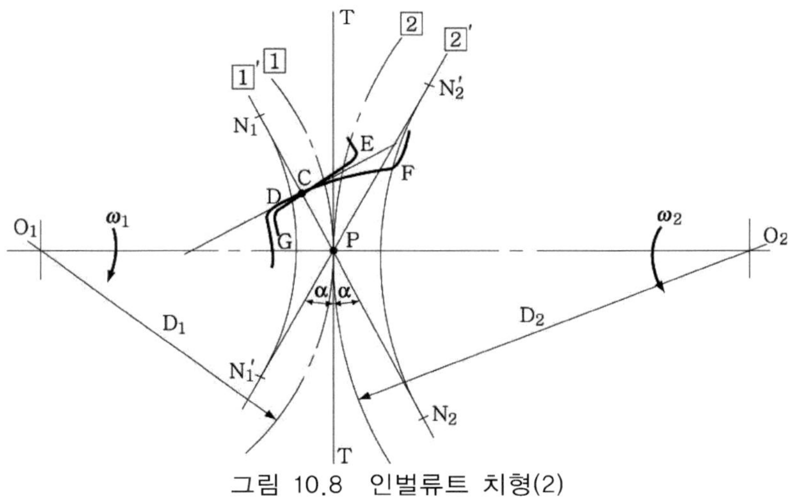

그림 10.8 인벌류트 치형(2)

이 인벌류트 곡선을 윤곽으로 한 한쌍의 치형 DCE, FCG를 A', B'에 만들면 인벌류트 치형이 된다. 또 N_1N_2는 벨트가 움직이는 방향이 되므로 공통 법선 N_1N_2를 **작용선**(line of action)이라 한다. 점 P에서 피치원 A, B의 공통 접선 TT와 작용선 N_1N_2가 이루는 각 α 를 **압력각**(pressure angle)이라 하며, 보통 기어에서는 20°와 14.5°가 있으나 KS에서는 압력각을 20°로 규정하고 있다.

그림 10.9와 같이 그려진 인벌류트 곡선들에서 작용선 방향의 피치는 모두 같다. 이 피치를 **기초 피치**(base pitch) 또는 **법선 피치**(normal pitch)라 하며, 이것은 기초원의 둘레를 잇수로 나눈 값이 된다.

피치원의 지름(D)과 기초원 지름(D_b)과의 관계는 다음과 같다.

$$D_b = D\cos\alpha \tag{10.5}$$

법선 피치(p_b)와 기초원 지름과의 관계

$$p_b = \frac{\pi D_b}{z} \tag{10.6}$$

법선 피치와 원주 피치와의 관계

$$p_b = \frac{\pi D\cos\alpha}{z} = p\cos\alpha \tag{10.7}$$

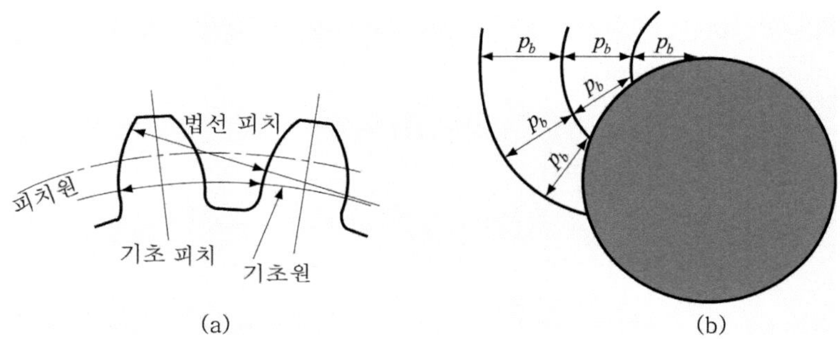

그림 10.9 법선 피치

3. 사이클로이드 치형 곡선

그림 10.10과 같이 일직선상을 한 개의 원이 구를 때 구름원(rolling circle)의 한 점이 그리는 궤적을 **사이클로이드 곡선**(cycloid curve)라 한다. 또, 그림 10.11과 같이 고정된 원의 바깥둘레를 한 개의 구름원(O_2)이 구를 때 구름원의 한 점이 그리는 궤적을 **외전 사이클로이드**(epicycloid), 안둘레를 구름원(O_1)이 미끄럼이 없이 구를 때 한 점이 그리는 궤적을 **내전 사이클로이드**(hypocycloid)라 한다. 이 때, 두 사이클로이드가 합해져서 하나의 곡선을 이루는데 이것을 사이클로이드 곡선이라 하며, 이 치형 곡선으로 창성된 기어를 **사이클로이드 기어**(cycloid gear)라 한다. 따라서 사이클로이드 치형에서는 고정된 원이 피치원(pitch circle)이 되며, 외전 사이클로이드는 이끝 부분이 되고, 내전 사이클로이드는 이뿌리 부분이 된다.

사이클로이드 치형으로 된 두 기어를 물리면, 두 곡선은 서로 접촉하면서 일정 각속도의 운동을 전달하며, 이 운동이 피치원의 구름 운동으로 변한다. 또, 사이클로이드 치형은 피치원을 경계로 하여 서로 다른 곡선으로 연결되어 있기 때문에 두 기어의 중심 거리를 정확히 유지하지 않으면 정확한 물림을 얻을 수가 없다.

그림 10.10 사이클로이드 곡선

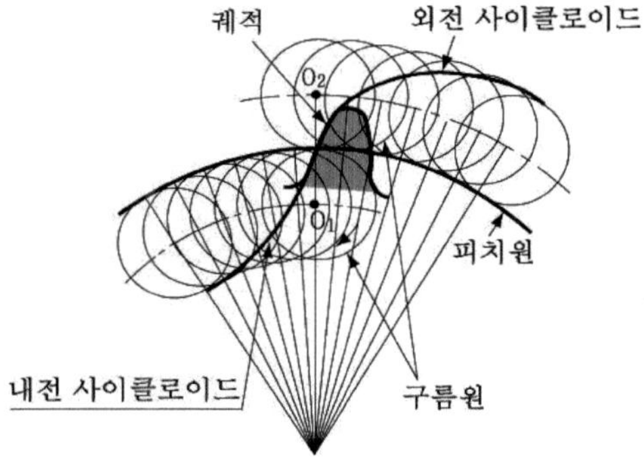

그림 10.11 사이클로이드 치형 곡선

사이클로이드 치형에서는 피치원의 크기가 같아도 구름원의 크기에 따라 그리는 궤적의 모양이 달라진다. 내전 사이클로이드의 경우는 그림 10.12와 같이 내전하는 구름원의 크기에 따라 치형 곡선의 모양이 다르게 된다. 구름원의 지름을 피치원 지름의 1/3, 1/2, 2/3로 하였을 때, 각 구름원이 그리는 궤적은 구름원의 크기가 1/2인 경우는 내전 사이클로이드가 직선이 된다. 또, 구름원의 지름이 피치원 지름과 같은 경우는 궤적이 피치점에 머무르게 된다. 그러므로 그림 10.13과 같이 내전하는 구름원의 지름이 클수록 이뿌리가 가늘어지므로 보통 구름원의 지름을 피치원 지름의 1/3 정도로 한다.

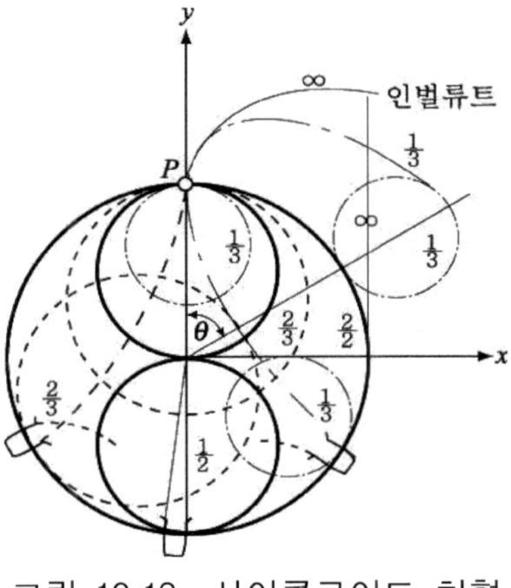

그림 10.12 사이클로이드 치형

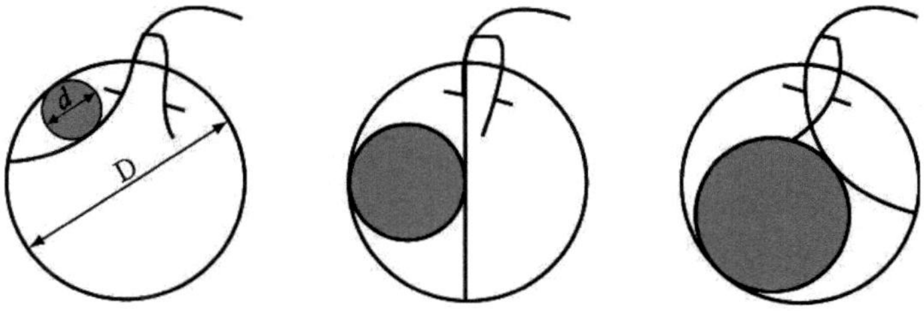

(a) $d<\frac{D}{2}$　(b) $d=\frac{D}{2}$　(c) $d>\frac{D}{2}$

그림 10.13 구름원의 크기와 이뿌리 곡선

4. 치형 곡선의 비교

사이클로이드 치형은 이끝면, 이뿌리면의 치형 곡선이 서로 다른 복합 곡선이기 때문에 중심 거리의 오차가 있으면 피치점끼리 접촉이 되지 않으므로 사이클로이드 접촉 이론과 달라져서 원활한 전동을 얻을 수 없다. 그러나 마멸이 균일하고 치형의 오차가 작아 계기나 시계와 같이 부하가 작고 정확을 요하는 곳에 사용된다.

이에 비하여 인벌류트 치형은 전체가 단일 곡선이므로 절삭시 정확한 치형을 얻을 수 있다. 또, 속도비는 기초원 지름에 반비례하므로 조립할 때 중심 거리가 변하면 압력각이 변하지만 속도비는 변하지 않기 때문에 조립할 때 중심 거리의 오차가 있어도 속도비는 일정하게 유지할 수 있다. 따라서, 인벌류트 치형에서는 모듈과 압력각이 같으면 어떤 기어하고도 정확하게 물리는 이점이 있다.

예제 10.1 $m=4$, $z_1=25$, $z_2=60$, $\alpha=20°$인 기어의 기초원의 지름과 법선 피치를 구하여라.

[풀이] 먼저 피치원 지름을 식 (10.2)에 의해 구한다.

$$D_1 = m\,z_1 = 4\times 25 = 100\ [\mathrm{mm}]$$

$$D_2 = m\,z_2 = 4\times 60 = 240\ [\mathrm{mm}]$$

기초원의 지름은 식 (10.5)에서 $D_b = D\cos\alpha$이므로

$$D_{b1} = 100\times\cos 20° = 93.97\ [\mathrm{mm}]$$

$$D_{b2} = 240\times\cos 20° = 225.5\ [\mathrm{mm}]$$

법선 피치는 식 (10.6)에 의해 구한다.

$$p_b = \frac{\pi D_b}{z} = \frac{\pi\times 93.97}{25} = 11.8\ [\mathrm{mm}]$$

10.1.3 이의 물림률과 언더컷

1. 이의 물림률

기어 전동에서 한 쌍의 이만으로는 회전은 연속적으로 전해질 수 없으므로 한 쌍 이상의 이가 물려있어야 하며, 실제에는 동시에 2개 이상의 이가 물려있는 경우가 많다. 그림 10.14(a)에서 두 기어의 이끝원이 작용선과 접하는 길이 $\overline{S_1S_2}$를 물림 길이라 하고, 한 쌍의 이가 S_1에서 S_2까지 물림을 계속한다.

또, 그림 (b)와 같이 기어의 기초원상에서 원둘레에 따라 측정한 피치를 법선 피치라 하는데 이것은 기초원의 둘레를 잇수로 나눈 값과 같게 된다. 물림 길이 $\overline{S_1S_2}$를 법선 피치 p_b로 나눈 값을 **물림률**(contact ratio)이라 한다. 일반적으로 표준 기어에서 물림률 ε은 1.2~2.5 정도로 한다.

$$\varepsilon = \frac{\text{물림 길이}}{\text{법선 피치}} = \frac{\overline{S_1S_2}}{p_b} \tag{10.8}$$

기어에서 물림률 $\varepsilon < 1$이면 한 쌍의 이가 물림이 끝난 후에도 다음 한 쌍의 이가 접촉하지 않는 경우이고, $\varepsilon = 1$이면 항상 한 쌍의 이만이 접촉하고 있는 경우이다. 또, $\varepsilon > 1$인 경우는 한 쌍의 이가 물림이 끝나기 전에 다음 한 쌍의 이가 접촉하는 경우이다. 따라서 기어에서 $\varepsilon \geq 1$이 필요한 조건이며, ε값이 클수록 동시에 물리는 잇수가 많아져, 전달력이 분산되어 한개의 이에 작용하는 힘이 작아 치형이나 피치에 다소 오차가 있어도 그 전후의 이에 의해 제거되므로 회전이 원활하게 된다.

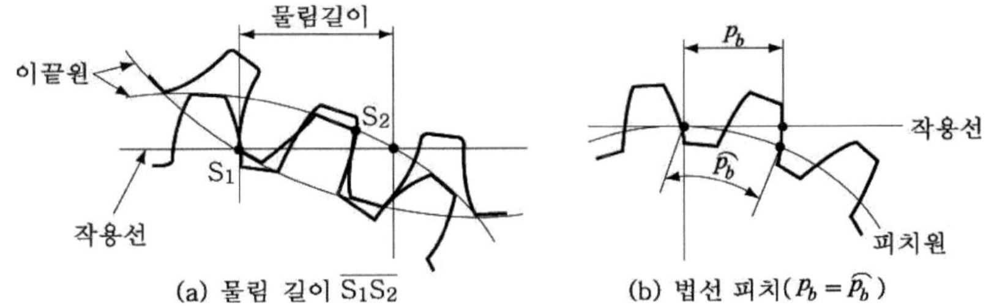

그림 10.14 물림률과 법선 피치

그림 10.15는 물림률이 1.4인 경우를 설명하고 있다. 그림에서 물림 길이는 S_1에서 S_2까지이다. 즉, 물림률 1.4에서 물림의 중간 $0.6p_b$ 사이는 한 쌍의 이가 물리고 있고, 물림의 시작과 끝의 $0.4p_b$ 사이는 두 쌍의 이가 동시에 물리고 있는 것이다. 그러므로 물림률이 2

이상인 경우에는 물림의 중간에서는 두 쌍 이상의 이가 물려 있고, 물림의 시작과 끝에서는 3쌍 이상의 이가 동시에 물려 있는 것이 된다.

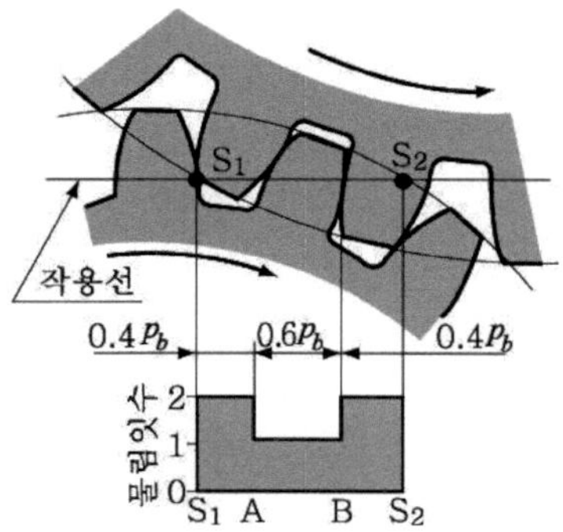

그림 10.15 물림률 1.4의 의미

2. 이의 간섭과 언더컷

인벌류트 기어에서는 잇수가 적은 경우나 잇수비가 대단히 큰 경우에는 한쪽 이끝이 상대방 이뿌리에 닿아 회전을 할 수 없게 된다. 이 현상을 이의 간섭(interference of tooth)이라 한다.

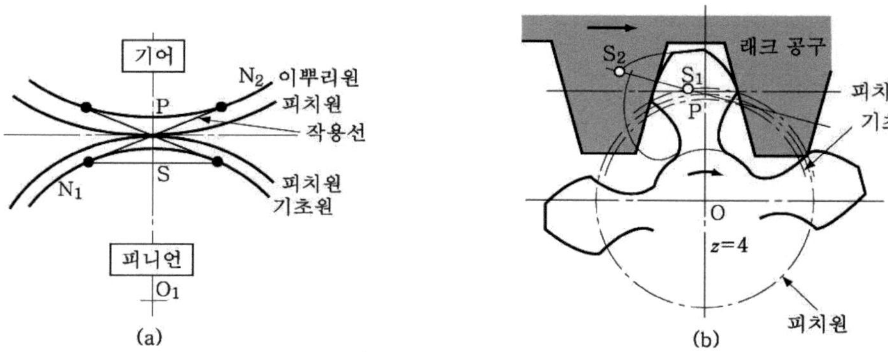

그림 10.16 이의 언더컷

인벌류트 기어에서 기어가 정상적인 물림을 할 때는 그림 10.16과 같이 작용선이 두 기초원에 접하는 $N_1 N_2$의 범위내에 있지만 기초원 내측에는 인벌류트 치형이 존재하지 않으므로 큰 기어의 이끝원이 $N_1 N_2$의 연장선에서 만날 때는 큰 기어의 이끝원은 상대방의 이뿌리원에 닿아 회전하기가 어렵게 된다.

이와 같이 래크 공구(rack cutter) 또는 홉(hob)으로 이를 깎는 경우 SN_1의 위치, 즉 PS가 공구의 절삭 깊이의 한계이다. 만일 그 한계를 넘으면 공구가 안쪽으로 파고 들어가 그림 (b)와 같이 이뿌리가 깎이게 된다. 이것을 **언더컷**(undercut)이라 한다. 이가 간섭을 일으키면 이뿌리가 깎이어 이뿌리가 약하게 되는 동시에 물림률도 작게 된다.

3. 간섭점과 한계 잇수

래크 공구를 사용하여 기어의 이를 절삭하는 경우, 언더컷을 일으키는 한계 조건에 대하여 생각해 보기로 한다. 그림 10.17과 같이 서로의 이끝원이 물려 있는 선이 접점 N_1 N_2를 넘지 않으면 언더컷이 일어나지 않고, 넘으면 이끝이 다른쪽 기초원의 내측에 있는 이뿌리 부분을 파고 들어가므로 간섭이 일어나게 된다. 그림에서 래크 공구의 이끝선이 절삭하는 기어의 작용선의 접점 N_1에 닿는 상태를 나타낸 것으로 언더컷을 일으키는 한계 조건인 것을 알 수 있다. 이 접점을 **간섭점**(interference point)이라 하고, 래크 공구의 이끝이 간섭점보다 깊게 깎여 들어가면 언더컷을 일으키게 된다.

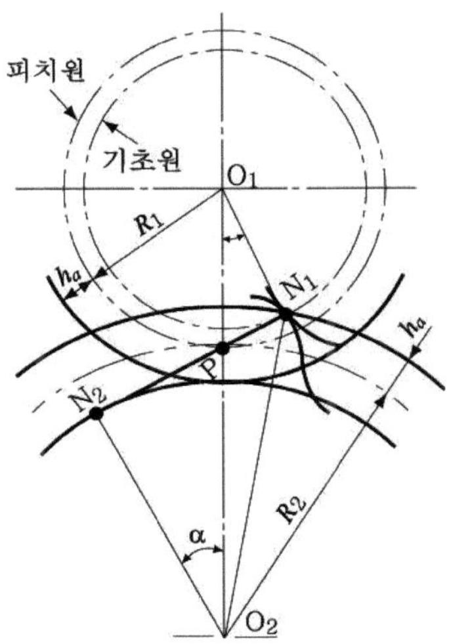

그림 10.17 언더컷의 한계

래크 공구를 사용하여 표준 기어를 깎는 경우 언더컷을 일으키는 한계 잇수 z_b는, 공구 압력각을 α 라 하면 이론적으로 다음 식으로 구한다.

$$z_b = \frac{2}{\sin^2\alpha} \tag{10.9}$$

이 식에서 $\alpha = 20°$일 때 한계 잇수는 17이 되지만, 근소한 언더컷은 지장이 없으므로 실용적으로는 잇수 14개까지 허용한다.

10.1.4 표준 기어와 전위 기어

1. 기준 래크

피치원 지름이 같은 인벌류트 기어에서 잇수가 다르면 기초원 지름의 크기가 다르게 되고, 치형도 다르게 된다. 이 때문에 피치원 지름이 같은 기어를 가공하려면 잇수에 따라 치형이 다르기 때문에 각 치형에 맞는 공구를 사용해야 한다. 이와 같은 불편을 없애고 제작을 쉽게 하기 위해 기어에 호환성(interchangeability)을 주는 치형을 만들어야 한다.

이 문제를 해결하는 방법으로 인벌류트 기어의 피치원 지름을 무한대로 하면 피치원은 직선이 되며, 인벌류트 치형도 직선이 되어 한가지 치형이 된다. 이와 같이 피치원이 직선(이것을 피치선이라 한다)이 되게 한 것을 **래크**(rack)라 한다. 래크의 치형은 피치선에 대하여 압력각 만큼 경사진 직선이 되므로 정확하게 가공할 수 있다.

그림 10.18과 같이 래크를 기준으로 한 절삭 공구를 사용하면 잇수가 다른 경우에도 하나의 공구로 기어를 절삭할 수 있다. 따라서 래크의 치형을 모듈에 따라 규정하면 모든 기어의 치형을 결정할 수 있으며, 기어는 호환성을 가지게 할 수 있다.

이와 같이, 규정된 래크를 **기준 래크**(basic rack)이라 하며, 래크의 압력각은 KS에서는 20°로 규정하고 있다.

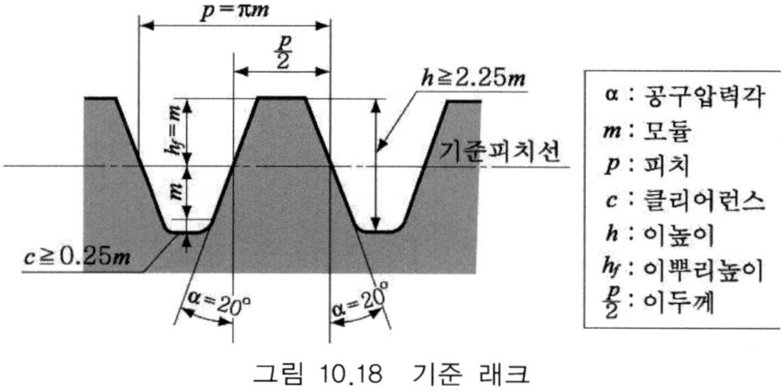

그림 10.18 기준 래크

2. 표준 기어

래크 공구의 기준 피치선이 기어의 기준 피치원과 접하도록 하여 가공한 기어를 표준 기어(standard gear)라 한다. 기준 래크에서 피치선에 따라 측정한 이두께(circular thickness)가 기준 피치의 1/2이므로 이 래크로 가공한 기어도 이두께가 원주 피치의 1/2 이 된다. 표 10.3은 표준 스퍼 기어의 치수를 모듈을 기준으로 하여 나타낸 것이다.

표 10.3 표준 스퍼어 기어의 치수

명 칭	기호	피 니 언	기어
피치원 지름	D	$D_1 = mz_1$	$D_2 = mz_2$
중심 거리	C	$C = \dfrac{D_1 + D_2}{2} = \dfrac{m(z_1 + z_2)}{2}$	
이끝원 지름	D_a	$D_{a1} = D_1 + 2m = (z_1 + 2)m$	$D_{a2} = D_2 + 2m = (z_2 + 2)m$
이끝높이	h_a	$h_a = m$	
이뿌리높이	h_f	$h_f = h_a + c \geq 1.25m$	
이끝틈새	c	$c \geq 0.25m$	
총 이높이	h	$h \geq 2.25m$	
원주 피치	p	$p = \pi m$	
이 두 께	t	$t = \dfrac{\pi m}{2}$	

그러나 정확한 치수로 하면 이와 이 사이의 틈새가 없어, 가공 또는 조합할 때의 오차, 열팽창, 전달력에 의한 이의 변형 등으로 인하여 원활한 회전을 할 수 없게 된다. 이것을 방지하기 위하여 이와 이 사이에 그림 10.19와 같이 다소의 틈새를 두는데, 이 틈새를 백래시(backlash)이라 한다. 만일 백래시가 크게 되면 소음과 진동의 원인이 되므로 지장이 없는 한 작게 하는 것이 좋다.

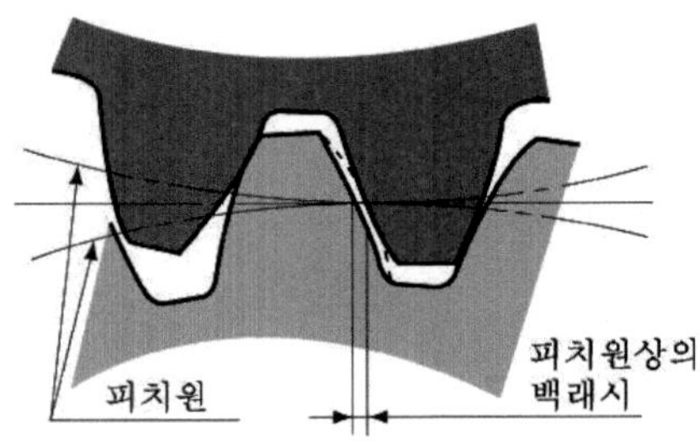

그림 10.19 백래시

기어에서 일반적으로 이끝 높이를 모듈과 같게 한 것을 **보통이**(full depth tooth)라 하며, 높게 한 것을 **높은이**(height tooth)라 하며, 낮게 한 것을 **낮은이**(stub tooth)라 한다. 낮은

이는 언더컷의 한계 잇수를 작게 하고 강력 전동에 적합하지만 물림률이 낮게 된다.

예제 10.2 모듈 6, 잇수가 각각 45, 85, 압력각이 20°인 한 쌍의 표준 기어가 있다. 각 기어의 피치원 지름, 원주 피치, 이끝원 지름 및 중심 거리를 구하여라.

[풀이] 피치원의 지름, 원주 피치는 다음과 같다.

$$D_1 = mz_1 = 6 \times 45 = 270\ [\mathrm{mm}]$$

$$D_2 = mz_2 = 6 \times 85 = 510\ [\mathrm{mm}]$$

원주 피치 $p = \pi m = \pi \times 6 = 18.85\ [\mathrm{mm}]$

이끝원 지름 $D_a = m(z+2)$에 의해 구한다.

$$D_{a1} = m(z_1+2) = 6 \times (45+2) = 282\ [\mathrm{mm}]$$

$$D_{a2} = m(z_2+2) = 6 \times (85+2) = 522\ [\mathrm{mm}]$$

중심 거리는

$$C = \frac{m(z_1+z_2)}{2} = \frac{D_1+D_2}{2} = \frac{270+510}{2} = 390\ [\mathrm{mm}]$$

예제 10.3 피니언의 잇수가 25, 기어의 잇수가 125인 스퍼 기어가 서로 물려 있을 때, 중심 거리는 225 [mm]이었다. 각 기어의 피치원 지름 및 이끝원 지름을 구하여라.

[풀이] 표 10.3을 이용하여 먼저 모듈을 구하면,

$C = \dfrac{m(z_1+z_2)}{2}$로 부터,

$$m = \frac{2\,C}{z_1+z_2} = \frac{2 \times 225}{27+125} = 3$$

피니언의 피치원 지름 $D_1 = mz_1 = 3 \times 25 = 75\ [\mathrm{mm}]$

피니언의 이끝원 지름 $D_{a1} = (z_1+2)m = (25+2) \times 3 = 81\ [\mathrm{mm}]$

기어의 피치원 지름 $D_2 = mz_2 = 3 \times 125 = 375\ [\mathrm{mm}]$

기어의 이끝원 지름 $D_{a2} = (z_2+2)m = (125+2) \times 3 = 381\ [\mathrm{mm}]$

3. 전위 기어

표준 기어에서는 그림 10.20(a)와 같이 기어의 기준 피치원에 기준 래크 공구의 기준 피치선이 접하도록 하여 절삭하므로 기어 한 쌍의 중심 거리를 계산하는 것은 간단하다. 또, 모듈이 같을 때 한 쌍의 기어 잇수의 합이 같으면 중심 거리도 같으므로 모두 같은 축에 설치할 수 있는 이점이 있다.

그러나 잇수가 적은(17개 이하) 기어에서는 이의 간섭 때문에 강도나 물림률 등에 적절한 설계를 해야 하는 결점이 있다. 이와 같은 때에는 그림 (b)와 같이 래크 공구의 기준 피치선을 기어의 기준 피치원에서 이동시켜(전위라 한다) 이를 절삭하면 언더컷을 일으키지 않고, 이뿌리가 두꺼운 기어가 만들어진다. 이렇게 하여 가공한 기어를 **전위 기어**(profile shifted gear)라 한다.

전위 기어를 사용하면 언더컷을 방지할 뿐만 아니라, 자유로이 중심 거리를 조절할 수 있고, 또 이끝원 지름과 이높이가 변화하여 물림률이 향상되며, 이두께가 증대되므로 이의 강도를 증대시킨다. 반면에 호환성이 없고 베어링 압력이 증가하며, 설계시 계산이 복잡하다.

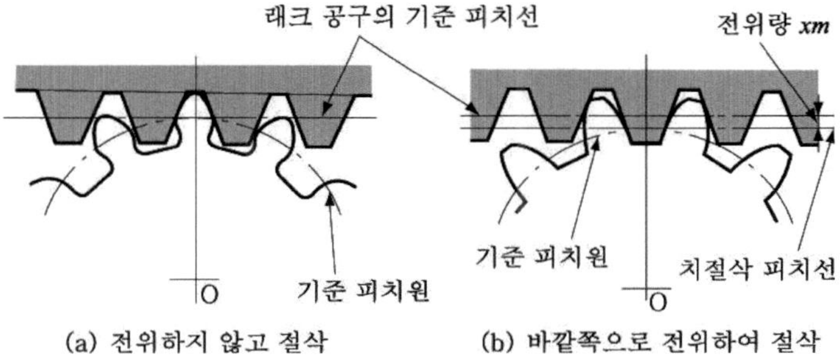

(a) 전위하지 않고 절삭 (b) 바깥쪽으로 전위하여 절삭

그림 10.20 표준 기어와 전위 기어

4. 전위량과 전위 계수

전위 기어에서 기준 피치원의 접선을 치절삭 피치선이라 하고, 래크 공구의 기준 피치선과 치절삭 피치선과의 거리를 **전위량**(amount of shift)이라 한다. 따라서, 전위 기어를 가공할 때는 래크 공구의 기준 피치선을 기어의 기준 피치원으로부터 어느 만큼 이동시켜야 한다. 즉, 전위 기어는 래크 공구의 기준 피치선이 기어의 기준 피치원에 접하지 않도록 설치하여 절삭한 기어이다. 이 때, 기준 피치선이 기준 피치원에서 바깥쪽으로 이동한 경우를 **정전위**(+전위), 안쪽으로 이동한 경우를 **부전위**(−전위)라 한다. 전위량은 모듈을 기준으로 하여 $x\,m$으로 나타내고, x를 **전위 계수**(coefficient of shift)라 한다.

10.2 스퍼 기어

10.2.1 스퍼 기어의 강도

기어의 이가 부러지거나 치면에 마멸이나 점부식이 생기면 기어를 사용할 수 없다. 기어를 사용하려면 이가 사용 조건에 충분히 견딜 수 있는지를 조사해 보아야 하며, 또 기어의 사용 조건에 맞는 재료를 선정해야 하고, 이의 크기를 정하여 기어 각 부분의 치수를 결정해야 한다.

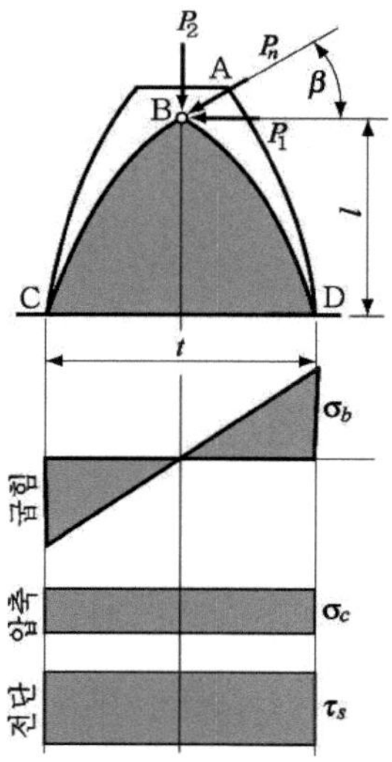

그림 10.21 이에 생기는 응력

기어에서 한 쌍의 이가 물려있을 경우, 그림 10.21과 같이 이에 걸리는 응력은 굽힘 응력과 접촉점에서의 면압을 생각할 수가 있다. 굽힘 응력은 이가 부러지는 원인이 되며, 면압은 마멸과 점부식(pitting)의 원인이 된다.

기어 재료가 비교적 연할 때에는 굽힘 강도보다 면압 강도에 약하며, 열처리하여 경화시킨 경우나 취성 재료일 때에는 면압 강도보다 굽힘 강도에 약하다. 그러므로 표면 경화한 취성 재료는 굽힘 강도, 연강은 면압 강도를 주로 검토해야 한다.

1. 이에 작용하는 힘

스퍼 기어는 보통 1개 또는 2개의 이가 동시에 물려 하중을 받지만 설계에서는 하중이 1개의 이에만 작용하는 것으로 가정하고 계산한다. 한 쌍의 이가 동력을 전달할 때 구동축의 회전력은 그림 10.22와 같이 작용선에 따라 작용하므로 접촉점의 속도는 기초원의 원주 속도와 같다. 작용하는 힘의 작용점은 작용선상의 임의의 점에 따라 움직이므로 치면에 수직하게 작용하는 힘 P_n을 피치점 P에 옮겨 생각해 본다. 이끝에 가해진 힘 P_n은 작용선상의 힘이므로 작용선과 이의 중심선과의 교점 A에 작용하는 것으로 생각할 수 있다. 지금 이 힘을 그림과 같이 이의 중심선에 직각인 힘 P_1과 중심선 방향의 힘 P_2로 분해하면, P_1은 이에 굽힘을 주게 되고, P_2는 이에 압축을 주게 된다.

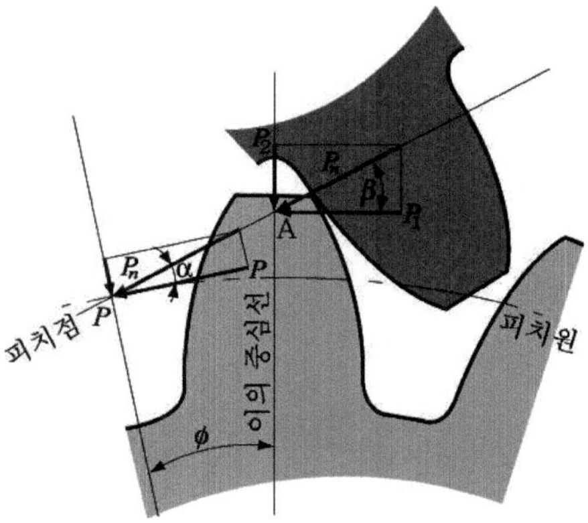

그림 10.22 이에 가해지는 힘

기초원의 원주 속도를 v_b [m/s], 전달 동력을 H [kW]라 하면 다음 관계가 성립된다.

$$P_n = \frac{1000H}{v_b}$$

피치원의 원주 속도를 v, 압력각을 α 라 하면 기초원의 원주 속도는 다음과 같다.

$$v_b = v\cos\alpha$$

이 식을 위 식에 대입하면

$$P_n = \frac{1000H}{v\cos\alpha}$$

P_n의 접선 방향의 분력을 P [N]라 하면 $P = P_n\cos\alpha$이므로 위 식에 대입하면 다음 식이 된다.

$$P = \frac{1000\,H}{v} \tag{10.10}$$

2. 이의 굽힘 강도

이의 굽힘 강도는 이끝에 하중이 작용하는 외팔보로 가정하여 계산할 수 있다. 하중이 이끝에 작용하는 외팔보에서 어느 단면을 택하여도 굽힘 응력이 같게 되는 보를 균일 강도보라 하고, 폭이 균일한 외팔보에서는 두께가 포물선형이 된다.

그림 10.23에서 알 수 있는 것과 같이 힘의 작용점 A를 정점으로 하여 치형의 뿌리(B와 C)에 접하는 포물선을 그리면 이 포물선으로 포위된 부분은 치형의 내측이 된다. 이 치형에서는 이뿌리(BC)에 가장 큰 굽힘응력이 생긴다.

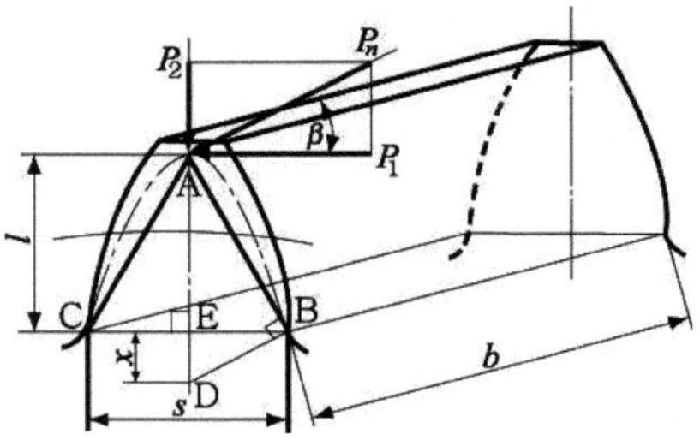

그림 10.23 이의 굽힘 모멘트

이 최대 굽힘 응력을 σ_b 라 하면 굽힘 모멘트 M_b 은 다음과 같다.

$$\sigma_b = \frac{M_b\, y}{I} = \frac{M_b(\frac{s}{2})}{(\frac{b\,s^3}{12})}$$

이므로

$$M_b = P_1\, l = \sigma_b Z$$

여기서 P_1 : 굽힘 하중, Z : 이뿌리의 단면 계수

이뿌리 단면 계수 $Z = b\,s^2/6$이고, $P_1 = P_n \cos\beta$, $P = P_n \cos\alpha$ 이므로 굽힘 모멘트 Pl 은

$$Pl = \sigma_b\, b\, \frac{\cos\alpha}{\cos\beta}\, \frac{s^2}{6} \tag{a}$$

또 $\triangle AEB$와 $\triangle BED$는 닮은꼴이므로

$$AE : BE = BE : DE$$

ED 의 길이를 x 라 하면

$$l : \frac{s}{2} = \frac{s}{2} : x$$

$$s^2 = 4\,x\,l \tag{b}$$

식 (a)에 식 (b)를 대입하면 정리하면 다음과 같이 표현된다.

$$P = \sigma_b\, b\, p\, y$$

여기서 치형계수 $y = \dfrac{2\,x\cos\alpha}{3\,p\cos\beta}$, b는 치폭, p는 피치가 된다.

이 식을 루이스(Lewis)의 식이라 하며, y 는 잇수에 의해 정해지는 값이고 **치형 계수**(form factor) 또는 **강도 계수**(strength factor)라 한다.

루이스의 식을 모듈(m)에 관한 식으로 나타내면 다음과 같다.

$$P = \sigma_b b m\, Y \tag{10.11}$$

여기서 b는 치폭, m은 모듈이며, Y는 모듈기준 치형계수로 $Y = \pi y = \dfrac{2x\cos\alpha}{3m\cos\beta}$ 가 된다.

표 10.4는 스퍼 기어의 치형 계수 를 나타낸 것이다.

표 10.4 스퍼 기어의 모듈기준 치형 계수 Y값

잇수 z	압력각 α =14.5°	압력각 α = 20°	
	보통이	보통이	낮은이
12	0.210	0.245	0.311
13	0.223	0.262	0.324
14	0.236	0.277	0.339
15	0.245	0.290	0.349
16	0.254	0.296	0.361
17	0.264	0.303	0.368
18	0.270	0.309	0.377
19	0.276	0.314	0.386
20	0.283	0.322	0.393
21	0.289	0.328	0.399
22	0.292	0.331	0.405
24	0.298	0.337	0.415
26	0.308	0.346	0.424
28	0.314	0.353	0.430
30	0.317	0.359	0.437
34	0.327	0.371	0.446
38	0.333	0.384	0.456
43	0.339	0.397	0.462
50	0.346	0.409	0.474
60	0.355	0.422	0.484
75	0.361	0.435	0.496
100	0.368	0.447	0.506
150	0.374	0.460	0.518
300	0.383	0.472	0.534
래크	0.390	0.485	0.550

[주] 보통이는 이끝높이 $h_a = m$, 낮은이는 이끝높이 $h_a = 0.8m$이다.

이상의 식은 정하중이 가해지는 경우를 생각한 것이지만 실제 운전에서는 기어의 회전력이 변동하고, 기어의 공작이나 설치의 오차 등에 의해 이에 충격 하중이 가해진다. 따라서 이의 허용 굽힘 응력은 하중이 가해지는 방법이나 기어의 원주 속도에 따라 정해진다.

그러므로 동적부가 하중을 고려한 속도 계수를 루이스식에 도입하면 다음과 같다.

$$P = f_v\ \sigma_b\ b\ m\ Y \tag{10.12}$$

속도 계수는 기어의 다듬질 상태나 피치 원주 속도 등에 의해 표 10.5으로 구한다. 또 정적 허용 굽힘 응력은 표 10.6에서 구한다.

표 10.5 속도 계수

f_v의 식	적 용 범 위	적 용 예
$f_v = \dfrac{3.05}{3.05+v}$	기계 다듬질을 하지 않거나 거친 기계 다듬질을 한 기어 v = 0.5~10(m/s) (저속용)	크레인, 윈치, 시멘트 밀 등
$f_v = \dfrac{6.1}{6.1+v}$	기계 다듬질을 한 기어 v = 5~20 (m/s) (중속용)	전동기, 그 밖의 일반 기계
$f_v = \dfrac{5.55}{5.55+\sqrt{v}}$	정밀한 절삭 가공, 셰이빙, 연삭 다듬질, 래핑 다듬질을 한 기어 v = 20~50 (m/s) (고속용)	증기 터빈, 송풍기, 그 밖의 고속 기계
$f_v = \dfrac{0.75}{1+v}+0.25$	비금속 기어 v 〈 20 (m/s)	전동기용 작은 기어, 그 밖의 경하중용 작은 기어

표 10.6 기어 재료의 허용 반복 굽힘 응력

재료	기호	인장강도 σ_t [N/mm²]	경도 [HB]	정적 허용 굽힘 응력 σ_b [N/mm²]
주철	GC150	〉127	140~160	69
	GC200	〉167	160~180	88
	GC250	〉216	180~240	108
	GC300	〉265	190~240	127
주강	SC42	〉412	140	118
	SC46	〉451	160	186
	SC49	〉480	190	196
기계구조용강	SM15C(침탄용)	〉490	400	294
	SM25C	〉441	111~163	206
	SM35C	〉568	121~235	255
	SM45C	〉686	163~269	294

니켈 크롬강	SNC1	〉686	212～255	343～392
	SNC2	〉784	248～302	392～588
	SNC3	〉880	269～321	392～588
	SNC21(표면경화용)	〉784	600	294～392
	SNC22(표면경화용)	〉931	600	392～539
포금	–	〉176	85	〉49
델타메탈		343～588	–	98～196
인청동		186～294	70～100	49～69
니켈청동		627～880	180～260	196～294

또, 하중이 가해지는 방법이 다르면 식(10.12)에 하중 계수 f_w를 추가하며 표 10.7에 의해 결정한다.

표 10.7 하중 계수

하중 상태	f_w의 값	적용 예
하중의 변동이 작은 경우	1 ~ 0.8	전동기, 공작 기계 등
하중이 변동하는 경우	0.8 ~ 0.67	감속기, 철도 차량, 내연기관 등
진동이나 충격 하중이 있는 경우	0.67 ~ 0.34	압연기, 건설 기계 등

3. 면압 강도

치면에 누르는 회전력이 작용하면 치면에 접촉 응력이 생긴다. 이 접촉 응력이 높으면 치면이 마멸되거나, 피로 때문에 그림 10.24와 같은 점부식이라 하는 피팅(pitting)이 생긴다. 따라서 기어 설계에서는 치면 접촉부에 압력이 과대하게 작용하지 않도록 해야 한다.

치면에 회전력이 작용할 때 접촉 응력은 헤르츠(Hertz)의 공식이 널리 사용되고 있다. 그림 10.25와 같이 두 원기둥이 수직 하중 P_n을 받으면서 회전할 때 압축 응력 σ_c는 다음과 같다.

$$\sigma_c{}^2 = \frac{0.35\,P_n\left(\dfrac{1}{r_1}+\dfrac{1}{r_2}\right)}{b\left(\dfrac{1}{E_1}+\dfrac{1}{E_2}\right)}$$

여기서, r_1, r_2 : 각 원기둥의 반지름 [mm]

b : 접촉 길이 [mm]

E_1, E_2 : 두 재료의 세로 탄성 계수

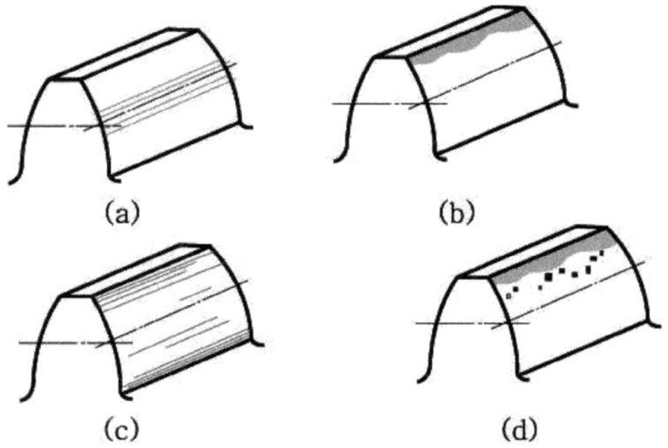

그림 10.24 이의 피팅 현상

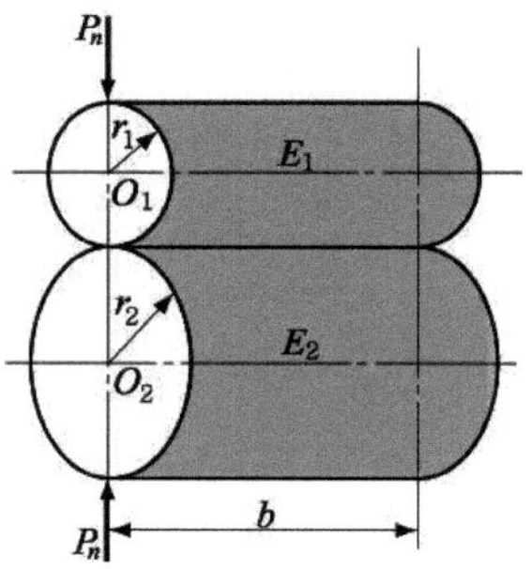

그림 10.25 2개의 원기둥 접촉

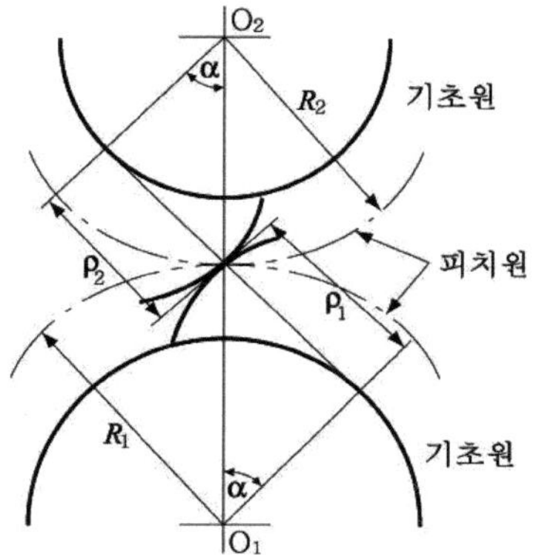

그림 10.26 치면의 곡률 반지름

그림 10.26과 같이 두 기어가 회전하는 경우 접촉 응력 계산에 헤르츠의 식을 적용한다. 기어에서 치면의 곡률 반지름은 치형의 위치에 따라 다르지만 피치점 부근에서 모든 하중을 치면이 받게 되므로 이곳에 피팅이 일어나기 쉽다. 그러므로, 가장 약한 부분인 피치점의 곡률 반지름을 택하면

$$\rho_1 = \frac{D_1}{2}\sin\alpha, \quad \rho_2 = \frac{D_2}{2}\sin\alpha$$

여기서 D_1, D_2 : 각 기어의 피치원 지름

α : 압력각

이 값을 헤르츠의 식에 적용하면 접촉 응력은 다음과 같다.

$$\sigma_c{}^2 = \frac{0.35\,P\left(\dfrac{2}{D_1\sin\alpha}\cdot\dfrac{D_1+D_2}{D_2}\right)}{b\cos\alpha\left(\dfrac{1}{E_1}+\dfrac{1}{E_2}\right)}$$

기어의 잇수를 z_1, z_2라고 하면 $z_1/z_2 = D_1/D_2$이므로 윗 식에 대입하면 다음과 같다.

$$\left.\begin{aligned} P &= \frac{\sigma_c{}^2\sin 2\alpha}{2.8}\left(\frac{1}{E_1}+\frac{1}{E_2}\right)\frac{2\,z_2}{z_1+z_2} \\ P &= k\,D_1\,b\frac{2\,z_2}{z_1+z_2} = k\,b\,m\,\frac{2\,z_1\,z_2}{z_1+z_2} \end{aligned}\right\} \tag{10.13}$$

여기서, $k = \dfrac{\sigma_c{}^2\sin 2\alpha}{2.8}\left(\dfrac{1}{E_1}+\dfrac{1}{E_2}\right)$

이 경우에도 굽힘 강도와 같이 면압 강도에도 속도 계수를 고려하고 $D_1 = m\,z_1$이므로 식 (10.13)은 다음 식과 같이 된다.

$$P = f_v\,k\,D_1\,b\frac{2\,z_2}{z_1+z_2} = f_v\,k\,m\,b\,\frac{2\,z_1\,z_2}{z_1+z_2} \tag{10.14}$$

위 식에서 k 를 **접촉면 응력 계수**라고 하며, 압력각과 재질에 따라 결정된다. 재료의 경도와 접촉 응력은 밀접한 관계가 있으므로 경도에 따라 그 값이 다르다. 표 10.8은 접촉면 응력 계수를 나타낸 것이다.

기어의 설계에서는 굽힘 강도와 면압 강도를 각각 검토한 후 안전한 쪽(작은 값)을 택하여야 한다. 보통, 부하가 작고 마멸이 적은 경우는 굽힘 강도를 고려하고, 장시간에 걸쳐 부하가 작용하는 경우는 면압 강도를 고려하여 계산하여야 한다.

표 10.8 접촉면 응력 계수

기어의 재료		σ_c [N/mm²]	k [N/mm²]	
피니언[HB]	기어[HB]		$\alpha = 14.5°$	$\alpha = 20°$
강 (150)	강 (150)	343	0.200	0.26
〃 (200)	〃 (150)	412	0.284	0.38
〃 (250)	〃 (150)	480	0.394	0.52
〃 (200)	강 (200)	480	0.394	0.52
〃 (250)	〃 (200)	549	0.51	0.68
〃 (300)	〃 (200)	617	0.65	0.84
〃 (250)	강 (250)	617	0.65	0.84
〃 (300)	〃 (250)	686	0.79	1.05
〃 (350)	〃 (250)	755	0.96	1.27
〃 (300)	강 (300)	755	0.96	1.27
〃 (350)	〃 (300)	823	1.13	1.51
〃 (400)	〃 (300)	862	1.24	1.65
〃 (350)	강 (350)	892	1.34	1.78
〃 (400)	〃 (350)	970	1.56	2.06
〃 (500)	〃 (350)	1000	1.67	2.21
〃 (400)	강 (400)	1118	2.29(1.79)	3.05(2.37)
〃 (500)	〃 (400)	1205	2.43	3.22
〃 (600)	〃 (400)	1245	2.57	3.41
〃 (500)	강 (500)	1313	2.89	3.31
〃 (600)	〃 (600)	1588	4.21	5.58
〃 (150)	주 철	343	0.29	0.38
〃 (200)	〃	480	0.58	0.77
〃 (250)	〃	617	0.69	1.27
〃 (300)	〃	637	1.03	1.36
〃 (150)	인 청 동	343	0.03	0.40
〃 (200)	〃	480	0.61(0.48)	0.80(0.65)
〃 (250)	〃	588	0.90(0.85)	1.32(1.14)
주 철	주 철	617	1.29(0.98)	1.84(1.34)
니켈주철	니켈청동	537	1.37	1.82
니켈주철	인 청 동	568	1.14	1.52

예제 10.4 다음과 같은 한 쌍의 스퍼 기어에서 전달 동력을 계산하여라. 다만, 모듈은 4, 압력각은 20°, 이 너비는 40 [mm]이다.

	재 질	잇 수	회전수
피 니 언	SM45C(HB=200)	30	500 [rpm]
기 어	GC 300(주철)	60	250 [rpm]

[풀이] 굽힘 강도와 접촉 면압으로 전달되는 회전력(접촉 압력)을 구한 다음 작은 쪽의 회전력으로 전달 동력을 구한다.

① 굽힘 강도로 전달될 회전력을 구한다.

ⓐ 피니언의 경우

원주 속도

$$v = r\omega = \left(\frac{D}{2\times 1000}\right)\left(\frac{2\pi N}{60}\right)\ [\mathrm{m/s}],\ D = mz_1 \text{이므로}$$

$$v = \frac{\pi m\, z_1 N_1}{1000\times 60} = \frac{\pi\times 4\times 30\times 500}{1000\times 60} = 3.14\ [\mathrm{m/s}]$$

$$\text{속도 계수}\quad f_v = \frac{3.05}{3.05+v} = \frac{3.05}{3.05+3.14} = 0.493$$

SM45C 기어의 허용 굽힘 응력은 294 [N/mm^2] (표 10.6)이고, 잇수가 30일 때 치형 계수는 0.322(표 10.4)이다.

$P = f_v\, \sigma_b\, b\, m\, Y\ = 0.493\times 294\times 40\times 4\times 0.322 = 7467.4$ [N]

ⓑ 기어의 경우

GC300 일 때 허용 굽힘 응력은 127 [N/mm^2] (표 10.6)이고, 잇수가 60개이므로 치형 계수는 0.422 (표 10.4)이다.

$P = f_v\, \sigma_b\, b\, m\, Y\ = 0.493\times 127\times 40\times 4\times 0.422 = 4227.5$ [N]

② 면압 강도로 전달되는 회전력을 구한다. 피니언은 강이고, 기어는 주철이기 때문에 표 10.8에서 접촉면 응력 계수는 0.77 [N/mm^2]이다.

$$P = f_v\, k\, b\, m\, \frac{2\, z_1 z_2}{z_1 + z_2} = 0.493\times 0.77\times 40\times 4\times \frac{2\times 30\times 60}{30+60} = 2430\,[\mathrm{N}]$$

이상의 계산으로 허용 전달력을 가장 작은 값을 택하면 2430 [N]이므로 전달 동력은 다음과 같다.

$$H = \frac{P v}{1000} = \frac{2430\times 3.14}{1000} = 7.6\ [\mathrm{kW}]$$

예제 10.5 11 [kW], 320 [rpm]을 전달시키는 스퍼 기어에서 모듈의 크기를 계산하여라. 다만, 재질은 주철(GC 300)이고, 압력각은 20°, 피치원의 지름은 약 200 [mm], 이 너비는 10 [m]이다.

[풀이] 원주 속도와 속도 계수를 구한다.

$$v = r\omega = \left(\frac{D}{2\times 1000}\right)\left(\frac{2\pi N}{60}\right) = \frac{\pi D\, N}{1000\times 60}\ [\mathrm{m/s}]\text{이므로}$$

$$v = \frac{\pi\times 200\times 320}{1000\times 60} = 3.35\ [\mathrm{m/s}]$$

$$f_v = \frac{3.05}{3.05+v} = \frac{3.05}{3.05+3.35} = 0.47$$

전달할 수 있는 동력을 구한다.

$$P = \frac{1000\,H}{v} = \frac{1000\times 11}{3.35} = 3284\,[\mathrm{N}]$$

잇수를 알 수 없으므로 치형 계수를 구할 수 없다. 이 때 치형 계수는 압력각이 20° 일 때 래크를 제외한 치형 계수의 평균값을 구하면 0.375(표 10.4)이다. GC300의 허용 굽힘 응력은 127 N/[mm]^2(표 10.6)이다.

$P = f_v \sigma_b b m Y$ 에서 $b = 10\,[\mathrm{m}]$ 이므로

$$m = \sqrt{\frac{P}{f_v \sigma_b 10\,Y}} = \sqrt{\frac{3284}{0.47\times 127\times 10\times 0.375}} = 3.83$$

따라서, 표 10.1에서 모듈을 택하여 $m = 4$로 하면

잇수 $z = D/m = 200/4 = 50$

피치원의 지름 $D = m\,z = 4\times 40 = 160\,[\mathrm{mm}]$

이의 너비 $b = 10m = 10\times 4 = 40\,[\mathrm{mm}]$

잇수가 50일 때의 치형 계수 $Y = 0.409$ 이므로

전달 하중 $P = f_v\,\sigma_b\,b\,m\,Y = 0.47\times 127\times 40\times 4\times 0.409 = 3906.1\,[\mathrm{N}]$

또, 이 기어와 물리는 기어가 같은 재료이라면 이 때 면압 강도에 의한 전달력을 구한다. k = 1.84(표 10.8)이므로

$$P = f_v k m b \frac{2 z_1 z_2}{z_1 + z_2} = 0.47\times 1.84\times 4\times 40\times \frac{2\times 50\times 50}{50+50} = 6918\,[\mathrm{N}]$$

전달력이 굽힘 강도나 면압 강도에 견딜 수 있는 전달력보다 작으므로 소요의 전달이 가능하다. 그러므로 $m = 4$로 정한다.

예제 10.6 다음 조건에서 5.5 [kW]의 동력을 전달할 때 표준 스퍼 기어의 이의 크기를 구하여라. 다만 중심 거리는 약 250 [mm], 압력각은 20°, 접촉 길이는 $10m$로 한다.

	재 질	회전수
피 니 언	SM45C(HB=200	450 [rpm]
기 어	GC 300	150 [rpm]

[풀이] $N_2/N_1 = D_1/D_2$과 $C = \dfrac{D_1 + D_2}{2}$에서 $C = 250\,[\mathrm{mm}]$, $\dfrac{N_2}{N_1} = \dfrac{D_1}{D_2} = \dfrac{1}{3}$ 이므로,

$D_2 = 3D$이고, $2C = 4D_1$이므로, $D_1 = \dfrac{1}{2}C$ 이므로 $D_1 = 125\,[\mathrm{mm}]$이다.

피치원 지름이 125 [mm]인 기어의 피치원의 원주 속도는

$$v = r\omega = (\frac{D}{2\times 1000})(\frac{2\pi N}{60}) = \frac{\pi D\ N}{1000\times 60}\ [\mathrm{m/s}]$$이므로

$$v = \frac{\pi D_1\ N_1}{1000\times 60} = \frac{\pi\times 125\times 450}{1000\times 60} = 2.94\ [\mathrm{m/s}]$$

이에 가해지는 회전력 P 는

$$P = \frac{1000\ H}{v} = \frac{1000\times 5.5}{2.94} = 1871\ [\mathrm{N}]$$

이의 크기는 모듈로 나타내므로 굽힘 강도식을 이용하여 모듈을 구한다. 기어의 원주 속도가 10 m/s 이하이므로 속도 계수는

$$f_v = \frac{3.05}{3.05+v} = \frac{3.05}{3.05+2.94} = 0.509$$

문제에서 잇수를 알 수 없으므로 표 10.4의 치형 계수 값에서 래크을 제외한 평균 치형 계수를 구하면 Y=0.375이다. 또, 표 10.6에서 피니언의 허용 굽힘 응력은 294 N/[mm]^2, 기어의 허용 굽힘 응력은 127 N/[mm]^{2}이다. 이의 너비는 $10m$ 이므로 이상의 값을 식 (10.11)에 대입하면

$$P = f_v\,\sigma_b\,b\,m\ Y = f_v\,\sigma_b 10\,m^2\,Y$$ 에서

$$m = \sqrt{\frac{P}{f_v\,\sigma_b\,10\ Y}} = \sqrt{\frac{1871}{0.509\times 294\times 10\times 0.375}} = 1.83$$

기어에 대해서도 같은 방법으로

$$m = \sqrt{\frac{1871}{0.509\times 127\times 10\times 0.375}} = 2.78$$

이상의 결과에서 모듈은 큰 값을 택하므로 표 10.1에서 $m = 3$ 으로 한다.
두 기어의 잇수는

$$z_1 = \frac{D_1}{m} = \frac{125}{3} = 41.6 = 42$$

$z_1 = 42$ 이므로 속도비가 1/3 이므로 $z_2 = 126$ 이 된다. 그러므로 중심 거리는

$$C = \frac{(z_1+z_2)m}{2} = \frac{(42+126)\times 3}{2} = 252\ [\mathrm{mm}]$$

다음 면압 강도로서 계산을 하면

$$D_1 = m\ z_1 = 3\times 42 = 126\ [\mathrm{mm}]$$

$$v = \frac{\pi D_1 N_1}{1000\times 60} = \frac{\pi\times 126\times 450}{1000\times 60} = 2.97\ [\mathrm{m/s}]$$

$$f_v = \frac{3.05}{3.05+v} = \frac{3.05}{3.05+2.97} = 0.511$$

피니언과 기어의 재질이 강(HB = 200)과 주철이므로 표 10.6에서 $k = 0.77\ \mathrm{N/[mm]^2}$, $m = 3$, $b = 10m = 30\ [\mathrm{mm}]$, $z_1 = 42$, $z_2 = 126$을 식 (10.14)에 대입하면

$$P = f_v\, k\, D_1\, b\, \frac{2\,z_2}{z_1+z_2} = 0.511\times 0.77\times 126\times 30\times \frac{2\times 126}{42+126} = 2231\ [\mathrm{N}]$$

이에 가해진 전달력이 1871 [N]이므로 모듈을 3으로 했을 때 P = 2231 [N]보다 작으므로 안전하다. 이상의 결과에서 $m = 3$로 한다.
이상의 예제에서 알 수 있듯이 굽힘 강도로 계산한 경우와 면압 강도로 계산한 경우 그 결과가 다르므로 설계에서 어느 쪽을 택할 것인가의 문제는 그 기어의 운전 상태와 조건으로 결정한다.

10.2.2 스퍼 기어의 각부 치수

스퍼 기어는 이 부분 이외에 림(rim), 암(arm), 보스(boss)로 구성되어 있고, 그 형상도 재료, 공작법, 사용 조건 등에 따라 다르다. 또, 피치원 지름의 크기에 따라 그림 10.27과 같이 웨브형, 원통형, 일체형 등이 있다.

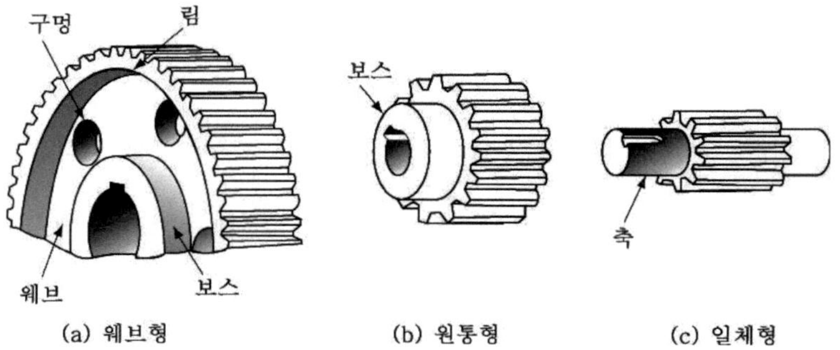

그림 10.27 스퍼 기어의 예

1. 림

림의 두께는 모듈의 1.6~2.2 배로 한다. 일체형으로 된 작은 기어는 림도 보스도 없으므로 이뿌리와 키 홈 사이의 두께는 강 또는 합성수지의 경우는 모듈의 2.2배, 주철의 경우는 모듈의 2.8배로 한다.

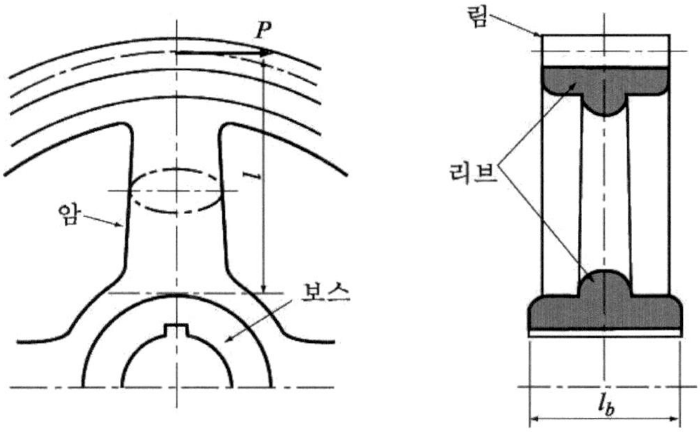

그림 10.28 기어의 각부 치수

2. 암

피치원 지름이 작은 기어는 림과 보스의 거리가 짧을 때는 일체형 또는 웨브형으로 하지만 그 외는 그림 10.28과 같은 암형으로 한다. 암의 수는 표 10.9에 따라 결정한다. 암의 단면 형상은 보통 타원이지만 대동력용은 +자형, H형, T형 등이 쓰인다. 또, 암의 수 n은 피치원 지름을 기준으로 하여 다음과 같이 정하기도 한다.

$$n = \left(\frac{1}{7} \sim \frac{1}{8}\right)\sqrt{D} \tag{10.15}$$

표 10.9 피치원 지름과 암의 수

피치원 지름 D[[mm]]	암의 수
100 이하	웨브형 6 [mm]
100~180	웨브형 8 [mm]
180~500	4개
500~1500	6개
1500~2400	8개

암의 강도는 보스쪽을 고정단으로 하고, 피치 원주의 접선 방향에서 암의 직각 방향으로 회전력이 작용하는 외팔보로 가정하고 계산한다.

그림 10.28에서 암의 수가 4개일 때 1개의 암이 회전력 P를 받는 것으로 생각하고, 다음과 같이 계산한다.

암 1개의 고정단에 해당하는 뿌리 부분에 작용하는 굽힘 모멘트는

$$\sigma_b = \frac{M_b\, y}{I} = \frac{(4 \times P\, l) \times y}{I} \qquad P\, l = \frac{1}{4} n\, \sigma_b\, Z$$

암이 타원 단면이므로 $b = h/2$로 하면, 단면 계수 Z는

$$Z = \frac{\pi h^2}{32}\left(\frac{h}{2}\right) = \frac{\pi h^3}{64}$$

이다. 따라서

$$P\, l = \frac{n\, \sigma_b}{4} \cdot \frac{\pi\, h^3}{64} = \frac{\pi\, \sigma_b n\, h^3}{256}$$

$$h = \sqrt[3]{\frac{256\, P\, l}{\pi\, n\, \sigma_b}} \tag{10.16}$$

여기서, l : 암의 바깥지름에서 피치원까지의 거리,
로 암의 단면 치수가 결정된다.

3. 보스

보스의 두께는 키를 설치하는 경우 키 홈의 깊이만큼 보스의 바깥지름을 증가시킨다. 따라서, 키 홈의 깊이를 제외한 보스의 두께는 축지름의 0.4 ~ 0.5 배로 하며, 보스의 길이는 축지름의 1.2 ~ 2.2배로 한다.

10.3 헬리컬 기어

10.3.1 헬리컬 기어의 특성

스퍼 기어는 이가 물리기 시작하여 끝날 때까지 선접촉을 하므로 진동이나 소음이 발생하기 쉽다. 또, 회전을 원활하게 하기 위해서는 물림률을 크게 하여 한꺼번에 여러 개의 이가 물리도록 해야 한다. 이와 같은 단점을 보완하기 위해서 만든 기어가 **헬리컬 기어**(helical gear)이다.

그림 10.29(a)와 같은 스퍼 기어를 축에 직각이 되게 같은 간격으로 잘라, 원주 방향으로 일정한 각도만큼 차례로 위상을 달리하여 배열하면, 그림 (b)와 같은 기어가 되는데 이것을 **계단 기어**(stepped gear)라 한다. 또, 스퍼 기어의 이 너비를 무한으로 분할하여 위상을 달

리하면 원통면 위의 잇줄이 나선 모양으로 이어지는 헬리컬 기어가 된다.

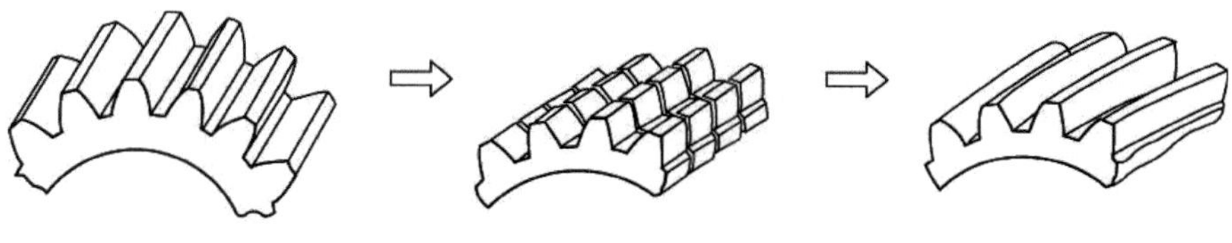

그림 10.29 헬리컬 기어의 형성

스퍼 기어는 이 너비 전체가 동시에 물리고, 동시에 떨어지나 헬리컬 기어는 이뿌리의 한 점에서 접촉이 시작되어 이끝의 한 점에서 끝난다. 따라서, 이와 이의 접촉선 길이는 점점 증가하여 피치점에서 최대가 되고, 그 후에는 점점 접촉선의 길이가 감소된다. 즉, 헬리컬 기어는 물림이 시작될 때는 점접촉이고, 이의 접촉 너비가 점점 증가하여 최대가 되었다가 다시 감소되어 점접촉으로 끝나기 때문에 탄성 변형이 적어 진동이나 소음이 작다.

그러나, 헬리컬 기어는 그림 10.30과 같이 이가 비틀어져 있어, 축방향에 스러스트가 생기므로 스러스트 베어링이 필요하다. 또 헬리컬 기어에서 스러스트를 없애기 위해서 비틀림각이 같고, 비틀림 방향이 정반대인 기어를 만들었다. 이 기어를 더블 헬리컬 기어(double helical gear) 또는 헬링본 기어(herringbone gear)라 한다.

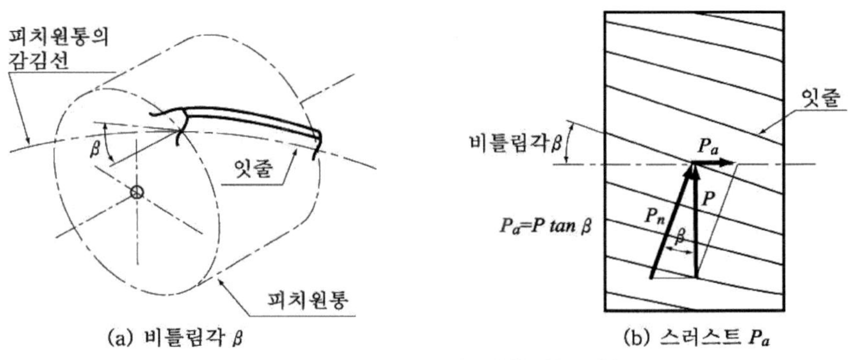

그림 10.30 치면에 작용하는 힘

10.3.2 헬리컬 기어의 치형

1. 치형 방식

헬리컬 기어는 스퍼 기어와 달리 잇줄이 축에 대하여 경사져 있으며, 치형을 나타내는 방식에 두 가지가 있다. 축에 직각인 단면의 치형을 그림 10.31과 같이 기준 래크의 치형으로 표시하는 **축직각 방식**(normal shaft system)과, 잇줄에 직각인 단면의 치형을 기준 래크의 치형으로 표시하는 **치직각 방식**(normal tooth system)이 있다. 축직각 방식은 피니언 커터에 의해 이를 절삭할 때 사용하고, 호빙 머신으로 이를 절삭하거나 기어를 설계할 때는 치직각 방식을 사용한다.

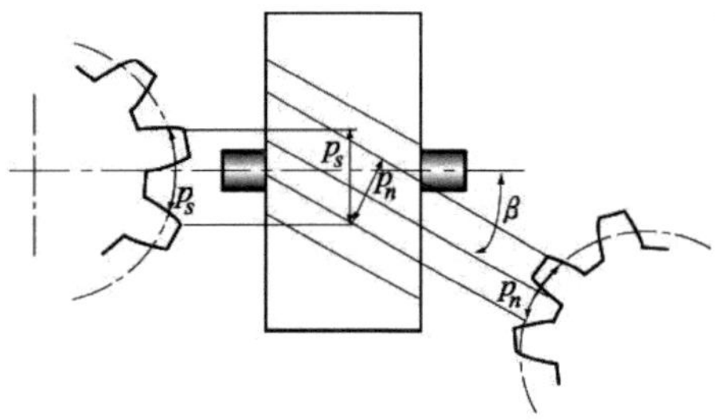

(a) 축직각 방식 (b) 치직각 방식

그림 10.31 축직각 방식과 치직각 방식

치직각 방식과 축직각 방식을 비교하면 잇수는 같으나 피치와 모듈은 다르다. 그림 10.31에서 축직각 피치를 p_s, 치직각 피치를 p_n, 이의 피치원 상에서 측정한 비틀림각을β 라 하면,

$$p_n = p_s \cos\beta \tag{10.17}$$

같은 방법으로, 축직각 모듈을 m_s, 치직각 모듈을 m_n이라 하면 다음 관계가 성립된다.

$$m_n = \frac{p_n}{\pi} = \frac{p_s \cos\beta}{\pi} = m_s \cos\beta \tag{10.18}$$

또, 축직각 압력각(trasverse pressure angle) α_s와 치직각 압력각(normal pressure angle) α_n 사이의 관계는 다음과 같다.

$$\tan\alpha_s = \frac{\tan\alpha_n}{\cos\beta} \tag{10.19}$$

헬리컬 기어도 스퍼 기어와 같이 래크 공구나 홉으로 절삭할 때 공구가 잇줄 방향으로 절삭 운동을 하므로 공구의 모듈, 압력각은 치직각 모듈 및 치직각 압력각과 일치한다.

헬리컬 기어의 주요 치수는 다음과 같다.

㉮ 피치원의 지름 $D_s = m_s z_s = \dfrac{m_n z_s}{\cos\beta}$ (10.20)

㉯ 이끝원 지름(바깥 지름) $D_a = D_s + 2m_n = \left(\dfrac{z_s}{\cos\beta} + 2\right)m_n$ (10.21)

㉰ 중심 거리 $C = \dfrac{D_{s1} + D_{s2}}{2} = \dfrac{(z_{s1} + z_{s2})\, m_n}{2\cos\beta}$ (10.22)

㉱ 총 이높이 $h = (2 + 0.25)m_n$ (10.23)

여기서, z_s는 축직각 단면의 잇수인 동시에 헬리컬 기어의 잇수이다.

표 10.10 치직각 방식 헬리컬 기어의 치수

항 목	치직각 방식	축직각 방식
모듈	치직각 모듈 $m_n = m_s \cos\beta$	정면 모듈 $m_s = \dfrac{m_n}{\cos\beta}$
압 력 각	치직각 압력각 α_n	정면 압력각 $\alpha_s \left(\tan\alpha_s = \dfrac{\tan\alpha_n}{\cos\beta}\right)$
원주 피치	치직각 피치 $p_n = \pi m_n$	정면 피치 $p_s = \pi m_s = \dfrac{\pi m_n}{\cos\beta}$
피치원 지름	$D = \dfrac{z_s m_n}{\cos\beta}$	$z_s m_s$
총 이높이	$h \geq 2.25\ m_n$	
이끝원 지름	$D_a = \left(\dfrac{z_s}{\cos\beta} + 2\right)m_n$	$D_a = (z+2)\, m_s$
중심 거리	$C = \dfrac{(z_{s1} + z_{s2})\, m_n}{2\cos\beta}$	$C = \dfrac{(z_{s1} + z_{s2})\, m_s}{2}$

2. 헬리컬 기어의 상당 스퍼 기어

헬리컬 기어의 치형은 축직각 방식의 치형이 실제 치형이지만 이를 절삭할 때는 잇줄 방향을 따라 절삭하기 때문에 치직각 방식의 치형이 표준이 된다.

헬리컬 기어는 그림 10.32와 같이 축직각 단면에서는 피치원이 진원이 되나 치직각 단면에서는 타원이 된다. 이 타원에서 반단축의 길이 b는 진원의 반지름과 같지만 반장축의 길이a는 다르다. 즉 $a = \dfrac{R_s}{\cos\beta}$, $b = R_s$ 가 된다.

타원 $\dfrac{x^2}{a^2} + \dfrac{y^2}{b^2} = 1$의 원주상의 임의의 점 P($x$, y)에서의 곡률 반지름 ρ는 다음과 같다.

$$\rho = a^2 b^2 \left(\frac{x^2}{a^4} + \frac{y^2}{b^4} \right)^{\frac{3}{2}}$$

그림에서 반장축의 길이를 타원으로 하는 피치원 상의 점 P(0, b)의 곡률 반지름 R_e는 다음과 같다.

$$R_e = a^2 b^2 \left(0 + \frac{b^2}{b^4} \right)^{\frac{2}{3}} = \frac{a^2}{b}$$

이 식에 치직각 단면의 반단축의 길이 a와 반장축의 길이 b의 값을 대입하면

$$R_e = \frac{D_s}{2\cos^2\beta} \tag{10.24}$$

따라서, 이 곡률 반지름을 피치원의 반지름으로 하여 원을 그리면 피치원의 지름D_e는

$$D_e = 2R_e = \frac{D_s}{\cos^2\beta} \tag{10.25}$$

가 된다.

치직각 방식의 피치점 P에서 곡률 반지름R_e와 같은 반지름을 피치원의 반지름으로 하는 가상원을 그려 이 원을 피치원으로 하는 스퍼 기어를 **상당 스퍼 기어**(equivalent spur gear)라고 한다. 또, 이 기어의 잇수를 실제 잇수에 대하여 **상당 스퍼 기어의 잇수**(equivalent number of tooth)라 한다.

그리고, 상당 스퍼 기어의 잇수를 z_e는 다음 식으로 주어진다.

$$z_e = \frac{D_e}{m_n} = \frac{D_s}{m_n\cos^2\beta} = \frac{z_s m_n}{\cos\beta} \cdot \frac{1}{m_n\cos^2\beta} = \frac{z_s}{\cos^3\beta} \tag{10.26}$$

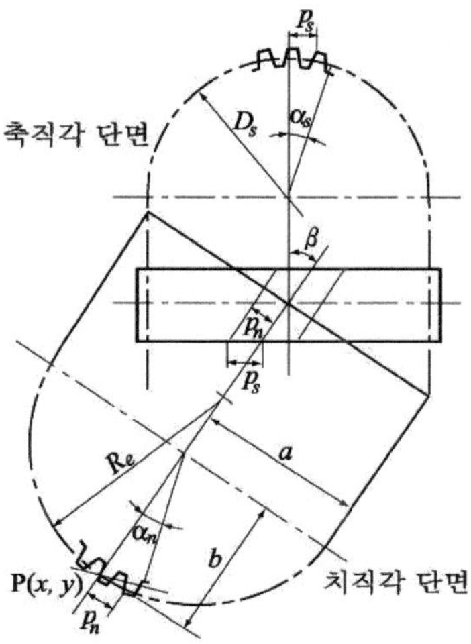

그림 10.32 헬리컬 기어의 치형과 상당 스퍼 기어

예제 10.7 치직각 모듈이 4, 비틀림각 30°, 잇수 150인 헬리컬 기어에서 축직각 모듈, 피치원의 지름, 치직각 단면에서 타원의 곡률 반지름과 상당 스퍼 기어의 잇수를 구하여라.

[풀이] 헬리칼 기어의 각부 치수는 다음과 같이 계산한다.

축직각 모듈 $m_s = \dfrac{m_n}{\cos\beta} = \dfrac{4}{\cos 30°} = 4.62$

피치원 지름 $D_s = z_s m_s = 150 \times 4.62 = 693\ [\mathrm{mm}]$

곡률 반지름 $\rho = \dfrac{D_s}{2\cos^2\beta} = \dfrac{693}{2 \times \cos^2 30°} = 462\ [\mathrm{mm}]$

상당 스퍼 기어의 잇수 $z_e = \dfrac{z_s}{\cos^3\beta} = \dfrac{150}{\cos^3 30°} = 231$

예제 10.8 치직각 모듈을 3, 잇수가 각각 40, 120, 비틀림각이 20°인 한 쌍의 헬리컬 기어의 중심 거리를 구하여라. 또, 피니언이 500rpm으로 7.5kW의 동력을 전달할 때, 헬리컬 기어에 작용하는 스러스트를 구하여라.

[풀이] $m_n = 3,\ z_{s1} = 40,\ z_{s2} = 120,\ \beta = 20°$ 이므로

중심 거리 $C = \dfrac{(z_{s1} + z_{s2})m_n}{2\cos\beta} = \dfrac{(40+120)\times 3}{2 \times \cos 20°} = 255.4\ [\mathrm{mm}]$

피니언의 피치원 지름 $D_{s1} = \dfrac{z_{s1}\, m_n}{\cos\beta} = \dfrac{40 \times 3}{\cos 20°} = 127.7\ [\mathrm{mm}]$

원주 속도 $v = r\omega = (\dfrac{D}{2 \times 1000})(\dfrac{2\pi N}{60}) = \dfrac{\pi D N}{1000 \times 60}\ [\mathrm{m/s}]$ 이므로

$$v = \frac{\pi D_{s1} n_1}{1000 \times 60} = \frac{\pi \times 127.7 \times 500}{1000 \times 60} = 3.34\ [\mathrm{m/s}]$$

헬리컬 기어의 전달 하중 P는 다음과 같다.

$$P = \frac{1000\, H}{v} = \frac{1000 \times 7.5}{3.34} = 2245.5\ [\mathrm{N}]$$

그러므로 축 방향의 스러스트 P_a는 다음과 같다.

$$P_a = P \tan\beta = 2246 \times \tan 20° = 817.5\ [\mathrm{N}]$$

10.3.3 헬리컬 기어의 강도 계산

1. 굽힘 강도

헬리컬 기어의 강도 계산은 피치원 지름이 D_e, 잇수 z_e인 상당 스퍼 기어로 생각하고, 근사적으로 계산할 수 있다. 헬리컬 기어에서 이에 가해지는 수직 하중은 $P_n = P/\cos\beta$ 이고, 이 너비는 $b_n = b/\cos\beta$, 모듈은 치직각 모듈 m_n, 상당 스퍼 기어의 잇수에 해당하는 치형 계수 y_e를 스퍼 기어의 굽힘 강도식(식 10.12)에 적용하면 다음과 같이 된다.

$$\frac{P}{\cos\beta} = f_v\, \sigma_b \frac{b}{\cos\beta} m_n\, Y_e$$

$$P = f_v\, \sigma_b\, b\, m_n\, Y_e \tag{10.27}$$

이 식에서 치형 계수 Y_e의 값은 상당 스퍼 기어의 잇수 z_e에 따라 표 10.4로부터 구한다.

2. 면압 강도

헬리컬 기어의 면압 강도도 스퍼 기어의 식(식 10.14)을 그대로 적용하여 유도하면 다음과 같다.

$$\frac{P}{\cos\beta} = f_v\, C_w\, k\, D_{e1} \frac{b}{\cos\beta} \cdot \frac{2 z_{e2}}{z_{e1} + z_{e2}}$$

$$= f_v\, C_w\, k \frac{D_{s1}}{\cos^2\beta} \cdot \frac{b}{\cos\beta} \cdot \frac{2 z_{s2}}{z_{s1} + z_{s2}}$$

$D_{s1} = m_s z_{s1}$ 이므로

$$P = f_v \frac{C_w}{\cos^2\beta} k b m_s \frac{2 z_{s1} z_{s2}}{z_{s1} + z_{s2}} = f_v \frac{C_w}{\cos^3\beta} \cdot k \cdot b \cdot m_n \cdot \frac{2z_{s1}z_{s2}}{z_{s1}z_{s2}} \tag{10.28}$$

여기서, C_w 는 공작정밀도를 고려한 계수로, 보통 기어에서는 0.75 정도로 하고, 정밀한 공작을 요하는 기어에서는 1.0으로 한다.

예제 10.9 치직각 모듈 4, 압력각 20°, 피니언의 잇수 25, 피니언의 회전수 500 [rpm], 속도비는 2, 비틀림각 30°인 헬리컬 기어에서 전달 동력을 계산하여라. 다만, 피니언의 재질은 SM35C(HB 250), 기어의 재질은 GC300이고, b = 60 [mm], C_w= 0.75이다.

[풀이] 피니언의 피치원 지름 D_{s1}은

$$D_{s1} = \frac{m_n z_{s1}}{\cos\beta} = \frac{4 \times 25}{\cos 30°} = 115.5 \text{ [mm]}$$

피치원의 원주 속도는

$$v = r\omega = (\frac{D}{2 \times 1000})(\frac{2\pi N}{60}) = \frac{\pi D N}{1000 \times 60} \text{ [m/s]이므로}$$

$$v = \frac{\pi D_{s1} N_1}{1000 \times 60} = \frac{\pi \times 115.5 \times 500}{1000 \times 60} = 3.02 \text{ [m/s]}$$

속도가 10 m/s 이하이므로 속도 계수는

$$f_v = \frac{3.05}{3.05 + v} = \frac{3.05}{3.05 + 3.02} = 0.502$$

피니언의 재질이 SM35C이고, 기어의 재질은 GC300이므로 허용 굽힘 응력은 각각 25 [N/mm^2], 127 [N/mm^2] (표 10.6)이다.

각 기어의 상당 스퍼 기어의 잇수

$$z_{e1} = \frac{z_{s1}}{\cos^3\beta} = \frac{25}{\cos^3 30°} = 39$$

$$z_{e2} = z_{e1} \times 2 = 39 \times 2 = 78$$

표 10.4에서 피니언의 치형 계수는 잇수 38개와 43개의 치형계수를 보간법으로 계산하면 $Y_{e1} = 0.384 + (0.397 - 0.384) \times \frac{(39-38)}{(43-38)} = 0.387$ 이고, 기어의 치형 계수 $Y_{e2} = 0.435 + (0.447 - 0.435) \times \frac{(78-75)}{(100-75)} = 0.436$ 이므로

① 굽힘 강도의 견지에서 허용 전달력은 피니언의 경우를 P_1, 기어의 경우를 P_2라 하면

$$P_1 = f_v \, \sigma_b \, b \, m_n \, Y_{e1} = 0.502 \times 255 \times 60 \times 4 \times 0.387 = 11889.6 \text{ [N]}$$

$$P_2 = f_v \, \sigma_b \, b \, m_n \, Y_{e2} = 0.502 \times 127 \times 60 \times 4 \times 0.436 = 6671.2 \text{ [N]}$$

② 면압 강도의 견지에서 허용 하중을 구하면 표 10.7에서 k=1.27 N/[mm]^{2}이므로

$$P = f_v \, k \, D_{s1} \, b \frac{C_w}{\cos^2\beta} \cdot \frac{2 \, z_{s2}}{z_{s1} + z_{s2}}$$

$$= 0.502 \times 1.27 \times 115.5 \times 60 \times \frac{0.75}{0.886^2} \times \frac{2 \times 50}{25 + 50} = 5628.2 \text{ [N]}$$

굽힘 강도의 경우 피니언의 허용 전달력의 값이 가장 작으므로, 이것을 기초로 하여 전달 동력을 구하면

$$H = \frac{P v}{1000} = \frac{5628.2 \times 3.02}{1000} = 17 \text{ [kW]}$$

10.4 베벨 기어

10.4.1 베벨 기어의 종류

베벨 기어(bevel gear)는 원추 마찰차의 마찰면을 피치면으로 하여 이를 만든 기어이다. 축이 서로 평행하지 않기 때문에 기하학적으로 취급이 어렵고, 또 가공법도 복잡하다.

두 축의 교차점을 꼭지점으로 하는 원추에서 원추의 구름에 의해 회전을 전달한다. 이 원추를 **피치 원추**(pitch cone)라 하고, 두 축의 교차각 Σ를 **축각**(shaft angle)이라 한다(그림 10.33).

베벨 기어는 잇줄을 형성하는 방법에 따라 여러 가지가 있다. 그림 10.1(f)와 같이 잇줄이 원추의 모선과 일치하고, 직선으로 되어 있는 것을 **직선 베벨 기어**(straight bevel gear), 그림 10.1(g)와 같이 이 물림을 원활하게 하기 위하여 잇줄이 직선이면서 경사진 것을 **헬리컬 베벨 기어**(helical bevel gear), 그림 10.1(h)와 같이 잇줄이 곡선으로 되어 있으면서 모선에 경사져 있는 것을 **스파이럴 베벨 기어**(spiral bevel gear)라 한다.

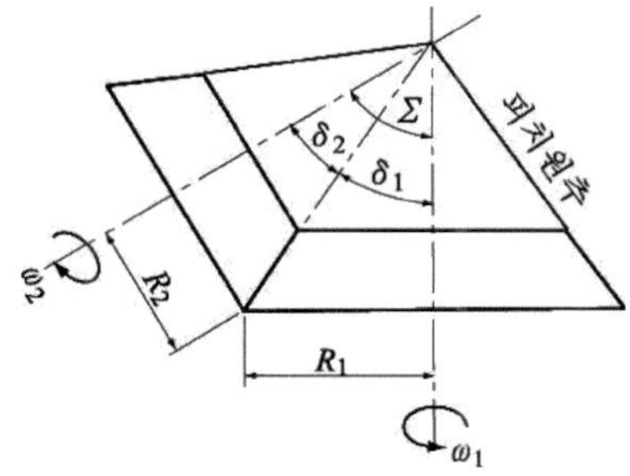

그림 10.33 베벨 기어

한편, 베벨 기어에는 그림 10.34(a)와 같이 축각이 직각이며, 잇수가 같은 기어를 **마이터 기어**(miter gear), 또, 그림 (b)와 같이 피치면이 평면으로 된 기어를 **크라운 기어**(crown gear)라 한다.

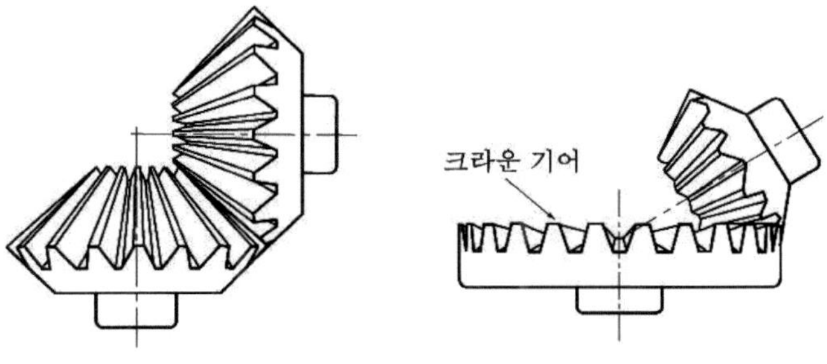

(a) 마이터 기어 (b) 크라운 기어의 물림

그림 10.34 마이터 기어와 크라운 기어

10.4.2 베벨 기어의 각부 명칭

1. 베벨 기어의 각부 명칭과 치수

베벨 기어의 치형은 그림 10.35와 같이 안쪽에서 바깥쪽으로 갈수록 비례적으로 커진다. 따라서, 바깥쪽을 **대단부**(heel) 또는 외단부, 안쪽을 **소단부**(toe) 또는 내단부라 한다.

베벨 기어의 이의 크기는 원추의 위치에 따라 달라진다. 그러므로 이의 크기를 모듈로 나타낼 때에는 원추의 외단부, 즉 크기가 제일 큰 부분을 기준으로 한다.

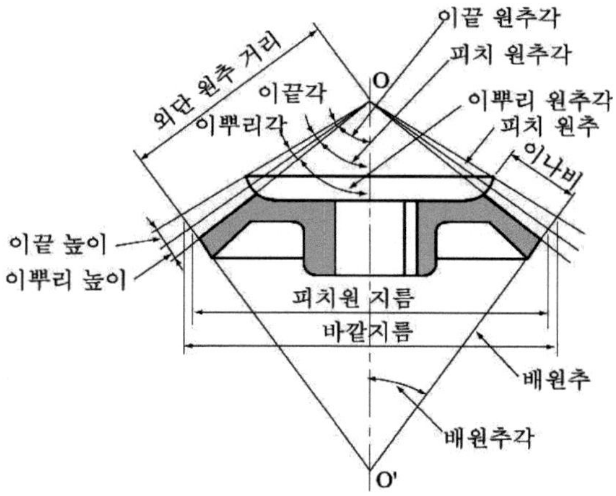

그림 10.35 베벨 기어의 명칭

베벨 기어의 각부 명칭과 치수는 다음과 같다.

㉮ 속도비 : 속도비는 마찰차의 경우와 같다.

$$i = \frac{n_2}{n_1} = \frac{D_1}{D_2} = \frac{z_1}{z_2} = \frac{\sin\delta_1}{\sin\delta_2} \tag{10.29}$$

㉯ 피치 원추각 : 피치 원추의 꼭지각의 1/2을 피치 원추각(pitch cone angle)이라 하며, 계산식은 마찰차의 경우와 같다.

$$\left.\begin{aligned} \tan\delta_1 &= \frac{\sin\Sigma}{\dfrac{z_2}{z_1} + \cos\Sigma} \\ \tan\delta_2 &= \frac{\sin\Sigma}{\dfrac{z_1}{z_2} + \cos\Sigma} \end{aligned}\right\} \tag{10.30}$$

여기서 축각이 90°인 경우

$$\left.\begin{aligned} \tan\delta_1 &= \frac{z_1}{z_2} \\ \tan\delta_2 &= \frac{z_2}{z_1} \end{aligned}\right\} \tag{10.31}$$

㉰ 원추 거리 : 피치 원추의 꼭지점에서 외단부까지의 모선 길이를 외단 원추 거리 또는

원추 거리(cone distance)라 하며, 다음과 같다.

$$A = \frac{D_1}{2\sin\delta_1} = \frac{D_2}{2\sin\delta_2} \tag{10.32}$$

표 10.11 베벨 기어의 각부 치수

각부의 명칭	기호	구동 기어	피동 기어
피치 원추각	δ	$\tan\delta_1 = \dfrac{\sin\Sigma}{z_2/z_1 + \cos\Sigma}$	$\tan\delta_2 = \dfrac{\sin\Sigma}{z_1/z_2 + \cos\Sigma}$
피치원 지름	D	$D_1 = m z_1$	$D_2 = m z_2$
이끝원 지름	D_a	$D_{a1} = D_1 + 2h_a\cos\delta_1$	$D_{a2} = D_2 + 2\,h_a\cos\delta_2$
원추 거리	A	$A = \dfrac{D_1}{2\sin\delta_1}$	$A = \dfrac{D_2}{2\sin\delta_2}$
이끝각	θ_a	$\tan\theta_a = \dfrac{h_a}{R_e}$	
이뿌리각	θ_f	$\tan\theta_f = \dfrac{h_f}{R_e}$	
이끝 원추각	δ_a	$\delta_{a1} = \delta_1 + \theta_a$	$\delta_{a2} = \delta_2 + \theta_a$
이뿌리 원추각	δ_f	$\delta_{f1} = \delta_1 - \theta_f$	$\delta_{f2} = \delta_2 - \theta_f$

2. 베벨 기어의 전개

베벨 기어의 운동은 원추 정점을 중심으로 하는 구면상의 운동이 되므로 이것을 평면에 표시할 수 없다. 그러므로 근사적으로 표시하는 방법으로 **배원추**(back cone)를 전개하여 배원추의 길이를 반지름으로 하는 원을 피치원으로 하는 스퍼 기어로 생각한다. 이와 같이 가상 스퍼 기어가 베벨 기어의 상당 스퍼 기어이다. 또 이 피치원에 베벨 기어의 피치와 같은 피치의 이를 만들었을 때의 잇수를 **상당 스퍼 기어의 잇수**라 한다.

상당 스퍼 기어는 베벨 기어의 대단부에서 전개한 것이 되므로 베벨 기어를 밀링 머신으로 절삭할 때 인벌류트 커터의 커터 번호를 계산할 때나 이의 강도를 계산할 때는 상당 스퍼 기어의 잇수가 사용된다.

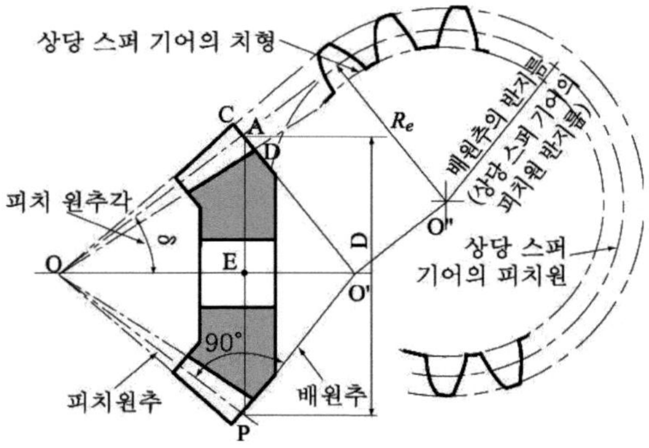

그림 10.36 베벨 기어의 전개

베벨 기어의 상당 스퍼 기어에 대하여 다음과 같은 관계식이 성립된다.

$$R_e = \frac{D}{2\cos\delta} \tag{10.33}$$

또 상당 스퍼 잇수 z_e는 다음과 같다.

$$z_e = \frac{D_e}{m} = \frac{\dfrac{D}{\cos\alpha}}{m} = \frac{\dfrac{m \cdot z}{\cos\alpha}}{m} = \frac{z}{\cos\alpha} \tag{10.34}$$

예제 10.10 베벨 기어에서 두 축의 교차각이 75°이고, $z_1 = 24$, $z_2 = 35$ 일 때 원추각, 피치원 지름, 바깥지름, 원추 거리, 상당 스퍼 기어의 잇수를 구하여라. 다만, 모듈은 4이다.

[풀이] 원추각 $\delta_{1,}\delta_2$ 는

$$\delta_1 = \tan^{-1}\frac{\sin\Sigma}{z_2/z_1 + \cos\Sigma} = \tan^{-1}\frac{\sin 75°}{35/24 + \cos 75°} = 29.36°$$

$$\delta_2 = \Sigma - \delta_1 = 75° - 29.36° = 45.64°$$

피치원의 지름 D_1, D_2

$$D_1 = m\,z_1 = 4 \times 24 = 96\ [\mathrm{mm}]$$

$$D_2 = m\,z_2 = 4 \times 35 = 140\ [\mathrm{mm}]$$

이끝원 지름 D_{a1}, D_{a2}

$$D_{a1} = (z_1 + 2\cos\delta_1)m = (24 + 2\cos 29.36°) \times 4 = 102.97\ [\text{mm}]$$

$$D_{a2} = (z_2 + 2\cos\delta_2)m = (35 + 2\cos 45.64°) \times 4 = 145.59\ [\text{mm}]$$

원추 거리(모선의 길이) A는

$$A = \frac{D_1}{2\sin\delta_1} = \frac{96}{2 \times \sin 29.36°} = 97.9\ [\text{mm}]$$

상당 스퍼 기어의 잇수

$$z_{e1} = \frac{z_1}{\cos\delta_1} = \frac{24}{\cos 29.36°} = 28$$

$$z_{e2} = \frac{z_2}{\cos\delta_2} = \frac{35}{\cos 45.64°} = 50$$

10.5 웜 기어

10.5.1 웜 기어의 형상과 치수

1. 웜 기어의 특징

웜 기어는 그림 10.37과 같이 조합된 기어로 나사 모양의 웜(worm)과 이것에 물리는 웜 휠(worm wheel)로 되어 있다. 물렸을 때 미끄럼이 커 전동 효율이 낮으나(보통 50~70 %), 매우 큰 감속비를 얻을 수 있고, 기어 장치의 용적과 중량이 작아 자동 역전 방지 장치나 감속 장치 등에 널리 쓰인다.

웜 기어는 보통 웜 축을 구동축으로 하여 웜 휠을 구동시키는데 리드각이 작을 때는 마찰이 커서 웜 휠을 구동축으로 하면 웜을 회전시킬 수가 없다. 그러나 리드각을 크게 하면 웜 휠을 구동축으로 하여 웜을 고속으로 회전시킬 수가 있어 증속 장치에 쓰이고 있다.

웜 기어 장치에는 웜이 아래쪽에 있는 경우와 위쪽에 있는 경우가 있다. 아래쪽에 있으면 진동은 작으나 윤활유 중의 불순물이 마찰부에 들어가 마멸을 일으키고, 위쪽에 있으면 진동이 생기기 쉽다.

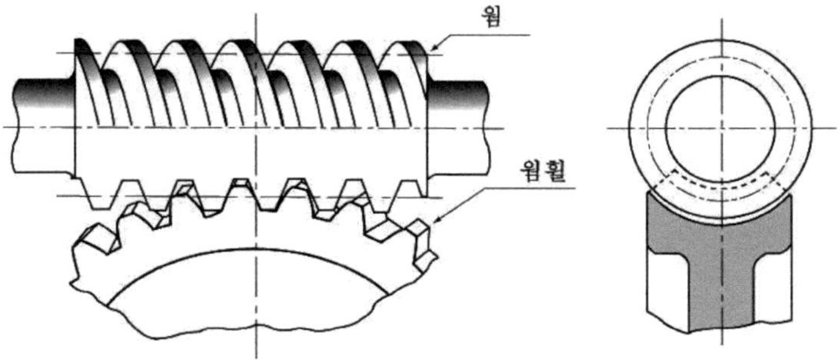

그림 10.37 웜 기어 장치

2. 웜 기어의 치수

웜 기어의 치형은 웜의 치형을 기준으로 하며, 가공 방법에 따라 다르다. 웜을 선반에서 가공하면 치형은 축직각 단면이 되어 사다리꼴이 되며, 밀링으로 가공하면 치형은 치직각 단면이 된다. 압력각은 치직각 단면으로, 피치와 모듈은 축직각 단면으로 표시한다.

축직각 단면의 치형을 기준으로 웜 기어의 각 부 치수를 결정한다.

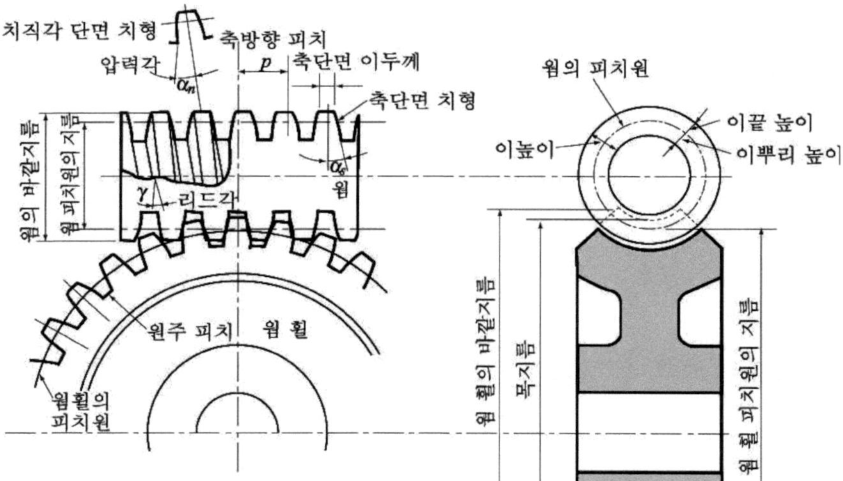

그림 10.38 웜 기어의 각부 명칭

축직각 피치 p_s 와 축직각 모듈 m_s 와의 관계는

$$p_s = \pi\, m_s$$

치직각 피치 p_n 과 치직각 모듈 m_n 과의 관계는

$$p_n = \pi m_n$$

이다. 그리고, 웜의 리드각을 γ 라고 하면 $p_n = p_s \cos\gamma$, $m_n = m_s \cos\gamma$ 이다.

표 10.12는 웜 기어의 각부 치수의 비율을 나타낸 것이다.

표 10.12 웜 기어의 치수 비율

웜의 줄 수 z_w		웜 휠의 잇수 z_g	
축직각 모듈	m_s	피치원 지름	$D_g = m_s z_g$
축직각 피치	$p_s = \pi m_s$	목 지름	$D_t = D_g + 2 h_a$
피치원 지름	$D_w = 2 p_s + 12.7$ [mm] $D_w = 2.4 p_s + 28$ [mm]	이끝원 지름	$D_{a2} = D_t + 1.5 h_a$
이끝원 지름	$D_{a1} = D_w + 2 h_a$	이끝 높이	$h_a = m_s$
이끝 높이	$h_a = m_s (z_w = 1, 2)$ $h_a = 0.9 m_s (z_w = 3, 4)$	이끝의 반지름	$R = \frac{D_t}{2} - h_a$
총 이 높이	$h = 2.25 m_s (z_w = 1, 2)$ $h = 2.05 m_s (z_w = 3, 4)$	이 너비	$b = 2.4 p_s + 6 (z_w = 1, 2)$ $b = 2.15 p_s + 5 (z_w = 3, 4)$
리 드	$l = p_s z_w$	림의 두께	$s = 0.632 p_s (z_w = 1, 2)$ $s = 0.563 p_s (z_w = 3, 4)$
길 이	$L = (4.5 + 0.02 z_g) p_s$		
리 드 각	$\gamma = \tan^{-1} \frac{l}{\pi D_w}$	중심 거리	$C = \frac{D_w + D_g}{2}$
이 두 께	$p_s / 2$	꼭 지 각	$\theta = 60 \sim 80°$

10.5.2 웜 기어의 강도 계산

웜 기어의 치면은 접촉 압력이 높고, 미끄럼이 커서 접촉 조건이 불량하므로 웜은 강한 재질, 웜 휠은 연한 재질로 만든다. 따라서, 웜은 웜 휠에 비하여 훨씬 더 강하므로 강도 계산은 웜 휠을 기준으로 하여 굽힘 강도와 치면의 마멸 강도를 계산한다.

1. 굽힘 강도

버킹엄(Buckingham)은 웜 휠을 헬리컬 기어로 생각하고, 웜 휠의 굽힘 강도에 대하여 루이스식을 다음과 같이 적용하고 있다. 헬리컬 기어의 치직각 모듈 대신에 웜 휠의 치직각 피치 p_n을 사용한다.

$$P = f_v\,\sigma_b\,p_n\,b\,y \tag{10.35}$$

여기서, P : 피치원주상의 최대 전달력, f_v : 속도 계수, σ_b : 재료의 허용 굽힘 응력, b : 이너비, y : 치형 계수

이 경우 속도 계수, 허용 굽힘 응력 및 치형 계수는 다음 표 10.13, 표 10.14 및 표 10.15에 따른다.

표 10.13 웜 휠의 속도계수

재 료	속도 계수
금속 재료	$f_v = \dfrac{6}{6+v_g}$
합성수지	$f_v = \dfrac{1+0.25\,v_g}{1+v_g}$

v_g : 웜 휠의 피치 원주속도 (m/s)

표 10.14 웜 휠 재료의 허용 굽힘 응력

웜 휠의 재료	σ_b [N/mm^2]	
	한방향 회전	양방향 회전
주 철	83	56
인청동	167	110
안티몬 청동	102	68
합성수지	29	20

표 10.15 웜 휠의 치형 계수

치직각 압력각α_n	14.5°	20°	25°	30°
치형 계수 y	0.100	0.125	0.150	0.175

2. 면압 강도

웜 휠의 치면에서 압력에 의한 마멸을 고려한 허용 전달 하중은 다음과 같은 버킹엄의 실험식으로 계산한다.

$$P = f_v \phi D_g B_e K \tag{10.36}$$

여기서 ϕ : 웜의 리드각에 의한 계수 D_g : 웜 휠의 피치원 지름

B_e : 유효 이 너비 K : 내마멸 계수

이며, ϕ와 K의 값은 표 10.16 및 표 10.17로 구한다.

표 10.16 ϕ의 값

리드각 γ	계수 ψ
10° 이하	1.00
10° ~ 25°	1.25
25° 이상	1.50

표 10.17 내마멸계수

웜의 재료	웜 휠의 재료	K [N/mm²]
담금질강	주 철	343×10^{-3}
주 철	주 철	235×10^{-3}
강(HB 250이상)	인 청 동	412×10^{-3}
담금질강	인 청 동	549×10^{-3}
담금질강	인청동(금형)	833×10^{-3}
담금질강	안티몬 청동	833×10^{-3}
강(HB 250이상)	합성수지	441×10^{-3}
주 철	인 청 동	637×10^{-3}

예제 10.11 다음 표와 같은 웜 기어 장치에서 웜축과 웜 휠축에 생기는 허용 전달 하중과 허용 전달 동력을 구하여라. 다만, 치직각 압력각이 20°, 축직각 단면 모듈이 3, 이 너비가 22 [mm], 유효 이 너비가 20 [mm], 마찰 계수가 0.1 이다.

	잇 수	피치원 지름	회전수	재 질
웜	2줄	30 [mm]	1500 [rpm]	SM45C
웜 휠	50	150 [mm]	600 [rpm]	인청동

[풀이] 먼저 굽힘 강도와 면압 강도에 대한 허용 전달 하중을 구하기 전에 다음과 같이 표에서 구한다.

$$\sigma_b = 167\,[\mathrm{N/mm^2}],\ y = 0.125,\ K = 549\times10^{-3}\,[\mathrm{N/mm^2}]$$

리드각

$$\gamma = \tan^{-1}\left(\frac{l}{\pi D_w}\right) = \tan^{-1}\left(\frac{\pi\, m_s\, z_w}{\pi D_w}\right) = \tan^{-1}\left(\frac{3\times2}{30}\right) = 11.3°$$

치직각 피치 $p_n = p_s\cos\gamma = \pi\, m_s\cos\gamma = \pi\times3\times\cos11.3° = 9.24\,[\mathrm{mm}]$

웜 휠의 피치 원주 속도 $v = \dfrac{\pi D_g n_g}{1000\times60} = \dfrac{\pi\times150\times600}{1000\times60} = 4.71\,[\mathrm{m/s}]$

표 10.13에 의하여 속도 계수를 다음과 같이 구한다.

$$f_v = \frac{6}{6+v_g} = \frac{6}{6+4.71} = 0.56$$

① 굽힘 강도를 구하면

$$P = f_v\,\sigma_b\,p_n\,b\,y = 0.56\times167\times9.24\times22\times0.125 = 2376\,[\mathrm{N}]$$

② 면압 강도를 구한다. 표 10.16에서 리드각이 11.3°일 때 $\phi = 1.25$이므로

$$P = f_v\,\phi\,D_g\,B_e\,K = 0.56\times1.25\times150\times20\times549\times10^{-3} = 1153\,[\mathrm{N}]$$

이상의 계산으로 허용 전달 하중은 안전을 고려하여 작은 값을 택하므로 웜 휠의 허용전달 하중 1153 N을 택한다.
허용 전달 동력을 구한다.

$$H = \frac{P\,v}{1000} = \frac{1153\times4.71}{1000} = 5.4\,[\mathrm{kW}]$$

10.6 기어 전동 장치

10.6.1 기어 트레인

여러 개의 기어를 조합시켜 순서대로 다음 기어로 회전 운동을 전달할 수 있게 한 장치를 기어 트레인(gear train)이라 한다. 기어 트레인에는 단식 기어 장치(simple gearing), 복식 기어 장치(compound gearing)가 있다.

1. 단식 기어 트레인

그림 10.39와 같이 가장 간단한 것으로 구동 기어①과 피동 기어③과의 사이에 스퍼 기어를 물린 장치이다. 그림에서 각 기어의 잇수를 z_1, z_2, z_3, 축의 회전 속도를 각각 N_1, N_2, N_3라 하면 축Ⅰ과 축 Ⅱ의 속도비 i_1는

$$i_1 = \frac{N_2}{N_1} = \frac{z_1}{z_2}$$

축 Ⅱ와 축 Ⅲ의 속도비 i_2는

$$i_2 = \frac{N_3}{N_2} = \frac{z_2}{z_3}$$

그러므로 축 Ⅰ과 축 Ⅲ의 속도비 i는

$$i = \frac{N_3}{N_1} = \frac{N_2}{N_1} \cdot \frac{N_3}{N_2} = \frac{z_1}{z_2} \cdot \frac{z_2}{z_3} = \frac{z_1}{z_3} \tag{10.37}$$

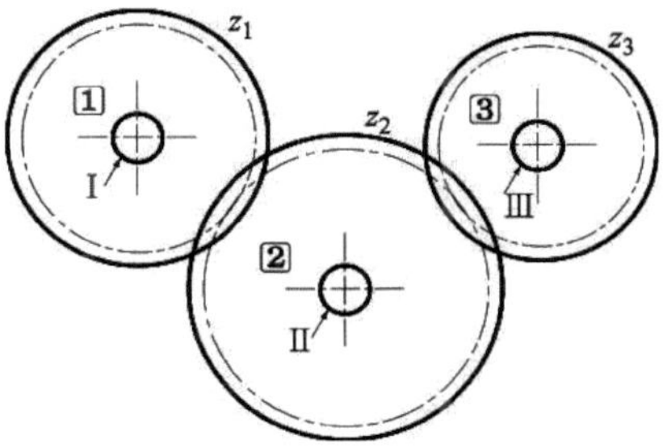

그림 10.39 단식 기어 트레인

된다. 이 식에서 중간 기어[2]는 회전수에는 무관하므로 아이들 기어(idle gear)라 한다. 다만, 아이들 기어는 피동측의 회전 방향에만 관계가 있다. 즉, 아이들 기어가 짝수일 때는 피동측의 회전 방향은 구동측의 회전 방향과 반대이고, 홀수일 때는 같은 방향이 된다. 그러므로 아이들 기어는 구동측에서 받은 동력을 그대로 피동측에 전달할 뿐이다.

2. 복식 기어 트레인

그림 10.40은 3단 복식 기어 트레인으로 중간 기어[2]와 [3] 및 [4]와 [5]는 잇수가 다른 2개의 기어를 같은 축에 고정하였으며, [1]의 회전을 차례로 [6]까지 전달한다. 이 기어 트레인에서 z_1, z_3, z_5를 각각 상대 기어를 구동하는 기어의 잇수이고, z_2, z_4, z_6은 피동 기어의 잇수이며, 각 축 사이의 속도비를 각각 i_1, i_2, i_3 라 하면

$$\text{축 I과 축 II가 물리면 } i_1 = \frac{N_2}{N_1} = \frac{z_1}{z_2}$$

$$\text{축 II와 축 III에서는 } i_2 = \frac{N_3}{N_2} = \frac{z_3}{z_4}$$

$$\text{축 III과 축 IV에서는 } i_3 = \frac{N_4}{N_3} = \frac{z_5}{z_6}$$

그러므로 축 I과 축 IV의 속도비 i는 다음과 같다.

$$i = \frac{N_4}{N_1} = \frac{N_2}{N_1} \cdot \frac{N_3}{N_2} \cdot \frac{N_4}{N_3} = \frac{z_1}{z_2} \cdot \frac{z_3}{z_4} \cdot \frac{z_5}{z_6} = i_1\, i_2\, i_3 \tag{10.38}$$

즉, 기어 트레인의 속도비는 다음과 같이 나타낼 수 있다.

$$\text{기어 트레인의 속도비} = \frac{\text{구동 기어의 잇수의 곱}}{\text{피동 기어의 잇수의 곱}}$$

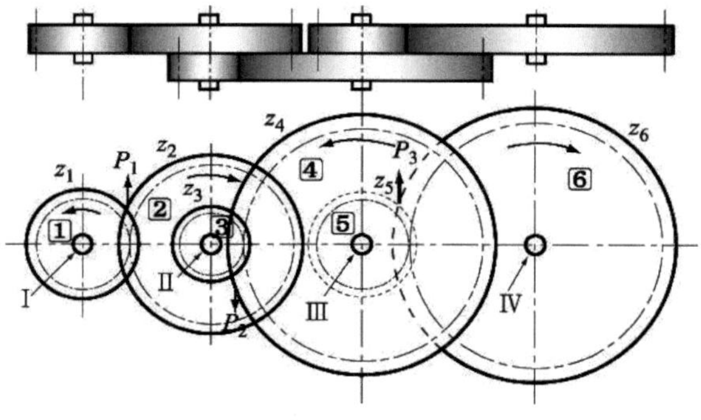

그림 10.40 복식 기어 트레인

다음에 이 기구에서 토크의 관계를 조사해 보자. 축 Ⅰ에 작용하는 토크를T_1, z_1 기어의 피치원의 반지름을 R_1 라 하면

제1단의 접선력 : $P_1 = \dfrac{T_1}{R_1}$

축 Ⅱ에 작용하는 토크 : $T_2 = T_1 \dfrac{z_2}{z_1} = \dfrac{T_1}{i_1}$

제2단의 접선력 : $P_2 = P_1 \dfrac{z_2}{z_3}$

축 Ⅲ에 작용하는 토크 : $T_3 = T_2 \dfrac{z_4}{z_3} = T_1 \dfrac{z_2\, z_4}{z_1\, z_3} = \dfrac{T_1}{i_1\; i_2}$

제3단의 접선력 : $P_3 = P_2 \dfrac{z_4}{z_5} = P_1 \dfrac{z_2\, z_4}{z_3\, z_5}$

축 Ⅳ에 작용하는 토크 : $T_4 = T_3 \dfrac{z_6}{z_5} = T_1 \dfrac{z_2\, z_4\, z_6}{z_1\, z_3\, z_5} = T_1 \dfrac{1}{i_1\, i_2\, i_3}$

이와 같이, 몇 단으로 감속을 함에 따라 접선력은 증대되고 토크 또한 커지게 된다.

실제 기어 장치에서는 기어 및 베어링으로 인해 전달 손실이 있다. 지금, 각 단의 전동효율을 η_1, η_2, η_3 라 하면 토크는 다음과 같다.

$$T_2 = T_1 \frac{\eta_1}{i_1} \quad T_3 = T_1 \frac{\eta_1\, \eta_2}{i_1\, i_2} \quad T_4 = T_1 \frac{\eta_1\, \eta_2\, \eta_3}{i_1\, i_2\, i_3} \tag{10.39}$$

이상과 같이 중간축에 피동 기어와 구동 기어를 하나로 연결한 복식 기어 트레인은 광범위한 속도비를 얻을 수 있으므로 공작기계의 주축과 이송축 사이의 변속 등에 널리 쓰인다.

예제 10.12 그림 10.40에서 $z_1 = 45$, $z_2 = 64$, $z_3 = 32$, $z_4 = 75$, $z_5 = 15$, $z_6 = 72$이다. 기어①의 회전 속도가 1600 [rpm]일 때 기어⑥의 회전 속도를 구하여라. 또, 축 Ⅰ의 토크가 100 [kN · mm]일 때 축 Ⅳ의 토크는 얼마인가?

[풀이] 기어⑥의 회전 속도는 식 (10.38)에 의해 구한다.

$$i = \frac{N_4}{N_1} = \frac{z_1\, z_3\, z_5}{z_2\, z_4\, z_6} = \frac{45 \times 32 \times 15}{64 \times 75 \times 72} = \frac{1}{16}$$

$$N_4 = \frac{N_1}{16} = \frac{1600}{16} = 100 \text{ [rpm]}$$

축 Ⅳ의 토크를 다음과 같이 구한다.

$$T_4 = T_1 \frac{1}{i} = 100 \times 16 = 1600 \text{ [N · m]}$$

10.6.2 기어 변속 장치

공작기계나 산업 기계의 동력원인 전동기는 회전 속도가 정해져 있다. 한편, 전동기에 의해 회전하는 기계류는 사용 조건에 따라 회전 속도가 달라야 하므로 전동기와의 사이에 속도비를 바꾸는 변속 장치가 필요하다. 이 장치에는 기어식과 유성 기어 장치가 있다.

1. 기어 변속기

구동축의 일정 회전 속도를 기어의 변환에 의해 피동축에 임의의 속도로 변환시키는 장치를 기어 변속기라고 한다. 피동축의 여러 단계의 회전 속도 수열을 **속도열**이라 한다. 공작기계, 자동차 등의 속도열은 등비 수열로 되어 있다.

그림 10.41은 기어 변속기의 예이다. 구동축 Ⅰ과 피동축 Ⅱ에 속도비가 다른 두 조의 기어 [1], [2] 및 [1]′, [2]′를 물린다. [1]과 [1]′는 Ⅰ축상에서 공회전이 되도록 하고, [2]와 [2]′는 Ⅱ축에 고정되어 있다. 미끄럼 키에 의해 Ⅰ에 설치된 클러치 K를 [1]에 물리면 [1]과 [2]로 전동되고, [1]′에 물리면 [1]′과 [2]′로 전동된다.

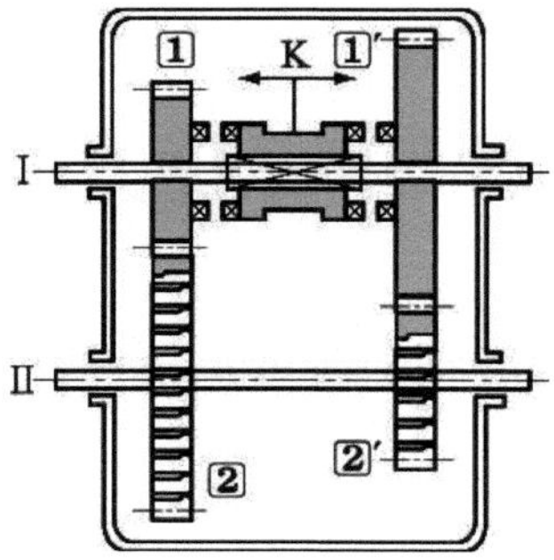

그림 10.41 클러치에 의한 기어 변속기

2. 유성 기어 장치

그림 10.42에서 기어[1]과 암 A는 고정축Ⅰ을 중심으로하여 서로 자유로이 회전할 수 있다. 이 암 A의 끝에 기어[2]를 붙여 기어[1]과 물리도록 한다. 지금, 그림 (b)와 같이 기어[1]을 고정하고, 암 A를 축 Ⅰ의 둘레를 회전시키면 기어[2]는 축 Ⅱ를 중심으로 하여 자전을 하면서 기어[1]의 둘레를 공전한다. 이와 같은 기구를 **유성 기어 장치**(planetary gear system)라 하고, 기어[1]을 **태양 기어**(sun gear), 기어[2]를 **유성 기어**(planet gear)라 한다.

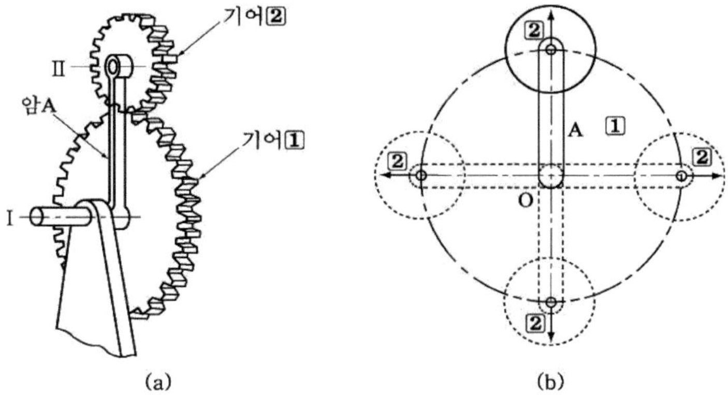

그림 10.42 유성 기어 장치

지금, 그림에서 기어1을 고정하고, 암 A를 기어2와 함께 기어1의 둘레를 시계 방향으로 1 회전시켰을 때, 기어2는 어느 방향으로 몇 회전을 하는가를 알아보자. 계산은 편의상 시계 방향의 회전을 (+), 반시계 방향의 회전을 (−)라 하면 암 A의 회전은 +1이 된다.

먼저, 이 장치 전체를 고정하여 서로 상대 운동이 없는 상태 그대로 전체를 +1 회전시키면 기어 1과 2 및 암 A는 +1 회전한 것이 된다.

다음에 암 A를 고정하고, 기어1을 축 I의 둘레를 −1 회전시키면(위에서 기어1을 고정하고, 암을 +1 회전시켰으나 암을 고정하는 경우는 암에 대하여 기어1이 반대 방향으로 회전하는 것으로 생각할 수 있다.) 기어1은 결국 앞의 +1 회전과 합하여 0회전이 된다. 그러나, 기어2는 기어1의 −1 회전에 의해 축 II의 둘레를 $(-)1\times(-)1\times z_1/z_2 = z_1/z_2$ 회전을 하게 된다(기어2는 1과 반대 방향으로 회전하므로 −1을 곱한다).

이와 같이, 전체를 고정하는 경우와 암을 고정하는 경우의 회전을 합하면 기어2의 회전수가 구해진다. 즉, 기어1을 고정해 놓고, 암 A를 축 I의 둘레를 +1 회전시키면 기어2는 축II의 둘레를 $1+z_1/z_2$ 회전하는 것을 알 수 있다.

이상으로 기어2는 공전하면서 자전을 하게 되므로, 이 때 기어2의 회전수는 다음 표 10.18과 같이 구한다.

그림 10.42 (a)에서 기어1, 2의 잇수가 80, 20이고, 기어1을 고정하고 암을 시계 방향으로 1회전시켰을 때 기어2의 회전 방향과 회전수를 구해 보자.

㉮ 기어1, 2 및 암 전체를 고정하여 서로 움직이지 않게 하여 전체를 축 I을 중심으로 +1회전시킨다.

표 10.18 유성 기어의 계산

	기어1	기어2	암 A
전체 고정	$+1$	$+1$	$+1$
암 고정	-1	$(-1)\times(-1)\times\frac{z_1}{z_2}$	0
합성 회전	0	$1+\frac{z_1}{z_2}$	$+1$

㉯ 다음에 고정시킨 것을 풀고 암 A를 고정하여 기어1을 -1 회전시킨다. 기어1과 2는 외접하므로 2의 회전 방향은 1과 반대가 되어 기어 1의 -1회전에 대하여 기어2의 회전수는 $(-1)\times(-1)\times 80/20=+4$가 된다.

㉰ 암, 기어1, 2의 합성 회전수는 전체 고정, 암 고정의 회전수 합이므로 기어2의 회전수는 (+)1 + 4 = +5가 된다. 이것을 표로 나타내면 다음과 같다.

	기어1	기어2	암 A
전체 고정	$+1$	$+1$	$+1$
암 고정	-1	$(-1)(-1)\times\frac{80}{20}=+4$	0
합성 회전수	0	$+5$	$+1$

예제 10.13 그림 10.42와 같은 유성 기어 장치에서 기어1, 2의 잇수를 각각 40, 20으로 하고, 기어1을 고정하여 암 A를 시계 방향으로 3회전시킬 때 기어2는 몇 회전을 하는가?

[풀이] ① 전체를 고정하고 전체를 $+3$ 회전을 시키면 기어1, 2 및 암 A는 각각 $+3$ 회전을 한다.

② 암 A를 고정하고, 기어1을 -3 회전하면 기어 2는 $(-3)(-1)\times(40/20)=+6$ 회전을 한다.

③ 이상을 합하면 기어2의 회전수는 $+3+6=+9$가 된다.

	기어①	기어②	암 A
전체 고정	$+3$	$+3$	$+3$
암 고 정	0	$(+3)\times(-1)\left(\frac{40}{20}\right)$	-3
합성 회전	$+3$	$+3+6=+9$	0

예제 10.14 그림 10.43에서 고정축을 중심으로 회전하는 암 A에 붙어 있는 기어②와 기어① 이 있고, 인터널 기어③이 있다. 기어①, ②, ③의 잇수를 각각 40, 20, 80이라 하고, 암 A을 +3회전, 기어①이 +1 회전할 때, 기어 ②, ③은 각각 몇 회전을 하는가?

[풀이] 전체를 고정하여 +3 회전을 한다.

암 A를 고정하고, ①을 −2 회전시켰을 때의 기어 ②, ③의 회전수를 계산한다.

	A	기어①	기어 ②	기어③
전체 고정	$+3$	$+3$	$+3$	$+3$
암 고정	0	-2	$(-2)(-1)\times\frac{40}{20}=+4$	$(+4)(+1)\times\frac{20}{80}=+1$
합성 회전수	$+3$	$+1$	$+7$	$+4$

(답 ②는 +7 회전, ③은 +4 회전)

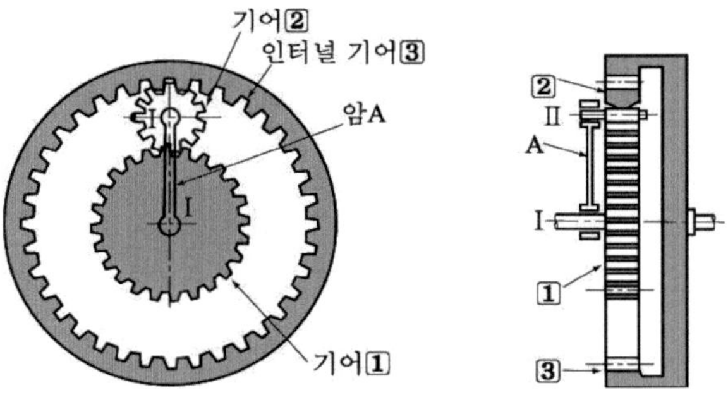

그림 10.43 유성 기어 장치

예제 10.15 그림 10.44에서 기어 A($z_A=60$)가 반시계 반향으로 5회전하고, 암이 O를 중심으로 하여 시계 방향으로 5회전할 때 기어 B($z_B=15$), 기어 C($z_C=40$)의 회전 방향과 회전수를 구하여라.

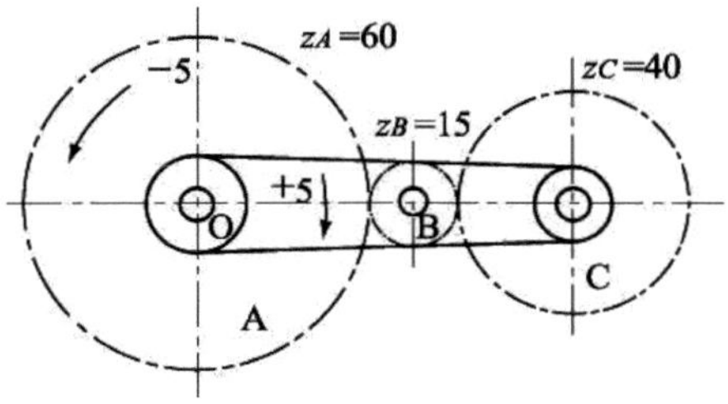

그림 10.44

[풀이] 기어 A의 회전에 대하여 기어 B는 반대 방향, 기어 C는 같은 방향으로 회전하는 것에 유의하여야 한다.

	기어A	기어 B	기어 C	암
전체 고정	+5	+5	+5	+5
암 고 정	(−10)	$(-10)(-1)\times\dfrac{60}{15}=+40$	$(+40)(-1)\times\dfrac{60}{40}=-15$	0
합 계	−5	+45	−10	+5

연습문제

1. 기어의 종류를 열거하고 각 기어의 특성을 알아보자.
2. 기어에서 이의 크기를 나타내는 용어를 알아보자.
3. 치형 곡선에서 인벌류트 치형과 사이클로이드 치형을 비교해 보자.
4. 물림률을 설명하고 물림률에 영향을 미치는 요인은 알아보자. 또, 물림률 1.6이란 무엇을 뜻하지 알아보자.
5. 이의 간섭과 언더컷에 대하여 알아보자.
6. 표준 기어와 전위 기어는 어떻게 다른지 알아보자.
7. 전위 기어의 사용 목적을 설명하고, 전위 계수 선정에 대하여 알아보자.
8. 스퍼 기어의 각부 명칭을 열거해 보자.
9. 스퍼 기어와 헬리컬 기어를 비교해 보자.
10. 헬리컬 기어에서 축직각 방식과 치직각 방식에 대하여 설명해 보자.
11. 헬리컬 기어의 상당 스퍼 기어에 대하여 설명해 보자.
12. 베벨 기어를 잇줄의 모양에 따라 분류해 보자.
13. 베벨 기어에서 상당 스퍼 기어의 피치원은 어떤 방법으로 구하는지 알아보자.
14. 웜 기어의 특징을 설명해 보자.
15. 바깥지름이 200 [mm], 잇수가 48인 표준 스퍼 기어의 모듈은 얼마인가?

    답 (4 [mm])
16. 모듈이 3, 잇수가 40, 압력각이 20°인 스퍼 기어에서 피치원 지름, 원주 피치, 법선 피치 및 바깥지름을 구하여라.

    답 ($D=$ 120 [mm], $p=$ 9.42 [mm], $p_b=$ 8.85 [mm], $D_a=$ 126 [mm])
17. 모듈이 3, 중심거리가 210 [mm], 속도비가 2/5인 한 쌍의 스퍼 기어에서 각각의 잇수, 피치원 지름, 이끝원지름을 구하여라.

    답 ($z_1=$ 40, $z_2=$ 100, $D_1=$ 120 [mm], $D_2=$ 300 [mm], $D_{a1}=$ 126 [mm], $D_{a2}=$ 306 [mm])
18. 파손된 스퍼 기어를 측정하였더니 바깥지름이 약 108 [mm], 이끝원의 원주 피치가 약 13.5 [mm]이었다. 이 기어의 모듈과 잇수를 계산하여라.

    답 ($m=$ 4, $z=$ 25)
19. 물림률이 2.5, 법선 피치가 17.7인 기어의 물림 길이는 얼마인가? 또, 이 기어의 잇수가 45일 때 기초원 지름, 피치원 지름을 구하여라. 다만, 압력각은 20°이다.

    답 ($l=$ 44.25 [mm], $D_b=$ 253.5 [mm], $D=$ 269.8 [mm])

20. 압력각이 14.5°, 모듈이 3, $z_1 = 32$, $z_2 = 96$인 표준 스퍼 기어의 물림률은 얼마인가?
답 (2.14)

21. 전달 동력이 15 [kW], $N_1 = 480$ [rpm], $N_2 = 1440$ [rpm]의 주철제(GC300) 기어와 강제 피니언이 물려 있을 때 중심 거리가 약 250 [mm] 라면 모듈, 잇수, 피니언 재질의 브린넬 경도를 결정하여라. 단, 이 너비는 10 [m], 압력각은 20°이다.
답 ($m = 4$, $z_1 = 93$, $z_2 = 31$, $b = 40$ [mm], HB = 250)

22. 모듈 5, 공구 압력각 20°, 이 너비 60 [mm], $z_1 = 40$, $N_1 = 800$ [rpm], $z_2 = 160$ 인 표준 스퍼 기어에서 최대 전달 동력 [kW]을 구하여라. 다만, 피니언의 재질은 SM25C, 기어는 GC300이다. 답 ($H = 16.3$ [kW])

23. 압력각이 14.5°, 잇수 14, 49인 한쌍의 표준 스퍼 기어가 있다. 피니언이 720 [rpm]으로 22 [kW]의 동력을 전달할 때, 두 기어의 재질을 결정하여라. 다만, 모듈은 5, 이 너비는 50 [mm]로 한다. 답 (피니언 : SM35C, 기어 : SM25C)

24. 치직각 모듈 3, 잇수가 40, 80인 한 쌍의 헬리컬 기어에서 피치원 지름, 바깥지름 및 중심 거리를 구하여라. 다만, 비틀림각은 20°이다.
답 ($D_{s1} = 127.7$ [mm], $D_{s2} = 255.4$ [mm], $D_{a1} = 133.7$ [mm], $D_{a2} = 261.4$ [mm], $a = 191.55$ [mm])

25. 치직각 피치 9.42 [mm], 잇수가 40, 120인 한 쌍의 헬리컬 기어의 중심 거리를 250 [mm]로 하려면 비틀림각을 얼마로 하면 되겠는가? 또, 피니언이 500 [rpm]으로 4 [kW]의 동력을 전달할 때, 스러스트와 치직각 하중을 구하여라.
답 ($\beta = 16.26°$, $P_a = 357$ [N], $P_n = 1274$ [N])

26. 치직각 모듈 4, 잇수 40, 비틀림각 30° , 압력각 20°, 이 너비 40 [mm]인 헬리컬 기어가 1000 [rpm]으로 회전할 때 굽힘 강도에 의한 최대 전달 동력 [kW]를 구하여라. 다만, 기어의 재질은 SM25C이다. 답 (33.4 [kW])

27. 직선 베벨 기어에서 모듈 4, 잇수 40, 피치 원추각 30°일 때 원추 거리를 구하여라.
답 ($A = 160$ [mm])

28. 두 축의 교차각이 90°이고, $z_1 = 40$, $z_2 = 92$, $m = 3$인 한 쌍의 직선 베벨 기어의 각부 치수 및 상당 스퍼 기어의 잇수를 구하여라.
답 ($D_1 = 120$ [mm], $D_2 = 276$ [mm], $D_{a1} = 125.5$ [mm], $D_{a2} = 278.4$ [mm], $A = 150.5$ [mm], $z_{e1} = 44$, $z_{e2} = 231$)

29. 축각 90°, $z_1 = 20$, $z_2 = 50$, $m = 5$, $\alpha = 20°$, $b = 50$ [mm]인 한 쌍의 주철제(GC200) 직선 베벨 기어가 $N_1 = 400$ [rpm]으로 회전할 때 굽힘 강도에 의한 전달 동력 [kW]을 구하여라. 답 ($H = 6.07$ [kW])

30. 주강제(SC46)의 마이터 베벨 기어에서 압력각 14.5°, 이 너비 65 [mm], 모듈 8, 잇수 30일 때 200 [rpm]에 대한 전달 동력 [kW]을 구하여라.

답 (H= 13.9 [kW])

31. 웜 기어에서 웜의 줄수는 2, 축직각 모듈 4, 속도비 1/30, 중심 거리 145 [mm]일 때 웜의 피치원 지름을 구하여라. 답 (D_w= 37.82 [mm])

32. 감속비 1/30인 웜 기어 장치에서 웜의 줄수 2, 축직각 모듈 4, 회전수 1200 [rpm]이다. 웜의 재질은 Ni-Cr강, 웜 휠의 재질은 인청동이라 할 때 이 장치의 허용 전달 동력 [kW]을 구하여라. 또 웜축으로의 하중을 구하여라. 다만, 치면의 마찰 계수는 0.1, 치직각 압력각은 20°로 한다. 답 (H= 39 [kW], P_1= 546 N)

33. 1.84 [kW], 1800 [rpm]의 동력을 웜 기어 장치에 의해 1/15로 감속하려고 한다. 웜의 줄수가 3이며, 치직각 압력각이 20°, 축직각 모듈 3, 축간 거리 120 [mm]로 하고, 웜 휠의 피치원상의 전달력, 두 베어링 사이에 작용하는 스러스트 및 효율을 구하여라. 다만, 치면의 마찰 계수는 0.1이다.

답 (P_2= 952 [N], P_2= 185 [N], η= 44 %)

34. 축직각 모듈 7, 웜의 줄수 1, 웜의 회전수 160 [rpm], 감속비 1/40인 웜 기어의 치수와 효율을 구하여라. 다만, 치면의 마찰 계수는 0.03, 공구 압력각은 14.5°로 한다.

답 (η= 80 %)

35. 그림 10.42와 같은 유성 기어 장치에서 암 A가 +20 회전을 하고, 동시에 기어[1]이 +100 회전을 할 때 기어[2]는 몇 회전을 하는가? 단, 기어[1]의 잇수는 96, 기어[2]의 잇수는 24이다. 또, 기어 [1]이 +100 회전할 때 기어[2]를 회전하지 않게 하기 위해서는 암을 어느 방향으로 몇 회전을 시켜야 하는가?

답 (기어 [2]는 −300 회전, 암을 +80 회전시킨다)

11
Chapter

벨트, 로프, 체인 전동

벨트, 로프, 체인에 의해 동력을 전달하는 장치를 감아걸기 전동 장치(wrapping connector driving)라 하며, 각종 기계나 하역 장치, 운반 장치 등에 널리 사용되고 있다.

벨트나 로프는 마찰력에 의해 동력을 전달하므로 일정 속도비를 얻을 수 없다. 그러나 전동할 때 어느 정도의 충격을 흡수할 수 있어 기계에 무리를 일으키는 경우가 적으며, 비교적 정숙한 운동을 할 수 있다. 한편, 체인 전동은 일정한 속도비로 큰 동력을 전달할 수 있다.

11.1 벨트 전동

11.1.1 평벨트 전동

벨트 전동(belt driving)은 그림 11.1과 같이 축에 고정된 풀리(pulley)나 휠(wheel)에 벨트를 감아 동력을 전달한다. 전동 방법은 벨트와 벨트 풀리의 마찰이나 물림에 의해 이루어진다.

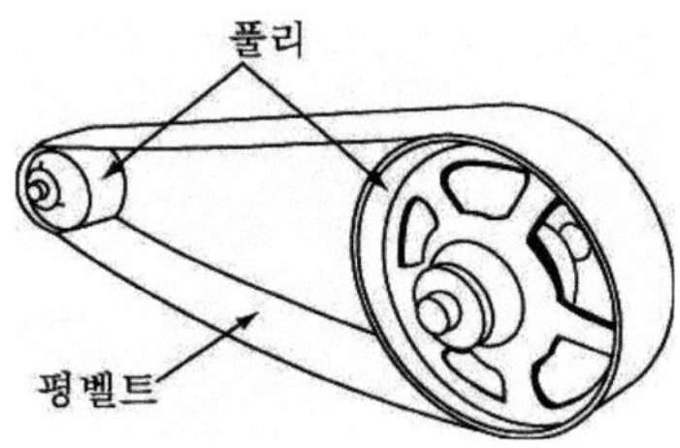

그림 11.1 평벨트 전동

벨트 전동은 마찰력을 이용하기 때문에 다소 미끄럼이 생기므로, 정확한 속도비를 얻을 수 없는 단점은 있으나, 피동축에 과대한 부하가 걸리면 벨트와 벨트 풀리 사이에서 미끄럼 공전이 일어나 일종의 안전 장치 역할을 하고 소음이 적은 장점이 있다.

1. 평벨트의 재료

(1) 가죽 벨트(leather belt)

가죽 벨트의 재료로는 쇠가죽이 널리 사용되고 있으며, 탄성이 풍부하고, 마찰 계수가 크고, 열에 의한 손상이 적다. 그러나 온도나 습도에 따라 길이가 변하며 크기에 제한을 받는다. 표 11.1은 가죽 벨트의 규격이다.

표 11.1 가죽 벨트의 표준 치수

(단위 : [mm])

<table>
<tr><th colspan="2">1겹 벨트</th><th colspan="2">2겹 벨트</th><th colspan="2">3겹 벨트</th></tr>
<tr><th>너비(b)</th><th>두께(h)</th><th>너비(b)</th><th>두께(h)</th><th>너비(b)</th><th>두께(h)</th></tr>
<tr><td>25</td><td rowspan="4">3 이상</td><td>51</td><td rowspan="6">6 이상</td><td>203</td><td rowspan="17">10 이상</td></tr>
<tr><td>32</td><td>63</td><td>229</td></tr>
<tr><td>38</td><td>76</td><td>254</td></tr>
<tr><td>44</td><td>89</td><td>279</td></tr>
<tr><td>51</td><td rowspan="8">4 이상</td><td>102</td><td>305</td></tr>
<tr><td>57</td><td>114</td><td>330</td></tr>
<tr><td>63</td><td>127</td><td rowspan="5">7 이상</td><td>336</td></tr>
<tr><td>70</td><td>140</td><td>381</td></tr>
<tr><td>76</td><td>152</td><td>406</td></tr>
<tr><td>83</td><td>165</td><td>432</td></tr>
<tr><td>89</td><td>178</td><td>457</td></tr>
<tr><td>95</td><td>191</td><td rowspan="6">8 이상</td><td>483</td></tr>
<tr><td>102</td><td rowspan="5">5 이상</td><td>203</td><td>508</td></tr>
<tr><td>114</td><td>229</td><td>610</td></tr>
<tr><td>127</td><td>254</td><td>660</td></tr>
<tr><td>140</td><td>279</td><td>712</td></tr>
<tr><td>152</td><td>305</td><td>762</td></tr>
</table>

(2) 고무 벨트(rubber belt)

고무 벨트는 면이나 합성 섬유에 양질의 고무를 입혀서 만든다. 이 벨트는 마찰 계수, 신연, 인장 강도는 크지만 열이나 기름에는 약하다. 특히 광물성 기름, 휘발유 등에 잘 용해되며, 오래 동안 사용하면 내부에 축적되는 열로 인하여 표면이 벗겨져 분리된다. 그러나 너비와 두께를 가감할 수 있어서 운반용으로 널리 사용되고 있다.

고무 벨트는 내부에 겹쳐지는 면포의 겹수에 의하여 1겹인 것을 1플라이(1P), 2겹인 것을 2플라이(2P)… 라 한다.

(3) 직물 벨트(textile belt)

이 벨트는 무명, 삼, 합성 섬유의 직물을 이음매 없이 짜서 만든 것이다. 인장 강도는 크지만 마찰 계수가 작고, 유연성이 좋지 않아 전동 효율이 떨어진다. 그러나 가죽 벨트에 비하여 너비나 길이를 마음대로 만들 수 있고, 가격이 싸기 때문에 널리 사용된다.

(4) 강 벨트(steel belt)

이 벨트는 압연한 얇은 강판으로 만들며, 다른 벨트에 비하여 탄성과 마찰 계수는 떨어지지만 인장 강도가 대단히 크며, 늘어나지도 않고 수명이 긴 장점이 있다.

2. 평벨트의 이음 방법

평벨트는 반드시 연결시켜 사용하는데, 이음 부분은 그림 11.2와 같이 접착제나 가죽끈이나 철사로 잇는 방법, 클램프, 벨트 레이싱(belt lacing), 앨리게이터(alligator)와 같은 이음쇠를 사용하여 잇는 방법이 있다.

이음을 하면 이음 부분이 약하기 때문에 벨트를 설계할 때에는 벨트 자체의 강도를 기준으로 하지 않고, 이음부의 강도를 기준으로 한다.

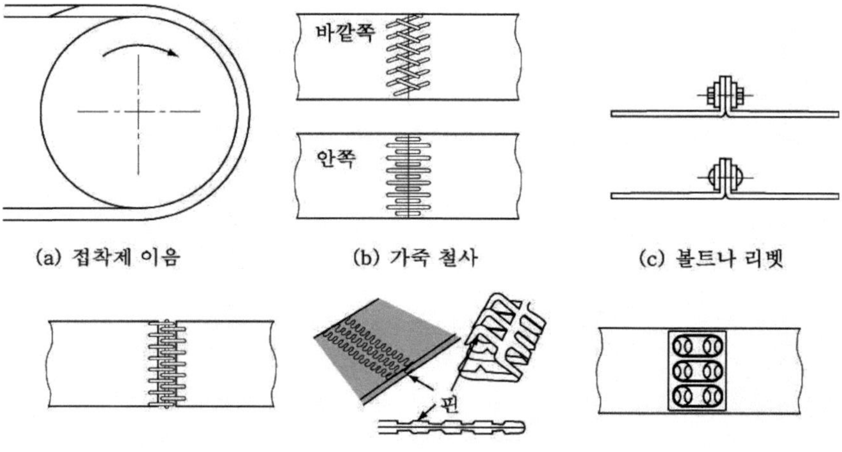

(a) 접착제 이음 (b) 가죽 철사 (c) 볼트나 리벳

(d) 클램프 이음 (e) 레이싱 이음 (f) 버튼형 이음

그림 11.2 가죽 벨트의 이음 방법

3. 평벨트를 거는 방법

평벨트를 거는 방법에는 회전 방향이 같은 평행 걸기(open belt)와 회전 방향이 반대인 십자 걸기(cross belt)가 있다(그림 11.3). 평행 걸기의 접촉각은 한쪽은 180°보다 작고, 다른 쪽은 180°보다 크다. 십자 걸기는 양쪽이 180°보다 크다.

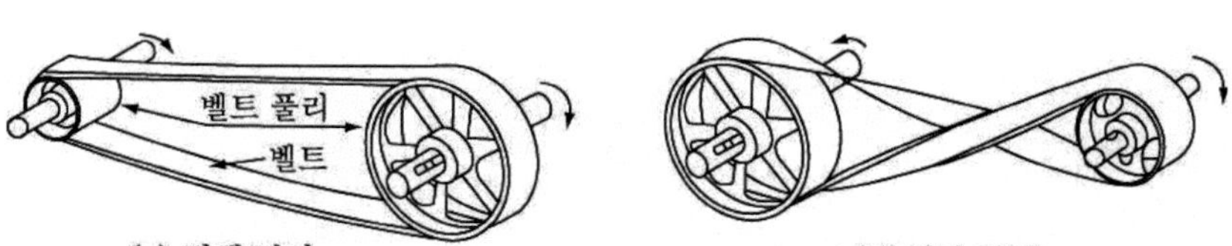

(a) 평행 걸기 (b) 십자 걸기

그림 11.3 평벨트를 거는 방법

벨트 풀리가 회전하면 그림 11.4의 (a)와 같이 벨트가 구동 풀리 쪽으로 들어가는 아래쪽은 인장력을 받아서 긴장측(tight side)이 되고, 구동 풀리로부터 풀려 나오는 위쪽은 인장력을 받지 않으므로 느슨해져서 이완측(slack side)이 된다. 이와 같이 벨트 전동에서 긴장측을 아래쪽, 이완측은 위쪽이 되도록 하는 것이 좋다. 만일, 그림 11.4(b)와 같이 이완측을 아래로 하면 벨트 무게 때문에 접촉각이 작아져 미끄럼이 생기기 쉽다.

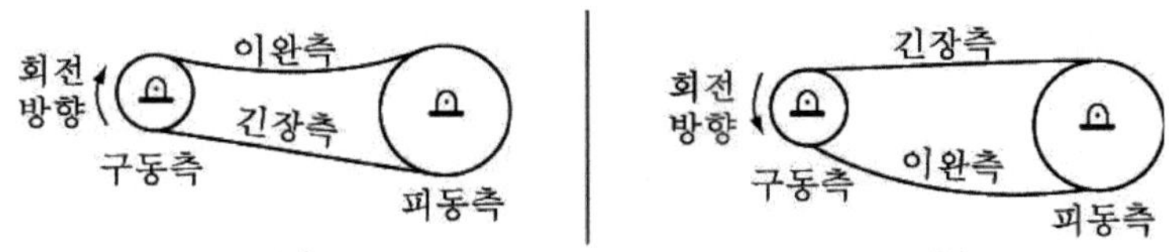

(a) (b)

그림 11.4 벨트의 긴장측, 이완측

만일 두 축이 평행하지 않은 경우는 그림 11.5 (a)와 같게 하거나 또는 (b), (c)와 같이 안내 풀리(guide pulley)를 사용한다.

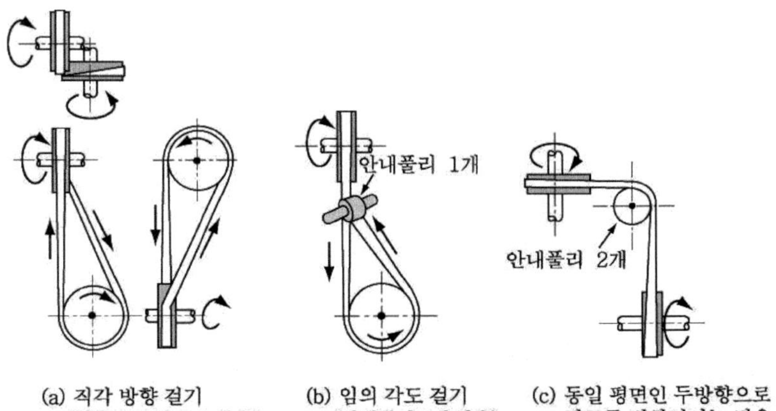

(a) 직각 방향 걸기 (화살표 방향으로 사용)

(b) 임의 각도 걸기 (안내풀리 1개 사용)

(c) 동일 평면인 두방향으로 각도를 변화시키는 경우 (안내풀리 2개 사용)

그림 11.5 평행하지 않은 축의 벨트 걸기

4. 평벨트의 길이와 접촉각

(1) 접촉각

그림 11.6과 같이 벨트와 풀리가 접촉하고 있는 부분의 중심각을 접촉각(contact angle)

이라 하며, 이 각이 클수록 벨트의 미끄럼이 적고, 큰 동력을 전달할 수 있다. 또, 평행 걸기에서는 축간 거리가 짧거나 풀리의 지름 차이가 크게 되면 접촉각이 작아진다. 또, 이완측이 위쪽인 경우가 아래쪽인 경우보다 접촉각이 커진다.

이 때 그림 11.6에서 각 풀리의 접촉각을 각각 θ_1, θ_2라 하면 다음 식으로 구한다.

㉮ 평행 걸기의 경우

그림 11.6(a)에서 $\sin\phi_1 = \dfrac{D_2 - D_1}{2C}$이므로

$$\left.\begin{aligned}\theta_1 &= 180° - 2\phi_1 = 180° - 2\sin^{-1}\left(\frac{D_2 - D_1}{2C}\right)\\ \theta_2 &= 180° + 2\phi_1 = 180° + 2\sin^{-1}\left(\frac{D_2 - D_1}{2C}\right)\end{aligned}\right\} \tag{11.1}$$

안전을 고려하여 항상 접촉각이 작은 쪽을 택한다.

㉯ 십자 걸기의 경우

그림 (b)에서 $\sin\phi_2 = \dfrac{D_2 + D_1}{2C}$이므로

$$\theta_1 = \theta_2 = 180° + 2\phi_2 = 180° + 2\sin^{-1}\left(\frac{D_1 + D_2}{2C}\right) \tag{11.2}$$

벨트 전동에서 벨트의 미끄럼을 되도록 적게 하려면 접촉각을 크게 해야 한다. 이런 경우는 이완쪽에 그림 11.7과 같은 긴장 풀리(tension pulley)를 사용하면 접촉각이 커지게 된다.

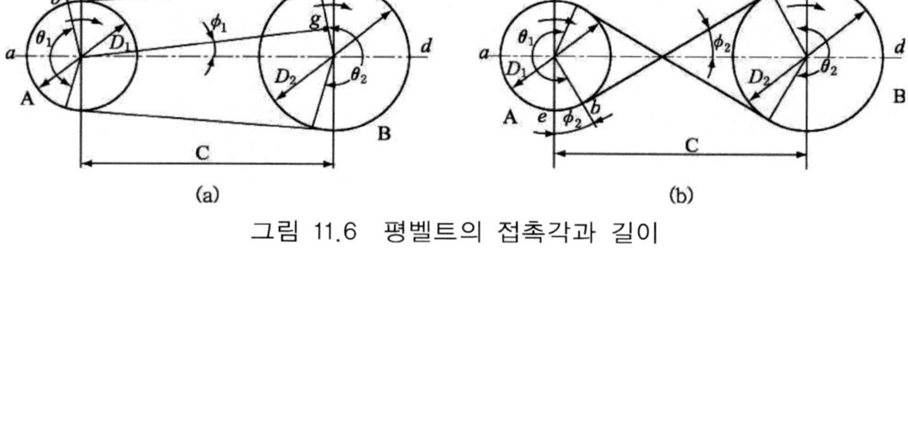

그림 11.6 평벨트의 접촉각과 길이

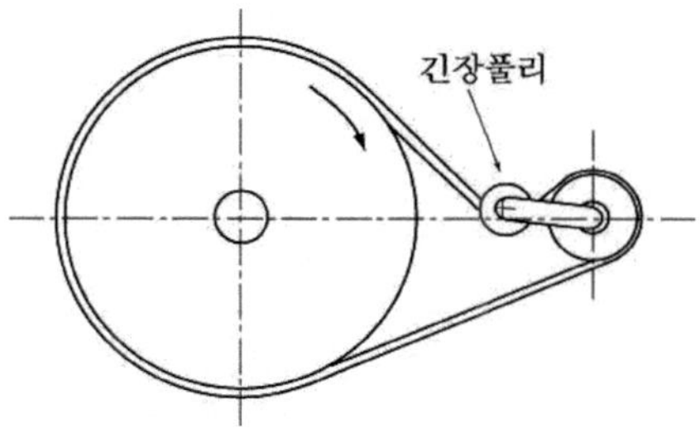

그림 11.7 긴장 풀리

(2) 평벨트의 길이

벨트를 풀리에 감을 때 풀리의 지름이 같다고 하여도 평행 걸기를 하느냐 십자 걸기를 하느냐에 따라 벨트의 길이가 약간 다르게 된다. 또 벨트 전동은 마찰력을 이용하기 때문에 처음 장력을 주어 팽팽하게 하여야 한다.

그림 11.6과 같이 각 벨트 풀리의 지름이 D_1, D_2이고, 축간 거리가 C인 두 풀리에 벨트를 감았을 때 벨트의 이론적 길이는 다음과 같이 계산한다. 이 때 벨트의 두께는 무시한다.

㉮ 평행 걸기의 경우

$$L = 2(\widehat{ab} + \overline{bc} + \widehat{cd}) = 2\{(\widehat{ae} - \widehat{be}) + \overline{bc} + (\widehat{cf} + \widehat{fd})\}$$
$$= \frac{\pi D_1}{2} - D_1\phi_1 + 2C\cos\phi_1 + \frac{\pi D_2}{2} - D_2\phi_1$$
$$= \frac{\pi}{2}(D_1 + D_2) + (D_2 - D_1)\phi_1 + 2C\cos\phi_1 \qquad \text{(a)}$$

그림에서 $\sin\phi_1 = \dfrac{(D_2 - D_1)}{2C}$이다. 또 지름에 비하여 축간 거리가 상당히 크므로 $\sin\phi_1 \fallingdotseq \phi_1$이 된다. 또,

$$\cos^2\phi_1 = 1 - \frac{1}{2}\phi_1^{\ 2} \qquad \text{(b)}$$

식 (b)를 식 (a)에 대입하여 정리하면 벨트의 길이는 근사적으로 다음과 같다.

$$L = \frac{\pi}{2}(D_1 + D_2) + 2C + \frac{(D_2 - D_1)^2}{4C} \qquad (11.3)$$

㉯ 십자 걸기의 경우

$$L = 2(\widehat{ab} + \overline{bc} + \widehat{cd}) = 2(\widehat{ae} + \widehat{be}) + \overline{bc} + (\widehat{cf} + \widehat{fd})$$

$$= \frac{\pi D_1}{2} + D_1\phi_2 + 2C\cos\phi_2 + \frac{\pi D_2}{2} + D_2\phi_2$$

$$= \frac{\pi}{2}(D_1 + D_2) + (D_1 + D_2)\phi_2 + 2C\cos\phi_2$$

마찬가지로 평행걸기와 같은 방법으로 정리하면 벨트의 길이는 근사적으로 다음과 같이 구한다.

$$L = \frac{\pi}{2}(D_1 + D_2) + 2C + \frac{(D_2 + D_1)^2}{4C} \qquad (11.4)$$

예제 11.1 벨트 전동에서 $D_1 = 230$ [mm], $D_2 = 660$ [mm]이고, 축간 거리가 4m이다. 벨트를 평행 걸기와 십자 걸기를 할 때 벨트의 길이와 접촉각은 각각 얼마가 되겠는가?

[풀이] ① 벨트의 길이를 식 (11.3)과 식 (11.4)에 의해 구한다.

ⓐ 평행 걸기의 경우

$$L = \frac{\pi}{2}(D_1 + D_2) + 2C + \frac{(D_2 - D_1)^2}{4C}$$

$$= \frac{\pi}{2}(230 + 660) + 2 \times 4000 + \frac{(660 - 230)^2}{4 \times 4000} = 9409 \text{ mm} = 941 \text{ cm}$$

ⓑ 십자 걸기의 경우

$$L = \frac{\pi}{2}(D_1 + D_2) + 2C + \frac{(D_2 + D_1)^2}{4C}$$

$$= \frac{\pi}{2}(230 + 660) + 2 \times 4000 + \frac{(230 + 660)^2}{4 \times 4000} = 9447 \text{ mm} = 945 \text{ cm}$$

② 접촉각은 식 (11.1)과 식 (11.2)에 의해 구한다.

ⓐ 평행 걸기의 경우

$$\theta_1 = 180° - 2\sin^{-1}\left(\frac{D_2 - D_1}{2C}\right) = 180 - 2\sin^{-1}\left(\frac{660 - 230}{2 \times 4000}\right) = 173.8°$$

$$\theta_2 = 180° + 2\sin^{-1}\left(\frac{D_2 - D_1}{2C}\right) = 180° + 2\sin^{-1}\left(\frac{660 - 230}{2 \times 4000}\right) = 186.2°$$

ⓑ 십자 걸기의 경우

$$\theta_1 = \theta_2 = 180° + 2\sin^{-1}\left(\frac{D_2 + D_1}{2C}\right)$$

$$= 180° + 2\sin^{-1}\left(\frac{660 + 230}{2 \times 4000}\right) = 192.8°$$

5. 평벨트의 장력과 전달 동력

(1) 벨트의 장력

벨트 전동은 마찰력에 의해 힘을 전달하므로 마찰력을 얻기 위해서는 벨트를 풀리에 감았을 때 벨트에 인장력이 주어져야 한다. 이 인장력(장력)을 **초기 장력**(initial tension, T_o)이라 한다. 그러나 풀리가 회전을 시작하면 벨트에는 팽팽한 쪽과 느슨한 쪽이 생기는데 팽팽한 쪽의 장력을 **긴장측 장력**(tight side tension, T_1), 느슨한 쪽의 장력을 **이완측 장력**(slack side tension, T_2)이라 한다. 이 때 초기 장력은 다음과 같이 계산한다.

$$T_o \fallingdotseq \frac{T_1 + T_2}{2} \tag{11.5}$$

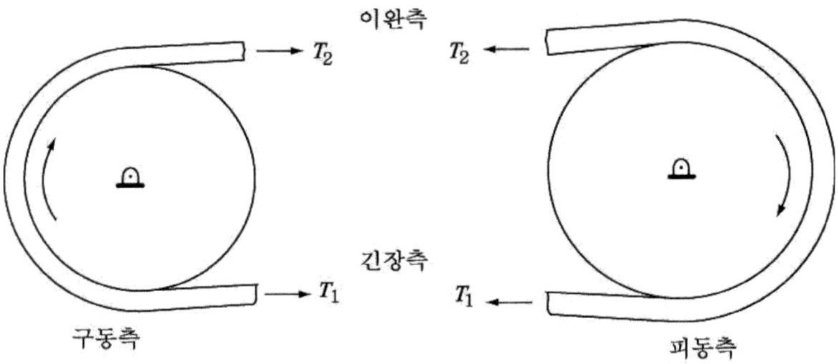

(a) 구동측과 피동측의 벨트 장력

그림 11.8 구동측과 피동측의 벨트 장력

또, 긴장측 장력이 이완측 장력보다 크므로, 이 차이를 벨트의 **유효 장력**(effective tension. P)이라 하며, 이 장력에 의해 피동 풀리가 회전을 한다. 이 때

$$P = T_1 - T_2 \tag{11.6}$$

그러므로, 벨트 풀리의 전달력을 구하려면 먼저 긴장측 장력과 이완측 장력을 구해야 하

는데, 이들을 다음과 같이 해석한다.

그림 11.9에서 벨트에 작용하는 장력은 접촉각 전체에 걸쳐 T_1 에서 T_2 까지 직선적으로 감소하고 있다. 벨트가 접촉하는 길이 중 미소 길이 $ds\ (= r\,d\theta\,)$의 양끝에는 T 와 $T+dT$ 인 장력이 작용한다고 가정한다. 그러므로 이 두 장력으로 벨트가 풀리를 $Q\,ds$ 의 힘으로 누르게 되고, 이 때문에 벨트와 풀리 사이에 마찰력 $\mu\,Q\,ds$가 생겨 벨트 풀리를 회전시키게 된다.

한편 벨트의 미소 길이에 원심력 $F\,ds$ 가 생겨 벨트를 벨트 풀리에서 떨어지게 하는 작용을 한다. 그러므로 미소 길이 ds 에 작용하는 힘의 평형을 생각해 본다.

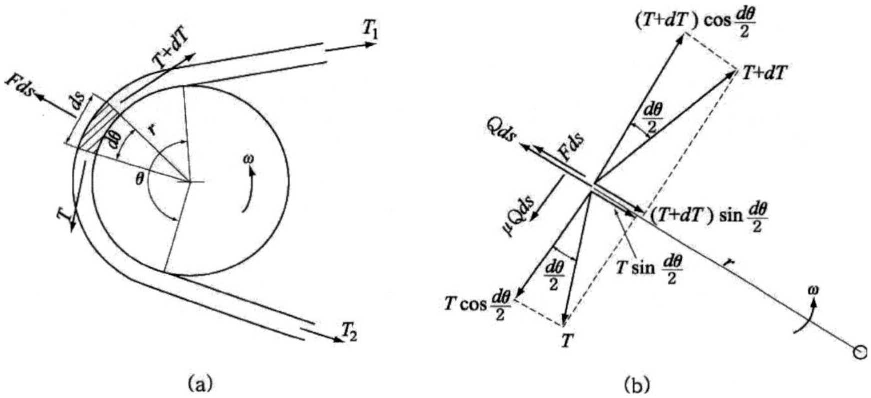

그림 11.9 벨트와 풀리 사이의 힘의 균형

그림 11.9(b)에서 반지름 방향에 작용하는 힘들은 평형 조건으로부터 다음 식이 성립된다.

$$Q\,ds = T\sin\frac{d\theta}{2} + (T+dT)\sin\frac{d\theta}{2} - F\,ds$$

$$= 2\,T\sin\frac{d\theta}{2} + d\,T\sin\frac{d\theta}{2} - F\,ds$$

위 식에서 첫째항은 $\sin d\theta \fallingdotseq d\theta$ 이고, 둘째항은 아주 작은 값이므로 무시하면

$$Q\,ds = T\,d\theta - F\,ds \tag{11.7}$$

가 된다.

벨트가 회전할 때 미소 길이 ds 에 작용하는 원심력 $F\,ds$ 는 다음과 같다.

$$F\,ds = m\,a\,ds = m\,r\,\omega^2 ds = m\,r\frac{v^2}{r^2}\cdot r\,d\theta = m\,v^2 d\theta$$

여기서 r : 벨트 풀리의 반지름 [mm]

m : 벨트 단위 길이 당의 질량 [kg/m], ω : 각속도 [rad/s^2]

이 값을 식 (11.7)에 대입하면 다음과 같다.

$$Q\,ds = T\,d\theta - m\,v^2\,d\theta = (T - m\,v^2)\,d\theta \tag{11.8}$$

또, 접선 방향에는 벨트가 풀리를 수직으로 누르는 힘 때문에 마찰력이 작용한다. 이 힘들은 평형 조건으로부터 다음 식이 성립된다.

$$T\cos\frac{d\theta}{2} + \mu\,Q\,ds = (T + dT)\cos\frac{d\theta}{2}$$

여기서, $\cos\frac{d\theta}{2} \fallingdotseq 1$로 생각하면

$$dT = \mu\,Q\,ds \tag{11.9}$$

식 (11.8)을 식 (11.9)에 대입하면

$$\frac{dT}{T - m\,v^2} = \mu\,d\theta$$

가 되므로, 이것을 전체에 걸쳐 적분을 하면 다음과 같다.

$$\int_{T_2}^{T_1} \frac{dT}{T - m\,v^2} = \int_o^\theta \mu\,d\theta$$

$$\log\frac{T_1 - m\,v^2}{T_2 - m\,v^2} = \mu\,\theta$$

위 식을 지수함수로 바꾸면 다음과 같다.

$$\frac{T_1 - m\,v^2}{T_2 - m\,v^2} = e^{\mu\theta} \tag{11.10}$$

벨트의 속도가10 m/s이하인 경우는 원심력의 영향을 무시해도 좋다. 따라서 원심력의 영향을 무시하면 식 (11.10)에서 $m\,v^2$을 없애면 다음과 같다.

$$\frac{T_1}{T_2} = e^{\mu\theta} \tag{11.11}$$

이 식을 아이텔바인(Eytelwein) 식 또는 장력비라 한다. 여기서, $e \fallingdotseq 2.718$이다. 또, 식 (11.11)에 식 (11.6)을 대입하면 다음과 같다.

$$\left.\begin{aligned} T_1 &= \frac{e^{\mu\theta}}{e^{\mu\theta}-1}P \\ T_2 &= \frac{1}{e^{\mu\theta}-1}P \end{aligned}\right\} \tag{11.12}$$

또, 고속($v > 10\ \mathrm{m/s}$)에서는 원심력을 고려하므로 전달력을 식 (11.10)에 대입하면 다음과 같은 식이 된다.

$$\left.\begin{aligned} T_1 &= \frac{e^{\mu\theta}}{e^{\mu\theta}-1}P + m\,v^2 \\ T_2 &= \frac{1}{e^{\mu\theta}-1}P + m\,v^2 \end{aligned}\right\} \tag{11.13}$$

여기서, $m\,v^2$은 원심력에 의해 벨트에 부가되는 힘이므로 이것을 부가 장력이라 한다.

(2) 벨트의 전달 동력

벨트의 전달 동력은 다음과 같이 구한다.

원심력을 무시할 때 ($v \leq 10\ \mathrm{m/s}$)

$$H = \frac{P\,v}{1000} = \frac{T_1\,v}{1000} \cdot \frac{e^{\mu\theta}-1}{e^{\mu\theta}} \tag{11.14}$$

원심력을 고려할 때 ($v > 10\ \mathrm{m/s}$)

$$H = \frac{P\,v}{1000} = \frac{v}{1000}(T_1 - m\,v^2)\frac{e^{\mu\theta}-1}{e^{\mu\theta}} \tag{11.15}$$

11.1.2 벨트와 벨트 풀리의 구조

1. 벨트의 크기

벨트가 운전 중에 큰 동력을 전달하기 위해서는 마찰 계수가 큰 재료와 이음 효율이 높은 이음 방법을 택해야 한다. 또, 벨트의 너비와 두께는 긴장측 장력에 견딜 수 있는 것을 선택해야 한다.

운전 중 벨트는 긴장측 장력과 이완측 장력을 받고, 풀리의 면에서는 굽힘을 받는다. 이 때문에, 벨트에 생기는 응력(σ)은 장력에 의한 인장 응력(σ_t)과 굽힘에 의한 굽힘 응력(σ_b)의 합이 된다.

그림 11.10 (a)에서 벨트에 장력 T_1이 작용할 때 생기는 인장 응력σ_t 와의 관계는 $T_1 = \sigma_t b t$ 이다.

그림 (b)에서 두께 t 인 벨트가 지름 D 인 풀리에 감겼을 때 두께는 지름에 비하여 아주 작은 값이므로 변형률 $\epsilon \fallingdotseq t/D$ 가 된다.

따라서, 굽힘 응력 $\sigma_b \fallingdotseq t\,E/D$ 가 되므로 벨트에 생기는 응력 σ 는 다음과 같다.

$$\sigma = \sigma_t + \sigma_b = \frac{T_1}{b\,t} + \frac{t\,E}{D} \tag{11.16}$$

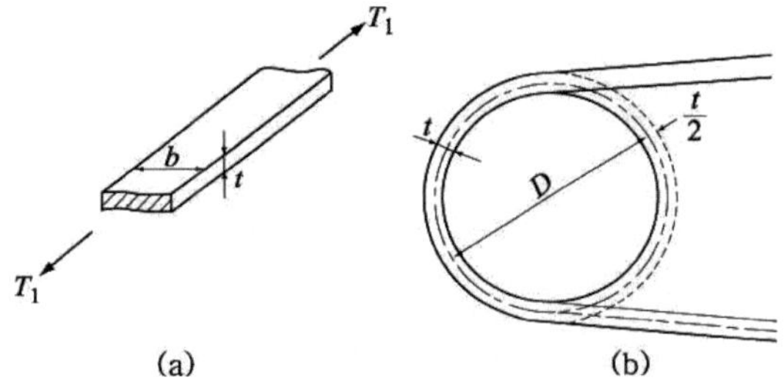

그림 11.10 벨트에 생기는 응력

그러나, $t\,/\,D$ 가 작은 경우에는 굽힘 응력이 장력에 의한 인장 응력에 비하여 작기 때문에 무시한다. 그러므로 벨트의 크기(단면적)를 결정하기 위해서는 벨트에 생기는 응력이 허용 응력이하가 되게 하면 다음과 같다. 즉,

$$b\,t = \frac{T_1}{\sigma_a \eta} \tag{11.17}$$

여기서 η : 벨트의 이음 효율

2. 벨트 풀리의 구조

벨트 풀리(belt pulley)는 그림 11.11과 같이 벨트를 거는 림(rim)과 축을 연결하는 보스(boss), 림과 보스를 연결하는 암(arm)으로 구성되어 있다. 주로 주철제를 사용하지만, 큰 동력을 요구하고 고속($v = 30$ [m/s] 이상)에서는 강제를 사용한다.

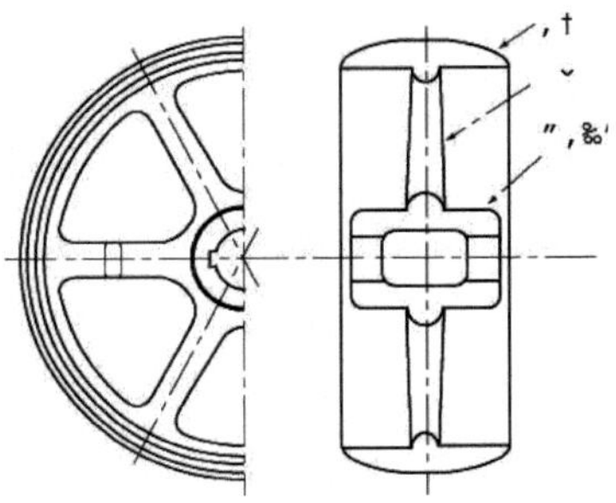

그림 11.11 벨트 풀리

림의 형상은 평탄한 것도 있으나(그림 11.12 (b)) 중앙부

를 높게(crown이라 함)한 것도 있다. 림의 중앙을 높게 한 이유는 그림 (a)와 같이 풀리가 회전하면 벨트는 점 A에서 점 B로 움직이므로 벨트가 원추 풀리의 큰 지름쪽으로 이동하는 경향이 있기 때문에 벨트는 풀리의 중앙에 오게 되어 벗겨지지 않는다. 림면의 형상을 그림 (c)와 같이 하면 벨트가 상하기 쉬우므로 그림 (d)와 같이 하는 것이 좋다.

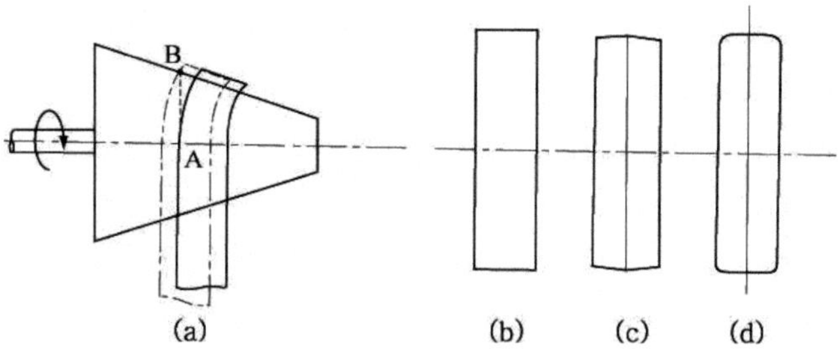

그림 11.12 벨트의 이동

예제 11.2 축간 거리가 4 [m], 구동 풀리의 지름이 230 [mm], 피동 풀리의 지름이 660 [mm]일 때 벨트를 평행 걸기로 하였다. 구동 풀리의 회전수가 400 [rpm]이고, 2 [kW]를 전달하려면 벨트의 치수를 얼마로 하는 것이 좋겠는가? 다만, μ = 0.2, 벨트의 허용 인장 응력은 2 [N/mm^2], 벨트의 이음 효율은 80 %이다.

[풀이] 벨트의 속도를 구하면

$$v = r\omega = \left(\frac{D}{2\times 1000}\right)\left(\frac{2\pi N}{60}\right)\ [\mathrm{m/s}]\text{이므로,}$$

$$v = \frac{\pi\, D_1\, N_1}{1000\times 60} = \frac{\pi\times 230\times 400}{1000\times 60} = 4.82\ [\mathrm{m/s}]$$

평행 걸기에서는 접촉각이 작은 것을 선택하므로

$$\theta = 180^o - 2\sin^{-1}\left(\frac{D_2 - D_1}{2C}\right)$$

$$= 180^o - 2\sin^{-1}\left(\frac{660-230}{2\times 4000}\right) = 173.8° = 3.03\ [\mathrm{rad}]$$

$\mu = 0.2$, $\theta = 3.03\,[\mathrm{rad}]$이면 $e^{\mu\theta} = e^{0.2\times 3.03} = 1.83$이 된다.

$v \leq 10$ m/s이므로 원심력을 무시하므로 식 (11.14)로 긴장측 장력을 구한다.

$$T_1 = \frac{1000\, H\, e^{\mu\theta}}{v\,(e^{\mu\theta}-1)} = \frac{1000\times 2\times 1.83}{4.82\times(1.83-1)} = 915\ [\mathrm{N}]$$

이 장력에 견딜 수 있는 벨트의 단면적은

$$b\,t = \frac{T_1}{\sigma_a\,\eta} = \frac{915}{2\times 0.8} = 572\ [\text{mm}^2]$$

그러므로 표 11.1에 의하여 $bt = 127\times 5 = 635$ [mm^2]를 택한다. 그러므로, 벨트는 너비 b = 127 [mm], 두께 t = 5 [mm]가 된다.

예제 11.3 지름이 각각 100 [mm], 500 [mm]인 주철제 벨트 풀리에 1겹 가죽 벨트를 사용하여 2 [kW]의 동력을 전달하려고 한다. 축간 거리가 2 [m], 작은 풀리의 회전수가 1200 [rpm]일 때 유효 장력, 벨트의 너비, 베어링에 걸리는 하중을 구하여라. 다만, $\mu = 0.25$, $\eta = 0.5$, $\sigma_a = 2.5$ [N/mm²]이다.

[풀이] 먼저 벨트의 속도를 구하여 원심력 고려 여부를 결정한다.

$$v = r\omega = \left(\frac{D}{2\times 1000}\right)\left(\frac{2\pi N}{60}\right)\ [\text{m/s}]\text{이므로,}$$

$$v = \frac{\pi DN}{1000\times 60} = \frac{\pi\times 100\times 1200}{1000\times 60} = 6.28\ [\text{m/s}]$$

가 되므로 원심력은 무시한다. 따라서 식 (11.14)에 의해 유효 장력을 구하면

$$P = \frac{1000\,H}{v} = \frac{1000\times 2}{6.28} = 318\ [\text{N}]$$

다음에 긴장측 장력과 이완측 장력을 구하기 위하여 접촉각을 식 (11.1)에 의해 구한 다음, $e^{\mu\theta}$의 값을 구한다.

$$\theta = 180° - 2\sin^{-1}\left(\frac{D_2 - D_1}{2\,C}\right)$$

$$= 180° - 2\sin^{-1}\left(\frac{500-100}{2\times 2000}\right) = 169° = 2.95\ [\text{rad}] \fallingdotseq 3\ [\text{rad}]$$

$$e^{\mu\theta} = e^{0.25\times 3} = 2.718^{0.25\times 3} = 2.1$$

따라서, 식 (11.12)에 의해 긴장측 장력과 이완측 장력을 구한다.

$$T_1 = \frac{e^{\mu\theta}}{e^{\mu\theta}-1}P = \frac{2.1\times 318}{2.1-1} = 607\ [\text{N}]$$

$$T_2 = \frac{1}{e^{\mu\theta}-1}P = \frac{318}{2.1-1} = 289\ [\text{N}]$$

식 (11.17)에 의해 벨트의 너비를 구한다.

$$b\,t = \frac{T_1}{\sigma_a\,\eta} = \frac{607}{2.5\times 0.5} = 486\ [\text{mm}^2]$$

그러므로 표 11.1에서 알맞는 벨트는 $5\times 102 + 510$ [mm^2]로 벨트의 너비는 102 [mm]로 정하면 충분하다. 다음에, 베어링에 작용하는 하중 Q는 근사적으로 벨트

풀리 양쪽에서 벨트가 잡아 당기므로 $T_1 + T_2$라고 할 수 있다.

$$Q = T_1 + T_2 = 607 + 289 = 896 \text{ [N]}$$

예제 11.4 구동 풀리의 지름이 160 [mm], 회전수가 1800 [rpm]일 때 5 [kW]의 동력을 전달하려고 한다. 피동 풀리의 지름이 320 [mm]일 때 벨트로 평행 걸기를 하였다. 긴장측 장력, 이완측 장력을 구하여라. 다만, 축간 거리는 600 [mm], 벨트의 허용 응력은 2 [N/mm^2], 마찰 계수는 0.25, 벨트의 크기는 63×6 [mm], 벨트 재료의 밀도가 1200 [kg/m^3]이다.

[풀이] 벨트의 길이를 구한다.

$$L = 2\,C + \frac{\pi}{2}(D_1 + D_2) + \frac{(D_2 - D_1)^2}{4\,C}$$

$$= 2 \times 600 + \frac{\pi}{2}(160 + 320) + \frac{(320 - 160)^2}{4 \times 320} = 1964.7 \text{ [mm]}$$

장력을 구하기 위해 벨트의 속도와 접촉각을 구한다.

$$v = r\omega = \left(\frac{D}{2 \times 1000}\right)\left(\frac{2\pi N}{60}\right) \text{ [m/s]}$$ 이므로,

$$v = \frac{\pi D N}{1000 \times 60} = \frac{\pi \times 160 \times 1800}{1000 \times 60} = 15 \text{ [m/s]}$$

$$\theta = 180° - 2\sin^{-1}\left(\frac{D_2 - D_1}{2\,C}\right)$$

$$= 180° - 2\sin^{-1}\left(\frac{320 - 160}{2 \times 600}\right) = 165° = 2.88 \text{ [rad]}$$

벨트의 속도가 15[m/s]이므로 원심력을 고려하므로 부가 장력은.

$mv^2 = A\,\rho\,v^2 = 63 \times 6 \times 10^{-6} \times 1200 \times 15^2 = 102 \text{ [kg} \cdot \text{m/s]}^2 = 102 \text{ [N]}$

$e^{\mu\theta} = e^{0.25 \times 2.88} = 2.718^{0.25 \times 3} = 2.05$

유효 장력, 긴장측 장력, 이완측 장력을 구한다.

$$P = \frac{1000\,H}{v} = \frac{1000 \times 5}{15} = 333 \text{ [N]}$$

$$T_1 = \frac{e^{\mu\theta}}{e^{\mu\theta} - 1}P + m\,v^2 = \frac{2.05}{2.05 - 1} \times 333 + 102 = 752 \text{ [N]}$$

$$T_2 = T_1 - P = 752 - 333 = 419 \text{ [N]}$$

11.1.3 단차

지름의 크기가 다른 여러 개의 벨트 풀리를 일체로 축에 붙이고, 여기에 평벨트를 그 단에 감으면 두 풀리의 지름의 비에 따라 피동 풀리의 회전수가 변하게 된다. 이와 같은 벨트 풀리를 **단차**(stepped pulley)라 하며, 공작기계나 기타 속도 변환 장치에 널리 쓰이고 있다.

그림 11.13은 두 축에 단차를 사용하는 일반적인 예이다. 단차에 의해 피동 풀리의 회전수를 여러 단계로 변화시킬 때 회전수의 순으로 배열한 수열을 속도열이라 하며, 이 수열은 보통 등비 수열로 배열되어 있다.

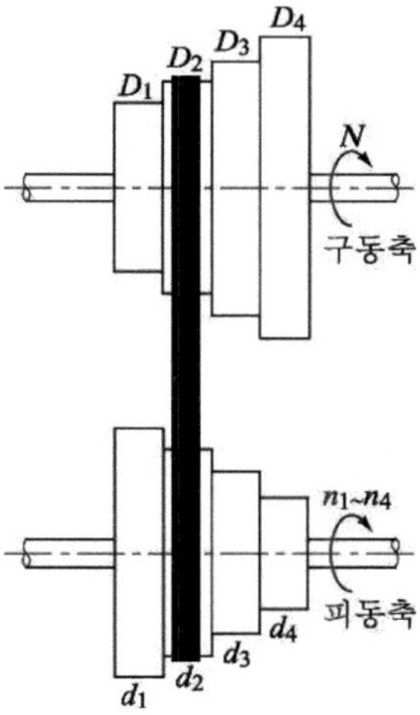

그림 11.13 단차에 의한 벨트 전동

지금, 그림과 같이 구동축을 일정한 회전수로 회전시킬 때, 각 풀리의 지름을 $D_1, D_2, D_3, ...D_n$, 피동 풀리의 회전수를 각각 N_1, N_2, $N_3, \cdots N_n$, 피동 풀리 각 단의 지름을 $d_1, d_2, d_3, ...d_n$라 하면, 단차에 의한 피동 풀리의 회전수를 여러 단계로 변화시킬 때의 공비를 ϕ라 하면

$$\phi = \frac{N_2}{N_1} = \frac{N_3}{N_2} = \cdots = \frac{N_n}{N_{n-1}}$$

$$N_2 = \phi N_1, \ \ N_3 = \phi N_2 = \phi^2 N_1 \cdots N_n = \phi N_{n-1} = \phi^{n-1} N_1$$

$$\phi = \sqrt[n-1]{\frac{N_n}{N_1}} \tag{11.18}$$

이 식에서 피동축의 최대, 최소 회전수와 단수가 주어지면 공비를 구할 수 있다. 구동축의 회전수가 N일 때 피동 풀리의 회전수 관계는 다음과 같다.

$$\frac{N_1}{N}=\frac{D_1}{d_1},\ \frac{N_2}{N}=\frac{D_2}{d_2}\cdots\ \frac{N_n}{N}=\frac{D_n}{d_n}$$

$$\frac{N_2}{N}=\phi\frac{N_1}{N},\quad \frac{N_3}{N}=\phi^2\frac{N_1}{N},\ \cdots\ \frac{N_n}{N}=\phi^{n-1}\frac{N_1}{N}$$

$$\frac{D_2}{d_2}=\phi\frac{D_1}{d_1},\ \frac{D_3}{d_3}=\phi^2\frac{D_1}{d_1},\ \cdots\ \frac{D_n}{d_n}=\phi^{n-1}\frac{D_1}{d_1} \tag{11.19}$$

따라서 다음 식에 의하여 n번째 단차의 지름을 구한다.

$$D_n=\phi^{n-1}\frac{D_1}{d_1}d_n \tag{11.20}$$

십자 걸기의 경우에는

$$D_1+d_1=D_2+d_2=D_3+d_3=\cdots\ D_n+d_n$$

이 된다. 제n번째 단차의 지름은 다음과 같다.

$$\frac{D_n}{d_n}=\phi^{n-1}\frac{D_1}{d_1}\quad \text{또는 } D_n+d_n=D_1+d_1$$

$$\left.\begin{aligned} d_n&=\frac{D_1+d_1}{1+\phi^{n-1}\dfrac{D_1}{d_1}} \\ D_n&=D_1+d_1-d_n \end{aligned}\right\} \tag{11.21}$$

그러므로 D_1, d_1 및 피동축의 최대, 최소 회전수, 단수 및 공비가 주어지면 각 단의 벨트 풀리 지름을 구할 수 있다.

예제 11.5 단차를 사용하는 변속 장치에서 구동축의 회전수가 300rpm이고, 피동축의 회전수를 75rpm에서 300 [rpm]의 4단 변속을 시키려고 한다. 축간 거리가 800 [mm]일 때 이 변속 장치를 평행 걸기를 하면 각 단차의 지름은 얼마이겠는가? 단, 단차의 최소 지름은 100 [mm]이다.

[풀이] 먼저 공비를 식 (11.18)에 의하여

$$\phi=\sqrt[n-1]{\frac{N_n}{N_1}}=\sqrt[4-1]{\frac{300}{75}}=1.587$$

이므로 각단의 회전수를 구한다.

$$N_2 = \phi \cdot N_1 = 1.587 \times 75 = 119\ [\text{rpm}]$$

$$N_3 = \phi^2 \cdot N_1 = 1.587^2 \times 75 = 189\ [\text{rpm}]$$

$$N_4 = \phi^3 \cdot N_1 = 1.587^3 \times 75 = 300\ [\text{rpm}]$$

제1단 피동 벨트 풀리의 지름은

$$d_1 = \frac{D_1\ N}{N_1} = \frac{100 \times 300}{75} = 400\ [\text{mm}]$$

단차의 지름을 구하려면 먼저 벨트의 길이 L 을 식 (11.3)에 의해 구한다.

$$L = 2C + \frac{\pi}{2}(d_1 + D_1) + \frac{(d_1 - D_1)^2}{4C}$$

$$= 2 \times 800 + \frac{\pi}{2}(400 + 100) + \frac{(400 - 100)^2}{4 \times 800} = 2414\ [\text{mm}]$$

다음은 제2단 풀리의 지름은

$$\frac{D_2}{d_2} = \frac{N_2}{N} = \frac{119}{300} \qquad D_2 = 0.397\ d_2$$

이 값을 식 (11.3)에 대입하여 계산한다.

$$2414 = 2 \times 800 + \frac{\pi}{2}(d_2 + 0.397\ d_2) + \frac{(d_2 - 0.397\ d_2)^2}{4 \times 800}$$

$$D_2 = 140.8\ [\text{mm}] \qquad d_2 = 359.5\ [\text{mm}]$$

제3단 풀리의 지름도 마찬가지로 구한다.

$$\frac{D_3}{d_3} = \frac{N_3}{N} = \frac{189}{300}, \qquad D_3 = 0.63\ d_3$$

$$2414 = 2 \times 800 + \frac{\pi}{2}(d_3 + 0.63\ d_3) + \frac{(d_3 - 0.63\ d_3)^2}{4 \times 800}$$

$$D_3 = 194.6\ [\text{mm}], \qquad d_3 = 306.2\ [\text{mm}]$$

또한 제4단 풀리의 지름도 마찬가지로 구한다.

$$\frac{D_4}{d_4} = \frac{N_4}{N} = \frac{300}{300}$$

$$2413 = 2 \times 800 + \frac{\pi}{2}(d_4 + d_4) + \frac{(d_4 - d_4)^2}{4 \times 800}$$

$$D_4 = d_4 = 250\ [\text{mm}]$$

이상의 결과를 표로 나타내면 다음과 같다.

(단위 : [mm])

단수	피동 풀리의 회전수	구동 풀리의 지름	피동 풀리의 지름
1 단	75.0	100.0	400.0
2 단	119.0	140.8	359.5
3 단	189.0	194.6	306.2
4 단	300.0	250.0	250.0

11.1.4 치형 벨트

1. 치형 벨트의 구조

근년에 이르러 기계는 고속화, 자동화, 경량화로 성능이 매우 급속히 향상되고 있으며, 이와 같은 요구에 부응하는 벨트가 **치형 벨트**(toothed belt)이다.

치형 벨트는 타이밍 벨트(timing belt)라고도 하며, 그림 11.14와 같이 평벨트 내측에 같은 피치의 사다리꼴 모양인 돌기를 만들었고, 벨트 풀리도 이 벨트가 물릴 수 있도록 인벌류트 치형이 만들어져 있다. 따라서 벨트와 벨트 풀리가 물리게 되므로 미끄럼이 없다.

치형 벨트의 재질은 고무 또는 폴리비닐(polyvinyl) 등의 고분자 재료이다. 벨트 풀리의 재료는 연강 또는 플라스틱이므로, 기어나 체인과 같은 금속 접촉이 없어 윤활이 필요 없고, 금속성의 소음도 매우 작다. 또, 벨트의 이(tooth)와 벨트 풀리의 이홈이 물리므로 미끄럼이 없이 정확한 전동이 가능하고, 마찰에 의한 전동이 아니므로 설치할 때 벨트의 초기 장력이 작아도 되므로 베어링의 부담이 작다.

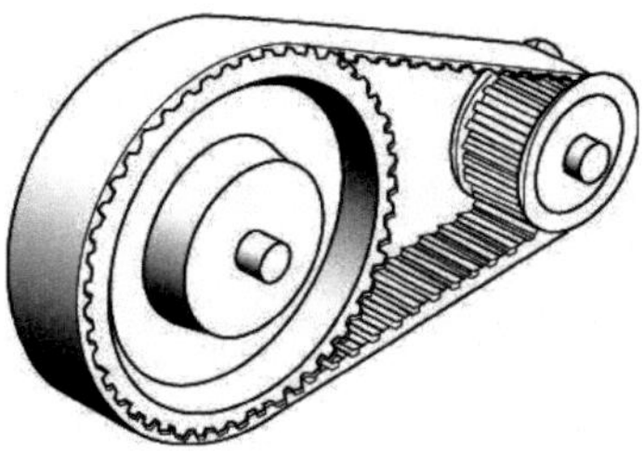

그림 11.14 치형 벨트의 외관

벨트는 굴곡성이 풍부하여 작은 벨트 풀리에도 사용되며, 벨트 너비도 좁으므로 축간 거리가 짧거나 좁은 장소의 설치에도 편리하다.

내식성 벨트를 쓰면 자동차 엔진과 같은 가혹한 환경에서도 사용할 수 있고, 급유가 불필요하므로 윤활유로 인한 오염이 없어 식품 제조 기계나 섬유 기계, 사무기기 등에 쓰인다.

치형 벨트는 그림 11.15와 같이 기어의 래크와 비슷한 사다리꼴 치형으로 이부분 및 커버는 고무로 만들어져 있고, 치면은 고무로 도포한 직물이 씌워져 있으며, 벨트 풀리도 이의 요철과 같게 만들어져 있다. 뒷면 고무속에는 와류 모양의 강선이 벨트 피치선상에 들어 있어 벨트가 받는 장력을 지지한다. 풀리와 접촉하는 치면은 높은 인장 강도에 견디는 나이론, 직물 등으로 만들어져 있어 내마멸성이 크다.

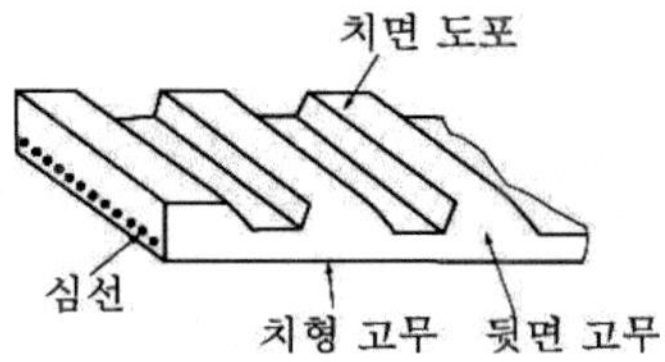

그림 11.15 치형 벨트의 구조

표 11.2 치형 벨트의 종류

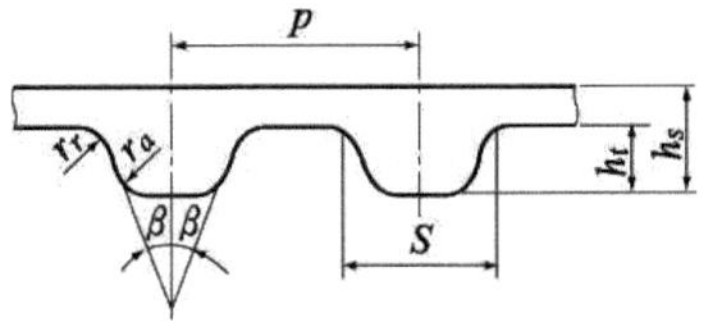

기 호		종 류				
		XL	L	H	XH	XXH
치수	p ([mm]	5.080	9.525	12.700	22.225	31.750
	2β	50	40	40	40	40
	S	2.57	4.65	6.12	12.57	19.05
	h_t	1.27	1.91	2.29	6.35	9.53
	h_s	2.3	3.6	4.3	11.2	15.7
	r_r	0.38	0.51	1.02	1.57	2.29
	r_a	0.38	0.51	1.02	1.19	1.52
인장시험	인장 강도 N/25.4 [mm]	1960 이상	2646 이상	6762 이상	9310 이상	10780 이상
	신연율%	4.0 이하	4.0 이하	4.0 이하	4.0 이하	4.0 이하

2. 치형 벨트의 종류

치형 벨트에는 피치의 크기에 따라 표 11.2와 같이 XL(extra light), L(light), H(heavy), XH(extra heavy), XXH(double extra heavy) 등이 있다.

또, 벨트의 길이는 피치선에 따라 측정한 길이로 가는 V벨트와 같이 그 길이를 인치(inch)의 10배 번호로 나타내지만, 생산 업체에 따라 길이를 잇수로 나타내는 경우도 있다.

또, 벨트의 너비도 그 너비를 인치의 10배수로 나타낸다.

자동 판매기와 같은 비교적 소형의 자동 기계에 쓰이는 것은 피치가 2.032 [mm] (1/12.5 in)이고, 주로 공작기계에 쓰이는 것은 피치가 12.7 [mm] 이다.

11.1.5 V벨트 전동

1. V벨트

V벨트 전동 장치는 그림 11.16과 같이 고무나 가죽으로 된 사다리꼴 단면을 갖는 V벨트를 풀리 홈에 끼워 마찰에 의해 전동한다. 축간 거리가 짧은 경우에도 사용할 수 있다.

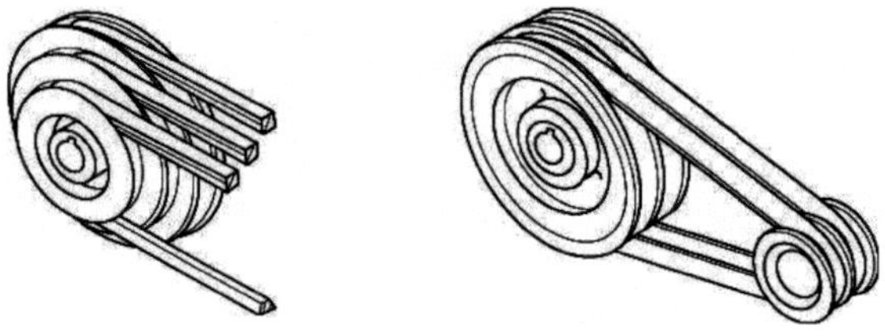

그림 11.16 V벨트와 V벨트 풀리

그림 11.17은 V벨트의 단면을 모델화한 것으로 전동할 때에 생기는 인장력에 견딜 수 있게 중앙부를 면이나 인조 섬유 등으로 만들고, 상하에는 경질 고무층이 접착되어 있다.

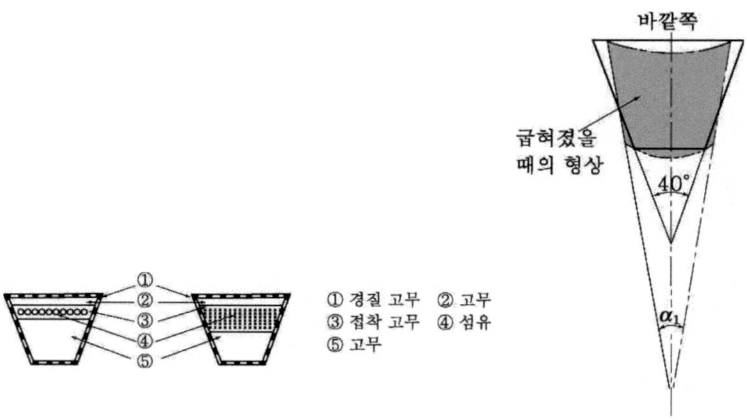

(a)단면 (b) 변형

그림 11.17 V벨트의 단면 및 변형

2. 일반용 V 고무 벨트(KS M 6535)

이 규격은 일반 동력 전달의 이음매가 없는 링 모양 V벨트에 대하여 규정하며 차량용 V벨트, 재봉틀용 고무 V벨트 및 세폭 V벨트는 제외한다. 일반용 V 고무 벨트의 종류는 단면 치수에 따라 M, A, B, C, D, E의 6종류로 한다.

형상에 따라 표 11.3에 나타낸 것 같이 6종의 규격이 있으며, M형을 제외한 나머지는 주로 동력 전달용으로 쓰인다. V벨트는 이음매가 없이 둥근 모양이고, 유효 둘레는 V벨트 풀리의 피치원을 지나는 길이이며, 인치(inch)로 나타낸 숫자를 호칭 번호로 표시한다(표 11.4).

V벨트의 호칭방법은 명칭, 종류 및 V벨트의 길이에 따르며, 아래 보기와 같다.

일반용 V벨트 A 80 또는 A 2032의 경우

호칭 번호가 80이므로, 유효 둘레는 $80 \times 25.4 = 2032$ [mm]이다.

표 11.3 V벨트의 치수 및 1개당 인장 강도

단면 형상	종 류	a [mm]	b [mm]	α [°]	단면적 A [㎟]	인장강도 [kN]
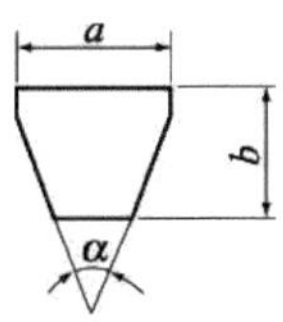	M	10.0	5.5	40	44	1.2이상
	A	12.5	9.0	40	83	2.4이상
	B	16.5	11.0	40	137	3.5이상
	C	22.0	14.0	40	237	5.9이상
	D	31.5	19.0	40	467	10.8이상
	E	38.0	25.0	40	732	14.7이상

표 11.4 V벨트의 길이

종류 / 호칭	M형	A형	B형	C형	D형	E형
호칭번호	20 ≀ 50	20 ~ 100, 102, 105, 108, 110, 112, 115, 118, 120, 122, 125, 128, 130, 135, 140, 145, 150, 155, 160, 165, 170, 180	25 ~ 100, 102, 105, 108, 110, 112, 115, 118, 120, 122, 125, 128, 130 132, 135, 138, 140, 145, 150, 155, 160, 165, 170, 180, 190, 200, 210	45, 48, 50, 52, 54, 55, 58, 60, 62, 65, 68, 70, 72, 75, 78, 80, 82, 85, 88, 90, 92, 95, 98, 100, 102, 105, 108, 110, 112, 115, 118, 120, 122, 125, 128, 130 132, 135, 138, 140, 142, 145, 148, 150, 155, 160, 165, 170, 180, 190, 200, 210, 220, 230, 240, 250, 260, 270	100, 105, 110, 115, 118, 120, 125, 130, 135, 140, 145, 150, 155, 160, 165, 170, 180, 190, 200, 210, 220, 230, 240, 250, 260, 270, 280, 300, 310, 330, 360	180, 210, 240, 270, 300, 330, 360, 390, 420

3. V벨트 풀리

V벨트 풀리는 림(rim)을 제외한 나머지 부분은 평벨트 풀리와 같으며, 재료는 보통 주철이나 주강을 사용한다. 홈의 형상은 V벨트와 같아서 V벨트가 굽혀지면 그림 11.18과 같이 내측은 압축을 받아 넓어지고, 외측은 인장을 받아 좁아진다. 따라서, V벨트의 각도는 40° 보다 작아지며, 이 값은 V벨트 풀리의 지름이 작아질수록 그 영향이 크다. 그러므로 V벨트 풀리의 홈각은 V벨트의 각도보다 작게 한다.

그림 11.19에 V벨트 풀리의 홈각과 V벨트의 각도가 다른 것을 나타냈다. V벨트 풀리의 호칭 지름은 피치원 지름으로 나타내며, 홈의 각도는 V벨트의 수명, 전동 효율에 영향이 있으므로 정밀하게 다듬질한다. 특히 여러 개의 V벨트를 사용할 때는 각 벨트의 평균 장력을 적용하고, 또 V벨트 풀리의 홈 하단부가 벨트와 접촉하지 않도록 한다.

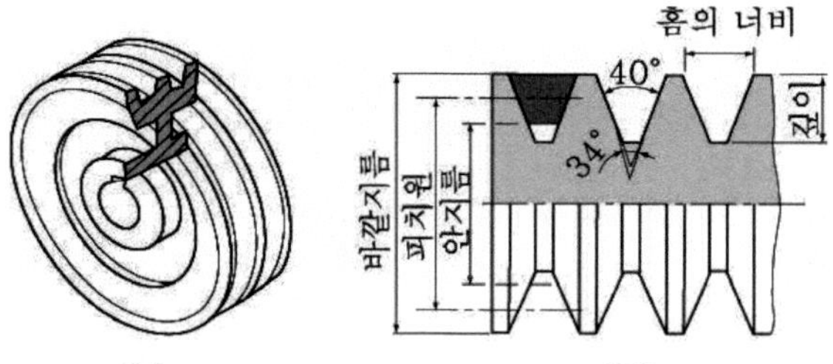

그림 11.19 V벨트 풀리

4. V벨트의 전달 동력

(1) V벨트의 마찰 계수

V벨트 전동은 평벨트 전동에 비하여 V벨트 풀리의 홈에 벨트가 쐐기 작용으로 끼워지기 때문에 마찰력이 크게 된다. 그림 11.20에 나타낸 것과 같이 V벨트가 V벨트 풀리를 누르는 힘을 Q 라 하고, 홈의 각도를 α, 홈벽에 벨트가 작용하는 수직력을 R 이라 하면

반지름 방향에 있는 힘의 평형은 다음과 같다.

$$Q = 2\left(R\sin\frac{\alpha}{2} + \mu R\cos\frac{\alpha}{2}\right) = 2R\left(\sin\frac{\alpha}{2} + \mu\cos\frac{\alpha}{2}\right) \tag{11.22}$$

이 때, 벨트 측면에 작용하는 수직력은

$$R = \frac{Q}{2\left(\sin\frac{\alpha}{2} + \mu\cos\frac{\alpha}{2}\right)} \tag{11.23}$$

가 된다. 또, 마찰에 의한 회전력 P 는

$$P = 2\mu R = \frac{Q}{\sin\frac{\alpha}{2} + \mu\cos\frac{\alpha}{2}} = \mu' Q \tag{11.24}$$

$$\mu' = \frac{\mu}{\sin\frac{\alpha}{2} + \mu\cos\frac{\alpha}{2}}$$

이며, V벨트 전동에서는 평벨트 경우의 μ 대신에 μ'를 사용하면 된다. 이 경우 회전력의 비는 μ = 0.25, $\alpha = 40°$ 일 때 $\mu' : \mu$ = 1.733 : 1이 된다. 그러므로 V벨트가 평벨트보다 훨씬 큰 회전력을 전달할 수 있다.

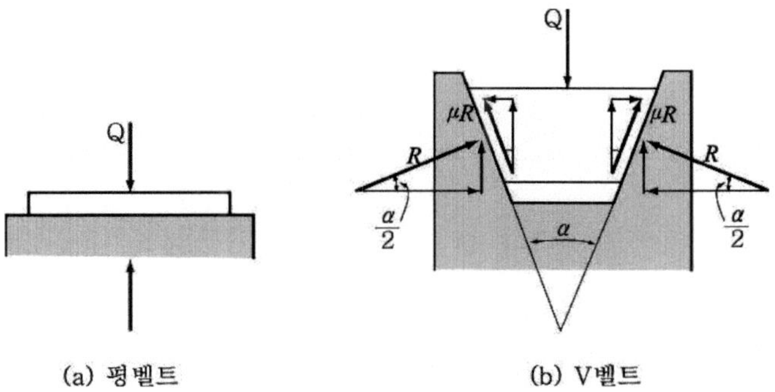

그림 11.20 V벨트의 마찰력

(2) V벨트의 전달 동력

V벨트의 장력은 평벨트 장력식에서 μ 대신 μ'을 사용하는 것 이외는 모두 동일하다. V벨트의 수를 z 라 하면 전달 동력 H 는 다음과 같다.

원심력을 무시하는 경우

$$H = \frac{Pvz}{1000} = \frac{T_1 v z}{1000}\left(\frac{e^{\mu'\theta} - 1}{e^{\mu'\theta}}\right) \tag{11.25}$$

원심력을 고려하는 경우

$$H = \frac{Pvz}{1000} = \frac{vz}{1000}(T_1 - mv^2)\left(\frac{e^{\mu'\theta} - 1}{e^{\mu'\theta}}\right) \tag{11.26}$$

5. V벨트의 선정

V벨트의 종류 선정은 설계동력 및 작은 V풀리의 회전수에 따라 그림 11.18에서 선정한다. 만약 2종류의 경계선 부근이 된 경우에는 양쪽 V벨트에 대하여 검토하고 적정한 V벨트를 선정한다.

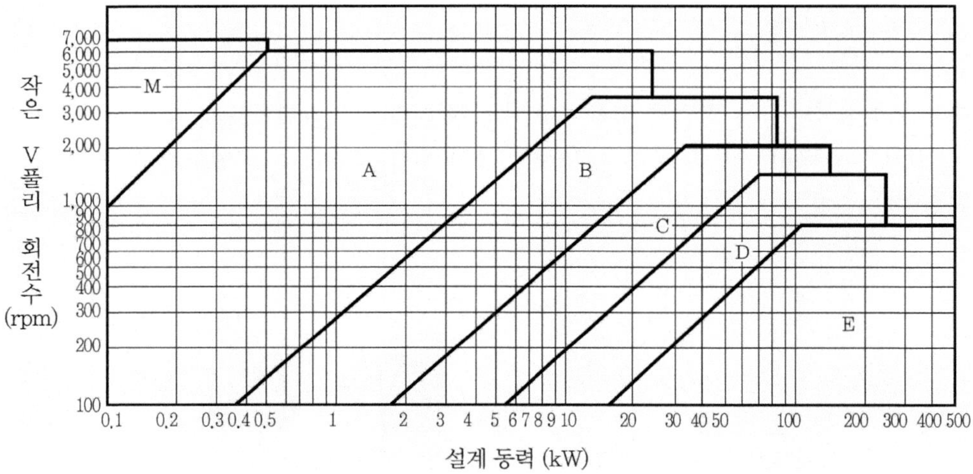

그림 11.18 V벨트의 종류 선정도

V벨트 1개당 동력 전달용량은 기준 동력 전달 용량에 회전비(큰 V풀리의 호칭지름/작은 V풀리의 호칭지름)에 따른 부가동력 전달 용량을 더한 것이며 식 11. 27로 계산된다.

$$H_0 = d_1 \times N\left[C_1(d_1 \times N)^{-0.09} - \frac{C_2}{d_1} - C_3(d_1 \times N)^2\right] + C_2 \times N\left(1 - \frac{1}{K_t}\right) \tag{11.27}$$

여기서 H_o : V벨트 1개당 동력 전달용량 [kW]

d_1 : 작은 V풀리의 호칭지름 [mm]

N : 작은 V풀리의 회전수 $N \times 10^{-3}$ [rpm]

C_1, C_2, C_3 : 상 수(표 11.5)

K_t : 회전비에 따른 보정계수(표 11.6)

표 11.5 상수의 값

종류	C_1	C_2	C_3
M	8.5016×10^{-3}	1.7332×10^{-1}	6.3533×10^{-9}
A	3.1149×10^{-2}	1.0399	1.1108×10^{-8}
B	5.4974×10^{-2}	2.7266	1.9120×10^{-8}
C	1.0205×10^{-1}	7.5815	3.3961×10^{-8}
D	2.1805×10^{-1}	2.6894×10	6.9287×10^{-8}
E	3.1892×10^{-1}	5.1372×10	9.9837×10^{-8}

표 11.6 회전비에 따른 보정계수 K_t

회전비	K_r
1.00~1.01	1.0000
1.02~1.04	1.0136
1.05~1.08	1.0276
1.09~1.12	1.0419
1.13~1.18	1.0567
1.19~1.24	1.0719
1.25~1.34	1.0875
1.35~1.51	1.1036
1.52~1.99	1.1202
2.0 이상	1.1373

기준 전달 동력용량 H_o 는 접촉각 180^0 , 접촉각 수정계수 1.00인 경우의 값이다. V벨트를 여러개 거는 경우의 V벨트의 수는 다음 식과 같다.

$$z = \frac{H_d}{H_o\, K_L\, K_\theta} \tag{11.28}$$

여기서 H_d : 설계동력 [kW]

H_o : V벨트 1개당 동력 전달용량 [kW]

K_L : 길이보정계수(표 11.7)

K_θ : 접촉각 보정계수(표 11.8)

표 11.7 길이 보정 계수 K_L의 값

호칭 번호	종류					
	M	A	B	C	D	E
20~25	0.92	0.80	0.78			
26~30	0.94	0.81	0.79			
31~34	0.96	0.84	0.80			
35~37	0.98	0.87	0.81			
38~41	1.00	0.88	0.83			
42~45	1.02	0.90	0.85	0.78		
46~50	1.04	0.92	0.87	0.79		
51~54		0.94	0.89	0.80		
55~59		0.96	0.90	0.81		
60~67		0.98	0.92	0.82		
68~74		1.00	0.95	0.85		
75~79		1.02	0.97	0.87		
80~84		1.04	0.98	0.89		
85~89		1.05	0.99	0.90		
90~95		1.06	1.00	0.91		
96~104		1.08	1.02	0.92	0.83	
105~111		1.10	1.04	0.94	0.84	
112~119		1.11	1.05	0.95	0.85	
120~127		1.13	1.07	0.97	0.86	
128~144		1.14	1.08	0.98	0.87	
145~154		1.15	1.11	1.00	0.90	
155~169		1.16	1.13	1.02	0.92	
170~179		1.17	1.15	1.04	0.93	
180~194		1.18	1.16	1.05	0.94	0.91
195~209			1.18	1.07	0.96	0.92
210~239			1.19	1.08	0.98	0.94
240~269				1.11	1.00	0.96
270~299				1.14	1.03	0.98
300~329					1.05	1.00
330~359					1.07	1.03
360~389					1.09	1.05
390~419						1.07
420						1.09

비고: 표 중 1.00인 V벨트는 기준 길이의 V벨트를 표시한다.

표 11.8 접촉각 보정 계수 K_θ의 값

각도 (°)	180	174	169	163	157	151	145	139
k_1	1.00	0.99	0.98	0.96	0.94	0.93	0.91	0.89
각도 (°)	133	127	120	113	106	99	91	83
k_1	0.87	0.85	0.82	0.79	0.77	0.74	0.70	0.66

예제 11.6 5 [kW], 1050 [rpm]의 모터를 사용하여 공작기계의 스핀들을 350 [rpm]으로 감속하는 경우 필요한 V벨트의 길이는 얼마인가? 다만, 축간 거리는 500 [mm]로 한다. 모터측의 접촉각은 120°이다.

[풀이] V벨트의 길이를 구하려면 먼저 벨트 풀리의 지름을 구한다.

$$i = \frac{N_2}{N_1} = \frac{D_1}{D_2} = \frac{350}{1050} = \frac{1}{3}$$

이므로 $D_2 = 3\,D_1$이다.

모터측의 벨트 풀리의 접촉각이 120°이므로 $\theta = 180° - 2\phi$ 에서

$$\phi = \frac{180° - 120°}{2} = 30°$$

$$\sin\phi = \frac{D_2 - D_1}{2\,C} \text{에서}$$

$$2\,C\sin\phi = D_2 - D_1 = 3\,D_1 - D_1$$

$$2 \times 500 \times \sin 30° = 2\,D_1$$

$$D_1 = 250\,[\text{mm}], \quad D_2 = 3\,D_1 = 3 \times 250 = 725\,[\text{mm}]$$

따라서, 벨트의 길이는

$$L = 2\,C + \frac{\pi}{2}(D_1 + D_2) + \frac{(D_2 - D_1)^2}{4C}$$

$$= 2 \times 500 + \frac{\pi}{2} \times (250 + 725) + \frac{(725 - 250)^2}{4 \times 500} = 2683\,[\text{mm}]$$

표 11.4로부터 호칭 번호 108(벨트길이 2743 [mm])을 선택한다.

예제 11.7 구동축 V벨트 풀리의 지름이 150 [mm]이고, 1200 [rpm]으로 회전할 때 1.5 [kW]의 동력을 A형 V벨트를 사용하여 전달하려면 벨트 몇 가닥이 필요한가? 다만, 마찰 계수는 0.25, 벨트의 접촉각은 120°, 벨트의 허용 인장 응력은 1.8 [N/mm^2]로 하여 일반용 V벨트 A 762 로 한다.

[풀이] 상당마찰계수

$$\mu' = \frac{\mu}{\sin\frac{\alpha}{2} + \mu\cos\frac{\alpha}{2}} = \frac{0.25}{\sin 20° + 0.25 \times \cos 20°} = 0.433$$

$$e^{\mu'\theta} = e^{0.433 \times 120 \times \frac{\pi}{180}} = 2.48$$

표 11.3에서 A의 단면적은 83 [mm^2]이고, 허용장력 T_1은

$$T_1 = \sigma\, A = 1.8 \times 83 = 149.4\ [\mathrm{N}]$$

V벨트의 속도를 구한다.

$$v = r\omega = \left(\frac{D}{2 \times 1000}\right)\left(\frac{2\pi N}{60}\right)\ [\mathrm{m/s}]\text{이므로,}$$

$$v = \frac{\pi\, D\, N}{1000 \times 60} = \frac{\pi \times 150 \times 1200}{1000 \times 60} = 9.42\ [\mathrm{m/s}]$$

벨트의 속도가 10 m/s 이하이므로 원심력은 무시한다. 이 때의 V벨트 1가닥이 전달할 수 있는 전달 동력은

$$H_0 = \frac{T_1\, v}{1000}\,\frac{e^{\mu'\theta} - 1}{e^{\mu'\theta}} = \frac{149.4 \times 9.42}{1000} \times \frac{2.48 - 1}{2.48} = 0.84\ [\mathrm{kW}]$$

길이보정계수 K_L 은 벨트의 유효길이가 762 이므로 762/25.4=20, 표 11.7로부터 $K_L = 0.81$이고, 접촉각 보정계수 접촉각이 120° 이므로 표 11.8로부터 $K_\theta = 0.82$가 된다.

벨트의 가닥수는

$$z = \frac{H}{H_o\, K_L K_\theta} = \frac{1.5}{0.84 \times 0.81 \times 0.82} = 2.69\,[\text{개}]$$

그러므로 A형 V벨트 3개를 사용하면 된다.

예제 11.8 벨트의 속도가 9.5 [m/s]인 경우와 30 [m/s]인 경우 B형 V벨트 1가닥이 전할 수 있는 동력을 구하여라. 다만, 벨트 풀리와 벨트 사이의 마찰 계수는 0.25, 벨트의 허용 응력은 2 [N/mm^2], 접촉각이 135°이다. 다만, 벨트 재료의 밀도는 1.2×10^3 [kg/m^3]이고 홈의 각도는 40°이다.

[풀이] 전달 동력을 구하려면 먼저 $e^{\mu'\theta}$와 T_1의 값을 구한다.

$$\mu' = \frac{\mu}{\sin\frac{\alpha}{2} + \mu\cos\frac{\alpha}{2}} = \frac{0.25}{\sin 20° + 0.25 \times \cos 20°} = 0.433$$

$$e^{\mu'\theta} = e^{0.433 \times 135 \times 0.0175} = 2.78$$

표 11.3에서 B형의 단면적은 137 [mm^2]이고, 이 때 허용 장력 T_1은

$$T_1 = \sigma\, A = 2 \times 137 = 274\ [\mathrm{N}]$$

벨트의 속도가 9.5 [m/s]이므로 원심력은 무시한다. 이 때의 전달 동력은

$$H = \frac{T_1\, v}{1000}\, \frac{e^{\mu'\theta} - 1}{e^{\mu'\theta}} = \frac{274 \times 9.5}{1000} \times \frac{2.78 - 1}{2.78} = 1.66\ [\mathrm{kW}]$$

또, 속도가 30 m/s에서는 원심력을 고려하므로, 벨트 재료의 밀도 $\rho = 1200\ \mathrm{kg/m^3}$일 때, 질량 $m = A\,\rho = 137 \times 10^{-6} \times 1.2 \times 10^3 = 0.164$ [kg/m]이다. 부가 장력은.

$$m\, v^2 = 0.164 \times 30^2 = 148\ [\mathrm{N}]$$

이 때의 전달 동력은 다음과 같다.

$$H = \frac{v}{1000}\, \frac{e^{\mu'\theta} - 1}{e^{\mu'\theta}}\,(T_1 - m\, v^2)$$

$$= \frac{30}{1000} \times \frac{2.78 - 1}{2.78} \times (274 - 148) = 2.42\ [\mathrm{kW}]$$

11.2 로프 전동

11.2.1 로프와 로프 풀리

로프 전동 장치는 로프(rope)를 홈이 있는 로프 풀리(rope pulley)에 감아 V벨트와 같이 로프와 로프 풀리 사이의 쐐기 작용에 의한 마찰로 동력을 전달한다. 로프 전동은 옥외에서 먼 거리 전동에 적당하므로 광산, 토목 공사, 제철소 등에 널리 쓰이며, 여러 가닥의 로프를 사용하면 큰 동력을 전할 수도 있다.

1. 로프

로프에는 삼(hemp)이나 면(cotton)으로 만든 섬유 로프와 와이어로 만든 와이어 로프(wire rope)가 있으며, 섬유 로프는 주로 전동용에, 와이어 로프는 크레인(crain), 윈치(winch) 등의 중량물 운반용에 쓰인다.

(1) 섬유 로프

삼으로 만든 섬유 로프는 강도가 크고, 비바람에 강하기 때문에 옥외 사용에 적합하다. 탄성이나 가소성이 적어 지름이 작은 풀리에는 부적합하며, 썩는 것을 막기 위하여 파라핀, 수지, 흑연 등을 침투시킨다.

면으로 만든 섬유 로프는 탄성과 가소성이 풍부하여 작은 지름에 사용할 수 있어 공장에서 널리 쓰인다. 반면에 삼으로 만든 로프에 비하여 강도가 작고, 비바람에는 약하다.

섬유 로프는 각각 섬유로 만든 실(yarn)을 몇 개 합하여 꼬아 스트랜드(strand)를 만들고, 이 스트랜드를 3개 또는 4개를 꼬아 1개의 로프를 만든다(그림 11.22).

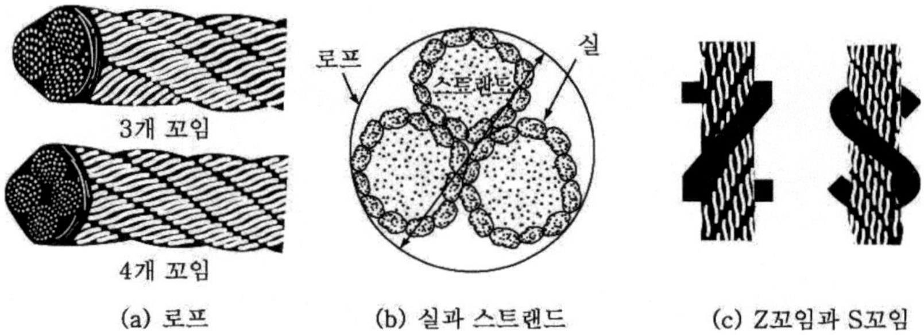

그림 11.22 섬유 로프의 꼬임 방법

로프의 꼬임은 그림 (c)에 나타낸 것과 같이 Z꼬임과 S꼬임이 있고, 또 스트랜드의 꼬임과 로프의 꼬임이 반대 방향인 보통 꼬임(co[mm]on lay)과, 같은 방향인 랭 꼬임(Lang's lay)이 있다(그림 11.23). 보통 꼬임은 랭 꼬임에 비하여 소선의 꼬임이 경사가 급격하기 때문에 접촉 면적이 좁고, 소선의 마멸이 빠르지만 로프가 엉키지 않아서 취급이 쉽다. 반면에, 랭 꼬임은 꼬임의 경사가 완만하므로 접촉 면적이 넓고, 마멸에 의한 손상이 적기 때문에 내구성이 높고 유연성도 좋으나, 엉킬 가능성이 많아 취급에 주의를 해야 한다.

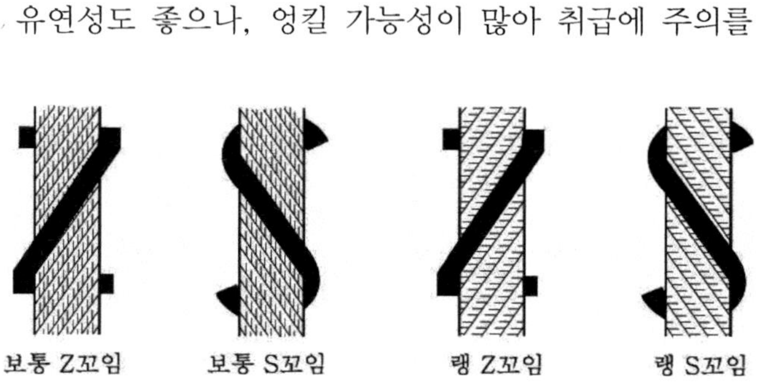

그림 11.23 꼬임 방향에 따른 분류

(2) 와이어 로프

와이어 로프는 강선을 여러 가닥을 꼬아서 스트랜드를 만들고, 스트랜드를 6~8개 합하여 삼을 중심으로 하여 꼬아 합친 것이다. 이 로프는 강도가 크고 내구성도 높아 큰 동력 전달에 사용되며, 섬유 로프와 같다.

2. 로프 풀리

로프 풀리는 로프 시브(rope sheave)라고도 하며, 주철이나 주강으로 만들고 그림 11.24와 같이 바깥둘레에 홈이 있다. 섬유 로프를 로프 풀리에 걸었을 때 홈의 밑부분에 로프가 닿지 않고 V벨트와 같이 양측 경사면이 닿게 되어 있다. 그러나 와이어 로프 풀리는 그림 (b)와 같이 홈의 밑부분에 닿게 되어 있다. 또, 홈 밑부분에 가죽, 목재, 고무를 삽입하여 로프의 마멸을 작게 한다.

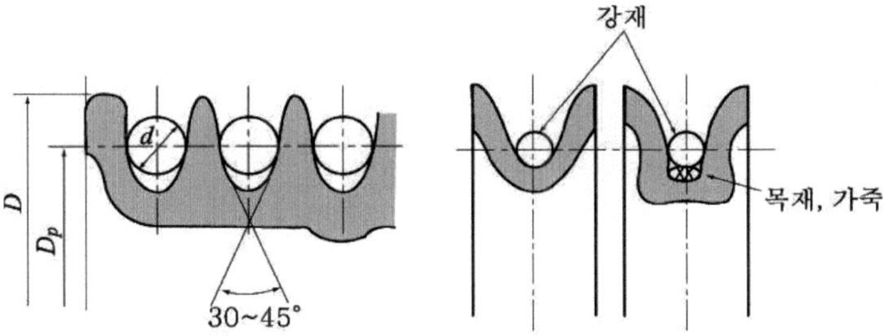

(a) 섬유 로프 풀리 (b) 와이어 로프 풀리

그림 11.24 로프 풀리와 홈과 피치원 지름

11.2.2 로프를 거는 법과 로프의 길이

1. 로프를 거는 법

로프 전동에서 1가닥의 굵은 로프를 쓰는 것보다 여러 가닥의 가는 로프를 쓰는 쪽이 좋으며, 축간 거리가 멀 때는 로프 1가닥으로 전동한다. 로프를 거는 방법에는 그림 11.25와 같이 병렬식(multiple system)과 연속식(continuous system)이 있다.

병렬식은 로프 풀리 사이에 로프를 서로 독립되게 감는 방식으로, 각 로프의 장력이 고르지 못하고 이음매에 의해 진동이 크다. 그러나, 하중이 각 로프에 고르게 분배되어 작용하고, 로프가 1가닥이 절단되어도 전동이 가능하므로 널리 사용된다.

연속식은 긴 로프 1가닥을 양 로프 풀리에 여러 번 감는 방식으로 운전 중에 진동이 작고, 장력의 조절이 쉽다는 특징은 있으나, 로프가 한 곳이라도 절단되면 운전이 불가능하다.

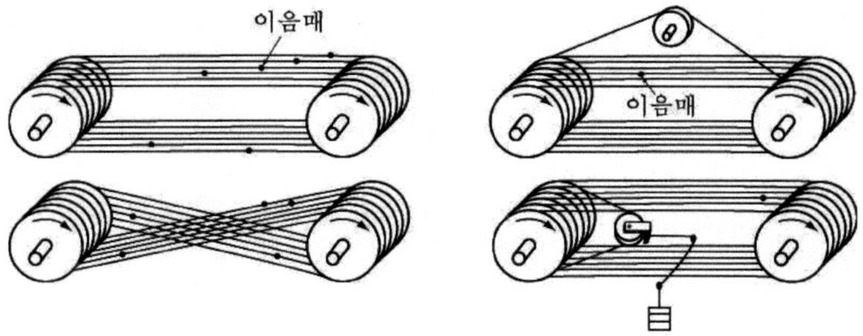

그림 11.25 로프를 거는 방법

2. 로프의 길이

로프의 길이는 축간 거리가 짧을 때에는 평벨트와 같은 식으로 구하지만 로프가 늘어지도록 축간 거리가 긴 경우는 처진 로프를 근사적으로는 포물선에 가깝다고 가정하고 계산한다. 그림 11.26에서 로프가 자중 때문에 처진량을 h [mm], AB사이의 거리의 1/2 길이를 s [mm], 로프 단위 길이당의 중량 w [N/m]이라 하면, 로프의 장력 T [N]는 근사적으로 다음 식으로 구한다.

$$T \fallingdotseq \frac{w\,s^2}{2h} + w\,h \tag{11.29}$$

로프가 거의 수평인 경우는 축간 거리 $l = 2\,s$ 이므로, AB 사이의 로프 길이 L'는 근사적으로 다음과 같다.

$$L' = l + \frac{8}{3} \cdot \frac{h^2}{l}$$

그러므로 로프의 전길이 L 은 다음과 같이 구한다.

$$L = \frac{\pi}{2}(D_1 + D_2) + 2\,l\left(1 + \frac{8}{3} \cdot \frac{h^2}{l^2}\right) \tag{11.30}$$

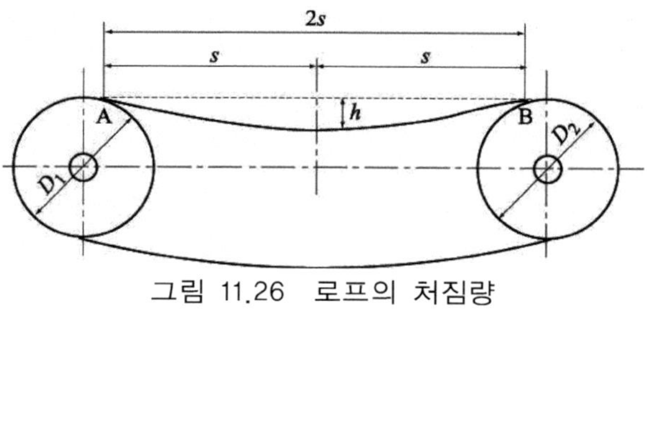

그림 11.26 로프의 처짐량

11.2.3 로프 전동의 전달 동력

로프는 로프 풀리의 홈에 쐐기와 같이 압입되므로, 장력과 회전력과의 관계도 V벨트와 마찬가지로 취급할 수 있다.

로프 전동에서 로프에 초기 장력을 주기 위해 길이를 조절하는 것은 곤란하므로 축간 거리를 조절하거나 긴장 풀리를 사용한다. 축간 거리가 길면 로프의 자중에 의해 자연히 로프에 장력이 가해지게 된다.

로프 전동의 전달 동력은 벨트 전동의 경우와 같이 계산하며, 와이어 로프에서는 마찰 계수를 μ로, 섬유 로프의 경우는 μ'을 사용하여 로프 1가닥의 전달 동력을 구한다.

예제 11.9 축간 거리 20 [m]의 로프 풀리에서 로프를 걸었을 때 0.5 m 처졌다. 이 때 로프에 생기는 장력과 접촉점에서부터 접촉점까지의 로프 길이를 구하라. 다만, 로프 단위 길이에 대한 중량 $w = 5\,[\mathrm{N/m}]$이다.

[풀이] 로프에 생기는 장력을 T라 하면 식 (11.29)에 의해 구한다.

$$T = \frac{w\,s^2}{2\,h} + w\,h = \frac{5 \times 10^2}{2 \times 0.5} + 5 \times 0.5 = 502.5\,[\mathrm{N}]$$

접촉점에서 접촉점까지의 로프의 길이 L'

$$L' = l + \frac{8}{3} \times \frac{h^2}{l} = 20 + \left(\frac{8}{3} \times \frac{0.5^2}{20}\right) = 20.03\,[\mathrm{m}]$$

예제 11.10 3.7 [kW], 300 [rpm]의 동력을 피치 지름 500 [mm]의 로프 풀리에서 속도비 1 : 1로 피동 풀리에 회전을 전하려고 한다. 섬유 로프나 와이어 로프를 사용하는 경우 로프에 가하는 장력은 얼마인가? 다만, 마찰 계수는 0.2, 홈의 각도는 45°이다.

[풀이] 로프의 속도를 구한다.

$$v = r\omega = \left(\frac{D}{2 \times 1000}\right)\left(\frac{2\pi N}{60}\right)\,[\mathrm{m/s}]$$이므로,

$$v = \frac{\pi\,D_1\,N_1}{1000 \times 60} = \frac{\pi \times 500 \times 300}{1000 \times 60} = 7.85\,[\mathrm{m/s}]$$

① 섬유 로프의 경우

$$\mu' = \frac{\mu}{\sin\frac{\alpha}{2} + \mu\cos\frac{\alpha}{2}} = \frac{2}{\sin 22.5° + 0.2 \times \cos 22.5°} = 0.35$$

$$e^{\mu'\theta} = e^{0.35\times\pi} = 3.01$$

$v = 7.85\ \mathrm{m/s}$ 이므로 원심력을 무시하고, 긴장측 장력을 식 (11.14)에 의해 구한다.

$$T_1 = \frac{1000\,H}{v}\cdot\frac{e^{\mu'\theta}}{e^{\mu'\theta}-1} = \frac{1000\times 3.7}{7.85}\times\frac{3.01}{3.01-1} = 706\ [\mathrm{N}]$$

② 와이어 로프를 사용하는 경우는 와이어 로프는 홈의 경사면에서의 접촉이 없으므로 μ'를 사용할 필요가 없다.

$$e^{\mu\theta} = e^{0.2\times 3.14} = 1.87$$

$$T_1 = \frac{1000\,H}{v}\cdot\frac{e^{\mu\theta}}{e^{\mu\theta}-1} = \frac{1000\times 3.7}{7.85}\times\frac{1.87}{1.87-1} = 1013\ [\mathrm{N}]$$

그러므로, 섬유 로프의 경우는 706 [N], 와이어 로프의 경우는 1013 [N]이 된다.

11.3 체인 전동

11.3.1 체인 전동의 특징

체인 전동(chain drive)은 그림 11.27과 같이 체인과 스프로킷(sprocket wheel)의 물림으로 동력을 전달하는 장치로 벨트 전동에 비하여 다음과 같은 장점이 있다.

㉮ 일정 속도비를 얻는다.

㉯ 초기 장력이 필요없다.

㉰ 금속제이므로 인장 강도가 커서 큰 동력을 전달할 수 있다.

㉱ 접촉각이 120° 이상이 되면 축간 거리도 짧게 할 수 있다.

㉲ 큰 동력을 전달할 수 있고, 유지 및 수리가 용이하다.

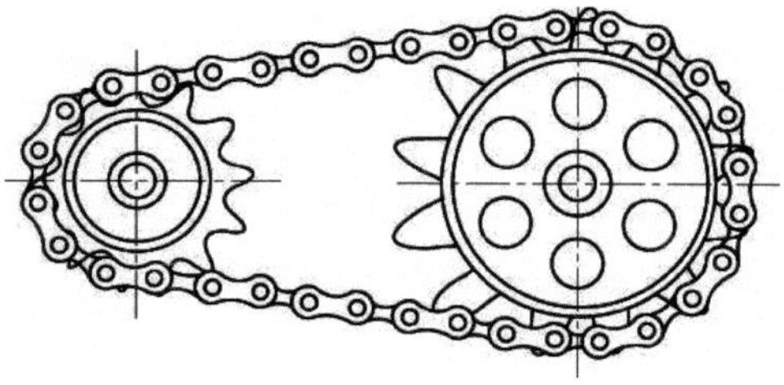

그림 11.27 체인 전동

그러나 이와 같은 장점에 비해 고속 전동에서는 진동과 소음이 생기기 쉽고, 두 축이 평행한 경우에만 전동이 가능하다.

11.3.2 체인의 종류

전동용 체인에는 롤러 체인(roller chain), 사일런트 체인(silent chain)이 주로 사용된다.

1. 롤러 체인

(1) 롤러 체인

그림 11.28과 같은 롤러 체인은 롤러 링크(roller link)와 핀 링크(pin link)를 교대로 연속적으로 연결한 것이다. 롤러 링크는 두 개의 롤러 링크 플레이트(roller link plate)에 두 개의 부시(bush)를 고정하고, 그 바깥에 회전이 자유로운 롤러를 끼운 것이다. 핀 링크는 두 개의 핀 링크 플레이트(pin link plate)에 두 개의 핀을 고정한 것이다.

롤러 체인은 그림 11.29과 같이 양 끝을 탈착 가능한 핀을 부착한 이음 링크로 연결하여 둥글게 한다. 링크의 총수는 되도록 짝수로 하는 것이 좋다. 홀수일 때는 링크의 결합이 되지 않으므로 그림 11.30과 같은 **오프셋 링크**(offset link)를 사용하여 결합한다. 표 11.8은 동력용 롤러 체인의 규격을 나타낸 것이다.

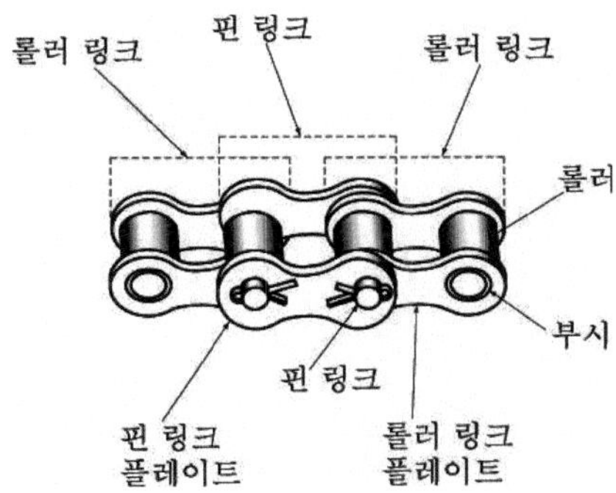

그림 11.28 롤러 체인

표 11.8 롤러 체인의 각부 치수와 강도

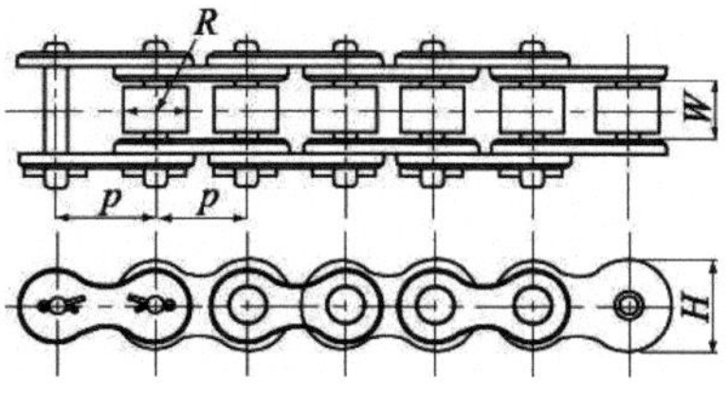

호칭 번호	피 치	롤러 바깥지름 (최대)	롤러 링크 안 너비 (최소)	롤러 링크 플레이트 너비 (최대)	파단 하중 (최소) [N]
	p	R	W	H	
40	12.70	7.94	7.85	12.0	13920
50	15.88	10.16	9.40	15.0	21690
60	19,05	11.91	12.57	18.1	31360
80	25.40	15.88	15.75	24.1	55370
100	31.75	19.05	18.90	30.1	86730
120	38.10	22.23	25.22	36.2	125440
140	44.45	25.40	25.22	42.2	170520
160	50.80	28.58	31.55	48.2	222460
200	63.50	39.68	37.85	60.3	346920

[비고] 호칭 번호 40, 50 … 의 앞숫자 4, 5 …는 체인의 피치를 1/8"의 배수로 나타낸 것이고, 뒤의 숫자 0은 롤러 체인을 나타낸 것이다.

(2) 롤러 체인의 스프로킷휠

롤러 체인의 스프로킷휠(sprocket wheel)은 기어와 비슷한 형상으로 그림 11.31과 같이 이뿌리 부분은 롤러가 스프로킷 속에 들어가도록 롤러의 반지름보다 약간 큰 반지름의 원호로 되어 있다. 치형은 체인이 스프로킷휠에 진출이 원활하게 되도록 해야 한다.

(a) 분할 핀형 (b) 클립형

그림 11.29 이음 링크

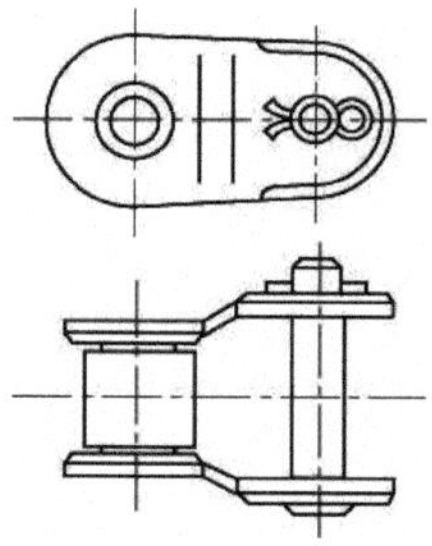

그림 11.30 오프셋 링크

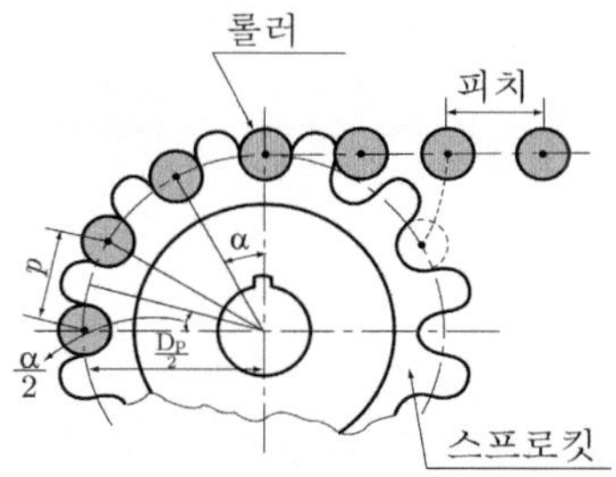

그림 11.31 롤러 체인용 스프로킷휠

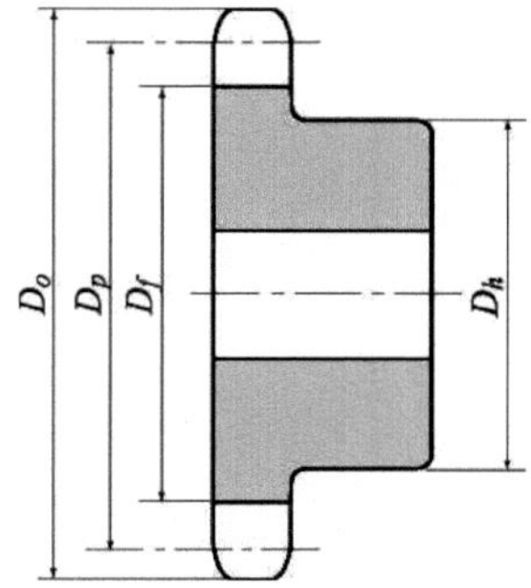

그림 11.32 스프로킷휠의 치수

체인에서 인접한 핀의 중심간의 거리를 피치라 하고, 체인이 스프로킷휠에 감겼을 때 체인의 핀 중심을 지나는 원을 피치원(pitch circle)이라 한다.

스프로킷휠의 치수는 그림 11.32와 같이 스프로킷휠의 피치원 지름, 바깥 지름, 이뿌리원 지름, 보스 지름으로 나타낸다.

$$\left.\begin{aligned} &\text{피치원 지름 } D_p = \frac{p}{\sin\dfrac{180°}{z}} \\ &\text{이끝원 지름 } D_o = p\left(0.6 + \cot\frac{180°}{z}\right) \\ &\text{이뿌리원 지름 } D_f = D_p - D_r \\ &\text{최대허브 지름 및 최대이골지름 } D_h = p\left(\cot\frac{180°}{z} - 1\right) - 0.76 \end{aligned}\right\} \quad (11.31)$$

그림 11.33과 같이 체인이 스프로킷휠에 감겼을 때의 굴곡 각도는 체인의 원활한 운전이나 마멸에 밀접한 관계가 있다.

굴곡 각도와 잇수와의 관계를 표시하면 그림 11.34와 같다. 스프로킷휠의 잇수는 보통 17개 이상 70개 정도가 적합하다. 잇수가 작으면 굴곡 각도가 커져서 원활한 운전을 할 수 없고 진동을 일으켜 수명을 단축시킨다. 그러므로 잇수가 17개 이상에서는 굴곡 각도는 20° 보다 작고 각도 변화가 적다. 그러나 17개 이하가 되면 각도가 급격히 증가하여 원활한 운전을 할 수 없으므로, 잇수는 17개 이상으로 하는 것이 좋다. 또한 마멸을 균일하게 하기 위해서는 이는 되도록 홀수로 한다.

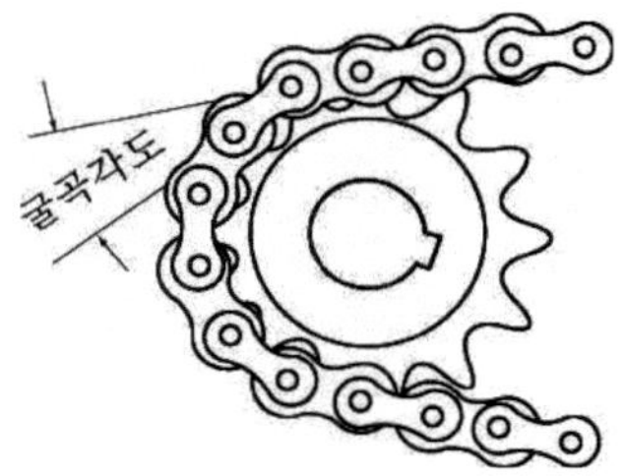

그림 11.33 굴곡 각도

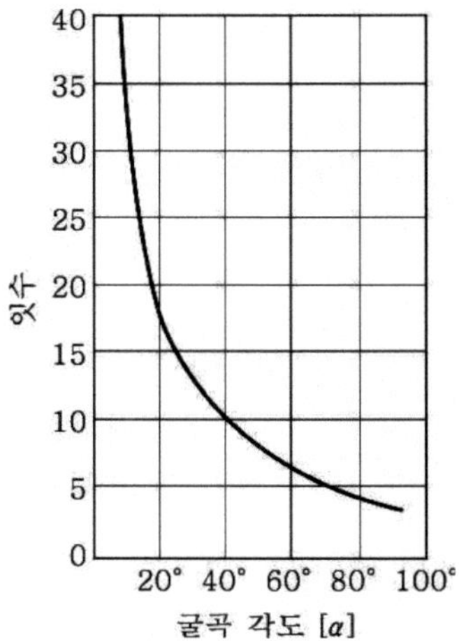

그림 11.34 굴곡 각도와 잇수와의 관계

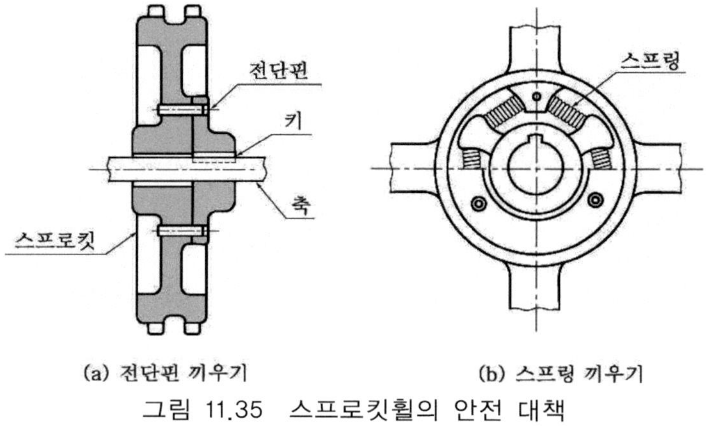

그림 11.35 스프로킷휠의 안전 대책

벨트 전동에서는 급히 큰 하중이 가해질 때 미끄럼에 의해 풀리의 파괴를 방지할 수 있으나 체인 전동에서는 미끄럼이 없기 때문에 그림 11.35와 같이 전단 핀으로 스프로킷과 축을 연결하여 핀의 전단에 의해 다른 부분의 파괴를 방지 하도록 되어 있다. 또 그림 (b)와 같이 스프로킷휠에 스프링을 삽입하여 충격을 완화하는 것도 있다.

2. 사일런트 체인과 스프로킷휠

(1) 사일런트 체인

롤러 체인은 스프로킷휠의 이가 마멸되거나 체인의 피치가 늘어나면 물림이 불량해져 소음과 진동이 생기는데, 이 결점을 없애려고 할 때는 그림 11.36과 같은 사일런트 체인(silent chain)을 사용한다. 이 체인은 고속에서도 소음이 없는 반면에 제작이 어렵고, 무거우며 가격이 비싸기 때문에 롤러 체인 만큼 널리 사용되지는 않는다. 사일런트 체인은 그림 11.36(a)와 같이 강판으로 만든 링크 플레이트 여러 장을 겹쳐서 핀으로 결합한 것이다. 이때 안내 링크 플레이트를 중앙 또는 양측에 끼워서 체인이 운전 중에 옆으로 이동하여 벗겨지는 것을 막는다. 표 11.9는 사일런트 체인의 치수를 나타낸 것이다.

링크 플레이트의 양측이 이루는 각을 면각이라 부르고, 보통 52°, 60°, 70°, 80°의 4종류가 있으며, 52°가 가장 널리 쓰인다.

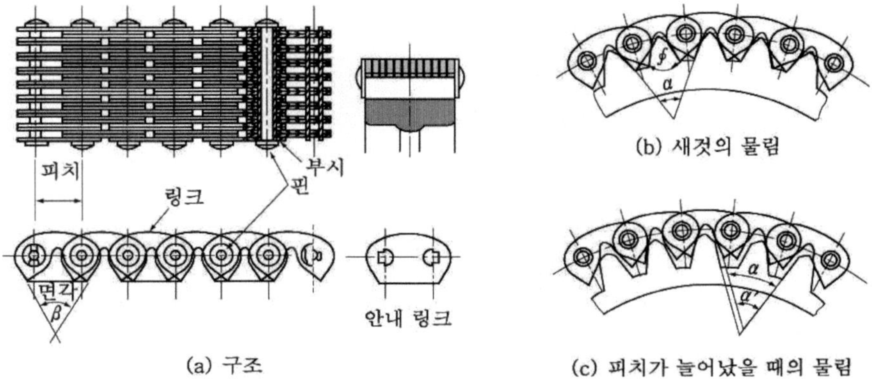

그림 11.36 사일런트 체인과 스프로킷휠의 물림

표 11.9 사일런트 체인의 치수

(단위 : [mm])

피치 p	링크 플레이트 길이	링크 플레이트 두께	핀 지름	부시 두께	와셔 지름	와셔 두께	면각 α (도)
9.52	17.25	1.52	2.77	0.76	6.35	1.52	60, 70, 80
12.70	22.27	1.52	3.17	1.02	7.24	1.52	52, 60
15.88	27.48	1.52	4.75	1.27	9.52	1.52	52, 60
19.05	32.94	1.52	4.75	1.52	10.46	1.52	52, 60, 70
25.40	43.61	1.52	6.35	1.52	12.70	2.03	52
31.75	54.02	3.04	8.71	2.03	15.87	2.03	52
38.10	64.68	3.04	11.10	2.03	19.05	2.03	52, 60
50.80	86.00	3.04	14.27	2.03	22.22	2.54	52

(2) 사일런트 체인의 스프로킷휠

스프로킷휠은 강이나 고급 주철로 만들고, 이는 래크와 같이 직선으로 되어 있다. 그림 11.37과 같이 스프로킷 1개의 이의 양면이 이루는 각을 β, 링크 플레이트의 면각을 α, 잇수를 z라 하면 다음과 같은 식이 얻어진다.

$$\frac{\alpha}{2} = \frac{\beta}{2} + \frac{2\pi}{z}$$

$$\beta = \alpha - \frac{4\pi}{z} \tag{11.32}$$

사일런트 체인은 그 링크 플레이트의 바깥쪽의 경사면이 스프로킷휠의 이의 경사면에 밀착하여 전동하는 것이며[그림 11.36 (b)], 체인의 피치가 마멸 때문에 늘어나도 체인은 스프로킷휠의 이에 대하여 약간 바깥쪽에서 접촉할 뿐, 역시 완전히 밀착해서 전동하므로 정숙한 운전을 계속할 수 있다[그림 11.36 (c)].

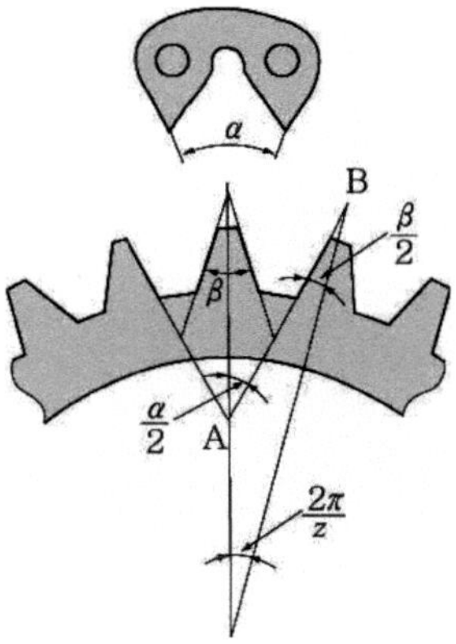

그림 11.37 링크의 면각과 이의 양면각의 관계

스프로킷휠의 바깥지름은 보통 피치원 지름과 같고, 잇수는 면각이 52°일 때 17~120개로 하며, 면각이 클 때에는 11~15개까지 감소시킬 수 있으나 보통 17개 이상으로 한다. 또, 마멸을 균일하게 하기 위해서는 되도록 잇수는 홀수로 한다. 또한, 링크의 수는 짝수로 하는 것이 좋고, 축간 거리를 조정할 수 있도록 한다.

축간 거리는 롤러 체인과 같이 피치의 30~50배 정도로 하는 것이 좋으며, 이것보다 짧으면 체인의 굴곡 회수가 많아져서 체인의 수명이 짧아지고, 이것보다 길게 하면 진동을 일으키기 쉽다.

11.3.3 롤러 체인의 전동 장치

1. 체인을 거는 법

체인은 평행축에 평행 걸기를 하므로 두 축의 스프로킷휠은 동일 평면에 있어야 한다. 스프로킷휠의 접촉각은 모두 120° 이상으로 하는 것이 좋다. 수평 양축에 체인을 거는 법은

그림 11.38 (a)와 같이 벨트 전동과 반대로 긴장측을 위로, 이완측을 아래로 한다. 그러나, 그림 (b)처럼 이완측을 위로 하면 구동 스프로킷휠에서 체인이 벗겨지기 쉽고, 또 스프로킷의 지름이 작고, 축간 거리가 길면 이완측의 체인이 늘어져, 긴장측의 체인에 접촉할 우려가 있다.

그림 11.38 수평 방향의 체인 전동

그림 11.39과 같이 상하로 배치할 때는 큰 스프로킷을 아래로 하여 체인이 늘어져도 벗겨지지 않도록 하는 것이 좋다. 또, 그림 (b)와 같이 이완측에 긴장 풀리를 쓰는 경우도 있다.

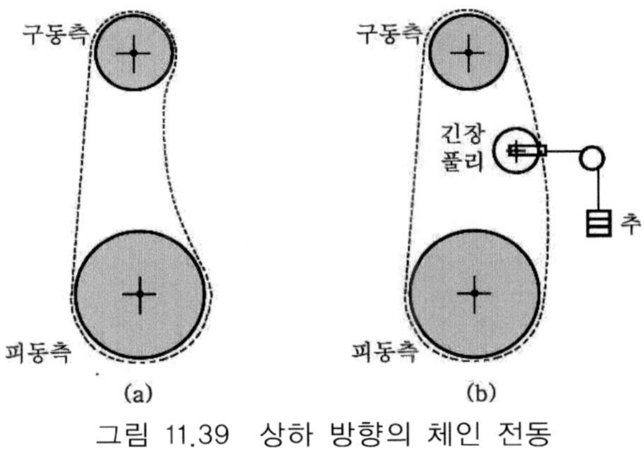

그림 11.39 상하 방향의 체인 전동

2. 체인의 길이

체인의 길이는 벨트와 같이 구동, 피동 스프로킷휠의 피치원 지름과 축간 거리로 구한다. 체인의 길이는 벨트와 달리 반드시 피치의 정수배가 되어야 하므로, 축간 거리를 조절할 수 있는 구조이어야 하며, 링크의 수는 되도록 짝수해야 한다.

스프로킷휠의 잇수를 각각 z_1, z_2, 축간 거리를 C, 체인의 피치를 p 라 하면 체인의 길이는 평벨트의 길이를 계산하는 식을 이용하여 다음과 같이 계산한다.

$$L = 2C + \frac{\pi}{2}(D_1 + D_2) + \frac{(D_2 - D_1)^2}{4C}$$

스프로킷휠의 잇수 $z = \frac{\pi D_p}{p}$ 이므로 $D_p = \frac{pz}{\pi}$ 이므로 위 식에 대입하면 다음과 같다.

$$L = 2C + \frac{(z_1 + z_2)p}{2} + \frac{(z_2 - z_1)^2 p^2}{4C\pi^2} \tag{11.33}$$

체인의 길이는 링크의 수로 나타내므로 링크의 수 L_n 은 체인의 길이를 피치로 나눈 값이므로 다음과 같다.

$$L_n = \frac{L}{p} = \frac{2C}{p} + \frac{(z_1 + z_2)}{2} + \frac{0.0253\,p\,(z_2 - z_1)^2}{C} \tag{11.34}$$

이 계산에서 소숫점 이하는 올려서 정수로 한다.

3. 체인의 속도

체인의 피치를 p , 스프로킷휠의 회전수를 N, 잇수를 z 라 하면 체인의 속도 v_m는 1회전마다 z 개의 링크가 이송되는 것으로 생각하고 다음과 같이 구한다.

$$v_m = \frac{N\,p\,z}{1000 \times 60} \tag{11.35}$$

그러나, 실제로는 그림 11.40과 같이 스프로킷휠에 걸려 있는 링크 플레이트는 정다각형으로 되어 있는 것과 같으므로, 정다각형의 정점으로 진입할 때는 속도가 최대가 되고, 변에 따라 진입할 때는 속도가 최소가 된다.

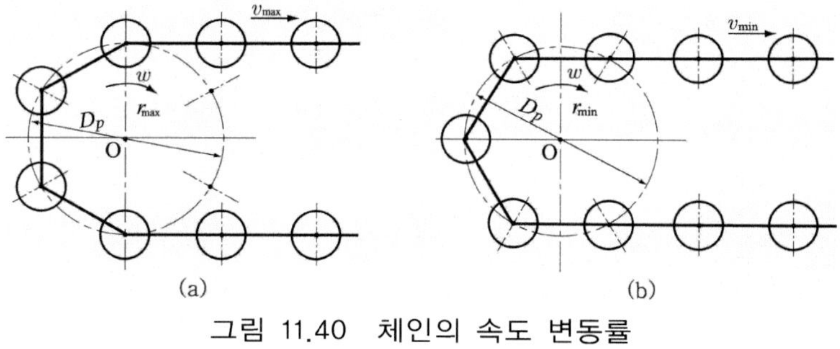

그림 11.40 체인의 속도 변동률

즉, 피치원 지름을 D_p라 하면

$$r_{max} = \frac{D_p}{2}, \quad r_{min} = \frac{D_p}{2}\cos\frac{\pi}{z}$$

가 되고, 스프로킷휠의 각속도를 ω 라 하면 체인의 속도는 다음과 같다.

$$\left.\begin{aligned} v_{\max} &= r_{\max} \cdot \omega = \frac{D_p}{2} \cdot \omega \\ v_{\min} &= r_{\min} \cdot \omega = \frac{D_p}{2} \cdot \omega \cdot \cos\frac{\pi}{z} \end{aligned}\right\} \tag{11.36}$$

체인의 속도는 이 때문에 최대, 최소 사이를 주기적으로 변화하므로 장력의 변동, 소음, 진동의 원인이 된다. 속도 변동은 스프로킷휠의 지름을 크게 하고, 체인의 피치를 작게 하면 어느 정도 완화할 수 있다. 따라서, 속도 변동률 ε은 다음과 같다.

$$\varepsilon = \frac{v_{\max} - v_{\min}}{v_{\max}} \times 100 = \left(1 - \cos\frac{\pi}{z}\right) \times 100 \tag{11.37}$$

4. 체인의 전달 동력

체인 전동은 벨트나 로프 전동과 달리 초기 장력이 필요없고, 축간 거리가 짧아서 자중(own weight)에 의한 장력을 무시하므로 이완측 장력은 거의 무시된다. 그러므로 운전중 스프로킷의 피치원에 작용하는 원주 방향의 힘이 그대로 긴장측 장력이 되고, 전달력이 된다. 이 때 긴장측 장력을 T_1, 체인의 평균 속도를 v_m 라 하면 전달 동력은

$$H = \frac{T_1\, v_m}{1000} \ [\mathrm{kW}] \tag{11.38}$$

이 된다. 이 장력 결정은 체인의 파단 강도와 안전율로 정해지며, 안전율(S)의 값은 속도가 빠를수록 큰 값을 잡는다. 즉, 롤러 체인에서는 S = 5 ~ 20, 사일런트 체인에서는 S = 30 ~ 50 정도로 한다.

예제 11.11 스프로킷휠의 잇수 $z_1 = 20, z_2 = 50$이고, 축간 거리 $C = 800$ [mm]인 체인 전동 장치에서 필요한 체인의 길이(링크의 수)를 구하라. 또, 작은 스프로킷휠이 500 [rpm]으로 회전할 때 몇 [kW]를 전할 수 있는가? 다만, 안전율은 10으로 하고, 이 체인의 파단 하중은 21.69 [kN]으로 한다.

[풀이] 식 (11.34)에 의하여 링크의 수 L_n을 구한다. 파단 하중이 21.69 [kN]이므로 표 11.8에서 피치는 15.88 [mm]이다.

$$L_n = \frac{2C}{p} + \frac{(z_1 + z_2)}{2} + \frac{0.0253(z_2 - z_1)^2 p}{C}$$

$$= \frac{2 \times 800}{15.88} + \frac{(50+20)}{2} + \frac{0.0253 \times (50-20)^2 \times 15.88}{800} = 136.2 = 137$$

체인의 평균 속도 v_m은

$$v_m = \frac{N\,p\,z}{1000 \times 60} = \frac{500 \times 15.88 \times 20}{1000 \times 60} = 2.65\,[\mathrm{m/s}]$$

이고, 또 체인의 허용 장력은 안전율을 10으로 하면

$$T_1 = \frac{21690}{10} = 2169\,[\mathrm{N}]$$

이며, 전달 마력은 다음과 같다.

$$H = \frac{T_1\,v_m}{1000} = \frac{2169 \times 2.65}{1000} = 5.75\,[\mathrm{kW}]$$

예제 11.12 7.5 [kW], 1150 [rpm]의 전동기로 캠 축을 롤러 체인으로 전동하려고 한다. 이 경우 체인의 호칭 번호와 스프로킷휠의 잇수를 결정하여라. 다만, 속도비는 1 : 2, 체인의 속도 4 [m/s], 축간 거리는 550 [mm], 안전율은 10으로 한다. 또, 스프로킷휠의 피치원 지름, 바깥지름을 구하라.

[풀이] 먼저 체인의 허용 장력을 식 (11.38)에 의하여 구하고, 파단 하중을 구한다.

$$T_1 = \frac{1000\,H}{v_m} = \frac{1000 \times 7.5}{4} = 1875\,[\mathrm{N}]$$

$$T_B = T_1\,S = 1875 \times 10 = 18750\,[\mathrm{N}]$$

이 파단 하중에 견딜 수 있는 롤러 체인은 표 11.8에서 # 50 ($p = 15.88$ [mm])이므로 구동축 스프로킷휠의 잇수는 식 (11.35)에 의해 구한다.

$$z_1 = \frac{1000 \times 60 \times v}{N\,p} = \frac{1000 \times 60 \times 4}{1150 \times 15.88} = 13.14 = 13$$

피동축 스프로킷의 잇수는

$$z_2 = \frac{z_1}{i} = 13 \times 2 = 26 \text{ 개}$$

체인의 길이(링크의 수)는 식 (11.34)에 의해 구한다.

$$L_n = \frac{2C}{p} + \frac{1}{2}(z_1 + z_2) + \frac{0.0253(z_2 - z_1)^2 p}{C}$$

$$= \frac{2 \times 550}{15.88} + \frac{1}{2}(13+26) + \frac{0.0253 \times (26-13)^2 \times 15.88}{550} = 88.88 = 89 \text{ 개}$$

다음, 롤러 체인용 스프로킷의 피치원 지름 D_p와 바깥지름D_o를 식 (11.31)에 의해 구한다.

구동측의 스프로킷의 D_{p1}, D_{o1}은

$$D_{p1} = \frac{p}{\sin\dfrac{180°}{z_1}} = \frac{15.88}{\sin\dfrac{180°}{13}} = 66.4\ [\mathrm{mm}]$$

$$D_{o1} = p\left(0.6 + \cot\frac{180°}{z_1}\right) = 15.88 \times \left(0.6 + \cot\frac{180°}{13}\right) = 74.1\ [\mathrm{mm}]$$

피동측 스프로킷의 D_{p2}, D_{o2}는

$$D_{p2} = \frac{p}{\sin\dfrac{180°}{z_2}} = \frac{15.88}{\sin\dfrac{180°}{26}} 131.8\ [\mathrm{mm}]$$

$$D_{o2} = p\left(0.6 + \cot\frac{180°}{z_2}\right) = 15.88 \times \left(0.6 + \cot\frac{180°}{26}\right) = 140.3\ [\mathrm{mm}]$$

연습문제

1. 평벨트를 재료에 따라 나누고, 각 벨트의 특징을 알아보자.
2. 평벨트를 평행 걸기를 하였을 때 접촉각이 작은 쪽을 설계 기준으로 하는 이유를 설명해 보자.
3. 아이텔바인식을 유도해 보자.
4. V벨트가 평벨트보다 유리한 점을 열거해 보자.
5. 단차에서 속도비는 어떻게 정하는지 알아보자.
6. 와이어 로프를 꼬는 방법에는 어떤 것이 있으며, 각 꼬임의 특징을 설명해 보자.
7. 체인 전동에서 링크의 수를 구하는 식을 유도해 보자.
8. 체인의 속도 변동률은 왜 발생하며, 속도 변동율을 작게 하는 방법은 무엇인지 알아보자.
9. 사이런트 체인의 특징을 설명해 보자.
10. 회전수 350 [rpm], 풀리의 지름이 450 [mm] 인 구동 풀리로부터 축간 거리가 4 m 인 피동 풀리(D_2 = 650 [mm])에 가죽 벨트로 평행 걸기를 하여 3.5 [kW]의 동력을 전달하려고 한다. 알맞는 벨트의 길이와 치수를 구하여라. 다만, $\mu = 0.2$, $\sigma_a = 2$ [N/mm^2], $\eta = 0.8$로 한다. 답 (L = 9730 [mm], $b \times t = 127 \times 5$)
11. 1겹 가죽 벨트로 운전되는 3.5 [kW]의 제재 기계가 있다. 풀리의 지름 100 [mm], 회전수 3600 [rpm], 접촉각 135°, 마찰 계수 0.25, 벨트의 인장 강도 20 [N/mm^2], 안전율 12, 이음 효율이 80%일 때 필요한 벨트의 너비를 구하여라. 다만, $m = 0.001\,b\,t$ 이다. 답 (b = 102 [mm])
12. 너비 203 [mm]의 2겹 가죽 벨트(두께 8 [mm])로 지름 650 [mm], 회전수 600 [rpm]의 벨트 풀리를 운전할 때 마찰 계수 0.2, 접촉각 165°라고 하면 전달할 수 있는 동력은 얼마인가? 다만, 이음 효율이 80%, 벨트의 허용 인장 응력은 2 [N/mm^2]로 한다.

    답 (H = 17.2 [kW])
13. 평행 걸기로 너비 140 [mm], 두께 5 [mm]의 가죽 벨트(허용 응력 2 [N/mm^2])를 사용할 때 몇 [kW]까지의 전달이 가능한가? 다만, 구동 풀리의 지름 150 [mm], 회전수 400 [rpm], 속도비 1 : 4, 축간 거리 5 m, 이음 효율 80%, 마찰 계수 0.2로 한다.

    답 (H = 1.6 [kW])

14. 회전수 1150 [rpm], 동력 5 [kW]의 모터로 지름 150 [mm]의 벨트 풀리로부터 두께 3 [mm]의 1겹 가죽 벨트를 사용하여 동력을 전달하려고 한다. 가죽 벨트는 접착재 이음으로 하고, 접촉각 130°, 마찰 계수 0.2로 하여 필요한 벨트의 너비를 구하여라. 다만, $\sigma_a = 3$ [N/mm^2]로 한다. 답 ($b = 127$ [mm])

15. 축간 거리 5 m, 지름이 400 [mm] 및 450 [mm]인 주철제 벨트 풀리를 가죽 벨트로 평행 걸기를 하여 30 [kW]의 동력을 전달하려고 한다. 벨트의 속도 900 [m/min]일 때의 벨트의 너비와 풀리의 너비를 결정하여라. 다만, 마찰 계수 0.2, $\sigma_a = 2$ [N/mm^2], 이음 효율 90%로 한다. 답 ($b = 279$ [mm], $B = 317$ [mm])

16. 구동축의 회전수가 100 [rpm], 피동축의 회전수는 최고 300 [rpm], 최소 75 [rpm], 축간 거리 2 [m]일 때 평행 걸기에 의한 3단 단차의 각 단의 지름을 결정하여라. 다만, 구동축의 최소 지름은 90 [mm]이다.

답 ($D_1 = 90$ [mm], $D_2 = 126$ [mm], $D_3 = 157.5$ [mm], $d_1 = 120$ [mm], $d_2 = 84$ [mm], $d_3 = 52.5$ [mm])

17. 축간 거리가 2 [m]이고, 구동축의 회전수가 250 [rpm], 피동축의 회전수를 최대 500 [rpm], 최소 100 [rpm]이 되도록 4단 평행 걸기 단차를 설계하여라. 다만, $D_1 = 300$ [mm]로 한다.

답 ($d_1 = 750$ [mm], $D_2 = 434$ [mm], $d_2 = 632$ [mm], $D_3 = 578.8$ [mm], $d_3 = 492$ [mm])

18. 벨트의 속도가 25 [m/s]일 때의 D 형 V벨트 1개의 전달 동력을 계산하여라. 다만, 접촉각은 135°, 마찰 계수는 0.4, 벨트의 재료의 밀도는 1200 [kg/m^3]로 한다.

답 ($H = 8.9$ [kW])

19. 6가닥의 D형 V벨트를 사용하여 전동할 때 접촉각 160°, 부하 수정 계수 0.7, 접촉각 수정 계수 0.96, 벨트의 속도 1350 [m/min]라고 하면 전동할 수 있는 최대 동력은 얼마인가? 다만, 마찰 계수 0.4, 벨트 재료의 밀도는 1200 [kg/m^3]로 한다.

답 ($H = 40$ [kW])

20. 26 [kW]의 방적 기계가 있다. E형 V벨트를 사용하여 운전할 때 벨트의 속도 10 [m/s], 접촉각 140° 라면 필요한 벨트의 수는 몇 개인가? 단, 마찰계수는 0.4이다.

답 ($z = 3$)

21. 1250 [rpm], 10 [kW]의 전동기로부터 V벨트로 250 [rpm]의 공기 압축기를 운전하려고 한다. V벨트의 형과 벨트의 수를 결정하여라. 다만, 축간 거리는 0.6 [m], 전동기축 풀리의 접촉각은 120°, $k_2 = 0.75$, 마찰 계수는 0.3으로 한다.

답 (C형 4개)

22. 로프 전동 장치에서 7.4 [kW], 200 [rpm]의 동력을 지름 750 [mm]의 로프 풀리로 속도비 1 : 1인 피동축에 전달하기 위하여 삼 로프를 사용할 때 로프의 지름과 인장력을 구하여라. 다만, 로프 풀리의 홈의 각도는 45°, 마찰 계수는 0.2로 한다.
답 (d= 20 [mm], T= 1414 [N])

23. 7 [kW], 200 [rpm]의 동력을 지름 800 [mm]인 로프 풀리로서 동일한 회전수의 피동축에 전달하기 위해 1호(6×7)의 와이어 로프 1개를 사용할 때 필요한 로프의 파단 하중을 구하여라. 다만, 마찰 계수는 0.2, 안전율은 10으로 한다.
답 (17.9 [kN])

24. 지름이 500 [mm], 회전수가 300 [rpm]인 로프 풀리에 지름 14 [mm]인 1호 2종 와이어 로프 5가닥을 사용할 때 전달할 수 있는 동력은 얼마인가? 다만, 마찰 계수 0.2, 접촉각 180°, 로프의 속도 15 [m/s], 안전율 10, 이음 효율 70%로 한다. 와이어 로프의 파단 하중은 86.8 [kN]이다. 답 (H= 22.2 [kW])

25. # 100의 롤러 체인을 잇수가 40인 스프로킷휠에 사용할 때 스프로킷휠의 피치원 지름 및 바깥지름을 구하여라. 답 (D_p= 405 [mm], D_o= 422.5 [mm])

26. # 60의 롤러 체인을 잇수 40, 회전수 200 [rpm]인 스프로킷을 사용하였을 때, 전달할 수 있는 동력은 얼마인가? 다만, 안전 계수를 15로 한다.
답 (H= 5.3 [kW])

27. # 50의 롤러 체인으로 3 [kW]의 동력을 전달하는데, 안전 계수를 15 이상으로 하기 위하여는 체인의 평균 속도를 어떤 범위로 하면 되겠는가? 답 (v_m = 2.07 m/s)

28. 5.5 [kW]의 동력을 회전수 750 [rpm]인 구동축으로부터 축간 거리 820 [mm], 회전수 250 [rpm]인 피동축에 전달하고자 한다. 롤러 체인의 평균 속도가 3 [m/s], 안전 계수 15로 하여 체인 번호, 체인의 길이를 결정하여라. 답 (# 60, L= 113개)

29. # 50의 롤러 체인을 잇수 18 및 60, 축간 거리 730 [mm]인 스프로킷휠에 감아 걸 때 필요한 체인의 길이를 구하여라. 또, 작은 스프로킷휠이 600 [rpm]으로 회전할 때 전달 동력을 구하여라. 다만, 안전율은 15로 한다.
답 (L= 132개, H= 4.1 [kW])

12

Chapter

브레이크 및 플라이휠

12.1 브레이크

브레이크(brake)는 마찰을 이용하여 운전 중에 회전축의 속도를 조절하거나 정지시키는 경우에 사용하는 장치이다. 즉, 회전축의 운동 에너지를 기계적인 마찰을 이용하여 열에너지로 변환시켜 회전을 조절한다.

브레이크는 마찰을 발생시키는 작동 부분과 작동 부분에 힘을 가해주는 조작 부분으로 되어 있다. 조작 부분에 가해주는 힘으로는 인력, 압축 공기, 유압, 원심력, 전자력 등이 있다. 널리 사용되고 있는 브레이크에는 블록 브레이크, 밴드 브레이크, 축향 브레이크, 자동 하중 브레이크 등이 있다.

12.1.1 블록 브레이크

1. 단식 블록 브레이크

(1) 평블록 브레이크

블록 브레이크(block brake)는 구조가 간단하여, 철도 차량이나 하역 기계 등에 널리 사용되고 있다. 블록이 1개인 것을 단식 블록 브레이크, 2개인 것을 복식 브레이크 블록이라 한다.

이 블록 브레이크들은 회전하는 브레이크 드럼(brake drum)에 블록을 밀어 붙여, 이 때 발생하는 마찰력에 의하여 제동을 하게 된다. 그림 12.1은 단식 블록 브레이크의 원리와 종류를 나타낸 것이다.

브레이크 드럼이 회전할 때 제동을 시키기 위해서는 레버에 힘을 가해야 한다. 이 힘으로 블록은 드럼에 힘을 가하고, 드럼에는 수직력 Q가 작용한다. 브레이크 블록과 브레이크 드럼 사이의 마찰 계수를 μ라 하면, 제동 토크 T는 다음과 같다.

$$T = \frac{\mu Q D}{2} = \frac{PD}{2} \tag{12.1}$$

여기서, D : 브레이크 드럼의 지름, P : 제동력

그림 12.1(a)에서 브레이크에 작용하는 힘에서 각 지점까지의 거리를 a, b, c 라 하면 모멘트의 평형 조건으로부터 브레이크 레버에 가해지는 힘 F를 구할 수 있다. 드럼이

우회전을 하는 경우

$$Fa - Qb - \mu Qc = 0$$

$$F = \frac{Q}{a}(b + \mu c) \tag{12.2}$$

좌회전을 하는 경우

$$Fa - Qb + \mu Qc = 0$$

$$F = \frac{Q}{a}(b - \mu c) \tag{12.3}$$

가 된다.

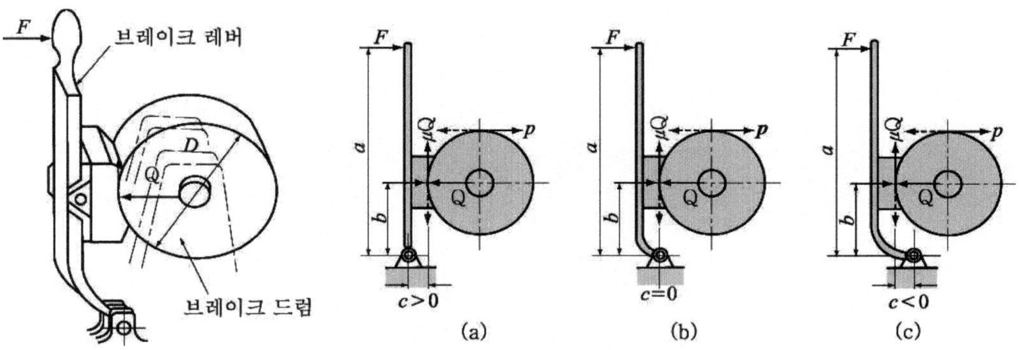

그림 12.1 단식 블록 브레이크

그림 12.1(b)의 경우는 $c = 0$ 이므로 드럼의 회전 방향에 관계없이 제동 효과는 일정하다. 즉

$$Fa - Qb = 0$$

$$F = \frac{Qb}{a} \tag{12.4}$$

그림 12.1(c)의 경우에는

우회전을 할 때

$$Fa - Qb + \mu Qc = 0$$

$$F = \frac{Q}{a}(b - \mu c) \tag{12.5}$$

좌회전을 할 때

$$Fa - Qb - \mu Qc = 0$$

$$F = \frac{Q}{a}(b + \mu c) \tag{12.6}$$

그림 (a)와 (c)에서 축의 회전 방향에 따라 조작력의 크기가 다르게 된다. 또, $b - \mu c \leq 0$일 때 즉, c가 b에 비하여 상당히 커지면 $F \leq 0$이 되어 브레이크 레버에 힘을 가하지 않아도 자동적으로 브레이크가 걸리게 된다. 이와 같은 작용을 **자립 잠김**(self locking)이라 한다. 이 경우 드럼은 정지시킬 수는 있으나 드럼의 회전은 제어할 수 없으므로 브레이크로서는 사용할 수 없다.

한편 단식 블록 브레이크에서 제동력을 크게 하려면 레버에 가하는 힘을 크게 해야 한다. 이와 같이 하면 드럼축에 큰 굽힘 모멘트가 작용하게 되어 베어링이 손상되어 사용할 수 없게 된다. 이를 해결하려고 두 개의 브레이크 블록을 드럼에 대칭으로 설치하면 레버에 가해지는 힘이 크지 않아도 큰 제동력을 얻을 수 있다. 이 브레이크를 **복식 블록 브레이크**(double block brake)라 하며, 일반적으로 철도 차량, 대형 전동 윈치 등에 많이 사용한다.

(2) V블록 브레이크

작은 힘으로 큰 제동력을 얻으려면 그림 12.2와 같이 쐐기 작용을 하는 V블록을 사용해야 한다.

지금, V블록의 홈각을 α, 블록이 브레이크 드럼을 힘 Q로 누르면, 브레이크 드럼의 경사면에는 수직한 힘 R이 생긴다. 블록과 드럼 재료의 마찰 계수를 μ라 하면 다음과 같은 식이 성립된다.

$$Q = 2\left(R\sin\frac{\alpha}{2} + \mu R\cos\frac{\alpha}{2}\right)$$

$$R = \frac{Q}{2\left(\sin\frac{\alpha}{2} + \mu\cos\frac{\alpha}{2}\right)} \tag{12.7}$$

브레이크의 제동력은 브레이크 드럼과 V블록의 미끄럼 방향에 작용하는 마찰력이므로 2개의 마찰면에 작용하는 제동력 P은 다음과 같다.

$$P = 2\mu R = \frac{\mu}{\sin\frac{\alpha}{2} + \mu\cos\frac{\alpha}{2}} Q = \mu' Q \tag{12.8}$$

즉, 실제의 마찰 계수 μ가 V홈 때문에 μ'로 증가하는 것이 되므로 V블록의 제동력은 평블록보다 크게 된다. 따라서 $\mu = 0.2 \sim 0.4$, $\alpha = 36°$라 하면 $\mu' = 0.40 \sim 0.58$이 되고, 마찰 계수는 1.5~2배 증가하는 효과가 있다. 식 (12.8)에서 α가 작을수록 큰 제동력을 얻을 수 있으나, 너무 작게 하면 블록이 홈 속에 세게 끼워져 탈착이 곤란하므로 보통 $\alpha \geq 45°$로 한다.

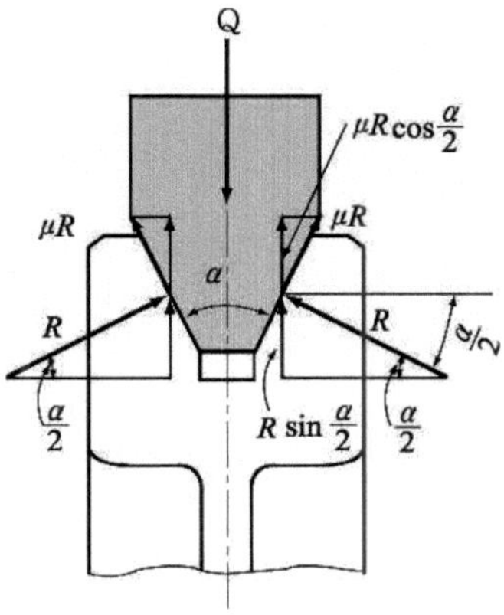

그림 12.2 단식 V블록 브레이크

2. 내부 확장식 브레이크

내부 확장식 브레이크(internal expansion brake)는 복식 블록 브레이크의 블록을 브레이크 드럼 안쪽에 장착한 브레이크이다. 그림 12.3은 이 브레이크의 구조를 나타낸 것으로 브레이크 페달을 밟으면 마스터 실린더(master cylinder)내의 오일에 압력이 가해지고, 이 유압은 파이프를 통해 각 바퀴에 설치된 휠 실린더(wheel cylinder)에 전달된다. 이 유압으로 피스톤을 좌우로 밀어내면 브레이크 슈(brake shoe)가 드럼에 접촉하여 제동을 하게 된다.

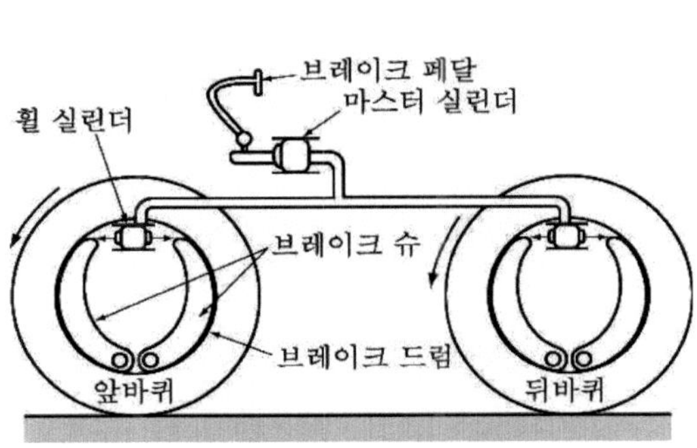

그림 12.3 내부 확장식 브레이크의 구성

이 브레이크는 브레이크 슈가 드럼의 안쪽에 설치되어 있어 먼지, 흙, 기름 등이 마찰면에 묻지 않고, 또 드럼의 바깥쪽으로 마찰열이 방산되기 때문에 자동차용에 널리 사용된다. 브레이크 슈를 밀어붙이는 작용은 유압 실린더나 캠에 의해 이루어지며, 대체로 유압에 의해 제동되므로 오일 브레이크라고도 한다.

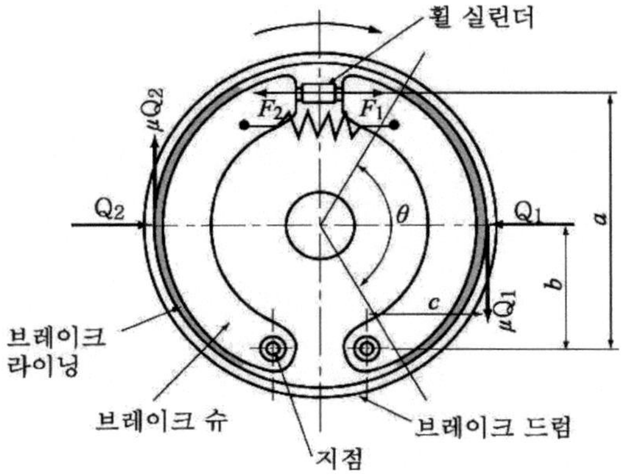

그림 12.4 내부 확장식 브레이크

그림 12.4에서 브레이크 슈를 밀어내는 힘을 각각 F_1, F_2이라 하면 슈가 드럼을 눌러 드럼에는 각각 수직력 Q_1, Q_2가 작용된다. 마찰 계수를 μ, 브레이크 슈의 각부 치수를 a, b, c라 하면 제동력 P는 다음과 같다.

$$P = \mu Q_1 + \mu Q_2 \tag{12.9}$$

이고, 드럼이 우회전할 때, 각 슈를 밀어내는 힘은 다음과 같다.

$$\left.\begin{aligned} F_1 a - Q_1 b + \mu Q_1 c = 0 \qquad F_1 = \frac{Q_1}{a}(b - \mu c) \\ F_2 a - Q_2 b - \mu Q_2 c = 0 \qquad F_2 = \frac{Q_2}{a}(b + \mu c) \end{aligned}\right\} \tag{12.10}$$

드럼이 좌회전할 때, 각 슈를 밀어내는 힘은 다음과 같다.

$$\left.\begin{aligned} F_1 a - Q_1 b - \mu Q_1 c = 0 \qquad F_1 = \frac{Q_1}{a}(b + \mu c) \\ F_2 a - Q_2 b + \mu Q_2 c = 0 \qquad F_2 = \frac{Q_2}{a}(b - \mu c) \end{aligned}\right\} \tag{12.11}$$

그림에서 슈를 밀어내는 힘 F_1과 F_2는 같지만 브레이크 드럼의 회전 방향에 따라 양쪽 제동력은 달라진다. 즉, 드럼이 우회전할 때는 오른쪽 슈는 작용하는 힘의 방향과 회전 방향은 같고, 왼쪽 슈는 반대가 되어, 우측 슈의 제동력이 좌측 슈보다 크게 된다. 그러나 좌회전할 때는 반대가 된다. 이와 같이, 제동력이 큰 쪽 슈를 **리이딩 슈**(leading shoe), 작은 쪽 슈를 **트레일링 슈**(trailing shoe)라 한다.

12.1.2 블록 브레이크의 압력과 브레이크 용량

1. 블록 브레이크의 압력

브레이크의 재질은 마찰 계수와 내마멸성이 크고, 열전도가 좋아야 한다. 브레이크 드럼은 주철 또는 주강제이고, 브레이크 블록은 주철, 주강, 목재로 만들어 여기에 석면, 직물이나 가죽을 붙여서 사용한다. 건조 상태에서는 마찰이 크기 때문에 마멸이 빨리 일어나므로 마찰면에 약간의 기름을 발라서 사용한다.

그림 12.5에서 블록의 너비를 b, 길이를 e, 브레이크 블록의 지름을 D, 접촉 중심각을α라 하면 브레이크 압력(브레이크 블록 단위 면적당의 힘) p는 다음과 같다.

$$p = \frac{Q}{be} \tag{12.12}$$

여기서 누르는 압력의 허용 값은 표 12.1의 p_a 값으로 한다. 다만, 블록의 길이는 드럼의 지름에 대하여 작을수록 누르는 압력이 균일하게 작용하므로 접촉각은 보통 $50 \sim 70°$, $e/D = 0.4 \sim 0.55$ 정도로 한다.

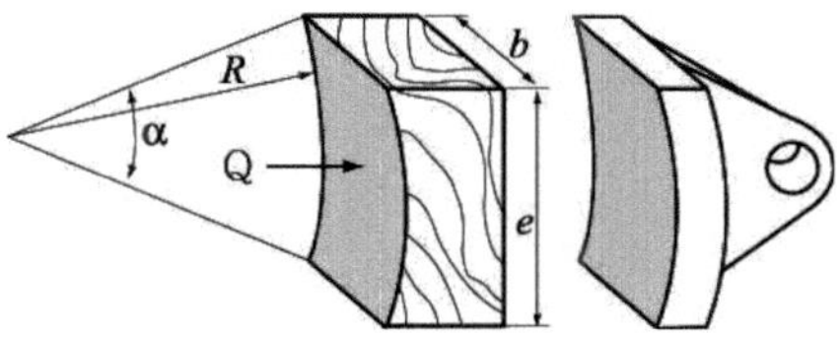

그림 12.5 브레이크 블록

표 12.1 브레이크 재료의 허용 브레이크 압력과 마찰 계수

마 찰 재	마 찰 계 수 μ		허용 브레이크 압력 p_a[MPa]	허용 온도 [℃]
	건 식	습 식		
주 철	0.10 ~ 0.25	0.04 ~ 0.12	1 ~ 1.8	300
담금질강	-	0.05 ~ 0.07	0.7 ~ 2	250
청 동	0.1 ~ 0.2	0.05 ~ 0.1	0.5 ~ 0.8	150
소결합금	0.2 ~ 0.5	0.05 ~ 0.1	1 ~ 3	350
목 재	0.2 ~ 0.35	0.1 ~ 0.15	0.2 ~ 0.4	100
화 이 버	0.25 ~ 0.45	0.1 ~ 0.2	0.05 ~ 0.3	100
코 크	0.25 ~ 0.5	0.15 ~ 0.25	0.05 ~ 0.1	90
가 죽	0.3 ~ 0.55	0.1 ~ 0.15	0.05 ~ 0.3	90

2. 브레이크 용량

블록 브레이크에서 블록의 크기를 정할 때는 발생되는 마찰열의 방산을 고려해야 한다. 마찰열은 블록의 접촉면에서 행해지는 마찰일로 계산할 수 있다.

지금, 브레이크가 마찰에 의한 일량 W_f 는

$$W_f = \mu\, Q\, v = \mu\, p\, b\, e\, v$$

여기서 v : 드럼의 원주 속도, Q : 브레이크 드럼의 수직력, p : 브레이크 압력

마찰면의 단위 면적당의 일량 w_f 는

$$w_f = \frac{W_f}{A} = \frac{\mu\, Q v}{A} = \mu p v \qquad (12.13)$$

가 되며, 마찰면에서 단위 면적당의 일량 만큼의 열이 발생하게 된다. 이 열로 마찰면이 일정한 온도를 유지하기 위해서는 브레이크 블록의 마찰 계수, 접촉 압력, 속도의 값을 알맞게 선택할 필요가 있다. 이 $\mu\, p\, v$ 값을 **브레이크 용량**(capacity of brake)이라 하며, 브레이크 설계의 기준이 된다.

브레이크 드럼이 자연 냉각이 되는 경우는 보통 $\mu\, p\, v$ 값은 다음과 같다.

가혹한 사용조건	$\mu p v \ \leq\ 0.6\ \mathrm{N \cdot m/s \cdot mm^2}$
가혹하지 않은 사용조건	$\mu p v \ \leq\ 1.0\ \mathrm{N \cdot m/s \cdot mm^2}$
방열이 좋고 가혹하지 않은 사용 조건	$\mu p v \ \leq\ 3.0\ \mathrm{N \cdot m/s \cdot mm^2}$

예제 12.1 그림 12.1(a)와 같은 브레이크 드럼이 우회전을 하는 경우 200 N·m의 제동 토크가 되게 하려면 브레이크 레버에 얼마만큼의 힘을 가하면 되겠는가? 다만, $D=800$ [mm], $a=1800$ [mm], $b=600$ [mm], $c=80$ [mm], $\mu=0.2$로 한다.

[풀이] 제동 토크를 구하는 식 (12.1)에서 Q를 구한다.

$$Q = \frac{2\,T}{\mu D} = \frac{2 \times 200000}{0.2 \times 800} = 2500\ [\mathrm{N}]$$

드럼이 우회전을 하므로 브레이크 레버에 가하는 힘 F는 식 (12.2)로 구한다.

$$F = \frac{Q}{a}(b + \mu c) = \frac{2500}{1800} \times (600 + 0.2 \times 80) = 856\ [\mathrm{N}]$$

예제 12.2 그림 12.1 (a)와 같은 단식 블록 브레이크에서 레버에 150 [N]의 힘을 가했을 때, 제동력과 제동 토크를 구하여라. 다만, $a=800$ [mm], $b=80$ [mm], $c=30$ [mm], $\mu=0.2$, $D=400$ [mm]이다.

[풀이] 우회전의 경우 식 (12.2)에 $P=\mu Q$를 대입하여 제동력과 제동 토크를 구한다.

$$P=\frac{F\mu a}{b+\mu c}=\frac{150\times 0.2\times 800}{80+(0.2\times 30)}=279\ [\mathrm{N}]$$

$$T=\frac{PD}{2}=\frac{279\times 400}{2}=55800\ [\mathrm{N}\cdot\mathrm{mm}]=55.8\ [\mathrm{N}\cdot\mathrm{m}]$$

좌회전의 경우도 식 (12.3)에 대입하여 제동력과 제동 토크를 구한다.

$$P=\frac{F\mu a}{b-\mu c}=\frac{150\times 0.2\times 800}{80-(0.2\times 30)}=324\ [\mathrm{N}]$$

$$T=\frac{PD}{2}=\frac{324\times 400}{2}=64800\ [\mathrm{N}\cdot\mathrm{mm}]=64.8\ [\mathrm{N}\cdot\mathrm{m}]$$

예제 12.3 그림 12.6과 같은 내부 확장식 브레이크에서 실린더의 유압이 4 [N/mm^2]이고, 브레이크 드럼이 500 [rpm]으로 회전하면 제동할 수 있는 동력은 몇 [kW]인가? 다만, 마찰 계수는 0.3이다.

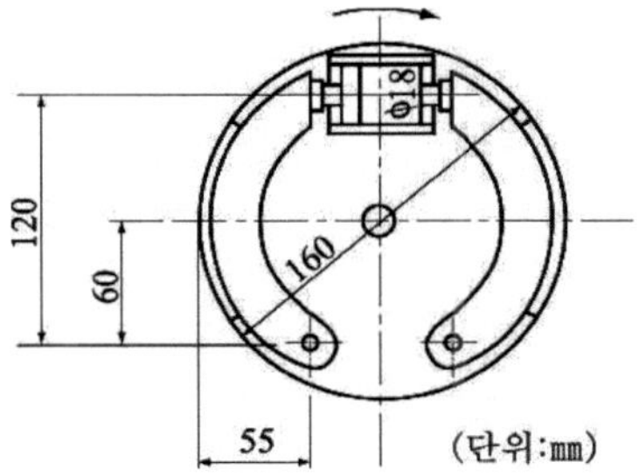

그림 12.6

[풀이] 유압 실린더가 브레이크 슈에 가하는 힘을 구한다.

$$F_1=F_2=\frac{\pi d^2}{4}p=\frac{\pi\times 18^2}{4}\times 4=1018\ [\mathrm{N}]$$

우회전을 하므로 식 (12.10)에서 마찰면에 작용하는 수직력을 구한다.

$$Q_1=\frac{F_1 a}{b-\mu c}=\frac{1018\times 120}{60-(0.3\times 55)}=2808\ [\mathrm{N}]$$

$$Q_2=\frac{F_2 a}{b+\mu c}=\frac{1018\times 120}{60+(0.3\times 55)}=1597\ [\mathrm{N}]$$

따라서, 제동 토크는 다음 식으로 계산한다.

$$T = \frac{\mu(Q_1 + Q_2)D}{2} = \frac{0.3 \times (2808 + 1597) \times 160}{2}$$

$$= 105720\ [\mathrm{N \cdot mm}]$$

그러므로, 제동할 수 있는 동력은 다음과 같다.

$$H = \frac{TN}{9549 \times 10^3} = \frac{105720 \times 500}{9549 \times 10^3} = 5.54\ [\mathrm{kW}]$$

예제 12.4 그림 12.1 (a)와 같은 단식 블록 브레이크(a= 800 [mm], b= 80 [mm], c= 30 [mm], μ= 0.2, D= 400 [mm])의 레버에 150 N을 가하고, 드럼이 100 [rpm]으로 우회전할 때 제동시킬 수 있는 동력을 구하라. 또, 브레이크면의 허용 압력이 2 [MPa]이고, 접촉 중심각이 50°일 때 블록의 치수를 결정하라.

[풀이] 브레이크 드럼의 원주 속도 v는

$$v = \frac{\pi DN}{1000 \times 60} = \frac{\pi \times 400 \times 100}{1000 \times 60} = 2.1\ [\mathrm{m/s}]$$

브레이크 블록을 누르는 힘은

$$Q = \frac{Fa}{b + \mu c} = \frac{150 \times 800}{80 + 0.2 \times 30} = 1395\ [\mathrm{N}]$$

제동할 수 있는 동력은

$$H = \frac{\mu Qv}{1000} = \frac{0.2 \times 1395 \times 2.1}{1000} = 0.59\ [\mathrm{kW}]$$

마찰 면적은

$$A = \frac{Q}{p} = \frac{1395}{0.2} = 6975\ [\mathrm{mm^2}]$$

접촉 중심각이 50°일 때 블록의 길이 e 는

$$e = \frac{D}{2}\alpha = \frac{400}{2} \times 50° \times \frac{\pi}{180} = 175\ [\mathrm{mm}]$$

그러므로 블록의 나비 b 는

$$b = \frac{A}{e} = \frac{6975}{175} = 39.9 = 40\ [\mathrm{mm}]$$

12.1.3 밴드 브레이크

1. 밴드 브레이크의 장력

밴드 브레이크(band brake)는 브레이크 드럼에 강판재의 밴드를 감아, 레버로 밴드를 잡아당기면 밴드와 브레이크 드럼 사이의 마찰력에 의해 제동 작용을 한다. 밴드에는 보통 석면, 나무, 가죽 등을 부착하여 사용한다. 밴드 브레이크는 브레이크 레버의 설치 방법에 따라 그림 12.7과 같이 단동식, 차동식, 합동식으로 나누어진다.

그림에서 브레이크 레버에 가하는 조작력을 F, 브레이크 드럼 원주상의 제동력을 P, 밴드 양끝의 장력을 각각 T_1, T_2, 밴드와 브레이크 드럼과의 접촉각을 θ, 밴드와 브레이크 드럼사이의 마찰 계수를 μ, $e = 2.718$이라 하면,

T_1 와 T_2 와의 관계는 평벨트와 같이(브레이크에서는 원심력은 무시)

$$\frac{T_1}{T_2} = e^{\mu\theta} \tag{12.14}$$

가 된다. 한편, 제동력 $P = T_1 - T_2$ 이므로 식 (12.14)에 대입하면 다음과 같다.

$$\left.\begin{aligned} T_1 &= \frac{e^{\mu\theta}}{e^{\mu\theta}-1}P \\ T_2 &= \frac{1}{e^{\mu\theta}-1}P \end{aligned}\right\} \tag{12.15}$$

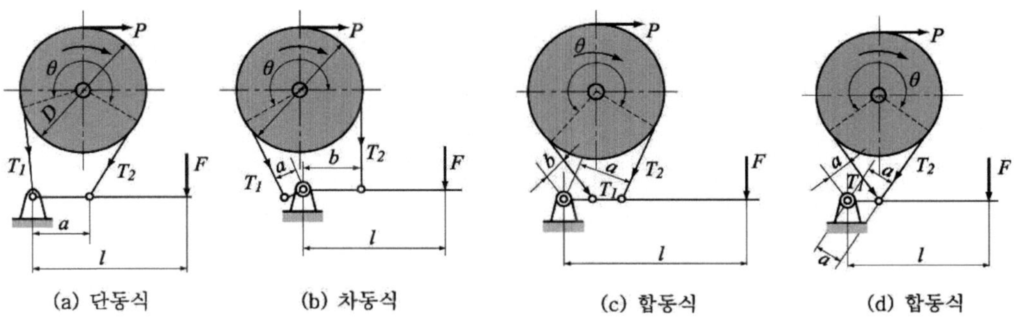

그림 12.7 밴드 브레이크의 종류

2. 밴드 브레이크의 제동력

(1) 단동식 밴드 브레이크

그림 12.8 (a)에서 레버의 지점에서 각 힘까지의 거리를 l, a 라 하면 브레이크 레버의 각 지점에 관한 모멘트 평형 조건으로부터 다음과 같이 계산된다.

우회전의 경우

$$Fl - T_2 a = 0$$

$$F = \frac{T_2\, a}{l} = \frac{P\, a}{l} \cdot \frac{1}{e^{\mu\theta} - 1} \tag{12.16}$$

좌회전의 경우, T_2 와 T_1 은 반대가 되므로

$$F = \frac{T_1\, a}{l} = \frac{P\, a}{l} \cdot \frac{e^{\mu\theta}}{e^{\mu\theta} - 1} \tag{12.17}$$

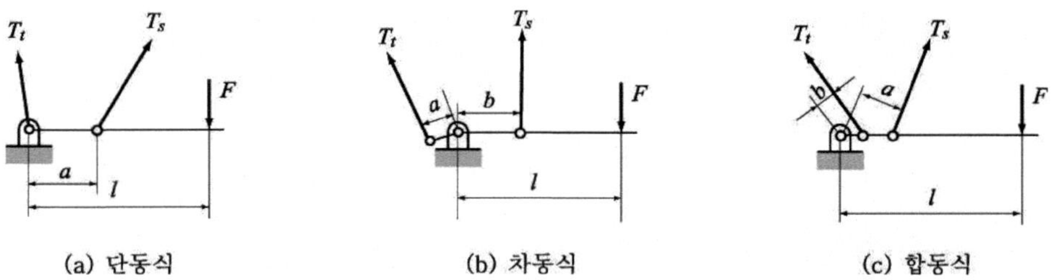

그림 12.8 밴드 브레이크에서 레버에 작용하는 힘의 평형

즉 식 (12.16)에서 식 (12.17)과 같은 제동력을 얻기 위해서는 F 의 값을 $e^{\mu\theta}$ 배로 하여야 한다. 다시 말해서 F 가 일정하면 우회전의 경우가 좌회전보다 제동력이 $1/e^{\mu\theta}$ 배만큼 크며, $\mu\theta$ 의 값이 클수록 그 차이가 커진다. 그러므로, 조작력을 작게 하려면 밴드의 긴장측을 고정 지점에 연결하고 이완측을 레버에 연결하여야 한다.

(2) 차동식 밴드 브레이크

그림 12.8 (b)에서 레버에 작용하는 힘을 구한다.

우회전의 경우

$$F\, l = T_2\, b - T_1\, a$$

$$F = \frac{P\,(b - a\, e^{\mu\theta})}{l\,(e^{\mu\theta} - 1)} \tag{12.18}$$

F 는 b 와 $a\, e^{\mu\theta}$ 와의 차이에 의하여 변하므로 이것을 차동식 밴드 브레이크(differential band brake)라 한다.

좌회전의 경우

$$F = \frac{P\,(b\, e^{\mu\theta} - a)}{l\,(e^{\mu\theta} - 1)} \tag{12.19}$$

이 두 식에서 우회전의 경우는 $a\, e^{\mu\theta} \geq b$, 좌회전의 경우는 $a \geq b\, e^{\mu\theta}$ 가 되면 $F \leq 0$이 되

므로 브레이크는 자동적으로 정지되어 회전 속도를 제어할 수가 없다. 이런 작용을 자립 잠김 작용(self locking action)이라 한다.

그리고 우회전의 경우 $a\,e^{\mu\theta} = b$ 이면 $F = 0$이 되지만 $e^{\mu\theta}$는 항상 1보다 크고 $a < b$의 관계가 있기 때문에 좌회전의 경우는 $b\,e^{\mu\theta}$는 항상 a보다 커서 F는 결코 0이 되지 않는다.

따라서, 이와 같은 치수를 가진 차동식 밴드 브레이크에서 브레이크 드럼은 반시계 방향으로 자유로이 회전할 수 있으나, 시계 방향으로는 전혀 회전할 수 없어 역전 방지 장치(back stop mechanism)로 사용할 수 있다.

(3) 합동식 밴드 브레이크

그림 12.8 (c)에서 브레이크 레버에서 모멘트 평형 조건으로부터

우회전의 경우

$$F\,l = T_2\,a + T_1\,b$$

$$F = \frac{P\,(a + b\,e^{\mu\theta})}{l\,(e^{\mu\theta} - 1)} \qquad (12.20)$$

좌회전의 경우는

$$F = \frac{P\,(a\,e^{\mu\theta} + b)}{l\,(e^{\mu\theta} - 1)} \qquad (12.21)$$

식 (12.20)에서 F는 a와 $b\,e^{\mu\theta}$, 식 (12.21)에서 F는 $a\,e^{\mu\theta}$와 b와의 합에 의하여 변화하므로 이것을 합동식 밴드 브레이크(integrated band brake)라 한다.

만일, 그림 12.7 (d)와 같이 $a = b$이면

$$F = \frac{P\,a\,(e^{\mu\theta} + 1)}{l\,(e^{\mu\theta} - 1)} \qquad (12.22)$$

이 되어 회전 방향이 반대가 되어도 F는 변하지 않는다.

3. 밴드의 치수

밴드는 벨트의 원리와 같으므로 그림 11.10과 같이 밴드의 너비를 b로 하고, 밴드의 두께를 t, 허용 인장 응력을 σ_a라고 하면 다음과 같은 식이 성립된다.

$$t = \frac{T_1}{\sigma_a\,b} \qquad (12.23)$$

밴드의 재료를 강으로 할 때는 보통 $\sigma_a = 60 \sim 80$ [N/mm^2]하고, 특히 마멸을 고려할 경

우에는 $\sigma_a = 50 \sim 60$ [N/mm^2] 한다.

예제 12.5 그림 12.7 (a)와 같은 밴드 브레이크에서 얻을 수 있는 최대 제동 토크는 얼마인가? 다만, 접촉각 $\theta = 240°$, $\mu = 0.45$, $a = 50$ [mm], $l = 700$ [mm], $D = 450$ [mm], $F = 150$ [N]이다.

[풀이] 우회전을 하는 단식 밴드 브레이크이므로 식 (12.16)으로 제동력을 구한다.

$\theta = 240°$, $\mu = 0.45$ 일 때 $e^{\mu\theta} = e^{0.45 \times 240 \times 0.0175} = 6.62$ 이므로

$$P = \frac{F\,l\,(e^{\mu\theta} - 1)}{a} = \frac{150 \times 700 \times (6.62 - 1)}{50} = 11802\,[\mathrm{N}] = 11.8\,[\mathrm{kN}]$$

그러므로 최대 제동 토크 T는 다음과 같다.

$$T = \frac{P\,D}{2} = \frac{11.8 \times 0.45}{2} = 2.655\,[\mathrm{kN \cdot m}]$$

예제 12.6 브레이크 드럼의 지름이 350 [mm]인 단동식 밴드 브레이크에서 1 [kN · m]의 제동 토크를 얻으려고 한다. 밴드의 두께가 2 [mm]이면 나비는 얼마로 하면 될까? 다만, 마찰 계수는 0.35, 접촉각은 240°, 밴드의 허용 인장 응력은 80 [N/mm^2]로 한다.

[풀이] 제동력을 구한다.

$$P = \frac{2\,T}{D} = \frac{2 \times 1000000}{350} = 5714\,[\mathrm{N}]$$

$\mu = 0.35$, $\theta = 240°$ 일 때 $e^{\mu\theta} = e^{0.35 \times 240 \times 0.0175} = 4.35$ 이므로 식 (12.15)로 T_1를 구한다.

$$T_1 = \frac{e^{\mu\theta}}{e^{\mu\theta} - 1}\,P = \frac{4.35}{4.35 - 1} \times 5714 = 7420\,[\mathrm{N}]$$

식 (12.23)으로 밴드의 나비를 구한다.

$$b = \frac{T_1}{\sigma_a\,t} = \frac{7420}{2 \times 80} = 46.4\,[\mathrm{mm}]$$

예제 12.7 그림 12.7 (b)와 같은 밴드 브레이크의 드럼축에 7 [kN · m]의 토크가 작용하고 있다. 브레이크의 각부 치수는 $a = 50$ [mm], $b = 25$ [mm], $D = 450$ [mm], $l = 500$ [mm], $\theta = 240°$, $\mu = 0.25$이고, 드럼이 좌회전을 할 때 정지시키려면 브레이크 레버 끝에 가할 힘을 구하여라. 또, 이 브레이크를 자동적으로 제동시키면 a의 크기는 얼마로 하면 되겠는가?

[풀이] 먼저 제동력 P를 구한다.

$$P = \frac{2T}{D} = \frac{2 \times 7000000}{450} = 31111 \text{ [N]}$$

$\mu = 0.25$, $\theta = 240°$ 일 때 $e^{\mu\theta} = e^{0.25 \times 240 \times 0.0175} = 2.86$이므로 차동식 밴드 브레이크가 좌회전하는 경우로 식 (12.19)으로 레버에 가하는 힘을 계산한다.

$$F = \frac{P(b\,e^{\mu\theta} - a)}{l\,(e^{\mu\theta} - 1)} = \frac{31111 \times (25 \times 2.86 - 50)}{500 \times (2.86 - 1)} = 719 \text{ [N]}$$

다음에 브레이크를 자동적으로 제동시키기 위한 조건은 $a - b\,e^{\mu\theta} \geq 0$이므로

$$a \geq 25 \times 2.86 = 71.5 \text{ [mm]}$$

따라서, a를 71.5 [mm] 보다 크게 하면 $F < 0$이 되어 자동적으로 제동이 걸리므로 자동 브레이크 작용을 한다.

12.1.4 축향 브레이크

1. 원판 브레이크

그림 12.9와 같이 축과 동시에 회전하는 원판(disc)을 브레이크 패드로 눌러 접촉면 사이의 마찰력에 의하여 제동하는 브레이크를 **원판 브레이크**(disc brake)라 한다. 이 브레이크는 마찰면이 노출되어 있으므로 열의 방산이 좋고, 압력 분포가 균일하여 고속에서도 안정된 제동력을 얻을 수 있는 장점이 있어 승용차에 널리 사용되고 있다.

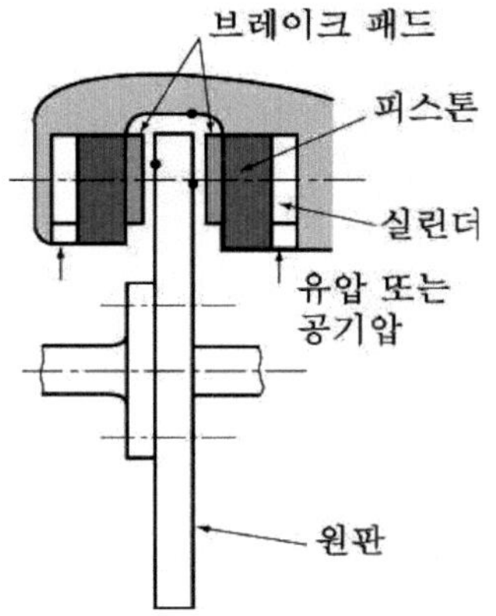

그림 12.9 자동차용 원판 브레이크

그림 12.10에서 축 방향에 누르는 힘 Q가 작용할 때, 제동 토크 T는 다음과 같다.

$$P = \mu Q$$

$$T = \frac{P D_m}{2} = \frac{\mu Q D_m}{2} \tag{12.24}$$

제동 토크를 증가시키기 위해서는 마찰면의 수를 증가시키면 된다. 이와 같은 브레이크를 다판 브레이크라 한다.

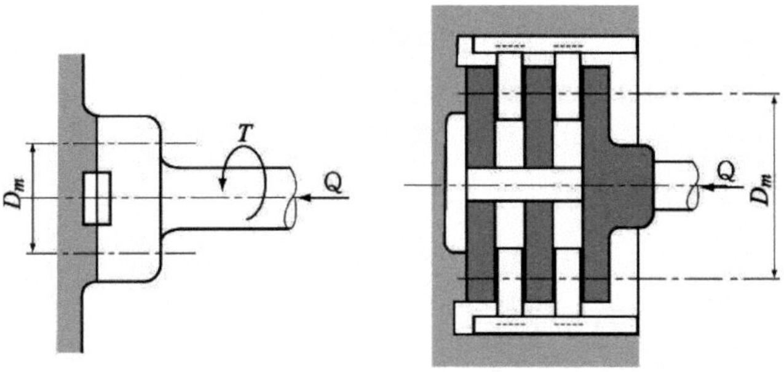

(a) 단판 브레이크 (b) 다판 브레이크

그림 12.10 원판 브레이크

2. 원추 브레이크

원추 브레이크(cone brake)는 원추 클러치와 같은 구조로 되어 있으며, 레버에 가한 조작력에 의해 축방향에 힘이 가해지면 원추면에 작용하는 마찰력에 의해 제동 작용을 하게 된다.

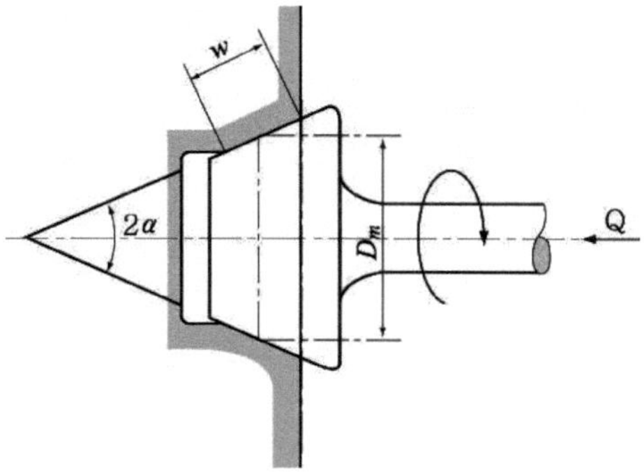

그림 12.11 원추 브레이크

그림 12.11과 같은 원추 브레이크에서 마찰면의 나비를 w [mm], 원추각을 α, 접촉면의 압력을 p [MPa], 마찰면의 평균 지름을 D_m [mm]이라 할 때 마찰면에 수직한 R 는

$$R = \pi D_m w p \tag{12.25}$$

축 방향의 미는 힘 Q와 마찰면의 수직한 힘과의 관계는 다음과 같다.

$$Q = R\sin\alpha = \pi D_m w p \sin\alpha \tag{12.26}$$

이 브레이크의 제동력 P는

$$P = \frac{\mu}{\sin\alpha} Q \tag{12.27}$$

이 때 제동 토크 T는 다음과 같다.

$$T = \frac{\mu Q}{\sin\alpha} \cdot \frac{D_m}{2} \tag{12.28}$$

그림 12.12와 같은 원추 브레이크에서 브레이크 레버의 치수를 a, b라 하면 제동력 P와 조작력 F는 다음과 같다.

$$F = \frac{Qb}{a}$$

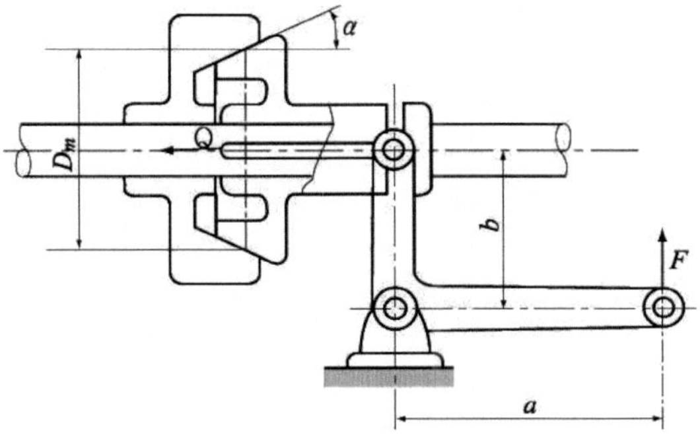

그림 12.12 원추 브레이크의 조작력

예제 12.8 다판 브레이크에서 축방향에 10 [kN]의 힘을 가할 때 제동 동력의 크기를 구하라. 다만, 축의 회전수는 50 [rpm], $\mu = 0.3$, $z = 3$, $D_m = 80$ [mm]이다.

[풀이] 제동 토크를 구하면

$$T = \frac{\mu Q z D_m}{2} = \frac{0.3 \times 10000 \times 3 \times 80}{2} = 360000 \text{ [N·mm]}$$

이고, 제동 동력은 다음과 같다.

$$H = \frac{TN}{9549 \times 10^3} = \frac{360000 \times 50}{9549 \times 10^3} = 1.9 \text{ [kW]}$$

예제 12.9 회전수 200 [rpm]으로 1 [kW]를 전달하는 회전축을 원추 브레이크로서 제동하려고 한다. $\alpha = 20°$, $\mu = 0.2$, $p = 0.2$ [N/mm^2], $D_m = 120$ [mm]라고 하면 필요한 축방향의 힘과 마찰면의 나비를 구하라.

[풀이] 먼저 제동 토크를 구하면

$$T = 9549 \times 10^3 \frac{H}{N} = 9549 \times 10^3 \times \frac{1}{200} = 47745 \text{ [N·mm]}$$

축 방향에 필요한 힘 Q는 다음과 같다.

$$Q = \frac{2T\sin\alpha}{\mu D_m} = \frac{2 \times 47745 \times \sin 20°}{0.2 \times 120} = 1361 \text{ [N]}$$

식 (12.26)을 이용하여 마찰면의 나비를 구한다.

$$w = \frac{Q}{\pi D_m p \sin\alpha} = \frac{1361}{\pi \times 120 \times 0.2 \times \sin 20°} = 52.8 \text{ [mm]}$$

12.2 플라이휠

12.2.1 플라이휠의 역할

단기통 내연 기관은 크랭크축이 1~2회전할 때마다 1회의 폭발 에너지가 발생하여 회전력을 일으키는데, 이 때 크랭크축에 작용하는 토크는 그림 12.13과 같이 변동하게 된다. 1사이클 중에서 순간적으로 작용하는 토크의 크기는 평균 토크에 비하여 큰 경우도 있고, 작은 경우도 있기 때문에 회전이 원활하지 못하다. 또, 1사이클 중에 마찰에 의해 회전 방향과는 반대 방향의 토크가 작용하므로 회전 부분에 관성이 없다면 회전할 수 없게 될 것이다.

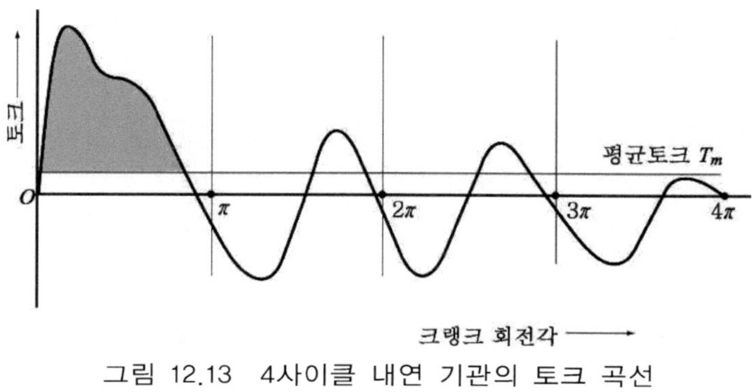

그림 12.13 4사이클 내연 기관의 토크 곡선

그러나, 내연 기관에서는 크랭크 핀, 크랭크 암, 커넥팅 로드의 대단부(big end) 등의 질량으로 관성이 있기 때문에 폭발에 의해 발생된 에너지의 일부를 이들 부분에 운동 에너지로 축적하게 된다. 반면에 압축 행정에서는 에너지를 방출하게 되므로 크랭크축이 회전하는데 어느 정도 기여하게 된다. 그러나 이 에너지만으로는 회전을 원활하게 하는 것은 불충분하여 크랭크축에 플라이휠(flywheel)을 설치하게 된다.

플라이휠은 이와 같이 큰 관성 모멘트를 이용하여 운동 에너지를 축적하거나 방출하므로 1사이클 중에서 토크가 역방향으로 작용하는 경우에도 회전을 가능하게 하며, 또 너무 큰 각속도의 변동을 일으키지 않도록 하여 회전을 원활하게 하는 것이다. 즉, 플라이휠은 기계의 회전 속도 변동을 어느 한정된 범위내로 유지하는 작용을 하므로 그 기능상 큰 모멘트를 가져야 한다. 따라서 플라이휠은 되도록 큰 질량을 가질 뿐만 아니라, 그 바깥지름도 강도가 허용되는 정도까지 크게 설계해야 한다.

12.2.2 플라이휠의 관성 모멘트

1. 원기둥의 관성 모멘트

질량 m 인 물체가 축으로부터 반지름 r 인 곳에서 회전을 하고 있을 때 관성 모멘트 I 는

$$I = m\,r^2\ [\mathrm{kg \cdot m^2}]$$

이다. 그림 12.14와 같은 원기둥에서 반지름 r 인 곳에 미소 반지름 dr 에 해당하는 미소 질량 dm 은 다음과 같다.

$$dm = 2\,\pi\,r\,dr\,l\,\rho$$

여기서 ρ : 밀도 $[\mathrm{kg/m^3}]$

이 식을 이용하여 바깥쪽 반지름이 r_1, 안쪽 반지름이 r_2 인 원기둥의 관성 모멘트는 다음과 같이 구할 수 있다.

$$I = \int dm\,r^2 = \int_{r2}^{r1} 2\,\pi\,r\,dr\,l\,\rho\,r^2 = 2\,\rho\,\pi\,l \int_{r2}^{r1} r^3\,dr$$

$$= \frac{\pi\,l\,\rho}{2}\left(r_1{}^4 - r_2{}^4\right) \tag{12.29}$$

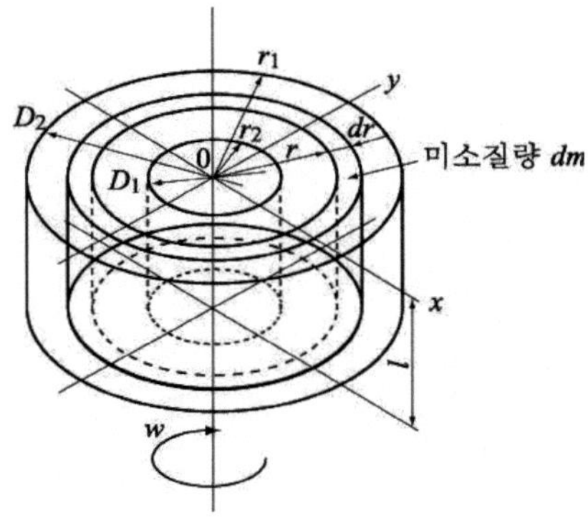

그림 12.14 원기둥의 관성 모멘트

2. 플라이휠의 관성 모멘트

원기둥의 관성 모멘트 식을 그림 12.15와 같은 플라이휠과 비교하여 계산하면 다음과 같다. 즉, 원기둥의 높이 l 은 플라이휠에서는 b 에 해당하므로 관성 모멘트는 다음 식과 같다.

$$I = \frac{\pi\, b\, \rho}{2}({r_1}^4 - {r_2}^4) \tag{12.30}$$

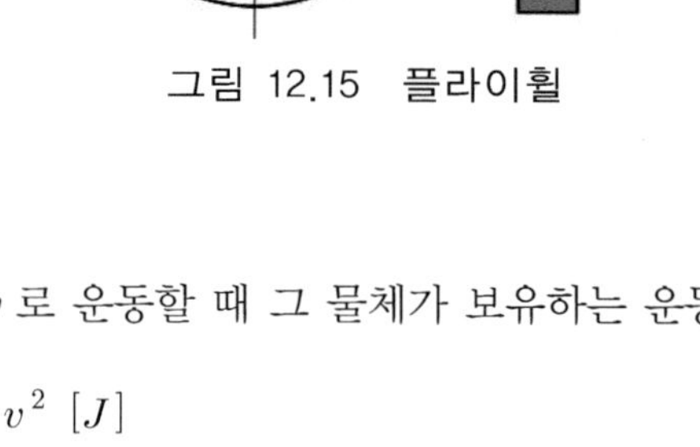

그림 12.15 플라이휠

3. 운동 에너지와 토크

질량 m 인 물체가 속도 v 로 운동할 때 그 물체가 보유하는 운동 에너지 E 는 다음과 같다.

$$E = \frac{1}{2} m\, v^2 \ [J] \tag{12.31}$$

같은 방법으로 관성 모멘트 I 인 물체가 각속도 ω 로 회전하고 있는 경우 그 물체의 운동 에너지 E 는 다음과 같다.

$$E = \frac{1}{2} I \omega^2 \tag{12.32}$$

위 두 식을 비교하면 직선 운동의 경우 질량은 회전 운동의 관성 모멘트에, 속도는 각속도에 해당된다는 것을 알 수 있다.

플라이휠에서 각속도는 에너지를 흡수할 때는 빠르고, 방출할 때는 느리다. 따라서 각속도의 최대값을 ω_1, 최소값을 ω_2라 하면 평균 각속도 ω 는 다음과 같다.

$$\omega = \frac{\omega_1 + \omega_2}{2} \tag{12.33}$$

지금, 플라이휠이 에너지를 흡수하여 최대값 ω_1의 각속도로 회전하고 있을 때의 운동 에너지와 에너지를 방출하여 최소값 ω_2의 각속도로 회전하고 있을 때의 운동 에너지 변화량을 $\varDelta E$ 라 하면 다음 식과 같다.

$$\begin{aligned} \varDelta E &= \frac{1}{2} I {\omega_1}^2 - \frac{1}{2} I {\omega_2}^2 = \frac{1}{2} I({\omega_1}^2 - {\omega_2}^2) = \frac{\omega_1 + \omega_2}{2}(\omega_1 - \omega_2) I \\ &= \omega (\omega_1 - \omega_2) I = \frac{\omega_1 - \omega_2}{\omega} \omega^2 I \end{aligned} \tag{12.34}$$

여기서, $\dfrac{\omega_1 - \omega_2}{\omega}$는 각속도 변동률이며, δ로 나타내면

$$\delta = \frac{\omega_1 - \omega_2}{\omega} \tag{12.35}$$

이다. 그러므로 에너지 변화량은 다음과 같이 나타낼 수 있다.

$$\varDelta E = I \omega^2 \delta \tag{12.36}$$

식 (12.36)에서 에너지 변화량의 값이 일정한 경우만 회전이 원활하게 된다. 에너지 변화량을 일정하게 하려면 3가지 값 중에서 각속도 변동률 값을 작게 하는 것이 가장 좋지만, 작게 하면 관성 모멘트 값이 커야 하므로 플라이휠의 바깥지름과 질량을 크게 해야 한다. 만일 관성 모멘트가 커지게 되면 각속도가 큰 고속 기계에서는 가속과 감속에 시간이 걸리므로 적합하지 않다. 그러므로 각속도 변동률에 큰 지장이 없는 한 다음과 같이 제한할 필요가 있다. 즉, 단기통 엔진, 공기 압축기, 원동기에서는 각속도 변동률은 1/30~1/50, 발전용 내연 기관에서는 1/120~1/200정도로 한다.

4사이클 엔진에서 평균 토크를 T_m 라 하면 크랭크축이 1사이클 사이에서 얻을 수 있는 운동 에너지 E 는

$$E = 4 \pi T_m \tag{12.37}$$

이 되고, 2사이클 엔진의 경우 E는

$$E = 2\pi T_m \tag{12.38}$$

지금, 에너지 변동 계수(coefficient of energy fluctuation)을 q는 다음과 같다.

$$q = \frac{\Delta E}{E} \tag{12.39}$$

12.2.3 플라이휠의 강도

플라이휠을 회전시키면 그림 12.16과 같이 림 부분에는 원심력으로 인해 원주 방향에 인장력이 생긴다. 이 인장 응력이 플라이휠 재질의 파괴 응력을 초과하면 파괴된다.

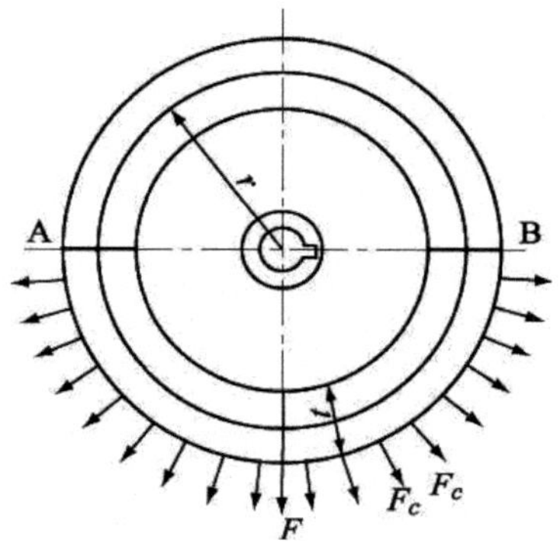

그림 12.16 플라이휠에 작용하는 힘

그림에서 플라이휠의 림 반지름 방향의 두께 t는 평균 반지름에 비하여 작을 때는 다음과 같이 생각한다. 원주 방향의 인장 응력에 비해 반지름 방향의 응력은 작으므로 무시한다.

플라이휠이 각속도 ω로 회전할 때 평균 반지름 r, 원주상에 있는 단면적을 S, 림의 원주 길이 1 m에 작용하는 원심력 F_c, 밀도를 ρ라 하면

$$F_c = \rho S r \omega^2 \tag{12.40}$$

따라서, 그림 12.16에서 이 원심력으로 단면 AB에 직각으로 작용하는 합력 F는

$$F = 2 r F_c$$

이다. 이 합력을 림의 단면 AB가 지탱하고 있다고 생각하면 이 힘과 이 단면에 작용하는 인장력($2 S \sigma_a$)이 평형을 이루어야 하므로

$$2\,\rho\,S\,r^2\,\omega^2 = 2\,S\,\sigma_a \qquad (12.41)$$

로 나타낼 수 있다. 또, 원주 속도를 v 라 하면 $v^2 = \omega^2 r^2$ 이므로

$$\sigma_a = \rho\,\omega^2\,r^2 = \rho\,v^2 \qquad (12.42)$$

가 된다.

이 식에서 알 수 있는 것은 원심력에 의한 응력이 플라이휠의 치수에는 관계가 없고 원주 속도와 밀도에만 관계가 있다. 플라이휠에서 재질의 밀도가 같으면 원주 속도만으로 원주상의 인장 응력이 정해진다.

예제 12.10 22 [kW], 500 [rpm]의 2사이클 단기통 가솔린 기관에서 각속도 변동률을 1/40 이하로 유지하기 위한 플라이휠의 관성 모멘트를 구하라. 다만, 에너지 변동 계수는 0.5이다.

[풀이] 2사이클 기관에서 크랭크축이 1회전할 때 운동 에너지는 식 (12.38)에 의해 구한다.

$$T = 9549 \times 10^3 \frac{H}{N} = 9549 \times 10^3 \times \frac{22}{500} = 420156\ [\mathrm{N \cdot mm}] = 420\ [\mathrm{N \cdot m}]$$

$$E = 2\,\pi\,T_m = 2 \times \pi \times 420 = 2639\ [\mathrm{N \cdot m}] = 2639\ [\mathrm{J}]$$

또, 각속도와 에너지 변화를 구한다.

$$\omega = \frac{2\,\pi\,N}{60} = \frac{2\,\pi \times 500}{60} = 52.4\ [\mathrm{rad/s}]$$

$$\Delta E = q\,E = 0.5 \times 2639 = 1320\ [\mathrm{N \cdot m}] = 1320\ [\mathrm{J}]$$

그러므로 관성 모멘트 I는 식 (12.36)에 의해 구한다.

$$I = \frac{\Delta E}{\delta\,\omega^2} = \frac{1320}{1/40 \times 52.4^2} = 19.2\ [\mathrm{N \cdot m \cdot s^2}] = 19.2\,[\mathrm{kg \cdot m^2}]$$

예제 12.11 7 [kW], 1500 [rpm]의 4사이클 단기통 디젤 기관에서 속도 변동율은 1/100이다. 플라이휠의 바깥지름을 결정하여라. 다만, 이 기관의 에너지 변동 계수는 1.3, $x = r_2/r_1 = 0.6$, $\rho = 7840\ [\mathrm{kg/m^3}]$, $b = 50\ [\mathrm{mm}]$로 한다.

[풀이] 4사이클 기관에서는 2회전에 1회 폭발을 하므로 폭발 행정 때의 운동에너지는

$$E = 4\,\pi\,T_m = 4\,\pi \times 9549 \times 10^3\,\frac{H}{N} = 4\,\pi \times 9549 \times 10^3 \times \frac{7}{1500}$$

$$= 559982.6\ [\mathrm{N \cdot mm}] = 560\ [\mathrm{N \cdot m}] = 560\ [\mathrm{J}]$$

$$\Delta E = q\,E = 1.3 \times 560 = 728\ [\mathrm{N \cdot m}] = 728\ [\mathrm{J}]$$

또, 평균 각속도와 관성 모멘트는

$$\omega = \frac{2\pi N}{60} = \frac{2\times\pi\times1500}{60} = 157\ [\text{rad/s}]$$

$$I = \frac{\Delta E}{\omega^2\delta} = \frac{728}{157^2\times1/100} = 3\ [\text{kg}\cdot\text{m}^2]$$

이 관성 모멘트로 플라이휠의 바깥지름을 계산한다.

$$I = \frac{\pi b\rho}{2}(r_1{}^4 - r_2{}^4) = \frac{\pi b\rho}{2} r_1{}^4(1-x^4)$$

$$r_1 = \sqrt[4]{\frac{2I}{\pi b\rho(1-x^4)}} = \sqrt[4]{\frac{2\times3}{\pi\times0.05\times7840\times(1-0.6^4)}}$$

$$= 0.274\ [\text{m}] = 274\ [\text{mm}]$$

그러므로 플라이휠의 바깥지름은 $2r$ 이므로 548 [mm]가 된다.

예제 12.12 플라이휠을 SF40($\sigma_t = 490\ [\text{N/mm}^2]$)으로 제작하는 경우 허용될 수 있는 원주 속도는 얼마인가? 다만, $\rho = 7840\ [\text{kg/m}^3]$, 안전율은 6 이다.

[풀이] 안전율이 6일 때 허용 인장 응력은

$$\sigma_a = \frac{\sigma_t}{S} = \frac{490}{6} = 81.7\ [\text{N/mm}^2] = 81.7\times10^6\ [\text{N/m}^2]$$

식 (12.37)에 의해 원주 속도를 구한다.

$$v = \sqrt{\frac{\sigma_a}{\rho}} = \sqrt{\frac{81.7\times10^6}{7840}} = 102.1\ [\text{m/s}]$$

연습문제

1. 단식 블록 브레이크에서 자동 잠김이 되기 위한 조건을 알아보자.
2. V블록 브레이크가 단식 블록 브레이크보다 좋은 점은 무엇인지 알아보자.
3. 내부 확장식 브레이크에서 리딩 슈와 트레일링 슈에 대하여 알아보자.
4. 브레이크 용량이란 무엇인지 알아보자.
5. 브레이크를 설계할 때 발생되는 열을 방산시키기 위해서 무엇을 고려해야 하는지 알아보자.
6. 차동식 밴드 브레이크를 역전 방지 장치로 이용하려면 어떤 조건을 만족시켜야 하는지 알아보자.
7. 플라이휠의 필요성을 설명해 보자.
8. 플라이휠에서 에너지 변동 계수가 크면 기계에 어떤 영향을 주는지 알아보자.
9. 플라이휠의 각속도 변동률에 대하여 설명해 보자.
10. 그림 12.1(a)와 같은 브레이크로 132 N・m의 토크를 얻으려면 브레이크 레버 끝에 작용시킬 힘은 얼마로 하면 되겠는가? 다만, 드럼이 우회전을 하며, $a=1250$ [mm], $b=200$ [mm], $c=100$ [mm], $D=500$ [mm]이고, 마찰 계수는 0.2이다.
답 ($F=465$ [N])
11. 그림 12.1(c)와 같은 브레이크에서 49 N・m의 제동 토크를 얻으려면 브레이크 레버의 조작력은 얼마가 필요한가?(우회전의 경우) 단, $a=800$ [mm], $b=150$ [mm], $c=45$ [mm], $D=400$ [mm], $\mu=0.2$이다. 답 (216 [N])
13. 그림 12.1(a)와 같은 브레이크에서 축동력 2 [kW], 회전수 200 [rpm](좌회전)인 브레이크 드럼을 제동하는데 필요한 브레이크 레버의 길이를 구하여라. 다만, $b=250$ [mm], $c=180$ [mm], $\mu=0.35$, $D=500$ [mm], $F=200$ N이다.
답 (1020 [mm])
14. 드럼축에 350 N・m의 토크가 작용하는 그림 12.9 (a)와 같은 밴드 브레이크에서 드럼축이 좌회전하는 경우, 축의 회전을 정지시키기 위한 조작력 F를 구하여라. 다만, $\mu=0.3$, $l=750$[mm], $a=50$ [mm], 접촉각은 270°, 드럼의 지름은 375 [mm]이다.
답 (164 [N])
15. 드럼의 지름이 300 [mm]인 밴드 브레이크에서 1 [kN・m]의 제동 토크를 얻으려고 한다. 밴드의 두께를 2 [mm]로 하면 너비는 얼마로 하면 되겠는가? 다만, 마찰 계수는 0.35, 접촉각은 250°, 밴드의 허용 인장 응력은 80 [N/mm^2]로 한다. 답 (53 [mm])

16. 브레이크 드럼의 지름이 500 [mm]인 밴드 브레이크에서 밴드의 두께는 3 [mm], 나비는 100 [mm] 일 때 얻을 수 있는 최대 제동 토크를 구하여라. 다만, 밴드와 드럼 사이의 마찰 계수는 0.4, 접촉각은 270°, 밴드의 허용 인장 응력은 80[N/mm^2]로 한다.

답 (5094 [N · m])

17. 그림 12.10과 같은 원판 브레이크에서 축방향으로 10 [kN]의 힘을 주었을 때 제어할 수 있는 동력을 구하여라. 다만, 축의 회전수 50 [rpm]이고, 마찰 계수는 0.3, 마찰면의 평균 지름이 80 [mm]로 한다.

답 (0.63 [kW])

18. 관성 모멘트 2kg · m^{2}을 요하는 플라이휠 림의 바깥 반지름이 700 [mm], 안반지름이 660 [mm]일 때 너비를 결정하여라. 다만, 플라이휠의 밀도는 7840 [kg/m^3]이다.

답 (3.2 [mm])

19. 15 [kW], 300 [rpm]의 4사이클 단기통 디젤 기관에서 각속도 변동률을 1/80이하로 유지하는데 필요한 플라이휠의 치수를 결정하여라. 다만, 이 기관의 에너지 변동 계수를 1.30으로 하고, 플라이휠의 바깥지름을 1.8 m, 너비를 0.18 [m], 재질은 주철로 한다. 다만, 플라이휠의 밀도는 7840 [kg/m^3]이다.

답 ($D_2 = 1.56$ [m])

13
Chapter

스프링과 완충 장치

탄성체는 하중을 받으면 변형을 하게 되고, 그 때 한 일을 탄성 에너지로 흡수, 축적하는 특성을 가지고 있다. 이와 같이 스프링은 탄성을 이용하여 기계적 에너지를 흡수하거나 축적하는 기계요소로서, 일반 기계용 부품에서 가정용 부품에 이르기까지 널리 사용되고 있다. 또 스프링은 탄성 에너지를 동력원으로 하여 힘의 측정, 진동 방지, 충격 완화 등에 널리 사용되고 있다.

13.1 스프링

13.1.1 스프링의 종류와 작용

스프링(spring)에는 강(steel)이나 구리 합금 등을 사용한 금속 스프링과 고무, 합성수지 등을 사용한 비금속 스프링, 공기 등을 사용하는 유체 스프링이 있다.

금속 스프링의 재료로는 큰 변형에 견딜 수 있도록 인장 강도, 탄성 한도나 피로 한도, 크리프 한도가 높은 스프링강이 사용되고, 내열성, 내식성의 스프링에는 스테인리스강이 사용되며, 비교적 작은 코일 스프링에는 피아노선이 쓰인다. 이 외에 전기 기기나 각종 계측용 기기의 스프링에는 강보다 탄성은 약하나 비자성, 내식성이 강한 구리 합금이 쓰이고 있다.

이들 스프링의 주된 용도는 다음과 같다.

㉮ 하중과 변형의 관계를 이용한 것(스프링 저울, 안전 밸브 등의 스프링)

㉯ 에너지를 축적하고 이것을 서서히 동력으로 이용한 것(시계의 태엽)

㉰ 스프링의 복원력을 이용한 것(스프링 와셔, 밸브 스프링)

㉱ 진동이나 충격을 완화시키는 것(전동차나 자동차의 현가용 스프링, 기계의 방진 스프링)

또, 스프링의 종류를 형상에 따라 나누면 그림 13.1과 같이 코일 스프링(coil spring), 판 스프링(leaf spring), 스파이럴 스프링(spiral spring), 접시 스프링(coned disc spring), 벌류우트 스프링(volute spring), 토션바(torsion bar) 등이 있다.

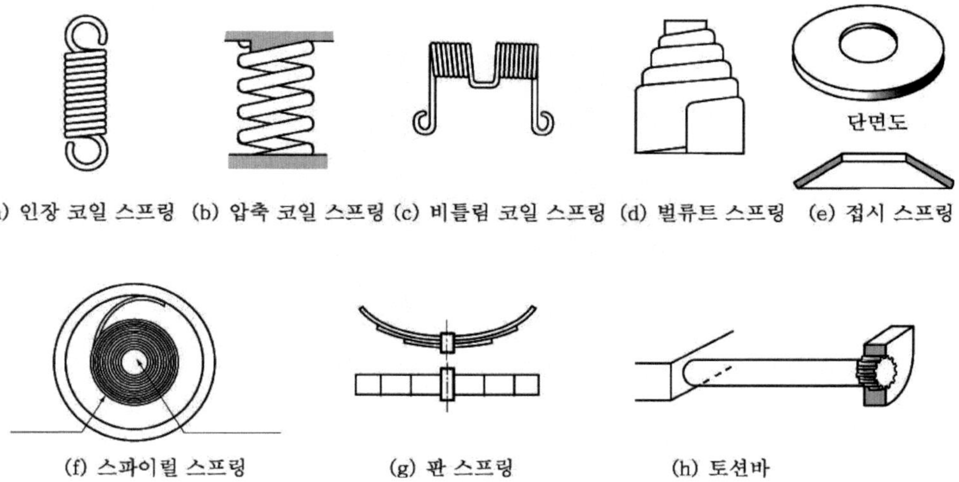

그림 13.1 스프링의 종류

13.1.2 코일 스프링

1. 코일 스프링의 구조

코일 스프링은 소재(element wire)를 코일 모양으로 감은 것으로 그 축선 방향에 압축 또는 인장 하중이 작용한다. 이 스프링은 제작이 용이하여 효율이 높고, 가격이 싸기 때문에 차량용 현가 스프링, 내연 기관의 밸브 스프링, 안전 밸브 스프링, 조속기(governor)용 스프링 등에 널리 사용되고 있다.

그림 13.2는 압축 코일 스프링을 표시한 것으로 하중을 가하지 않았을 때 스프링의 높이를 **자유 높이**, 소선의 지름을 **선지름**, 코일에서 소선의 중심사이의 지름을 코일의 **평균 지름**(mean coil spring diameter)이라 한다.

코일 스프링의 자유 높이와 코일의 평균 지름과의 비를 **종횡비**(aspect ratio)라 한다. 종횡비가 크면 스프링은 좌굴(buckling)을 일으켜 구부러지기 쉬우므로 보통 0.8~4.0으로 한다.

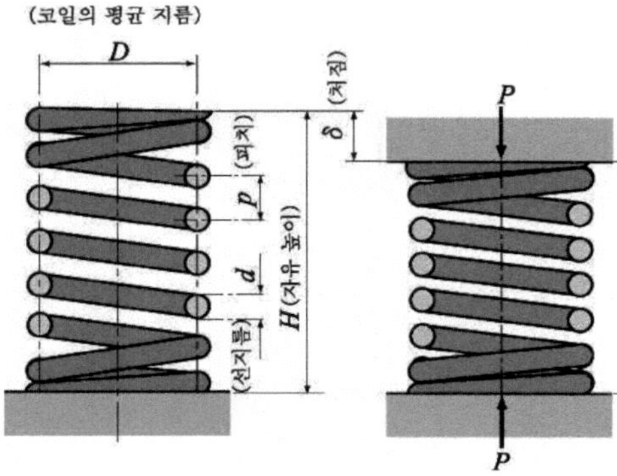

그림 13.2 코일 스프링의 각부 명칭

또 압축 코일 스프링에서 양끝 부분(자리 부분)의 모양은 여러 가지가 있으며, 그림 13.3과 같이 양끝 부분을 축에 직각이 되게 하여 스프링의 구부러짐을 방지한다.

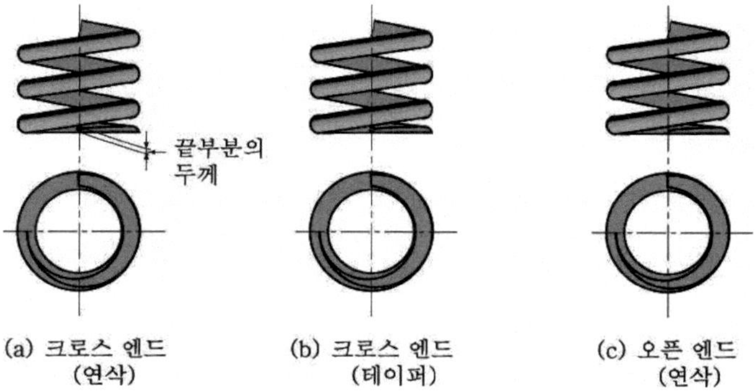

그림 13.3 압축 코일 스프링의 끝부분 형상

스프링에서 **자리 감김**(end turn)은 스프링으로서의 기능을 발휘하지 못하므로 이 부분의 코일 감김수를 **무효 감김수** 또는 **자리 감김수**라 하며, 이 부분을 제외한 나머지 부분을 **유효 감김**이라 하고, 그 부분의 감김수를 **유효 감김수**(number of active coils)라 한다. 즉, 코일 스프링의 총 감김수(total number of turn)는 유효 감김수와 무효 감김수를 더한 것이 된다.

압축 코일 스프링의 경우 유효 감김수 n_a는 다음과 같이 계산한다.

$$n_a = n_t - (x_1 + x_2)$$

여기서 n_t = 총 감김수, x_1, x_2 = 무효 감김수

그림 13.3에서 (a), (b)와 같이 코일 끝부분이 다음 소선과 접촉할 때를 **크로스 엔드**(cross end)라 하며, $x_1 = x_2 = 1$로 한다. 또, 그림 (c)와 같이 코일 끝부분이 다음 소선과 접촉하지 않을 때를 **오픈 엔드**(open end)라 하며, 연삭 부분의 길이가 3/4감김일 때는 $x_1 = x_2 = 0.75$로 한다. 한편 인장 코일 스프링의 경우에는 훅(hook) 부분을 제외한 나머지를 유효 감김수로 한다.

2. 코일 스프링의 기본 설계

(1) 코일 스프링에 생기는 응력

그림 13.2와 같은 압축 스프링에 압축력이 가해질 때 스프링에 생기는 응력을 생각해 보자. 이 스프링을 길게 늘여서 그림 13.4와 같이 한 개의 곧은 선재로 생각하고 계산을 한다.

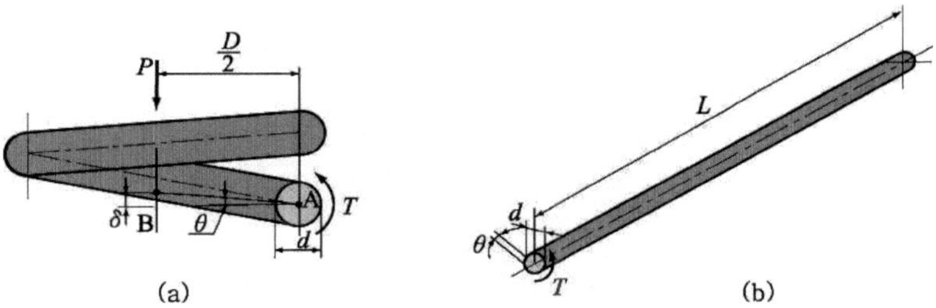

그림 13.4 스프링에 가한 힘과 처짐

코일의 평균 지름을 D, 유효 감김수를 n_a 라 하면 선재의 길이 L 은 다음과 같다.

$$L = \pi D n_a \tag{13.1}$$

한편, 이 코일의 중심인 곳에 축 방향으로 하중 P 가 작용할 때 토크 T 는

$$T = \frac{PD}{2} \tag{13.2}$$

토크로 지름 d 인 선재를 비틀 때 선재에 생기는 비틀림 응력은 코일의 중심에서의 거리에 비례하여 증대하므로 표면에서 최대가 된다. 이 때 표면의 비틀림 응력 τ_t 는

$$\tau_t = \frac{T}{Z_p} = \frac{16\,T}{\pi d^3} = \frac{8PD}{\pi d^3} \tag{13.3}$$

가 된다. 또, 축 하중에 의해 직접 선재에 생기는 전단 응력 τ_s 는

$$\tau_s = \frac{4P}{\pi d^2} \tag{13.4}$$

이다. 따라서 스프링 재료의 허용 전단 응력 τ_a 는 앞의 두 응력을 합한 값과 같아야 안전하다.

$$\tau_a = \tau_t + \tau_s = \frac{8PD}{\pi d^3} + \frac{4P}{\pi d^2} = \frac{8PD}{\pi d^3}\left(1 + \frac{d}{2D}\right) \tag{13.5}$$

이 식에서 $d/2D$ 는 매우 작은 값이므로 τ_s 는 τ_t 에 비해 대단히 작기 때문에 무시하면 다음과 같다.

$$\tau_a = \tau_t = \frac{8PD}{\pi d^3} \tag{13.6}$$

또, 코일 스프링에서 D/d 를 스프링 지수(spring index)라 하며, C 로 나타낸다. 코일 스프링에서 C 의 값은 4에서 15까지의 범위로 한다.

식 (13.6)은 스프링 1개를 곧은 선재로 보고 계산하였으나, 실제에는 원형으로 감겨져 있다. 따라서 코일 스프링에서 선재의 내측과 외측을 비교하면 그림 13.5와 같이 내측은 짧아지고, 외측은 길어진다. 그러므로 선재 내부의 응력 분포도 그림 13.6 (c), (d)와 같이 내부쪽이 외부쪽보다 크기 때문에 스프링의 피로 파손이 스프링의 내측에서 일어난다는 것을 알 수 있다.

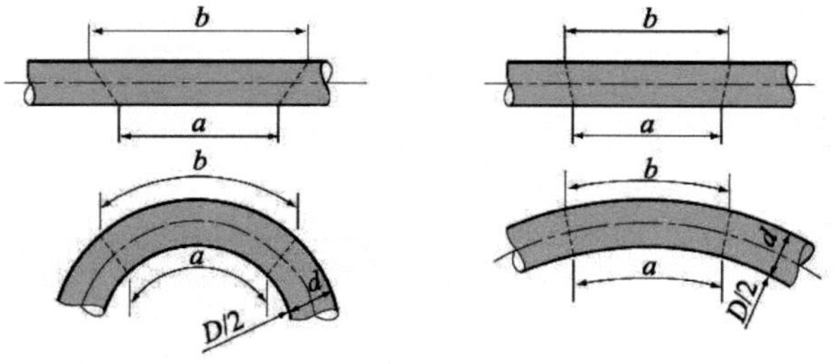

(a) 스프링 지수가 작은 경우 (b) 스프링 지수가 큰 경우

그림 13.5 스프링이 굽힘에 의해 변화된 길이

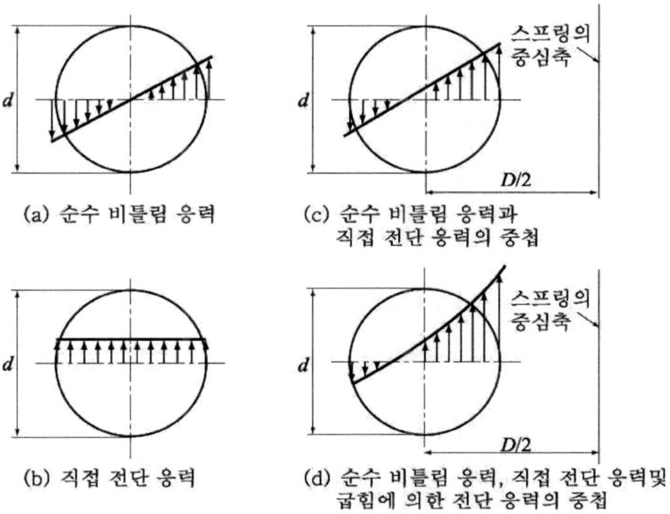

그림 13.6 선재내의 응력 분포

이상 코일 스프링에서 실제의 응력은 내 · 외측이 다르고, τ_s 를 무시하므로 이 값을 고려하여 코일 스프링의 최대 응력을 계산할 때 비틀림 응력에 응력 수정 계수(stress correction factor) 또는 발의 수정 계수를 곱한다.

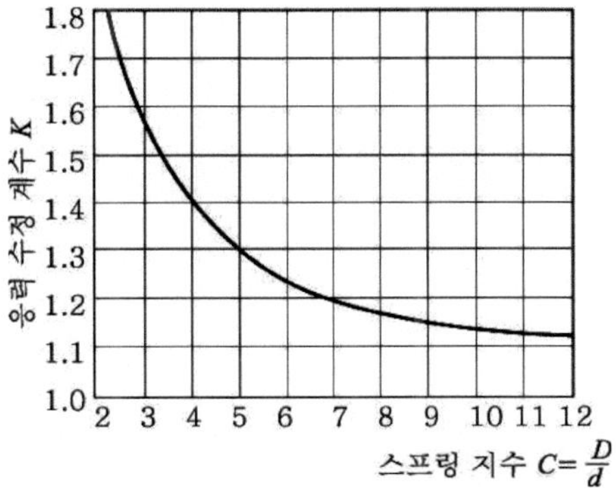

그림 13.7 코일 스프링의 응력 수정 계수

즉, 최대 비틀림 응력 $\tau_{\max}$, 응력 수정 계수를 K 라 하면

$$\tau_{\max} = K\,\tau_t \tag{13.7}$$

가 된다. 이 K 에 대해서는 많은 이론식이 있으나 다음과 같은 발(A.M.Wahl)의 식이 가장

널리 사용되고 있다.

$$K = \frac{4C-1}{4C-4} + \frac{0.615}{C} \tag{13.8}$$

(2) 코일 스프링의 처짐

코일 스프링의 하중과 처짐과의 관계를 알아본다. 스프링을 압축 또는 인장을 하면 비틀림 모멘트가 작용하여 비틀림이 생긴다. 이 때 비틀림각은

$$\theta = \frac{TL}{GI_p}$$

여기서, L : 소선의 유효길이

스프링을 그림 13.4와 같이 늘여 놓으면 유효 길이는 $\pi D n_a$이고, 처짐량 $\delta = R\theta$, 극단면 2차 모멘트 $I_p = \frac{\pi d^4}{32}$이므로 이것들을 위 식에 대입하면

$$\delta = \frac{8 n_a D^3 P}{G d^4} \tag{13.9}$$

가 된다. 코일 스프링의 스프링 상수 k는 다음과 같다.

$$k = \frac{P}{\delta} = \frac{G d^4}{8 n_a D^3} \tag{13.10}$$

처짐이 δ인 경우 스프링에 저장되는 에너지 U는 다음과 같다.

$$U = \frac{P\delta}{2} = \frac{4 n_a D^3 P^2}{G d^4} \tag{13.11}$$

압축 코일 스프링에서 하중과 처짐의 관계는 식 (13.9)로 구하고, 최대 비틀림 응력은 식 (13.7)로 구한다.

13.1.3 토션바

그림 13.8 (a)와 같이 곧은 막대의 한 끝을 고정하고 다른 끝에 하중을 가하면 비틀림이 생긴다. 이 비틀림 변위를 이용한 스프링을 **토션바**(torsion bar)라 한다. 다른 스프링에 비하여 단위 체적당에 축적할 수 있는 탄성 에너지가 크고, 모양이 간단하여 좁은 장소에 설치할 수 있어 자동차, 철도 차량 등에 널리 사용되고 있다. 그림 (b)는 자동차에 사용된 토션바의 일례이다.

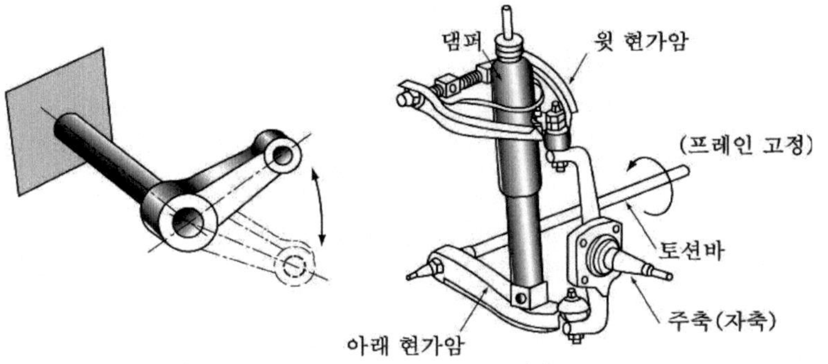

(a) (b)

그림 13.8 토션바

토션바가 흡수하는 탄성 에너지 U를 구하려면 토션바의 비틀림각을 대입하면

$$U = \frac{T\theta}{2} = \frac{16\,T^2 L}{\pi\, d^4\, G} \tag{13.12}$$

이 된다. 단위 체적당의 탄성 에너지 u는 다음 식과 같다.

$$u = \frac{U}{V} = \frac{64\,T^2}{\pi^2 d^6\, G} = \left(\frac{16\,T}{\pi\, d^3}\right)^2 \cdot \frac{4}{16} \cdot \frac{1}{G} = \frac{\tau^2}{4\,G} \tag{13.13}$$

예제 13.1 코일 스프링에서 코일의 평균 지름만을 2배로 하면 같은 크기의 축방향 하중에 의한 처짐은 몇 배가 되는가?

[풀이] 식 (13.9)에서 평균 지름 이외의 값이 일정하면 처짐량 δ는 D^3에 비례한다. 따라서 $D' = 2D$인 경우의 처짐을 δ'라 하면 다음과 같다.

$$\frac{\delta'}{\delta} = \frac{D'^3}{D^3} = \frac{(2\,D)^3}{D^3} = 8 \text{ 배}$$

예제 13.2 하중이 100 [N], 처짐량이 10 [mm], 소선의 지름이 5 [mm], 코일의 평균지름이 40 [mm]인 인장 코일 스프링의 유효 감김수와 비틀림 응력을 구하여라. 다만, $G = 7.84 \times 10^4$ [N/mm^2]이다.

[풀이] 식 (13.9)에서 유효 감김수를 구한다.

$$n_a = \frac{G d^4 \delta}{8 P D^3} = \frac{7.84 \times 10^4 \times 5^4 \times 10}{8 \times 100 \times 40^3} = 9.6$$

안전을 고려하여 $n_a = 10$으로 하고 그 때의 처짐량 δ는 식 (13.9)에 의해 구한다.

$$\delta = \frac{8PD^3 n_a}{Gd^4} = \frac{8\times 100\times 40^3\times 10}{7.84\times 10^4\times 5^4} = 10.4\ [\mathrm{mm}]$$

스프링 지수 $C = D/d = 40/5 = 8$ 이 되므로 발의 응력 수정 계수는 식 (13.8)에 의하여

$$K = \frac{4C-1}{4C-4} + \frac{0.615}{C} = \frac{4\times 8-1}{4\times 8-4} + \frac{0.615}{8} = 1.184$$

이다. 이 때 최대 비틀림 응력은 식 (13.7)에 의해 구한다.

$$\tau_{\max} = K\frac{8PD}{\pi d^3} = 1.184\times\frac{8\times 100\times 40}{\pi\times 5^3} = 96.5\ [\mathrm{N/mm^2}]$$

예제 13.3 176 [N · m]의 비틀림 모멘트를 받는 토션바의 최대 비틀림각을 15°로 하고자 한다. 재료의 허용 비틀림 응력을 590 [N/mm^2]로 제한하고, 가로 탄성 계수를 7.84×10^4 [N/mm^2]로 할 때 토션바의 지름과 길이를 구하라. 또, 저장되는 탄성 에너지는 얼마이며, 단위 체적당의 탄성 에너지는 얼마인가?

[풀이] 토션바도 비틀림 모멘트를 받으므로 코일 스프링과 그 원리는 같다. 식 (13.3)로부터 토션바의 지름 d을 구한다.

$$d = \sqrt[3]{\frac{16T}{\pi\tau}} = \sqrt[3]{\frac{16\times 176000}{\pi\times 590}} = 11.5\ [\mathrm{mm}]$$

토션바의 길이는 비틀림각을 구하는 식으로 구한다.

$$L = \frac{Gd^4\theta^o}{583.6\,T} = \frac{7.84\times 10^4\times 11.5^4\times 15}{583.6\times 176000} = 200\ [\mathrm{mm}]$$

토션바가 흡수할 수 있는 탄성 에너지는 식 (13.12)으로 구한다.

$$U = \frac{16T^2L}{\pi d^4 G} = \frac{16\times 176000^2\times 200}{\pi\times 11.5^4\times 7.84\times 10^4} = 23000\ [\mathrm{N\cdot mm}] = 23\ [\mathrm{N\cdot m}]$$

단위 체적당의 탄성 에너지는 식 (13.13)에 의해 구한다,

$$u = \frac{{\tau_a}^2}{4G} = \frac{590^2}{4\times 7.84\times 10^4} = 1.11\ [\mathrm{N\cdot mm/mm^3}]$$

13.1.4 겹판 스프링

1. 겹판 스프링의 원리

판스프링(leaf spring)은 직사각형 단면으로 된 보(beam)와 같은 것으로 굽힘을 받으며, 판을 겹치는 방법에 따라 단판 스프링과 겹판 스프링으로 나눈다.

단판 스프링은 1개의 판을 비교적 작은 힘이 가해지는 곳에 사용한다. 지지 형식으로는

외팔보형 판스프링과 단순보형 판스프링이 있고, 이들 스프링의 최대 응력과 처짐은 그림 13.9와 같다.

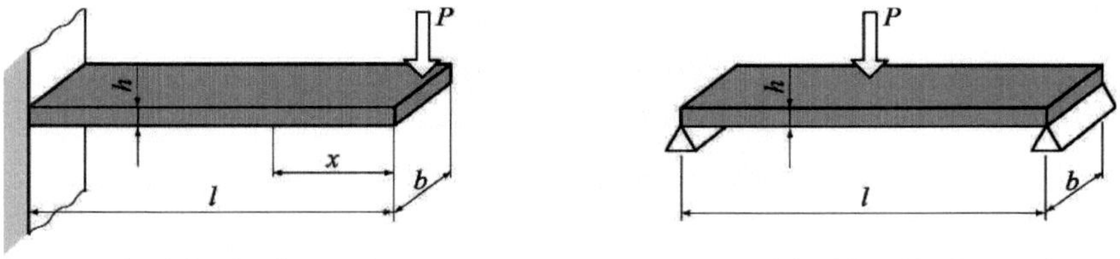

(a) 외팔보형 판 스프링 (b) 단순보형 판 스프링

그림 13.9 평판 스프링

굽힘 모멘트는 길이에 비례하므로 외팔보에서는 고정단에, 단순보에서는 중앙이 굽힘응력이 가장 크다. 따라서 이 부분이 위험 단면이 되므로 가장 큰 단면이 되어야 한다. 그러나 그림 13.9와 같이 전길이가 같은 크기의 단면으로 되어 있으면 위험 단면을 제외한 다른 부분이 아무리 튼튼하다고 해도 재료는 쓸모가 없게 된다. 그래서 판스프링은 어떤 단면에서도 같은 응력이 생기도록 그림 13.10과 같이 단면의 크기를 변화시켜 균일 강도보가 되게 설계하면 재료가 절약되고 중량도 경감될 수 있다.

보에서 굽힘 응력이 균일하게 되게 하려면 굽힘 모멘트가 크게 됨에 따라 단면 계수도 크게 되어야 한다.

그림 13.10 (a)와 같이 외팔보의 자유단에 집중 하중이 작용하는 직사각형 단면의 스프링을 생각해 보자. 자유단에서 x 의 거리에 있는 단면의 나비를 b_x 라 하면 굽힘 모멘트와 단면 계수는 다음과 같다.

$$M = P\,x, \qquad Z = \frac{b_x\,h^2}{6}$$

따라서 굽힘 응력은

$$\sigma = \frac{6\,P\,x}{b_x\,h^2} = \text{일정}$$

이므로 보의 나비는 다음과 같다.

$$b_x = \frac{6\,P\,x}{\sigma\,h^2}$$

윗 식에서 단면에 생기는 굽힘 응력과 판 두께를 일정하게 하면 판의 나비는 자유단에서 거리에 비례하여 증가하므로 그림 (a)와 같이 스프링의 모양은 삼각형이 된다. 그림 (b)는 중앙에 집중 하중을 받는 단순보로 두께가 일정할 때 균일 강도보가 되려면 마름모꼴이어야 한다.

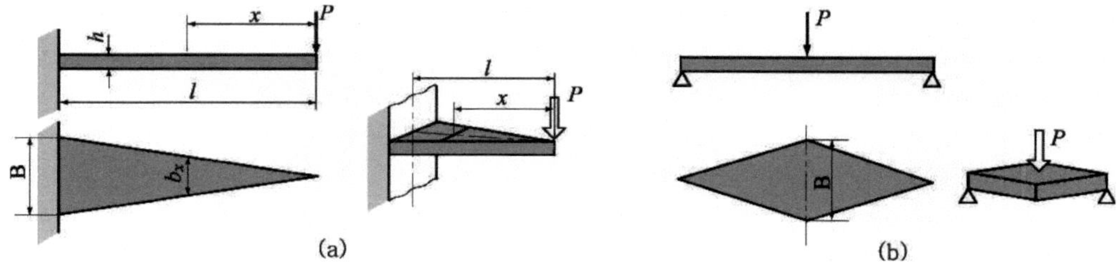

그림 13.10 균일 강도보

그림 13.11과 같이 균일 강도보로 만든 마름모꼴 스프링은 나비가 넓어 불편하므로 그림 (a)와 같이 판을 일점쇄선인 곳을 잘라 그림 (b)와 같이 겹치면 같은 효과의 균일 강도보가 된다. 이것을 겹판 스프링(laminated spring)이라 한다.

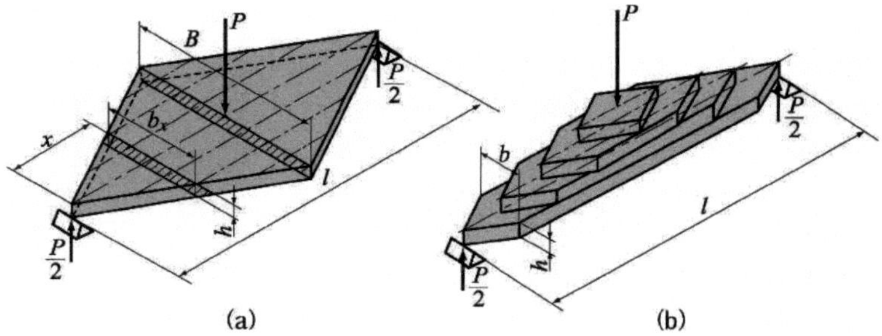

그림 13.11 겹판 스프링

2. 겹판 스프링의 계산식

(1) 삼각형 판스프링

그림 13.10과 같은 삼각형 판스프링에서 응력과 처짐은 다음과 같다.

$$\left.\begin{aligned} \sigma &= \frac{6Pl}{Bh^2} \\ \delta &= \frac{6Pl^3}{EBh^3}t \end{aligned}\right\} \tag{13.14}$$

여기서, E : 세로 탄성 계수, B : 고정단의 나비, h : 두께, l : 길이

이 삼각형 판스프링은 고정단의 나비가 넓기 때문에 사용하는데 불편하므로 여러 개로 분할하여 겹치면 같은 외팔보형 균일 강도보와 같은 효과를 가진다. 이 스프링의 응력과 처짐은 다음과 같다.

$$\left.\begin{aligned}\sigma &= \frac{6Pl}{nbh^2} \\ \delta &= \frac{6Pl^3}{nEbh^3}\end{aligned}\right\} \tag{13.15}$$

여기서, b : 겹치는 판의 나비, n : 판수

(2) 마름모꼴 판스프링

그림 13.11과 같은 마름모꼴 스프링을 겹판 스프링으로 만들면 단순보가 된다. 이 경우의 응력과 처짐은 식 (13.15)에 l 대신 $l/2$을, P 대신에 $P/2$을 대입하면 다음과 같은 식이 된다.

$$\left.\begin{aligned}\sigma &= \frac{3}{2}\cdot\frac{Pl}{nbh^2} \\ \delta &= \frac{3}{8}\cdot\frac{Pl^3}{nbh^3E}\end{aligned}\right\} \tag{13.16}$$

3. 겹판 스프링의 구성

그림 13.12는 차량용 겹판 스프링으로 스프링판 중에서 가장 긴 것을 **모판**(main leaf)이라 하고, 이 외의 판을 **자판**이라 한다. 하중을 지지하기 위해 양끝 부분을 둥글게 감은 부분을 귀라 한다. 조립 후 스프링 귀의 중심 거리를 **스팬**(span)이라 부르고, 그 중에서 스팬 이상의 길이와 같은 것을 **온길이판**(full length leaf)이라 한다. 스프링 판에는 번호를 붙여 모판을 1번, 다음 판을 2번 등으로 부른다.

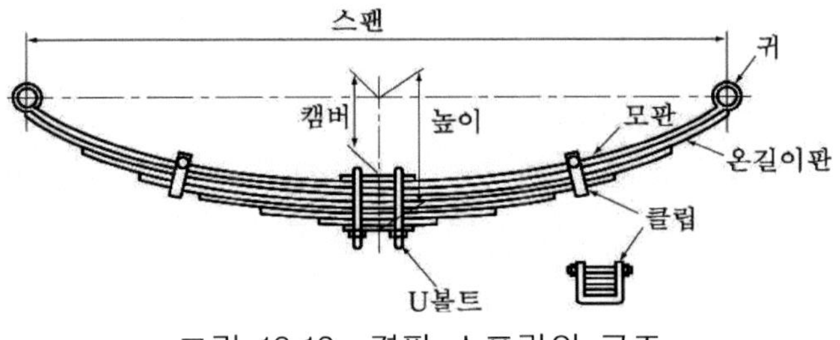

그림 13.12 겹판 스프링의 구조

스프링 판은 조립 전에는 그림 13.13과 같이 길이가 증가함에 따라 곡률 반지름이 크기 때문에 이것을 겹치면 판 사이에 틈새가 생기는데 이것을 닙(nip)이라 한다. 판을 조립하면 닙이 없어지면서 모판에는 음(−)의 응력이, 자판에는 양(+)의 응력이 생기며, 최소 자판과 모판에서는 하중을 작용시키지 않은 상태에서도 응력에 해당한 차이가 생겨 모판을 보호하는 역할을 한다.

판스프링의 중앙부에는 밴드(band) 또는 센터 볼트(center bolt)로 체결하여 일체가 되게 하며, 가로로 분리되는 것을 막기 위해 여러 곳에 크립(clip)으로 스프링 판을 묶는다, 스프링 귀를 잇는 선과 모판 스프링의 중점과의 거리를 캠버(camber)라 하고, 최소 자판 중점까지의 거리를 높이라 한다.

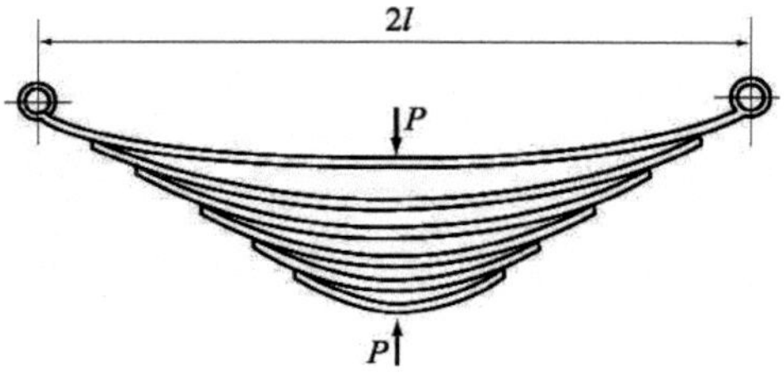

그림 13.13 닙

그림 13.14와 같이 밴드로 체결한 겹판 스프링에서는 밴드의 나비 e 때문에 스프링판의 변형이 구속되어 스프링의 역할을 하는 부분이 감소되므로 처짐과 응력도 감소된다. 스프링의 역할을 하는 스팬 부분의 길이를 유효 스팬이라 하며, 유효 스팬의 길이 $l_1 = l - 0.5e$로 나타낸다.

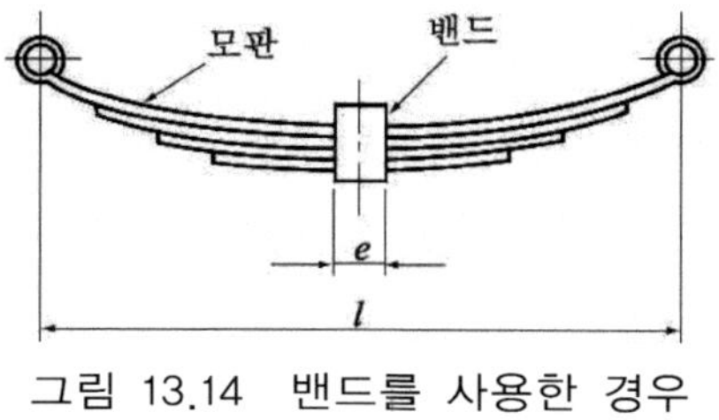

그림 13.14 밴드를 사용한 경우

겹판 스프링에 하중이 가해질 때 판 사이에 생기는 마찰력은 하중에 대한 저항력이 되고, 하중을 제거할 때는 그 반대가 된다. 스프링판 사이의 마찰을 고려할 때 판 사이의 마찰 계수를 μ라 하면 처짐 $\delta_1,\ \delta_2$는 다음과 같은 실험식으로 계산한다.

$$\delta_1 = \frac{5(1-\mu)}{5-\mu}\delta \text{ 하중을 가할 때}$$

$$\delta_2 = \frac{5(1+\mu)}{5+\mu}\delta \text{ 하중을 제거할 때} \tag{13.17}$$

여기서, δ : 마찰이 없는 경우의 처짐량

예제 13.4 외팔보형 겹판 스프링에서 판의 수가 6이고, 각각의 나비가 50 [mm], 두께가 10 [mm], 스프링의 길이가 600 [mm], 하중이 600 N이 작용할 때 최대 응력과 최대 처짐을 구하여라. 다만, $E=2.06\times10^5$ [N/mm²]이다.

[풀이] 최대 응력과 최대 처짐은 식 (13.15)에 의해 구한다.

$$\left.\begin{aligned} \sigma &= \frac{6Pl}{nbh^2} = \frac{6\times600\times600}{6\times50\times10^2} = 72\ [\text{N/mm}^2] \\ \delta &= \frac{6Pl^3}{nbh^3E} = \frac{6\times600\times600^3}{6\times50\times10^3\times2.06\times10^5} = 12.6\ [\text{mm}] \end{aligned}\right\}$$

예제 13.5 겹판 스프링에서 스팬의 길이는 1000 [mm], 판의 나비가 60 [mm], 판두께가 10 [mm], 판의 수가 4, 세로 탄성 계수가 2.06×10^5 [N/mm²]인 겹판 스프링에 5 [kN]의 하중이 가해질 때 마찰을 고려하지 않을 때 스프링에 생기는 굽힘 응력과 처짐을 구하여라. 또, 겹판 스프링에 나비 100 [mm]의 밴드를 사용하는 경우 스프링에 생기는 굽힘 응력과 처짐을 구하여라.

[풀이] ① 밴드가 없는 경우는 식 (13.16)에 의해 굽힘 응력과 처짐을 구한다.

$$\sigma = \frac{3}{2}\cdot\frac{Pl}{nbh^2} = \frac{3}{2}\cdot\frac{5000\times1000}{4\times60\times10^2} = 312.5\ [\text{N/mm}^2]$$

$$\delta = \frac{3}{8}\cdot\frac{Pl^3}{Enbh^3} = \frac{3}{8}\cdot\frac{5000\times1000^3}{2.06\times10^5\times4\times60\times10^3} = 37.9\ [\text{mm}]$$

② 밴드가 있는 경우는 $l_1 = l - 0.5e$ = 1000 − 0.5×100 = 950 [mm]이므로

$$\sigma = \frac{3}{2}\cdot\frac{P(l-0.5e)}{nbh^2} = \frac{3}{2}\cdot\frac{5000\times950}{4\times60\times10^2} = 296.9\ [\text{N/mm}^2]$$

$$\delta = \frac{3}{8}\cdot\frac{P(l-0.5e)^3}{Enbh^3} = \frac{3}{8}\cdot\frac{5000\times950^3}{2.06\times10^5\times4\times60\times10^3} = 32.5\ [\text{mm}]$$

예제 13.6 겹판 스프링에서 형상, 하중 등의 조건은 같으나 마찰 계수가 0.1, 0.2 인 경우

처짐을 각각 δ', δ''라 하면 δ'는 δ''의 몇 배가 되는가?

[풀이] 처짐은 마찰과 관계가 있으므로 식 (13.17)에 의해 구한다.

① 하중을 제거할 때

$$\mu = 0.1 \text{ 이면} \quad \delta' = \frac{5(1+\mu)}{5+\mu} = \frac{5\times(1+0.1)}{5+0.1} = 1.078$$

$$\mu = 0.2 \text{ 이면} \quad \delta'' = \frac{5(1+\mu)}{5+\mu} = \frac{5\times(1+0.2)}{5+0.2} = 1.154$$

$$\frac{\delta'}{\delta''} = \frac{1.078}{1.154} = 0.934$$

② 하중을 가할 때

$$\mu = 0.1 \text{ 이면} \quad \delta' = \frac{5(1-\mu)}{5+\mu} = \frac{5(1-0.1)}{5+0.1} = 0.882$$

$$\mu = 0.2 \text{ 이면} \quad \delta'' = \frac{5(1-\mu)}{5+\mu} = \frac{5(1-0.2)}{5+0.2} = 0.769$$

$$\frac{\delta'}{\delta''} = \frac{0.882}{0.759} = 1.15$$

예제 13.7 스팬의 길이가 1200 [mm], 나비가 80 [mm], 판두께가 10 [mm], 판수가 5, U볼트의 간격은 130 [mm]의 겹판 스프링 중앙에 하중이 14.7 [kN]이 작용할 때 생기는 응력과 하중이 가해질 때와 제거될 때의 처짐을 구하라. 단, E = 2.06×10^5 [N/mm^2], μ = 0.15 이다.

[풀이] 겹판 스프링에서 유효 스팬의 길이 $l_1 = l - 0.5e = 1200 - 0.5\times130 = 1135$ [mm]이므로 식 (13.16)과 식 (13.17)에 의해 구한다.

$$\sigma = \frac{3}{2}\cdot\frac{Pl_1}{nbh^2} = \frac{3}{2}\cdot\frac{14700\times1135}{5\times80\times10^2} = 626\ [\text{N/mm}^2]$$

$$\delta = \frac{3}{8}\cdot\frac{Pl_1^{\,3}}{nbh^3E} = \frac{3}{8}\cdot\frac{14700\times1135^3}{5\times80\times10^3\times2.06\times10^5} = 97.8\ [\text{mm}]$$

하중이 가해질 때의 처짐 δ_1은

$$\delta_1 = \frac{5(1-\mu)}{5+\mu}\delta = \frac{5\times(1-0.15)}{5+0.15}\times97.8 = 80.7\ [\text{mm}]$$

하중을 제거할 때의 처짐 δ_2는

$$\delta_2 = \frac{5(1+\mu)}{5+\mu}\delta = \frac{5\times(1+0.15)}{5+0.15}\times97.8 = 109.2\ [\text{mm}]$$

13.2 진동과 완충 장치

13.2.1 진동

물체가 일정 시간마다 같은 운동을 반복하는 현상을 **진동**(vibration)이라 한다. 자동차나 공작기계 등 모든 기계에서는 크고 작은 진동이 생기며, 진동이나 충격을 받으면 수명이나 효율이 떨어지고, 정밀도도 저하된다. 이러한 진동은 기계 동력이나 각 부분에 가한 힘의 상태, 운동 방법 등 복잡한 원인으로 생기며 소음을 일으킨다.

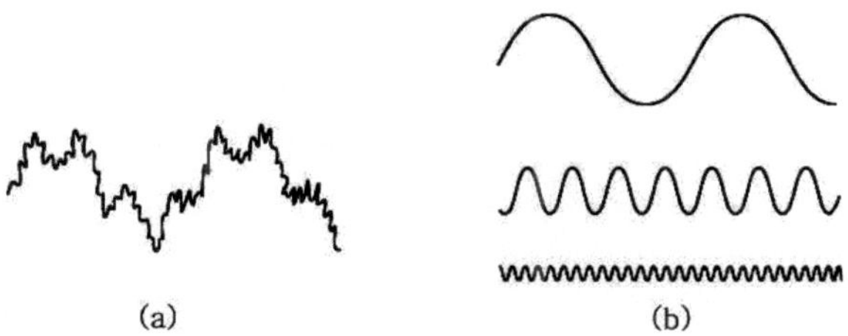

그림 13.15 진동

1. 단진동

그림 13.16 (a)에서 점 P가 반지름 r 인 원주 위를 각속도 ω 로 등속 원운동을 할 때, 점 P의 운동을 가로 방향에서 보면 그림 (b)와 같이 원의 지름 위를 상하로 직선 왕복 운동을 하고 있는 것으로 보이는데, 이와 같은 운동을 **단진동**(simple harmonic motion)이라 한다.

그림 (a)에서 점 P가 0을 출발점으로 하여 t 초 사이에 θ 만큼 변위하였을 때, 그림 (b)의 0으로부터 위쪽으로 이동한 변위를 $+x$ 라 하면,

$$x = r\sin\theta = r\sin\omega t \tag{13.18}$$

여기서, r : 진폭 [mm], x : 변위 [mm], t : 시간 [s],

주기 T는 점 P가 원주 위를 1회전 하는데 소요되는 시간에 해당하며 다음과 같다.

$$T = \frac{2\pi}{\omega} \tag{13.19}$$

또, $1/T$ 은 단위 시간 동안의 **진동수**(frequency)를 말하며, 진동수 f 는

$$f = \frac{1}{T} = \frac{\omega}{2\pi} \tag{13.20}$$

진동수의 단위는 헤르즈(Hz)를 사용하고, 1초 사이의 진동수이다.

식 (13.20)과 같이, 각속도ω 로 진동수를 나타낼 수 있으며, 이것을 원진동수(circular frequency)라 한다.

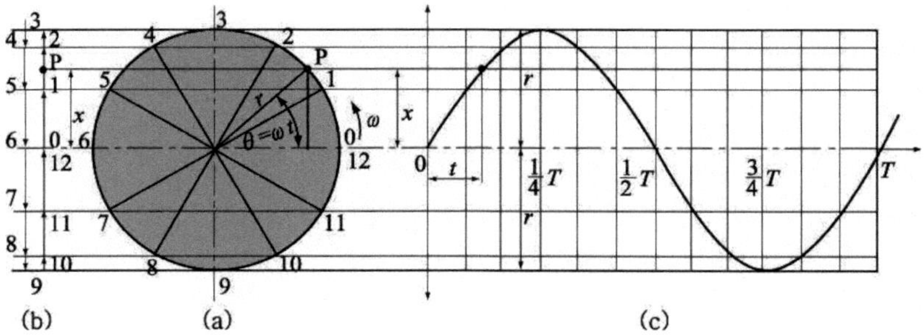

그림 13.16 단진동

무게W 의 물체를 단진동 시키는데 필요한 힘 F는 운동 방정식에 의해 다음 식으로 구한다.

$$F=\frac{W a}{g}=\frac{W}{g}x\,\omega^2=m\,x\,\omega^2 \tag{13.21}$$

여기서 g : 중력 가속도

예제 13.8 진폭 1 [cm], 주기 2 [초]로 단진동하는 무게 5 [N]의 물체가 있다. 진동수, 원진동수 및 중심을 향하여 작용하는 최대의 힘은 얼마인가?

[풀이] 식 (13.20)에서

$$f=\frac{1}{T}=\frac{1}{2}=0.5\ [\mathrm{Hz}]$$

$$\omega=2\pi f=2\times\pi\times0.5=3.14\ [\mathrm{rad/s}]$$

또, 식 (13.21)에서 $g=9.81\ [\mathrm{m/s^2}]$을 사용하여

$$F=\frac{W}{g}x\,\omega^2=\frac{5}{9.81}\times0.01\times3.14^2=0.05\ [\mathrm{N}]$$

2. 스프링 진자

그림 13.17과 같이 스프링 상수k인 코일 스프링에 무게 W의 물체를 달아 맸다. 다음에 그림 (b)와 같이 물체를 아래쪽으로 a 만큼 잡아당겨 점 B의 위치로 한 다음 놓으면, 물체는 처음 위치인 점 A를 지나 그림 (c)의 점 C까지 상승하였다가 다시 하강을 시작한다.

스프링에 붙어 있는 물체에는 처음 위치 A로 향해 스프링의 힘이 작용하여 물체는 진동을 계속한다. 경과 시간 t 에 대한 물체의 상하 움직임 y 는 그림 (d)와 같이 사인 곡선을 나타낸다.

진동 주기와 주파수는 다음 식으로 나타낸다.

$$\left.\begin{aligned} &\text{주기} && T = 2\pi\sqrt{\frac{m}{k}}\ [s] \\ &\text{주파수} && f = \frac{1}{T} = \frac{1}{2\pi}\sqrt{\frac{k}{m}}\ [Hz] \end{aligned}\right\} \tag{13.22}$$

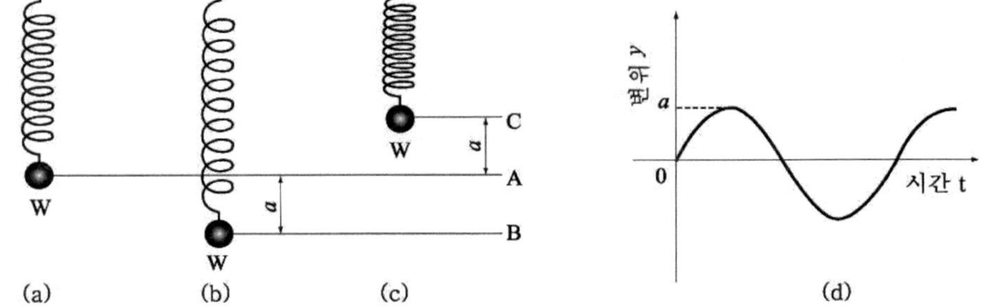

그림 13.17 스프링 진자

이와 같은 진동체를 **스프링 진자**(spring pendulum)라 한다. 식 (13.22)에 의하여 알 수 있는 것 같이 스프링 진자의 진동수는 스프링 상수와 물체의 무게에 의해 결정되므로 이것을 **고유 진동수**(natural frequency)라 한다.

예제 13.9 그림 13.17 (a)와 같은 스프링 진자의 스프링 상수가 12 [N/mm], 물체의 무게가 150 [N]일 때 고유 진동수를 구하여라.

[풀이] 식 (13.22)에서

$$f = \frac{1}{2\pi}\sqrt{\frac{k}{m}} = \frac{1}{2\pi}\sqrt{\frac{12}{150/9810}} = 4.46\ [\text{Hz}]$$

3. 진동의 감쇠

스프링 진자나 단진동자 등은 모두 그 진자 고유의 일정 진동수 즉, 고유 진동수를 갖고 있으며, 외부에서 한번 에너지를 주면 주기적인 힘을 가하지 않아도 자유로이 진동을 한다.

이 진동을 **자유 진동**(free vibration)이라 하며, 에너지의 손실이 없으면 영구히 진동을 계속한다. 그러나 실제에는 공기 저항이나 내부 마찰 때문에 에너지가 소비되므로 시간이 경과함에 따라 진폭이 점차로 작게 되어 결국에는 정지한다. 이와 같은 진동을 **감쇠 진동**(damping vibration)이라 하고, 제동력이 작을 때는 그림 13.18의 굵은 실선과 같은 진동을 하지만, 제동력이 어느 한도보다 크게 될 때는 그림의 파선과 같이 전혀 진동을 하지 않고 정지하게 된다.

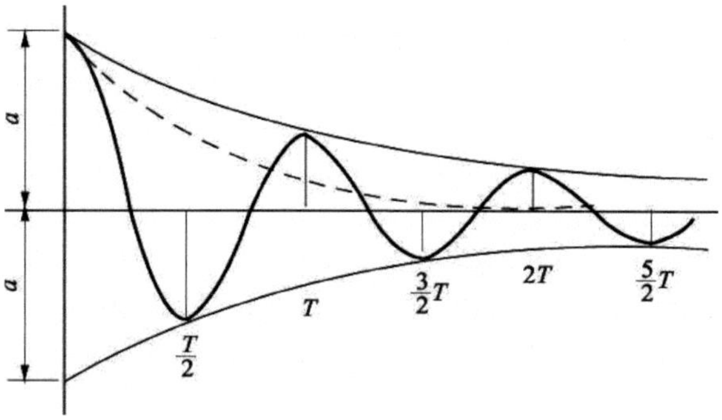

그림 13.18 진동의 감쇠

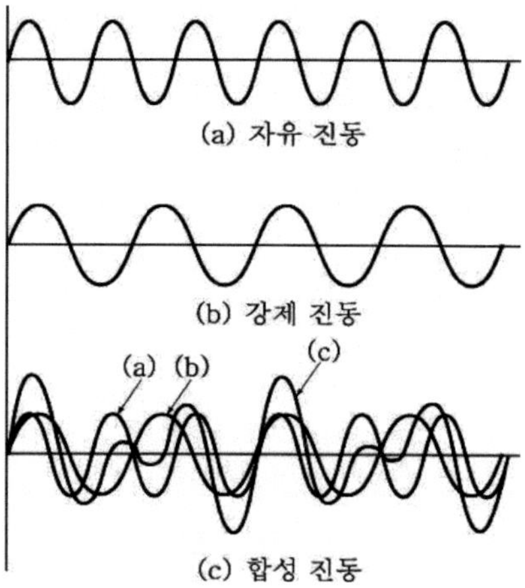

그림 13.19 자유 진동과 강제 진동

외부에서 주기적으로 진동체에 외력을 작용시키면 진동을 시작한다. 이 진동을 강제 진동(forced vibration)이라 하고, 주기적으로 작용하는 외력을 강제력이라 한다. 강제 진동에 의한 진동수와 진동체의 고유 진동수가 일치하면, 강제력에 의한 일양은 진동체 안에 진동 에너지로 축적되어 진폭이 점차로 증대되어 위험한 정도로 커지는 경우가 있다. 이와 같은 현상을 **공진**(resonance)이라 한다.

기계의 부품은 거의가 탄성체이며 미끄럼 부분, 베어링 등에는 약간의 틈새가 있으므로 기계를 운전하면 반드시 진동이 일어나게 된다. 또, 기계에는 주기적 운동을 하는 부분이 많고, 이것이 강제력이 되어 공진을 일으키는 경우도 있으므로, 기계 장치의 설계에는 진동에 대한 충분한 고려가 있어야 한다.

13.2.2 완충 장치

완충 장치는 기계에 가해진 충격력이나 진동을 완화시키는 장치이며 스프링, 고무, 유압, 공기압 등을 단독 또는 조합시켜 완충에 이용하고 있다.

1. 기계의 진동 방지

기계에는 피스톤과 같이 왕복 운동을 하는 부분이나 크랭크축과 같이 회전 운동을 하는 부분은 모두 진동의 원인이 된다. 회전체에는 원인을 알고 있는 진동 이외에 공작상의 오차로 무게 중심과 회전 중심이 약간의 차이가 있거나 재질의 불균일 등이 있으면, 강제 진동이 생긴다. 특히 고속 회전을 하는 회전체에서는 진동 방지를 위해서 회전체가 평형이 되도록 해야 한다.

(1) 정적 평형

그림 13.20에서 회전체의 중심에서 r_1인 곳에 중량 W_1이 있으면 불평형이 되는데, $W_1 r_1 = W_2 r_2$가 되도록 중량 W_2를 반대측 r_2의 위치에 붙이면 평형을 이룰 수 있다. 이것을 **정적 평형**(static balancing)이라 하고, 플라이휠과 같이 회전체의 무게 중심이 베어링 가까이 있는 경우에는 이와 같이 하여 평형이 되도록 한다.

(2) 동적 평형

전동기(motor)의 회전축과 같이 비교적 긴축에 큰 회전체가 붙어 있는 경우에는 불평형의 중량이 회전체의 회전 중심에서 거리 r에 있을 때 정적 평형을 이루어도 축이 회전을 하면 중량에 대한 원심력이 작용하여 진동의 원인이 된다. 보통 동적 시험을 하여 평형 수정 중량과 그 위치를 결정하여 평형을 시킨다.

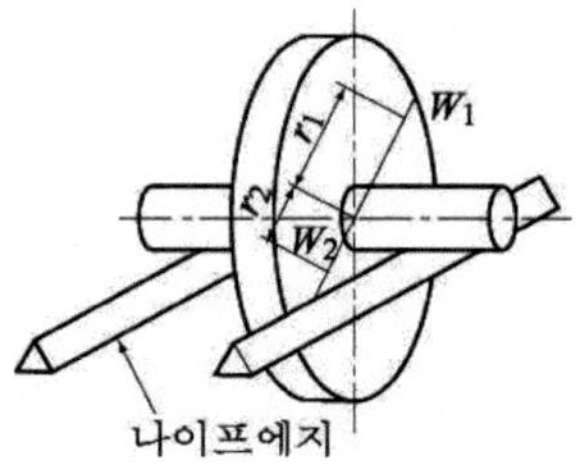

그림 13.20 정적 평형

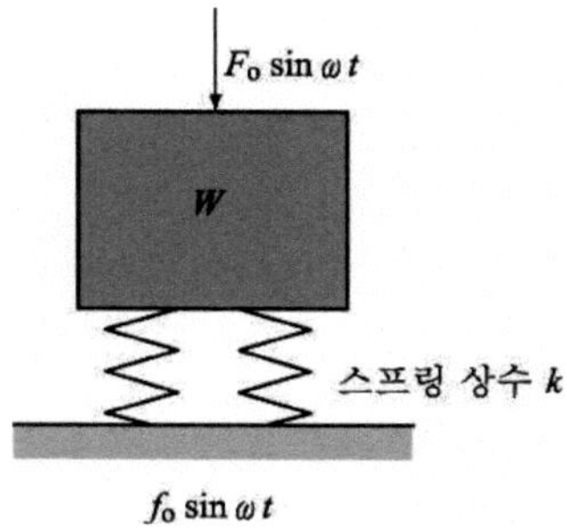

그림 13.21 진동의 절연

(3) 진동의 절연

어떤 방법으로도 진동의 발생을 피하도록 기계를 기초에 설치할 때는 진동이 기초에 전해지는 것을 방지하기 위하여 그림 13.21과 같이 진동하는 기계 W를 스프링으로 지지한다. 이 때 기계가 일으키는 힘의 진폭을 F_o, 기초에 전달되는 힘의 진폭을 f_o라 하면 $\tau = f_o / F_o$를 힘의 **전달률**(transmissibility)이라 한다. 전달률은 스프링 상수가 작을수록 작게 되므로, 되도록 스프링 상수가 작은 스프링으로 지지하도록 한다.

또, 기계 본체를 큰 테이블 위에 고정하고 이것을 스프링으로 지지하면 기초에 진동이 전해지기 어렵다. 실제에는 오일 댐퍼(oil damper)나 방진 고무를 사용하여 감쇠 작용을 시킨다.

연습문제

1. 스프링의 용도에 대하여 설명해 보자.
2. 코일 스프링에서 발의 응력 수정 계수를 사용하는 이유에 대하여 설명해 보자.
3. 겹판 스프링의 구조에 대하여 설명해 보자.
4. 스프링 지수가 5인 원통 코일 스프링이 축하중 4 [kN]을 받을 때 처짐이 80 [mm]이었다. 소선의 지름을 구하여라. 다만, 유효 감김수는 10, 소선의 $G = 8 \times 10^4$ [N/mm²]이다.
   답 (d= 6.4 [mm])
5. 소선의 지름 10 [mm]인 스프링강으로 만든 코일의 평균 지름이 50 [mm], 스프링 상수 50 [N/mm]인 원통 코일 스프링의 유효 감김수를 구하여라. 다만, $G = 8 \times 10^4$ [N/mm²]으로 한다.
   답 (n_a= 16)
6. 하중이 300 [N]에서 500 [N]까지 변동할 때, 처짐이 20 [mm]로 변화하는 압축 코일 스프링을 설계하여라. 다만, 허용 전단 응력은 400 [N/mm²], 스프링 지수는 6.5, $G = 8 \times 10^4$ [N/mm²] 스프링 재료는 경강선을 사용한다.
   답 (d= 3 [mm], D= 19.5 [mm], n_a= 11)
7. 5 [kN]의 압축 하중을 받고, 80 [mm]의 처짐을 일으키는 압축 코일 스프링의 소선 크기와 유효 감김수를 결정하여라. 다만, 코일의 평균 지름 100 [mm], 소선의 허용 비틀림 응력 400 [N/mm²], $G = 8 \times 10^4$ [N/mm²]로 한다.
   답 (d= 14.7 [mm], n_a= 8)
8. 지름이 5 [mm]의 강선으로 코일의 평균 지름 70 [mm]인 인장 코일 스프링을 만들어 10 [N]에 대하여 5 [mm]의 변형이 생기게 하려면 소선의 길이를 얼마로 하면 되겠는가? 다만, $G = 8 \times 10^4$ [N/mm²]이다.
   답 (L= 1980 [mm])
9. 스프링 상수 25 [N/mm]인 원통 코일 스프링에 400 [N]을 작용시킬 때, 이 스프링의 처짐과 이 때 스프링에 저장된 탄성 에너지를 구하여라.
   답 (δ= 16 [mm], U= 3200 [N · mm])
10. 코일의 평균 지름이 80 [mm], 소선의 지름이 16 [mm], 유효 감김수가 10인 원통 코일 스프링에 8 [kN]이 작용할 때, 이 스프링에 저장되는 단위 체적당 탄성 에너지를 구하여라. 다만, 소선의 $G = 8 \times 10^4$ [N/mm²]이다.
    답 (u= 2.53[N · mm/mm³])

11. 그림 15.8의 토션바에서 암의 길이를 50 [mm], 바의 길이를 800 [mm], 하중을 1.5 [kN], 토션바의 허용 비틀림 응력을 350 [N/mm^2]로 할 때, 이 토션바의 지름, 전체 처짐 및 중량점의 처짐을 구하여라. 또, 단위 체적당의 탄성 에너지를 구하여라. 다만, $G=8\times10^4$ [N/mm^2]이다.

답 ($d=$ 10.3 [mm], $\theta=$ 7 rad, $\delta=$ 34.6 [mm], $u=39\times10^4$ [m/m^3])

12. 나비 64 [mm], 두께 6 [mm]인 강판으로 만들어진 길이 760 [mm]인 겹판 스프링이 있다. 중앙에 3.6 [kN]의 중량이 작용할 때, 응력이 180 [N/mm^2]를 넘지 않기 위한 판의 수를 구하여라. 또, $E=2\times10^5$ [N/mm^2]이라고 하면 처짐은 얼마인가? 다만, 밴드부의 영향은 없는 것으로 한다. 답 ($n=$ 10, $\delta=$ 20.8 [mm])

13. 두께 12 [mm], 길이 600 [mm], 고정단의 나비가 400 [mm]인 삼각형 스프링의 처짐을 20 [mm]까지 허용한다면 작용시킬 수 있는 최대 중량은 얼마인가? 또, 처짐이 20 [mm]일 때, 스프링에 생기는 응력을 구하여라. 다만, $E=2\times10^5$ [N/mm^2]로 한다. 답 ($P=$ 2197 [N], $\sigma=137$ [N/mm^2])

14. 스팬의 길이 800 [mm], 판의 나비 120 [mm], 두께 8 [mm], 판의 수 6인 겹판 스프링이 있다. 허용 굽힘 응력을 400 [N/mm^2]로 할 때, 가할 수 있는 최대 중량을 구하여라. 또, 이 때의 처짐을 구하여라. 다만, $E=2\times10^5$ [N/mm^2]로 한다.

답 ($P=$ 15.4 [kN], $\delta=$ 39 [mm])

4 PART 압력용기와 관로설계

14
Chapter

압력 용기와 관로

보일러, 가스탱크, 산소 용기 등과 같이 높은 압력의 유체를 담는 용기를 압력 용기(pressure vessel)라 한다. 물, 수증기, 가스, 기름 등의 유체를 수송, 압력 전달, 열교환, 물체의 보호 등을 위해서는 파이프가 사용된다. 파이프의 길이는 한정이 되어 있고, 유체의 흐르는 방향을 변경시킬 때는 파이프를 이어서 사용하게 되는데 이것을 파이프 이음이라 한다. 또, 파이프에 흐르고 있는 유체의 유량을 조절하기 위해 밸브를 사용하며, 이상의 요소들을 조합한 것을 관로라 한다.

14.1 압력 용기

14.1.1 압력 용기의 강도

압력 용기의 형상은 원통형과 구형이 널리 쓰이고 있으며, 원통형 용기 중에서 보일러, 탱크 등은 리벳이나 용접에 의해 제작된다. 원통형 용기의 몸체 부분을 **동체판**(shell plate), 양끝의 뚜껑에 해당하는 부분을 **끝판**(end plate)이라 한다.

압력 용기는 일반적으로 얇은 용기(thin cylinder)와 두꺼운 용기(thick cylinder)로 나누어 생각하며, 두께가 안지름의 10% 이하인 원통을 얇은 원통이라 한다. 여기서는 내압을 받는 얇은 원통, 얇은 구 및 두꺼운 원통의 강도에 대하여 설명한다.

1. 얇은 원통의 강도

고무 풍선에 계속해서 바람을 불어 넣으면 풍선이 파열된다. 마찬가지로 원통의 경우도 내압이 어느 한도를 넘으면 파열이 된다.

용기에 들어있는 기체나 액체의 압력은 그림 14.1과 같이 모두 용기의 내벽에 직각으로 작용하며, 이 내압에 의하여 어떤 응력이 생기는지 알아보자.

그림과 같이, 원통에는 내압에 의하여 반지름 방향으로 확장시키는 힘과 축방향으로 작용하는 힘이 있다. 이 힘으로 단면 AB에는 원주 방향의 인장 응력이, 단면 MN에는 축방향의 인장 응력이 각각 생기게 된다. 이 응력이 재료의 허용 응력보다 커지면 그림 14.1(a)와 같이 축선을 포함한 단면에서는 상하 방향으로 파열되고, 그림 (b)와 같이 축선에 수직한 단면에서는 좌우 방향으로 파열되는 경우가 생긴다.

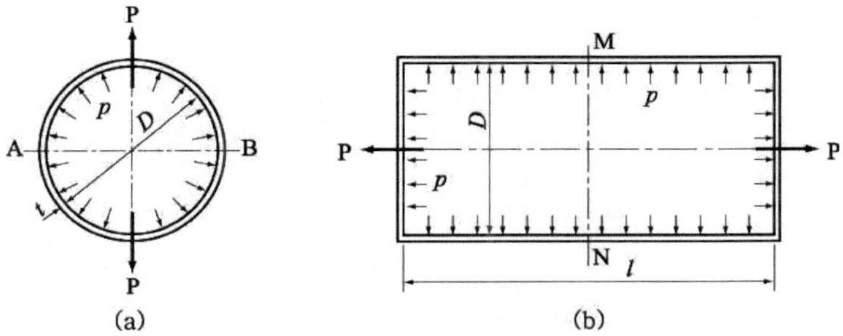

그림 14.1 내압을 받는 얇은 원통

(1) 원주 방향의 응력

원통의 내벽에 가해지는 내압은 내면에 직각으로 작용하고, 원통의 축심에서 방사형으로 작용한다. 그림 14.2 (a)와 같이 축선 방향의 면이 절단되므로 반원형에 가해진 내압의 합력이 절단면에 직각인 방향으로 작용하여 원통을 두 부분(상하)으로 파괴시키게 된다. 그러므로 원통의 길이가 l [mm]이고, 두께가 t [mm]인 원통에 내압이 작용할 때 전압력 P는 다음과 같다.

$$P = 2\,\sigma_1\,t\,l \qquad \text{(a)}$$

여기서 σ_1 : 원주 방향의 응력 [N/mm^2]

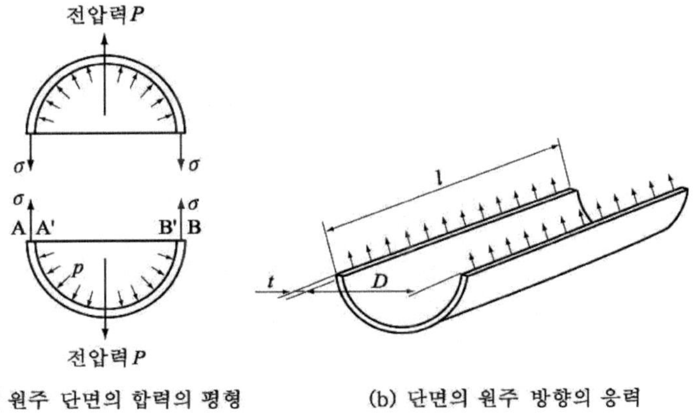

그림 14.2 얇은 원통의 응력

또, 그림 (b)와 같이 원통의 지름이 D, 길이가 l인 직사각형의 단면적에 작용하는 전압력은 다음 식이 된다.

$$P = \frac{p\,D\,l}{100} \tag{b}$$

여기서, p : 내압 [N/cm^2]

두 전압력은 같으므로 식 (a), (b)에서 다음 식이 얻어진다.

$$\sigma_1 = \frac{p\,D}{200\,t} \tag{14.1}$$

이 응력을 후프 응력(hoop stress)이라 부르고, 단면상에 균일하게 분포되는 것으로 생각한다.

(2) 축방향의 응력

그림 14.3에서 끝판에 작용하는 전압력에 의해 원통 용기에는 축방향으로 인장력이 작용하게 되어 원통의 축에 수직한 단면에 인장 응력이 생긴다. 축 방향에 작용하는 힘은 끝판에 작용하므로 이 때 전압력을 P'라 하면

$$P' = \frac{\pi\,D^2\,p}{400}$$

또 이 단면에 작용하는 내력 $P = \sigma_2 \pi D t$ 이므로 두 힘은 같으므로 다음 식이 된다.

$$\sigma_2 = \frac{p\,D}{400\,t} \tag{14.2}$$

즉 σ_2는 σ_1의 1/2 이므로 원통의 강도나 두께 계산에는 원주 방향의 응력만을 고려해야 한다.

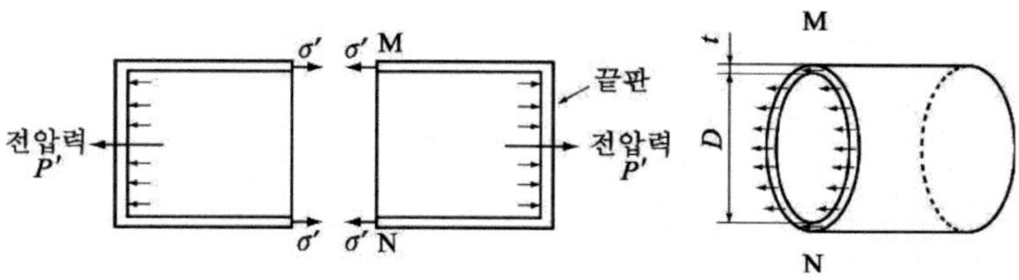

그림 14.3 내압을 받는 얇은 원통

2. 얇은 구의 강도

두께가 얇은 구가 내압을 받을 때의 응력을 조사해 보자. 그림 14.4와 같이 지름이 D, 두께가 t 인 얇은 구에 내압이 가해지고 있다. 이 때 지름을 포함한 구를 두개의 부분으로 떼어 놓는 힘이 작용하고 이것으로 인장 응력 σ 가 생긴다.

구에 내압 p 가 작용할 때 두께부에 작용하는 전압력은 다음과 같다.

$$P = \sigma \pi D t \tag{a}$$

또, 내압으로 인해 투영 면적에 작용하는 전압력은 다음과 같다.

$$P = \frac{p \pi D^2}{400} \tag{b}$$

식 (a), (b)에서 다음 식이 얻어진다.

$$\sigma = \frac{p D}{400 t} \tag{14.3}$$

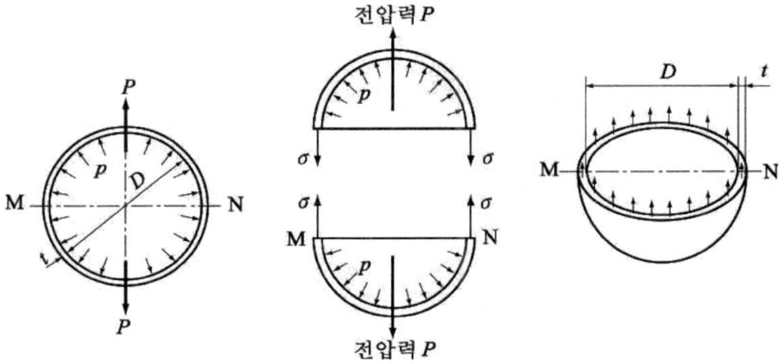

그림 14.4 내압을 받는 얇은 구

3. 두꺼운 원통의 강도

원통에서 원주 방향의 응력은 얇은 원통에서는 내벽과 외벽에 생기는 응력 차이가 작기 때문에 균일한 응력이 생기는 것으로 보고 계산하지만, 두께가 두꺼워지게 되면 그림 14.5와 같이 외벽과 내벽의 응력 차이가 크게 된다. 이와 같은 원통을 두꺼운 원통이라 한다. 원통의 중심에서 임의의 거리($= D/2$)에 생기는 원주 방향의 응력은 다음 식으로 구한다.

$$\sigma_{\frac{D}{2}} = \frac{p D_1^{\,2} (D_2^{\,2} + D^2)}{D^2 (D_2^{\,2} - D_1^{\,2}) \times 100} \tag{14.4}$$

그러므로 최대 원주 방향의 응력 σ_1은 내벽에 생기므로, 이 값은 식 (14.4)에서 $D = D_1$으로 하면 다음 식과 같다.

$$\sigma_1 = \frac{p (D_2^{\,2} + D_1^{\,2})}{(D_2^{\,2} - D_1^{\,2}) \times 100} \tag{14.5}$$

식 (14.5)에서 다음 식이 얻어진다.

$$\frac{D_2}{D_1} = \sqrt{\frac{100\,\sigma_1 + p}{100\,\sigma_1 - p}} \tag{14.6}$$

14.1.2 압력 용기의 설계

1. 압력용기 설계 시 고려 사항

압력 용기는 단지 압력에 견디는 것만이 아니고, 다음과 같은 여러 가지 조건을 고려하여 설계를 해야 한다.

㉮ 규정 이상의 압력 상승 : 관로내의 수격 작용(water ha[mm]er)이나 내연기관의 노킹(knocking) 등과 같이 특별히 압력이 높게 되는 경우

㉯ 압력 변화 : 주기적으로 압력이 변화하여 재료에 피로를 일으키는 경우

㉰ 온도에 의한 재료의 강도 변화 : 화학 반응으로 인한 온도 변화나 냉동기의 저온 등, 재료의 강도에 영향을 주게 되는 온도에서 사용되는 경우

㉱ 열응력 : 내연기관의 실린더와 같이 부분적인 온도 차이에 의해 열응력이 생기는 경우

㉲ 내용물 : 용기 재료를 부식시킬 수 있는 내용물이 들어 있는 경우

이상으로 압력 용기는 강도나 누설에 대하여 내압 시험을 각각 규정에 따라 엄격히 수행하고, 또 각 부분의 변형에 대해서도 시험을 한다.

2. 압력 용기의 두께

(1) 얇은 원통

얇은 원통의 압력 용기를 설계하려면 식 (14.1)에 바탕을 두고 안전율(S), 이음 효율(η)이나 부식 여유(C) 등을 고려하여 다음 식으로 판두께 t를 구한다.

$$\left.\begin{aligned} t &= \frac{p\,D}{200\,\sigma_a\,\eta} + C \\ &= \frac{p\,D\,S}{200\,\sigma_t\,\eta} + C \end{aligned}\right\} \tag{14.7}$$

여기서 σ_t : 재료의 인장 강도 [N/mm^2], σ_a : 허용 인장 응력 [N/mm^2]

(2) 얇은 구

설계 압력이 29.4 [N/mm^2] 미만으로 화기를 받지 않는 구형 압력 용기로 두께와 안지름

의 비가 0.178 이하일 때 다음 식으로 판두께를 구한다.

$$t = \frac{pD}{400\sigma_a \eta} + C \tag{14.8}$$

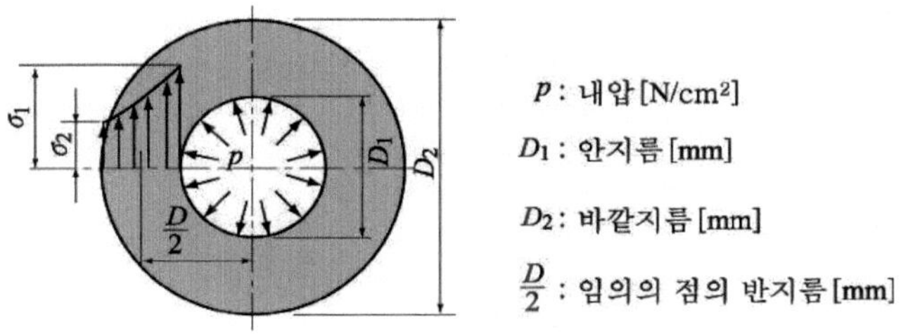

그림 14.5 두꺼운 원통

예제 14.1 용접 이음으로 만든 안지름이 1500 [mm]인 얇은 원통 용기에 압력이 157 [N/cm^2]인 가스를 넣으려고 한다. 용기의 두께를 얼마로 하면 안전하겠는가? 원통 재료의 허용 인장 응력은 100 [N/mm^2], 이음 효율은 95%, C=1 [mm]로 한다.

[풀이] (14.7)에 의해 두께를 계산한다.

$$t = \frac{p\,D}{200\,\sigma_a\,\eta} + C = \frac{157 \times 1500}{200 \times 100 \times 0.95} + 1 = 13.4 = 14\ [\text{mm}]$$

예제 14.2 용접 이음으로 만든 안지름이 1 m인 구형 탱크에 내압이 588 [N/cm^2]가 되도록 가스를 주입하려고 한다. 허용 인장 응력이 100 [N/mm^2]이면 두께는 얼마로 하면 되겠는가? 이음 효율은 90%이고, C= 1 [mm]로 한다.

[풀이] 식 (14.8)에 의해 구형의 두께를 계산한다.

$$t = \frac{p\,D}{400\,\sigma_a\,\eta} + C = \frac{588 \times 1000}{400 \times 100 \times 0.9} + 1 = 17.3 = 18\ [\text{mm}]$$

예제 14.3 두께 10 [mm]의 강판으로 안지름이 1 [m]인 원통을 만들었다면 어느 정도의 압력까지 사용할 수 있는가? 다만, 허용 인장 응력은 70 [N/mm^2], 이음 효율은 65%, 부식 여유는 고려하지 않는다.

[풀이] 식 (14.7)에 의하여 압력을 계산한다.

$$p = \frac{200\,\sigma_a\,\eta\,t}{D} = \frac{200 \times 70 \times 0.65 \times 10}{1000} = 91\ [\mathrm{N/cm^2}]$$

예제 14.4 780 $[\mathrm{N/cm^2}]$의 내압을 받는 안지름이 100 [mm]인 두꺼운 원통의 두께를 구하여라. 다만, 허용 인장 응력은 20 $[\mathrm{N/mm^2}]$이다.

[풀이] 식 (14.6)에 의하여 바깥지름을 구한 후 두께를 구한다.

$$\frac{D_2}{D_1} = \sqrt{\frac{100\,\sigma_a + p}{100\,\sigma_a - p}} = \sqrt{\frac{100 \times 20 + 780}{100 \times 20 - 780}} = 1.51$$

$$D_2 = 1.51\,D_1 = 1.51 \times 100 = 151\ [\mathrm{mm}]$$

$$t = \frac{D_2 - D_1}{2} = \frac{151 - 100}{2} = 25.5\ [\mathrm{mm}]$$

14.2 관로

유체를 보내는 데는 파이프를 사용한다. 파이프를 계획적으로 배치하기 위해서 파이프 이음이 사용되고, 유체의 흐름을 제어하기 위해 각종 밸브가 사용된다. 관로(pipe line)는 유체를 보내기 위한 목적으로 파이프나 파이프 이음, 밸브 등을 조합한 것이다.

14.2.1 파이프

1. 파이프의 종류

파이프는 유체의 수송에 쓰이며 주철관, 강관, 스텐레스관, 구리관, 황동관, 고무관, 염화비닐관 등이 있다.

2. 파이프의 크기

(1) 파이프의 안지름과 유량

파이프의 크기는 흐르는 유체의 종류, 유량, 유속, 압력, 온도 등을 고려하여야 한다. 유체 수송을 목적으로 하는 파이프의 지름은 유량과 유속으로 결정하므로 호칭법은 안지름을 기준으로 한다.

그림 14.6과 같이 파이프 내를 가득 차 흐르는 유체는 파이프의 중앙부에서는 빠르고, 벽 가까이에서는 느리므로 유속은 보통 평균 유속으로 생각한다. 파이프의 안지름 D 는 다음 식으로 구한다.

$$Q = A\ v_m = \frac{\pi}{4}(\frac{D}{1000})^2\ v_m$$

$$D = 2000\sqrt{\frac{Q}{\pi\ v_m}} = 1130\ \sqrt{\frac{Q}{v_m}} \tag{14.9}$$

식 (14.9)에서 평균 유속을 크게 하면 파이프의 안지름은 작아지므로 파이프의 저항이 커 에너지 손실이 크게 된다.

파이프의 두께는 대체로 내압을 받는 얇은 원통으로 생각하고 식 (14.7)을 사용하여 구한다.

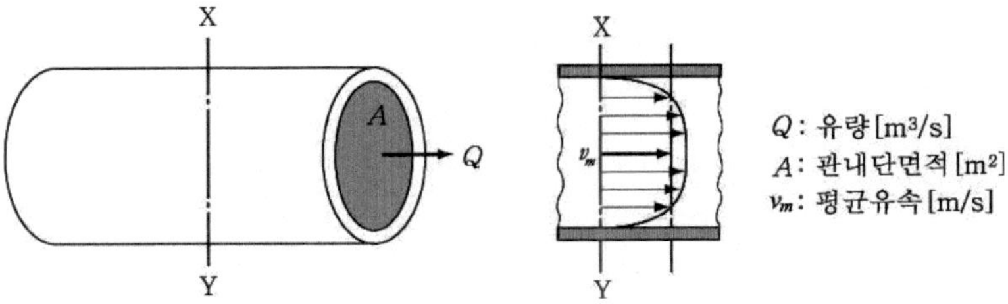

그림 14.6 관내의 유속

(2) 파이프의 열팽창

파이프에 고온의 유체가 흐를 때 1 [m]에 대하여 파이프의 신연과 온도와의 관계는 그림 14.7과 같다.

파이프는 열에 의하여 팽창하는데, 고정된 파이프는 늘어나지 못하기 때문에 압축 하중을 받는 것과 같은 결과를 가져온다. 즉 파이프가 온도 변화에 의해 늘어나거나 줄어들게 되므로 외부에서 힘을 받는 것과 같아 파이프 재료에 열응력이 생긴다.

온도가 높으면 파이프의 신연이나 열응력이 크게 되어 파이프가 구브러지거나 유체가 누설될 위험이 있으므로 관로에는 다음에 설명할 신축 이음을 설치한다.

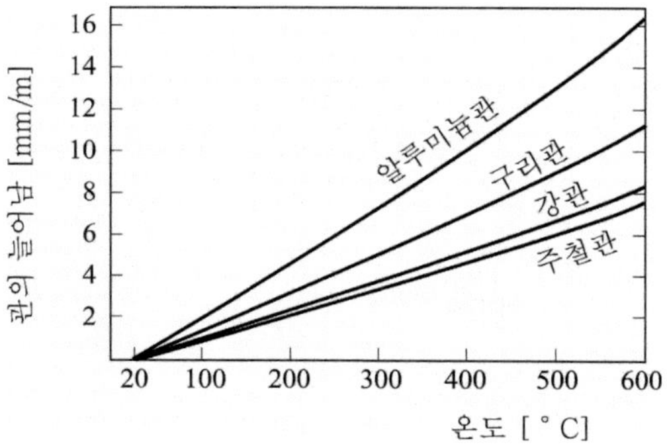

그림 14.7 온도에 의한 파이프의 신연

파이프를 t_o에서 t로 상승시키면 늘어난 길이 λ와, 파이프의 양끝을 고정시켰을 때 가해지는 하중 P와 열응력 σ_T는 다음 식으로 구한다.

$$\left.\begin{aligned} \lambda &= \alpha\,(t-t_o)\,l \\ \sigma_T &= \alpha\,(t-t_o)\,E \\ P &= \sigma_T\,A \end{aligned}\right\} \qquad (14.10)$$

여기서, l : 파이프의 길이 [mm], α : 선팽창계수, A : 단면적,

E : 세로 탄성 계수 [N/mm^2]

예제 14.5 이음매 없는 강관에 유량이 0.25 [m^3/s], 수압이 196N/cm^2 인 유체가 흐를 때 적합한 강관의 크기를 구하여라. 다만, 허용 인장 응력은 78 [N/mm^2], 부식 여유는 1 [mm], 평균 유속은 3 [m/s]로 한다.

[풀이] 식 (14.9)에 의하여 강관의 안지름을 구한다.

$$D = 1130\sqrt{\frac{Q}{v_m}} = 1130\sqrt{\frac{0.25}{3}} = 326\ [\mathrm{mm}]$$

강관의 두께는 식 (14.7)에 의해 구한다. 여기서 이음매가 없으므로 효율은 1이다.

$$t = \frac{p\,D}{200\,\sigma_a\,\eta} + C = \frac{196\times 326}{200\times 78\times 1} + 1 = 5\ [\mathrm{mm}]$$

강관의 바깥지름 D_o는

$$D_o = D + 2\,t = 326 + 2\times 5 = 336\ [\mathrm{mm}]$$

예제 14.6 바깥지름이 130 [mm], 두께 5 [mm], 길이 10 m의 강관에 350℃의 과열 증기를 통하면 열팽창은 얼마인가? 또, 양끝이 고정되어 있다면 관의 열응력 및 압축력은

얼마인가? 다만, 상온은 20℃이고, 재료의 세로 탄성 계수는 2×10^5 [N/mm^2] 선팽창계수 112×10^{-7} 이다.

[풀이] 온도 상승으로 늘어난 길이를 λ라 하면 식 (14.10)에 의해

$$\lambda = \alpha\,(t-t_o)\,l = 112\times10^{-7}\times(350°-20°)\times10000 = 37\ [\mathrm{mm}]$$

열응력을 σ_T 라고 하면

$$\sigma_T = \alpha\,(t-t_o)\,E = 112\times10^{-7}\times(350°-20°)\times2\times10^5 = 739\ [\mathrm{N/mm^2}]$$

파이프의 단면적 A 는

$$A = \frac{\pi}{4}({D_2}^2 - {D_1}^2) = \frac{\pi}{4}(130^2 - 120^2) = 1963\ [\mathrm{mm^2}]$$

양끝을 고정하면 압축력은

$$P = \sigma_T\, A = 739\times1963 = 1450\ [\mathrm{kN}]$$

예제 14.7 바깥지름이 200 [mm], 판두께 5 [mm]인 강관의 허용 인장 응력이 100 [N/mm^2]라 하면 이 강관은 어느 정도의 내압에 견딜 수 있는가? 또, 이 강관으로 60 [l /s]의 물을 수송한다면 유속은 어느 정도로 하면 되겠는가? 또, 시간당 유량은 얼마면 되겠는가?

[풀이] 식 (14.7)에 의해 내압을 구한다.

$$p = \frac{200\,\sigma_a\,t}{D} = \frac{200\times100\times5}{200} = 500\ [\mathrm{N/cm^2}]$$

파이프의 단면적 A 는

$$A = \frac{\pi}{4}\left(\frac{D}{1000}\right)^2 = \frac{\pi}{4}\times\left(\frac{200}{1000}\right)^2 = 0.0314\ [\mathrm{m^3}]$$

파이프 속을 흐르는 물의 유속 v_m은

$$v_m = \frac{Q}{A} = \frac{0.06}{0.0314} = 1.91\ [\mathrm{m/s}]$$

1시간당의 유량은

$$60\,l\,/s = 0.06\,\mathrm{m^3/s} = 216\ [\mathrm{m^3/h}]$$

14.2.2 파이프 이음

파이프를 연결하거나 유체의 흐름 방향을 바꾸는 경우에 파이프 이음(pipe joint)을 한다. 파이프를 용접으로 영구 이음을 한 경우에는 유체의 누설이 없으며, 유지비나 설치비가 절약되고 중량도 가볍다. 그러나 영구 이음은 관로를 수리하기가 불편하고, 탈착을 쉽게 할

수 없으므로 다음과 같은 이음법이 널리 사용되고 있다.

1. 나사식 이음

나사식 이음은 파이프에 관용 나사나 가는 나사를 깎아서 파이프를 이음한 것으로 물, 기름, 증기, 가스 등의 일반 배관에 사용된다. 나사 부분에서의 누설을 막기 위하여 나사 부분에 페인트나 광명단, 흑연 등을 바르고 다시, 삼을 감거나 접착테이프를 감는다. 그림 14.8은 나사 이음의 종류와 그 사용 예를 나타냈다.

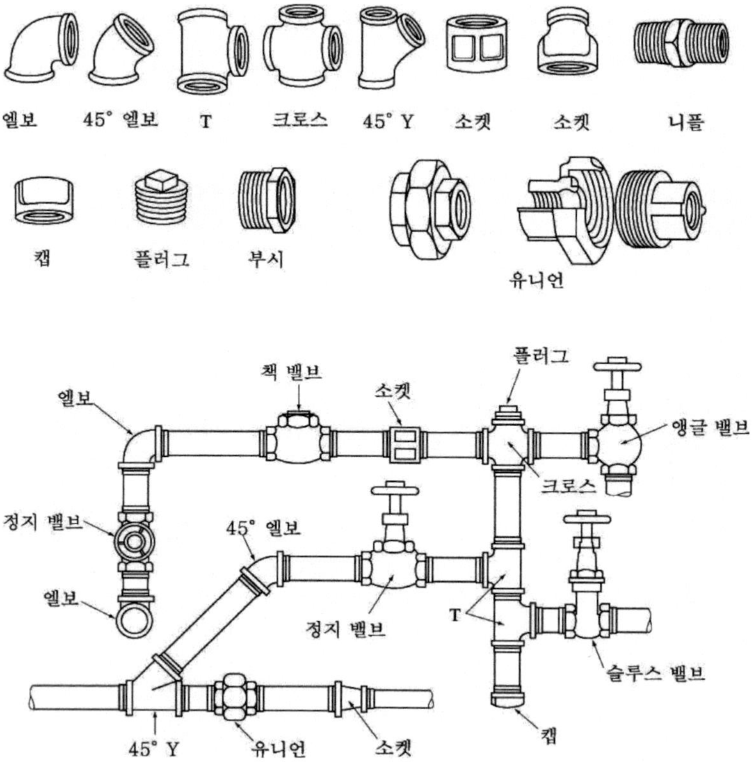

그림 14.8 나사식 이음의 종류와 그 사용 예

2. 패킹 이음

파이프를 패킹 이음을 하면 이음매가 빠질 우려가 있으나, 파이프의 편심을 흡수할 수 있으며, 진동이나 충격이 있는 곳에 적합하다. 그림 14.9는 배수용, 패수용 주철관의 패킹 이음(packing joint)을 한 것이다.

그림 14.9 패킹 이음

3. 플랜지 이음

플랜지 이음(flange joint)은 파이프의 지름이 크거나 유체의 압력이 큰 경우에 사용되며, 가끔 분해, 조립할 필요가 있을 때 편리하다. 결합부를 파이프와 별도로 만들어 붙인 플랜지와, 파이프와 플랜지를 일체로 만든 플랜지가 있다. 조립 플랜지에는 그림 14.10과 같은 종류가 있다.

플랜지 이음에는 기밀을 유지하기 위해 가스킷을 사용한다. 고무, 합성수지, 석면, 화이버, 종이 등은 저압용 가스킷 재료로 사용되고, 구리, 납, 연강 등은 고압용 가스킷 재료로 사용된다.

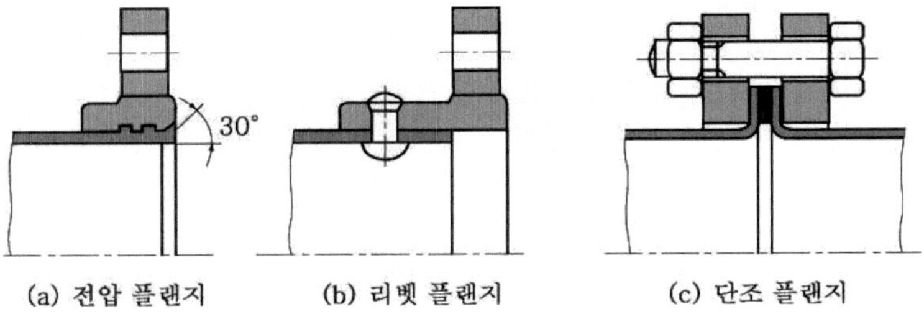

그림 14.10 플랜지 이음

4. 신축 이음

신축 이음(expansion joint)은 배관이 받는 온도차로 생기는 신축의 흡수, 장시간 사용에 의한 배관축의 변위 조정, 진동원과 배관과의 완충시킬 목적으로 사용한다. 이러한 원인들은 단독으로 생기는 경우는 적고, 대부분 조합으로 생기는 경우가 많다. 그림 14.11은 신축

이음의 여러 가지 형태를 나타낸 것이다.

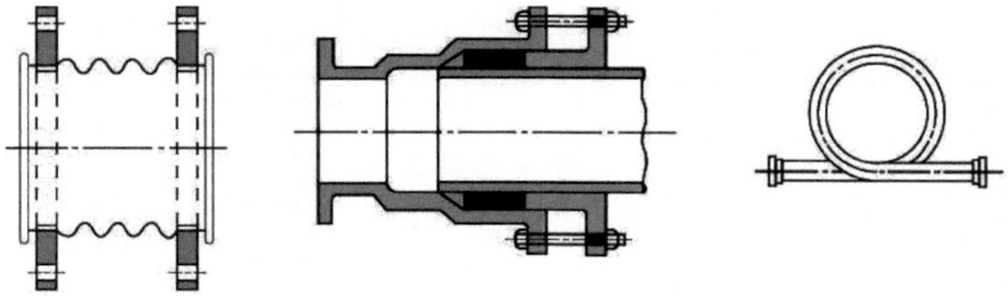

(a) 벨로즈 이음 (b) 미끄럼 이음 (c) 밴드 이음(둥근 밴드)

그림 14.11 신축 이음

14.2.3 밸브

1. 밸브의 종류

① 정지 밸브 : 정지 밸브는 그림 14.12(a)와 같이 흐름의 방향이 입구와 출구가 같고, 밸브 내에서 밸브가 상하로 변하는 글로브 밸브(globe valve)와 그림(b)와 같이 흐름이 직각으로 바뀌는 앵글 밸브(angle valve)가 있다.
어느 것이나 밸브 안을 흐르는 유로의 방향이 바뀌는 구조이며, 밸브는 항상 유체 안에 들어 있기 때문에, 유체의 에너지 손실이 크다. 그러나 밸브와 밸브 시트(valve seat)의 가공, 교환, 수리 등이 쉬워 밸브 중에서 가장 널리 사용되고 있다.

② 슬루스 밸브 : 슬루스 밸브(sluce valve)는 밸브 판이 흐름에 대하여 직각으로 놓여지며, 밸브 시트에 대하여 미끄러지는 운동을 하는 구조이다. 흐름에 대한 저항은 밸브 중에서 가장 작고, 유체를 자유로이 충분히 흐르게 할 수 있으며, 완전히 차단할 수도 있다. 또한, 압력에 강하므로 흐름의 간선(main line)에 사용된다.
그림 14.13 (a)에 나타낸 것과 같이 밸브 스탬(valve stem)의 승강과 더불어 밸브가 상하로 움직이는 승강형과 그림 (b)와 같이 밸브만이 상하로 움직이는 비승강형이 있다.

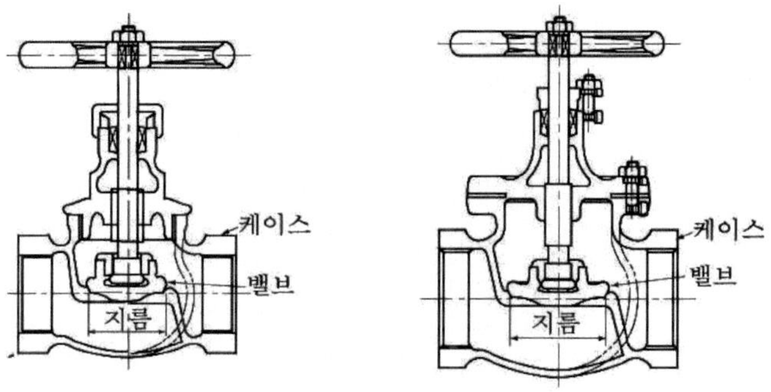

(a) 글로브 밸브

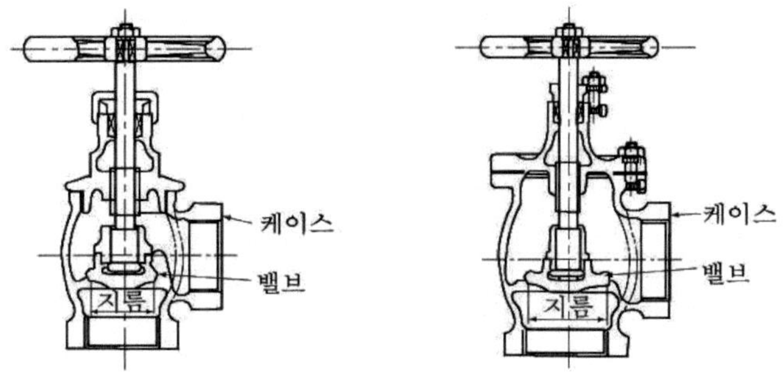

(b) 앵글 밸브

그림 14.12 글로브 밸브와 앵글 밸브

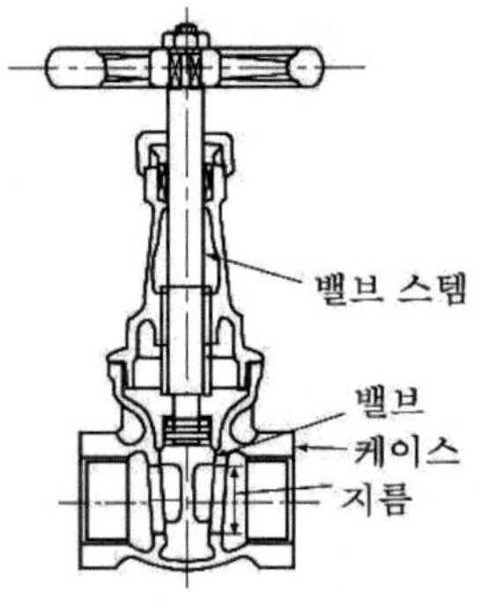

(a) 승강형

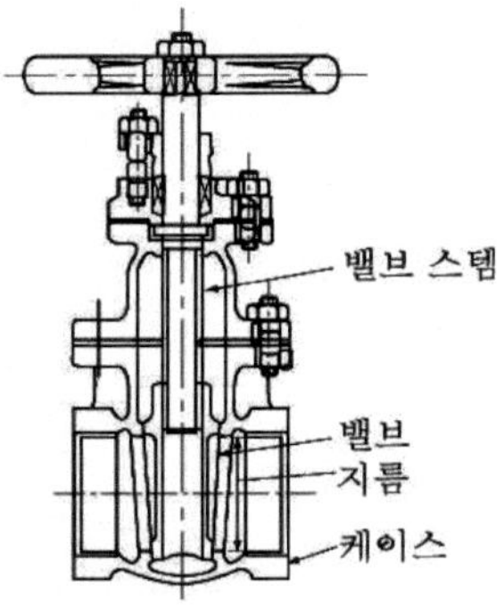

(b) 비승강형

그림 14.13 슬루스 밸브

③ 나비 밸브 : 나비 밸브(butterfly valve)는 그림 14.14와 같이 원형의 밸브를 회전시켜 관로의 열림을 변화시켜 유량을 조절한다. 이 밸브는 개폐가 간단하고, 조작 시간이

짧으나 완전한 차단은 어렵다.

④ 체크 밸브 : 체크 밸브(check valve)는 유체를 한 방향으로만 흐르게 하기 위한 역류 방지 밸브이며, 대부분은 외력을 사용하지 않고 유체 자신의 압력으로 조작된다.

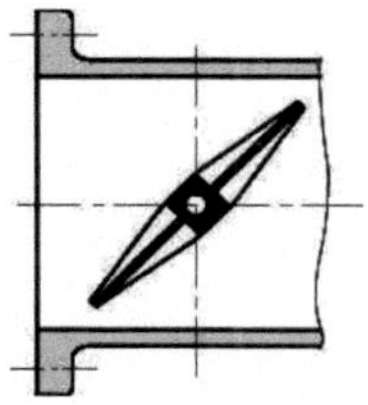
그림 14.14 나비 밸브

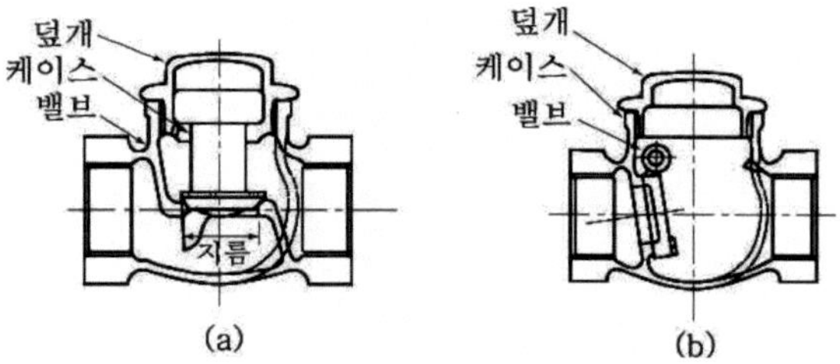

그림 14.15 체크 밸브

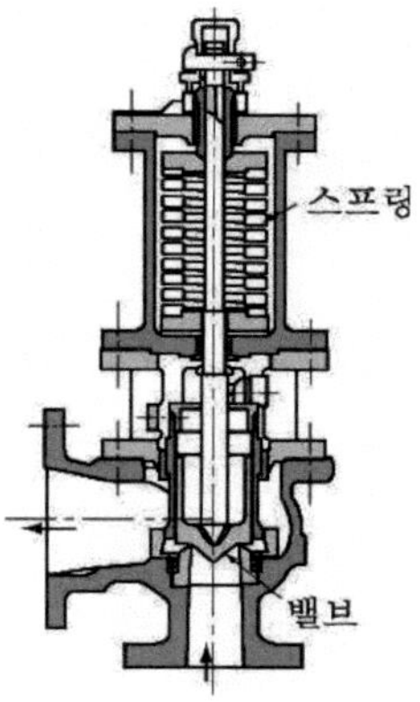

그림 14.16 안전 밸브

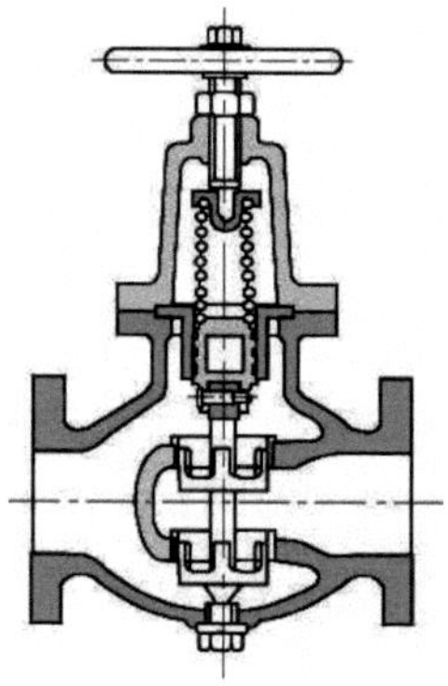
그림 14.17 스프링식 감압 밸브

⑤ 이스케이프 밸브 : 이스케이프 밸브(escape valve)는 파이프 내의 압력이 규정 이상이 되었을 때 자동적으로 작동하여 유체를 외부로 흐르게 하든지 또는 원상태로 돌아가게 하는 밸브이다. 그림 14.16은 스프링식 안전 밸브를 나타낸 것이다.

⑥ 감압 밸브 : 감압 밸브(reducing valve)는 고압 유체를 보다 낮은 압력으로 감압하고, 그대로 일정하게 유지하는 경우에 쓰이는 밸브로, 밸브의 열림은 추나 스프링, 다이어프램 등으로 제어한다. 그림 14.17은 스프링식 감압 밸브이다.

2. 콕

콕(cock)은 구멍이 있는 플러그를 회전시켜 유체의 통로를 간단히 개폐할 수 있다. 작은 지름의 관로나 배출용에 널리 쓰이며, 흐름의 방향을 바꿀 수도 있다. 플러그의 모양은 그림 14.18과 같이 원추형으로 1/6의 테이퍼가 있다.

플러그와 본체의 원추면은 기밀을 유지하도록 되어 있고, 플러그에 뚫린 통로의 구멍에는 직사각형, 사다리꼴형, 타원형, 원형 등이 있다. 좌우에 구멍이 있는 2방향 콕과 3방향으로 구멍이 있는 3방향 콕이 있다

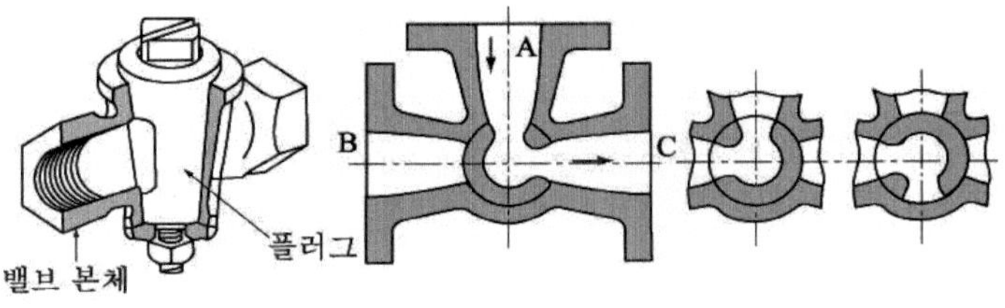

(a) 2방향 콕 (b) 3방향 콕

그림 14.18 콕

14.2.4 관로

1. 관로의 손실

지름이 다른 파이프를 연결하거나 밸브나 콕을 붙이거나, 흐름의 방향을 전환하기 위해 각종 파이프를 연결한 것을 관로라 한다.

관로 내를 흐르는 유체는 관 벽과의 마찰이나 관로의 단면 형상, 크기 및 흐름의 방향 등이 변화하는 곳에서 약간의 에너지가 손실되게 된다. 마찰에 의한 에너지 손실은 관벽의 거칠기나 흐름 상태(층류, 난류) 등에 따라 다르며, 에너지 손실은 파이프 지름에 반비례하고, 파이프의 길이와 평균 유속의 제곱에 비례한다.

2. 관로의 설계

관로의 설계에서는 사용 목적이나 조건에 알맞은 기능을 갖도록 함과 동시에 경제성, 보수성, 안정성에 대해서도 고려하여야 한다. 예를 들면 분해 조립이나 수리 점검이 용이하고, 위험을 방지할 수 있도록 배치해야 한다.

파이프나 파이프 이음, 밸브, 콕 등을 관로의 목적에 알맞게 연결하는 것을 배관(piping)이라 한다.

㉮ 파이프의 받침과 걸기 : 배관에서 파이프를 지지하는 것을 파이프 받침이라 하고, 고정식과 가동식이 있다. 파이프의 방향이 바뀌는 곳이나, 관로의 중요한 부분에는 그림 14.19(a)와 같이 고정식 파이프 받침을 쓴다. 긴 파이프의 경우는 온도 변화에 의한 신축을 고려하여 가동식 파이프 받침을 적당한 위치에 설치한다.

그림 (b)는 가동식 파이프 받침의 일종으로 파이프 걸기를 나타낸 것이다. 고정되어 있는 관로에서는 파이프 받침과 동시에 신축형 파이프 이음을 사용한다.

기계에는 그 목적에 따라 여러 가지 관로가 설치되는데 그 예는 그림 14.20과 같다.

㉯ 관로의 보온과 식별 : 유체를 파이프로 수송하는 경우, 유체의 온도가 고온이거나 저온일 때 관로에서 일정한 온도로 유지되도록 하기 위해서 파이프를 보온재로 피복한다. 보온재의 표준 두께는 파이프 안의 온도와 파이프의 지름에 의하여 정해지는데, 보온재가 습기의 영향을 받지 않도록 보온재 위에 무명천이나 삼베, 비닐 테이프 등을 감고 알루미늄 가루 등을 바른다.

파이프 안을 흐르는 유체가 어떤 물질인가를 나타내고, 안전이나 파이프 계통의 식별을 용이하게 할 목적으로 파이프 표면에 유체의 종류에 따라 도색을 한다.

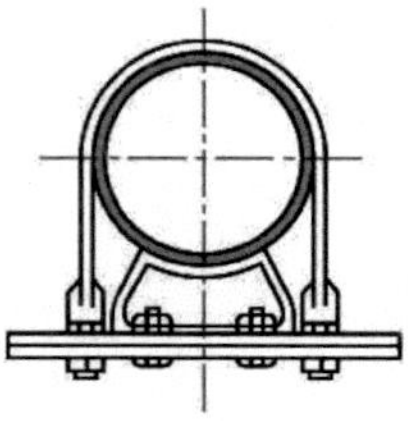

(a) 고정식 파이프 받침

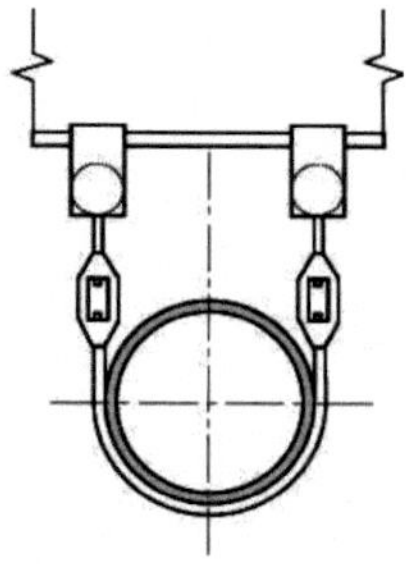

(b) 파이프 걸기

그림 14.19 파이프의 받침과 걸기

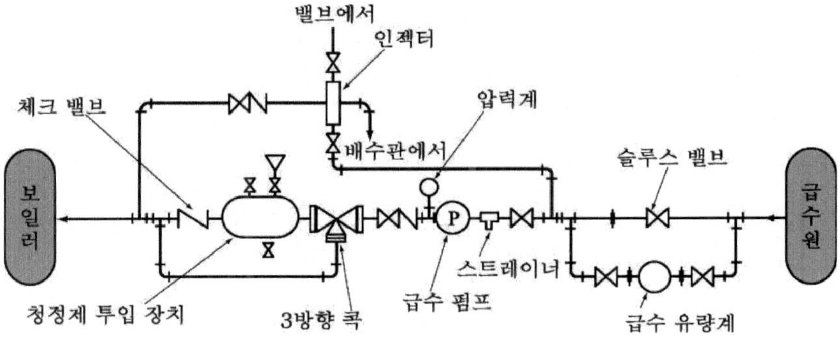

그림 14.20 보일러 급수 계통

연습문제

1. 압력 용기 설계 시 고려하여야 할 사항에는 어떤 것이 있는지 알아보자.
2. 내압을 받는 얇은 원통에서 판두께를 구하는 공식을 유도해 보자.
3. 두꺼운 원통이 내압을 받을 때 원주 방향에 생기는 응력과 바깥지름을 구하는 공식을 유도해 보자.
4. 파이프의 안지름을 구하는 공식을 유도해 보자.
5. 파이프에 고온의 유체가 흐르면 열팽창으로 인해 열응력은 어떻게 나타나는지 알아보자.
6. 파이프 이음에서 신축 이음은 어떤 목적에 사용되며, 어떤 형태가 있는지 알아보자.
7. 정지 밸브와 슬루스 밸브에 대해 알아보자.
8. 관로를 흐르는 유체의 종류를 어떻게 식별하는지 알아보자.
9. 사용 압력이 88 [N/cm^2], 강판의 인장 응력이 350 [N/mm^2], 이음 효율이 65%, 안전율이 4, 부식 여유를 1 [mm]로 할 때 지름 1 [m]의 물탱크를 만들려면 강판의 두께는 얼마로 하면 되겠는가? 답 (8.6 [mm])
10. 두께 8 [mm], 허용 인장 응력 88 [N/mm^2]인 연강판으로 69 [N/cm^2]의 내압을 받는 원통 용기를 만들려고 한다. 안지름을 얼마로 하면 되겠는가? 답 (2040 [mm])
11. 안지름 200 [mm], 두께 5 [mm]인 연강제 원통의 허용 응력을 60 [N/mm^2]로 하면 이 원통에는 어느 정도까지의 내압을 가할 수 있는가? 답 (295[N/cm^2])
12. 안지름 200 [mm], 두께 40 [mm]인 두꺼운 원통에서 허용 인장 응력이 60[N/mm^2]이면 얼마의 내압에 견딜 수 있는가? 답 (1914[N/cm^2])
13. 바깥지름 180 [mm], 안지름 100 [mm]의 대포가 있다. 포탄 발사 시 폭발 압력이 5900 [N/cm^2]라 하면 포신에 생기는 최대 응력은 얼마인가? 답 (112 [N/mm^2])
14. 양수량 0.12 [m^3/s], 압력 147 [N/cm^2]인 원심 펌프에서 배출관의 크기를 구하여라. 다만, 유속은 3 [m/s]이다. 답 (225.6 [mm])
15. 바깥지름 165 [mm], 두께 5 [mm]인 연강제 파이프의 허용 응력을 100 [N/mm^2]라 하면 이 파이프는 어느 정도의 압력에 견딜 수 있는가? 이 파이프에서 유량 50 [l/s]의 물을 수송하려면 유속은 얼마로 하면 될까? 또, 유량은 시간당 얼마인가? 답 ($p=$ 632 [N/cm^2], $v_m=$ 2.65 [m/s], $Q=$ 180 [m^3/h])

16. 바깥지름 130 [mm], 두께 5 [mm]의 강판으로 원통을 만들었을 때 245 [N/cm^2]의 내압이 작용한다면 축방향으로 인장되는 힘은 얼마인가? 답 ($P=$ 28856 [N])

17. 양끝을 고정한 길이 3 [m]의 주철봉을 20℃에서 100℃까지 가열하였을 때 생기는 열응력을 구하여라. 다만, $E = 2.06 \times 10^5$ [N/mm^2], $\alpha = 1.1 \times 10^{-5}$이다.

답 (181 [N/mm^2])

찾아보기

ㅅ

ㅇ

기계설계

발행일 2017년 2월 25일 발행
저자 김광래, 박용석, 은인웅
발행인 민선옥
발행처 대영사
주소 경기도 파주시 광인사길 115
등록 제 2021-000099호
전화 031-942-8091
팩스 031-949-9213
E-mail daeyoungsa_21@naver.com
가격 24,000원
ISBN 978-89-7163-351-9 93560